Architekturpraxis Bauökonomie

Kristin Wellner · Stefan Scholz

(Hrsg.)

Architekturpraxis Bauökonomie

Grundlagenwissen für die Planungs-, Bau- und Nutzungsphase sowie Wirtschaftlichkeit im Planungsbüro

3. Aufl. 2023

Unter Mitwirkung von: Anne Hackel, Marcus Hackel, Nicole Imdahl, Jan Kehrberg, Stine Kolbert, Ulrich Langen, Deborah Portner, Clemens Schramm, Richard Schwirtz, Benedikt Walter und Regina Zeitner

Hrsg.
Kristin Wellner
TU Berlin
Berlin, Deutschland

Stefan Scholz
Stadtblick GmbH
Hamburg, Deutschland

ISBN 978-3-658-41248-7   ISBN 978-3-658-41249-4   (eBook)
https://doi.org/10.1007/978-3-658-41249-4

Die Deutsche Nationalbibliothek verzeichnet diese Publikation in der Deutschen Nationalbibliografie; detaillierte bibliografische Daten sind im Internet über ▶ http://dnb.d-nb.de abrufbar.

Planung/Lektorat: Karina Danulat
Springer Vieweg ist ein Imprint der eingetragenen Gesellschaft Springer Fachmedien Wiesbaden GmbH und ist ein Teil von Springer Nature.
Die Anschrift der Gesellschaft ist: Abraham-Lincoln-Str. 46, 65189 Wiesbaden, Germany

Vorwort zur 3. Auflage

Wiederum aktuelle Änderungen im Bau- und Architekt*innenrecht sowie neue Einflüsse und Anforderungen beim Planen und Bauen machten eine weitere, nun schon die dritte, Auflage notwendig.

Insbesondere die ▶ Kap. 7, 11, 12, 20 und 21 zu den rechtlichen Themen, also privates Baurecht: Ausschreibung, Vergabe, Vertrag, sowie Haftung und Versicherung wurden grundlegend überarbeitet und auf die neue Rechtslage aktualisiert. Bei den Themen Projektsteuerung, Immobilieninvestition und Finanzierung haben wir die durch die Bauwende eingeforderte umfängliche Nachhaltigkeit von Planen und Bauen sowie den Lebenszyklusgedanken inhaltlich nochmals stärker betont.

Aber auch die aktuell immer wichtiger werdenden Trends Digitalisierung sowie Internationalisierung beim Planen, Bauen und Managen fanden vermehrt Eingang in die neue Auflage. So wurden die internationalen Flächenstandards – IPMS (International Property Measurement Standards) im ▶ Kap. 3 aktualisiert und BIM (Building Information Modeling) als Methode der digitalen Verknüpfung vieler Themen der Planungs- und Bauökonomie mit dem Bauprozess und dem Immobilienmanagement als digitales Schnittstellenthema integriert. Risiko- und Qualitätsmanagement fanden ebenso eine stärkere Verankerung.

Die bewährte Gliederung entlang der Leistungsphasen der HOAI wie auch die Ausrichtung auf die ganzheitliche Ausbildung der Architekt*innen über den gesamten Lebenszyklus wurde beibehalten. Wir wünschen wieder allen Leser*innen viel Erfolg beim Wissensgewinn oder dem Auffrischen, egal ob für das Studium oder die Planungspraxis.

Wir bedanken uns bei allen Erst- und Mit-Autor*innen, die zu dieser Aktualisierung beigetragen haben. Insbesondere danken wir:

- Dipl. Ing. Anne Hackel
- Prof. Dr. Marcus Hackel
- Nicole Imdahl
- Prof. Dr. Jan Kehrberg
- Dipl. Ing. (FH) Stine Kolbert M.Sc. Real Estate Management
- Debora Portner, MSc Arch.
- Prof. Dr. Clemens Schramm
- Richard Schwirtz
- Benedikt Walter LL. M.
- Prof. Dr.-Ing. Regina Zeitner

Kristin Wellner und
Stefan Scholz
Berlin
März 2023

Vorwort zur 1. Auflage

Das vorliegende Lehrbuch ARCHITEKTURPRAXIS BAUÖKONOMIE – Grundlagenwissen für die Planungs-, Bau- und Nutzungsphase, sowie Wirtschaftlichkeit im Architekturbüro wird vom Fachgebiet Planungs- und Bauökonomie/Immobilienwirtschaft am Institut für Architektur an der Technischen Universität Berlin herausgegeben. Es ist das Produkt jahrelanger Erfahrung in der Lehre und soll den ersten gesamtheitlichen Einstieg in die komplexen Aufgaben der Architekt*innen aus planungs- und bauökonomischer Sicht geben. Vor allem ist es eine Fortsetzung der für die Lehre notwendigen Lehrmaterialien am Fachgebiet. Es baut auf den selbstgedruckten Vorausgaben im Eigenverlag auf und ist ein Produkt der Zusammenarbeit vieler Beteiligter und deren langjähriger Erfahrungen in der Praxis und Lehre. Das Buch hat viele „Väter und Mütter". Ein besonderer Dank geht hier an die Kollegen Prof. Dr. Karlheinz Pfarr, Prof. Dr. Manfred Koopmann, Prof. Dr. Sven Gärtner und Prof. Rainer Mertes.

Das Lehrbuch wird von den Autor*innen vorlesungsbegleitend eingesetzt und gibt den ersten gesamtheitlichen Einstieg in die komplexen Aufgaben eines Architekten aus planungs- und bauökonomischer Sich. Außerdem hält es anwendungsbereites Wissen auch für den Berufseinstieg und die ersten Arbeitsjahre bereit. Eine weitere Besonderheit zu ähnlichen Werken ist die Erweiterung um die Inhalte der Immobilienwirtschaft. Diese Erweiterung ist der neuen Ausrichtung und Zusammenführung der bau- und immobilienökonomischen Themen des Fachgebiets seit 2012 geschuldet. Durch die Zusammenführung von bau- mit immobilienökonomischen Inhalten wird den Studierenden ein breiteres Wissen über den gesamten Lebenszyklus von Immobilien geboten. In Verbindung damit stehen neue Arbeitsaufgaben und Einsatzgebiete im späteren Berufsalltag, wie etwa die Projektentwicklung und das Immobilienmanagement. Aber erstes Ziel ist es weiterhin, die interdisziplinäre Ausbildung der Architekt*innen und die Anpassungen an die Anforderungen der Praxis in seiner Gänze darzustellen – wie z. B. Abstimmungen mit den Bauherr*innen, den Planungspartner*innen und Bauausführenden, sowie die Optimierung des Wertes für die Nutzer*innen. Insbesondere soll das Lehrbuch helfen, die verschiedenen Prozesse innerhalb des Lebenszyklus eines Gebäudes nicht mehr losgelöst zu betrachten und bereits bei der Planung die längste Phase des Lebenszyklus – die Nutzung – einzubeziehen.

Durch den gewählten Aufbau werden die Aufgaben der Architekt*innen prozessorientiert im Sinne eines Qualitätsmanagementsystems entlang der Leistungsphasen der HOAI und des Lebenszyklus von Gebäuden dargestellt. Es bietet durch die Ablauforientierung entsprechend der Architekt*innenleistung auch für den Berufseinstieg praktische Hinweise und Arbeitshilfen. Die gewählte Einteilung in Planungs-, Bau- und Nutzungsphase sowie Wirtschaftliches Architekturbüro ist aber nicht unstrittig, da einige Themen, wie bspw. die Flächenermittlung, Kostenermittlung oder Finanzierung, übergreifend über alle Phasen der Planung bzw. der Nutzung von Bedeutung sind. Der vorliegende Aufbau schien für uns nach langer Diskussion der inhaltlich passendste Kompromiss zu sein.

Nächstes Ziel ist es, Übungsaufgaben zu den Vorlesungsveranstaltungen in einem Übungsbuch zusammenzufassen und das Werk regelmäßig auf die aktuellen Entwicklungen anzupassen.

Wir wünschen den Lesern viel Erfolg beim Lernen und Anwenden!

Ihre
Kristin Wellner und Stefan Scholz
Berlin, Januar 2017

Wir danken Ihnen für die Unterstützung bei der Erstellung dieses Buches:

Prof. Dr. Sven Gärtner
Dipl. Ing. Anne Hackel
Prof. Dr. Marcus Hackel
Dr. Jan Kehrberg
Prof. Dr. Manfred Koopmann
Ulrich Langen
Prof. Rainer Mertens
Dr. Ing. Sabine Naber
Prof. Dr. Karl Heinz Pfarr
Debora Portner, MSc Arch.
Prof. Dr. Clemens Schramm
Angela Stengel
Prof. Dr. Regina Zeitner

Ergänzende Materialien und Feedback

Wir freuen uns über Ihre Hinweise und Kritik, damit diese in die neuen Auflagen einfließen können. Die Kontaktdaten finden Sie bequem auf der Website: ▶ https://www.tu.berlin/pbi

Inhaltsverzeichnis

III   Bauphase

IV   Nutzungsphase

V   Wirtschaftliches Architekturbüro

Herausgeber- und Autorenverzeichnis

Über die Herausgeber

Kristin Wellner

Prof. Dr. rer. pol. Kristin Wellner ist seit 2012 auf die Professur „Planungs- und Bauökonomie/Immobilienwirtschaft" der TU Berlin berufen und ist Studiendekanin des Weiterbildungsstudiengangs REM – Master of Science (MSc) in Real Estate Management der TU Berlin. Zuvor begleitete sie zwei Jahre die Juniorprofessur „BWL: Immobilienökonomie" an der Bauhaus-Universität Weimar und vier Jahre die Professur für „Immobilien- und Gebäudemanagement" an der Hochschule Mittweida – University of Applied Sciences in Sachsen.

Vor dem Wechsel an die Hochschule verantwortete Kristin Wellner bei der CREDIT SUISSE ASSET MANAGEMENT Immobilien Kapitalanlagegesellschaft mbH, Frankfurt a. M., das Real Estate Portfolio Management.

Nach einem Studium der Betriebs- und Volkswirtschaftslehre an der Universität Leipzig war Kristin Wellner von 1998 bis 2002 wissenschaftliche Mitarbeiterin am Institut für Immobilienmanagement. In 2002 promovierte sie zum Thema „Entwicklung eines Immobilien-Portfolio-Management-Systems" an der Universität Leipzig, wofür sie den ersten Immobilienforschungspreis 2003 der Gesellschaft für immobilienwirtschaftliche Forschung (gif e. V.) erhielt.

Seit 2004 ist sie im Rahmen verschiedener Aus- und Weiterbildungsstudiengänge Lehrbeauftragte an diversen Hochschulen und Universitäten im In- und Ausland. Des Weiteren engagierte sich Kristin Wellner von 2007 bis 2020 im Bord der ERES European Real Estate Society und von 2007 bis 2022 als Editor in Chief der ZIÖ – Zeitschrift für Immobilienökonomie, dem einzigen wissenschaftlichen Journal der immobilienwirtschaftlichen Forschung in Deutschland. Auch als Dekanin der Fakultät Planen Bauen Umwelt der TU Berlin und als Mitglied im Landesdenkmalrat des Landes Berlin setzt sie sich für die interdisziplinäre Betrachtung und Forschung von nachhaltigen Projektentwicklungen, Planungs- und Bauprozessen sowie Investitionsentscheidungen ein. Ihre Forschung liegt an der Schnittstelle der Planung und Ökonomie, wie bspw. Forschungen zur Nutzungs- und Wohnqualität mit ökonomischem Schwerpunkt.

Stefan Scholz

Dipl. Ing. Architekt Stefan Scholz ist geschäftsführender Gesellschafter bei Stadtblick Architekten in Hamburg. Der Schwerpunkt von Stadtblick Architekten ist der wirtschaftliche Wohnungsbau sowie der Büro- und Schul-/Kindertagesstättenbau. Seit 2010 ist Herr Scholz Lehrbeauftragter für das Themengebiet Bauökonomie und Baurecht an verschiedenen Hochschulen. Seit 2023 verantwortet Herr Scholz die Bauökonomie-Lehre an der HafenCity Universität.

Vorher war der gebürtige Schweriner in Berlin und Moskau für verschiedene Auftraggeber projektleitend tätig. Zu den Hauptauftraggebern und Kooperationspartnern zählten Tchoban Voss Architekten, Speech, agn Generalplaner sowie Planungsbüro Rohling AG.

Darüber hinaus spezialisierte er sich mit einem „Europäischen Diplom Immobilienwirtschaft" bei Eipos e. V. an der TU Dresden. 2003 erhielt Stefan Scholz eine Anerkennung beim Immobilienforschungspreis des gif e. V. (Analyse geometrischer Faktoren zur Optimierung der Wirtschaftlichkeit bei der Revitalisierung innerstädtischer Bürostandorte am Beispiel „Tagesspiegelareal, Berlin").

Die wichtigsten realisierten Projekte von Stefan Scholz sind: Sanierung und Erweiterung des Wasser- und Schifffahrtsamt Kiel-Holtenau (2009); Neubau Martin-Luther-King-Schule in Velbert (2011); Neubau der Union-Bank in Harrislee (2014); verschiedene Neubauten MFH in KFW40-Bauweise in Hamburg (2016–2023); Neubau Ev. Kirche in Hasloh als Holzbau (2017); Neubau Bürogebäude MEGA in KFW55-Bauweise (2023).

Autorenverzeichnis

Anne Hackel

Dipl.-Ing. Anne Hackel studierte Architektur an der Technischen Universität Berlin. Nach ihrem Abschluss bearbeitete sie zunächst Projekte von der Projektentwicklung bis zur Bauüberwachung. Parallel begann sie mit ihrer Tätigkeit in der Immobilienwirtschaft. Seit über 25 Jahren lehrt sie an der TU Berlin und der Berliner Hochschule für Technik im Gesamtfeld der Planungs- und Bauökonomie für Architektur. In diesem Zusammenhang war sie in internationalen Forschungs- und Realisierungsprojekten („Design-Build") in der VR China und in Brasilien involviert. Weitere Tätigkeiten finden sich im Bereich CREM und Bürowirtschaftlichkeit für die international auftretende WINGS/Wismar in Postgraduiertenstudiengängen. Ihren Forschungsschwerpunkt legt Anne Hackel auf das Zusammenwirken von Ökonomie und Architektur und dessen Vermittlung.

Marcus Hackel

Professor Dr.-Ing. Marcus Hackel studierte in Deutschland, Singapur und den USA und ist seit mehr als 25 Jahren als Architekt tätig. Seine Projektarbeit führte ihn von Deutschland unter anderem in die Golfstaaten, nach Südostasien und Ostasien, wo er als Partner 2004 das Architektur- und Stadtplanungsbüro „IBO" – Intercultural Building Organisation (München/Schanghai) gründete.In seiner parallelen Funktion als wissenschaftlicher Mitarbeiter an der Technischen Universität Berlin, als Gastprofessor an der Tianjin University, VR China und als Gastprofessor an der Chulalongkorn Universität, Bangkok, Thailand leitete er internationale Kooperationsprojekte. Unter anderem entstanden so in Südchina und Thailand mit Studierenden aus Deutschland, China und Thailand innovative nachhaltige „Low Cost" Forschungsbauten.

2009 wurde Marcus Hackel zum Professor für „Baudurchführung und Entwerfen" an die Fakultät Gestaltung der Hochschule Wismar berufen. Dort vertritt er parallel zu Inhalten der Bauökonomie und des Baurechts das Fach Entwerfen. Seine Forschung beschäftigt sich mit der Auswirkung der Globalisierung auf die Wettbewerbsfähigkeit deutscher Architektinnen und Architekten und mit dem Marketing für nachhaltige Stadtentwicklung und Architektur. Mit seinen oft interkulturell und auf nachhaltige Entwicklung ausgerichteten Projekten und dem Ausbau des weltweiten Kooperationsnetzwerkes unterstützt er die Internationalisierungsstrategie der Hochschule Wismar.

Nicole Imdahl

Syndikusrechtsanwältin Nicole Imdahl studierte Rechtswissenschaften an der Universität Düsseldorf. Ihren Schwerpunkt legte sie bereits im Studium auf das Bau- und Architektenrecht und verfasste ihre Abschlussarbeit über den anfänglichen Zielkonflikt in Architektenverträgen.

Nachdem sie während des Studiums bereits in einer renommierten Kanzlei im Bereich des Baurechts tätig war, wechselte sie nach dem zweiten Staatsexamen in die Schaden- und Rechtsabteilung der EUROMAF SA, Niederlassung für Deutschland, einem führenden Berufshaftpflichtversicherer für die Haftpflicht von Architekt*innen und Ingenieur*innen.

Dort gehört neben der Schadenbearbeitung auch die Beratung der Versicherungsnehmer*innen zu ihren alltäglichen Aufgaben. Zusätzlich hält Frau Nicole Imdahl regelmäßig Vorträge über haftungsrelevante Themen.

Jan Kehrberg

Hon. Prof. Dr. Jan Kehrberg studierte Mathematik und Rechtswissenschaften an der Christian-Albrechts-Universität zu Kiel. Während des Studiums der Rechtswissenschaften hielt er sich zu Forschungszwecken an der Adam-Mickiewicz-Universität in Poznan und der Karl-Marx-Universität zu Leipzig auf. Von 1992 bis 1995 war Jan Kehrberg wissenschaftlicher Mitarbeiter am Lehrstuhl für Bürgerliches Recht, Neue Rechtsgebiete und Römisches Recht der Christian Albrechts Universität zu Kiel sowie Dekanatsassistenz der Profes. Dres. Jürgen Sonnenschein und Edzard Schmidt-Jorzig. Zwischen 1995 und 1997 war Jan Kehrberg für den juristischen Vorbereitungsdienst des Landes Brandenburg tätig. 1996 promovierte er zum Doktor der Rechte, im Juni 1997 legte er die 2. Juristische Staatsprüfung des Landes Brandenburg ab. Zeitgleich erhielt er die Zulassung zum Rechtsanwalt und ging im Folgenden einer Tätigkeit als Rechtsanwalt und Mitinhaber überörtlicher Sozietäten in Heilbronn, Dresden und Berlin nach. Seit September 2008 ist Jan Kehrberg Partner im Bereich Projects und Public Sector Projektentwicklung der Kanzlei GSK Stockmann in Berlin.

Stine Kolbert

Prof. Dipl. Ing. (FH) Stine Kolbert, M.Sc. Real Estate Management, Architektin.

Stine Kolbert arbeitet seit 2011 als freischaffende Architektin in der Planung, Umsetzung und Steuerung von Neubauvorhaben. Ihr Schwerpunkt liegt in der Planung von Wohnungsbauvorhaben für Baugruppen, Bauträger und Auftraggeber*innen der öffentlichen Hand. Im Jahr 2023 wurde Stine Kolbert zur Professorin für Bau- und Planungsmanagement und Projektentwicklung im Studiengang Architektur der FH Aachen berufen. Seit 2019 lehrte sie Bau- und Planungsökonomie sowie architektonische Grundlagen in den Studiengängen Architektur und Real Estate Management an der TU Berlin.

Stine Kolbert beteiligt sich als Mitglied des Ausschusses für Gesetzte, Normen und Verordnungen der Architektenkammer Berlin und der Bundesarchitektenkammer an aktuellen Diskursen zu Bau- und Planungsrecht. Für eine gute Ausbildung im Architekturberuf engagiert Stine Kolbert sich im Ausschuss für Aus,- Fort und Weiterbildung der Architektenkammer Berlin.

Ulrich Langen

Debora Portner

Debora Portner studierte Architektur an der TU Berlin und schloss das Masterstudium 2015 ab. Dieses richtete sie insbesondere auf bauökonomische und immobilienwirtschaftliche Inhalte aus. Anschließend war sie als wissenschaftliche Mitarbeiterin im Weiterbildungsstudiengang Real Estate Management der TU Berlin tätig. Während des Masterstudiums und neben der wissenschaftlichen Tätigkeit an der TU Berlin arbeitete Debora Portner seit 2013 in der Projektsteuerung. Hier begleitete sie öffentliche Auftraggeber bei Ausschreibungen von komplexen Bauleistungen für wirtschaftlich optimierte, große Wohnbauprojekte. Von 2016 bis 2018 lehrte und forschte sie als wissenschaftliche Mitarbeiterin am Fachgebiet Planungs- und Bauökonomie/Immobilienwirtschaft von Frau Prof. Dr. Wellner und absolvierte die Weiterbildung zur Sachverständigen für die Bewertung von bebauten und unbebauten Grundstücken an der IHK Berlin. Seit 2019 ist sie im Bereich der Projektentwicklung für Bahnhöfe und deren Umfeldentwicklung deutschlandweit bei der DB Station&Service AG tätig.

Clemens Schramm

Nach kaufmännischer Ausbildung und Anstellung in einem Architektur-Antiquariat (London) folgte ab 1988 das Studium der Architektur in Berlin und Paris, Abschluss erfolgte als Dipl.-Ing. 1993. Anschließend war er leitend tätig im Planungs- und Projektmanagement. Ab 1995 Sachverständigentätigkeit zu Abrechnung im Bauwesen und Planerhonorare/-leistungen. Seit 1997 geht er auch vielfältigen Beratungs- und Vortragstätigkeiten nach, insbesondere zu Honorarfragen und der zur Wirtschaftlichkeit in Planungsbüros.

Von 1997–2002 war Clemens Schramm wissenschaftlicher Mitarbeiter im Fachgebiet Planungs- und Bauökonomie an der TU Berlin, Prof. R. Mertes. In dieser Zeit war er zudem Lehrbeauftragter an der TFH Berlin und FH Hannover und lehrte zu allen wirtschaftlichen Fragen rund ums Planen und Bauen. Von 2002–2008 hatte Clemens Schramm eine Professur für Bauwirtschaft und Baubetrieb an der FH Hannover, Fachbereich Architektur und Bauingenieurwesen, inne. Seit 2008 ist er an der Jade Hochschule Oldenburg Professor für Planungs- und Baumanagement. Hier vermittelt er grundlegende ökonomische Handlungskompetenz für Architektinnen und Architekten.

Zahlreiche Veröffentlichungen vor allem zu Fragen der Anwendung und Novellierung der HOAI, zur wirtschaftlichen Büroführung, zu branchenbezogenen Kennzahlen und zur Kalkulation von Planungsleistungen in Fachzeitschriften, u.a. Deutsches Architektenblatt (DAB), Deutsches Ingenieurblatt (DIB), Baurecht (BauR), Immobilien- und Baurecht (IBR), Zeitschrift für deutsches und internationales Bau- und Vergaberecht (ZfBR).

Wesentliche Forschungsaktivitäten: im Jahre 2001 Forschungsstudie für den AHO: „Trenderhebung zur Honorarauskömmlichkeit" mit Prof. Dr. Pfarr. In den Jahren 2002/2003 promovierte Clemens Schramm zum Thema „Störeinflüsse im Leistungsbild des Architekten" (veröffentlicht 2003). Überdies war er Mitglied und Koordinator der Forschungsgemeinschaft „Statusbericht 2000plus Architekten/Ingenieure" (im Auftrage des BMWI, 2002/2003). Seit 2004 Vorsitzender der Praxisinitiative erfolgreiches Planungsbüro (PeP e.V.).

2008 erschien in Buchform: Störungen der Architekten- und Ingenieurleistungen (mit RA H. Schwenker). 2017: Wirtschaftliches Gutachten zum EU-Vertragsverletzungsverfahren in Bezug auf die HOAI. 2020 Buch: Normengerechtes Bauen. Baukosten, Grundflächen und Rauminhalte von Hochbauten nach DIN 276 und DIN 277. 21. Auflage (mit W. Hasselmann). Eine weitere Buchveröffentlichung zum Honorarmanagement/Kalkulation Planungsleistungen ist in Bearbeitung und soll 2023 erscheinen.

Richard Schwirtz

Herr Richard Schwirtz ist Syndikusrechtsanwalt und Abteilungsleiter der Schaden- und Rechtsabteilung der EUROMAF SA, Niederlassung für Deutschland, einem führenden Berufshaftpflichtversicherer für die Haftpflicht von Architekten und Ingenieuren.

Nach seinem Studium der Rechtswissenschaften an der Universität Bielefeld erlangte Richard Schwirtz in 2007 die Zulassung zum Rechtsanwalt und spezialisierte sich während seiner anwaltlichen Tätigkeit auf das Bau- und Architektenrecht. Im Jahre 2010 wechselte Richard Schwirtz in die Versicherungsbranche und war zunächst in der Schaden- und Rechtsabteilung der AIA AG tätig, die im Jahre 2018 auf die EUROMAF SA übertragen wurde. Für die Dienstleistungsgesellschaft für Architekten und Ingenieure mbH, eine Tochtergesellschaft der AIA AG und EUROMAF SA, berät er außerdem zum Honorarrecht.

Unternehmensintern leitet Richard Schwirtz den Fachbereich Entwicklung und Aktualisierung der Versicherungsbedingungen und schult Mitarbeiter regelmäßig zu diesen Themen.

Zudem referiert Richard Schwirtz auf Fachtagungen sowie Seminaren für Hochschulen, Kammern und Verbänden zu berufshaftpflicht- und versicherungsrechtlichen Themen.

Benedikt Walter

Benedikt Walter, LL.M., studierte Rechtswissenschaften an der Freien Universität Berlin. Als studentischer Mitarbeiter war er u.a. im Deutschen Bundestag und als wissenschaftlicher Mitarbeiter bei einer mittelständischen Rechtsanwaltskanzlei tätig. Sein Referendariat absolvierte er am Kammergericht Berlin mit Stationen bei internationalen Groß- und Wirtschaftskanzleien in Hamburg und Frankfurt/Main im Bereich des privaten Bau- und Architektenrechts sowie beim Baurechtsamt eines Berliner Bezirks. Benedikt Walter schloss zugleich den LL.M.-Studiengang „Baurecht und Baubegleitung" an der Philipps-Universität Marburg ab. Seit seiner Zulassung zum Rechtsanwalt im Jahr 2018 ist er in der Wirtschaftskanzlei GSK Stockmann tätig; seit Januar 2023 als Counsel. Benedikt Walter ist spezialisiert auf komplexe Immobilien-Projektentwicklungen und den Industrieanlagenbau. Er begleitet seine Mandanten als Know-how-Träger durch alle Planungs- und Bauphasen ihrer Projekte. Neben der Vertragsgestaltung und der Baubegleitung berät Benedikt Walter zur gerichtlichen und außergerichtlichen Streitbeilegung.

Regina Zeitner

Prof. Dr.-Ing. Regina Zeitner studierte Architektur und promovierte nach mehrjähriger Berufstätigkeit als Architektin im Fachgebiet Planungs- und Bauökonomie an der TU Berlin. Von 2003 bis 2005 hatte sie eine Verwaltungs-Professur im Fachgebiet Bau- und Immobilienwirtschaft an der FH NON inne. Seit 2005 ist sie Professorin für Facility Management an der HTW Berlin sowie seit 2013 Dozentin an der BBA – Akademie der Immobilienwirtschaft e. V. für das Modul Projektentwicklung. Schwerpunkte ihrer Forschung sind Flächenmanagement, Klimaanpassung, Megatrends in der Immobilienwirtschaft und Projektentwicklung im Bestand. Sie ist Gründungsmitglied und Partnerin der Forschungsplattform Center Process Management Real Estate (CC PMRE) und Autorin zahlreiche Marktanalysen und Bücher zu immobilienwirtschaftlichen Themen. Unternehmen der Immobilienwirtschaft und Branchenverbände unterstützt Regina Zeitner in beratender Funktion oder als Beiratsmitglied.

Einführung

Inhaltsverzeichnis

Einführung in die Bauökonomie

Stefan Scholz

© Der/die Autor(en), exklusiv lizenziert an Springer Fachmedien Wiesbaden GmbH, ein Teil von
Springer Nature 2023
K. Wellner und S. Scholz (Hrsg.), *Architekturpraxis Bauökonomie,*
https://doi.org/10.1007/978-3-658-41249-4_1

Inhaltsverzeichnis

1.1 Der*die Architekt*in

Die Architektengesetze der Länder definieren die **Berufsauf-gabe** des*der Architekt*innen in kleinen Abweichungen wie folgt: Berufsaufgabe des*der Architekt*innen ist die *gestaltende, technische und wirtschaftliche* **Planung von Bauwerken.**

gestaltende, technische und wirtschaftliche Planung von Bauwerken

Aber auch *ökologische und soziale Aspekte* sind mit einzubeziehen. Hinzu kommen die Beratung und Betreuung des*der Auftraggeber*in in den mit der Planung und Ausführung eines Bauvorhabens zusammenhängenden Fragen, die koordinierende Lenkung der Planung und Ausführung, sowie die Rationalisierung von Planung und Ausführung.

ökologische und soziale Aspekte

Die Aufgaben des*der Architekt*in:

» Die architektonische Gestaltung, die Qualität der Bauwerke, ihre harmonische Einpassung in die Umgebung, die Achtung vor der natürlichen und städtischen Landschaft sowie vor dem kollektiven und dem privaten Erbe sind von öffentlichem Interesse, daher muss sich die gegenseitige Anerkennung (…) auf qualitative und quantitative Kriterien stützen, die gewährleisten, dass die Inhaber (Architekten) (…) in der Lage sind, die Bedürfnisse der Einzelpersonen, der sozialen Gruppen und des Gemeinwesens im Bereich der Raumordnung, der Konzeption, der Vorbereitung und Verwirklichung von Bauwerken, der Erhaltung und Herausstellung des architektonischen Erbes sowie des Schutzes der natürlichen Gleichgewichte zu verstehen und ihnen Ausdruck zu verleihen. (Architektenrichtlinie der Europäischen Union 10. Juni 1985)

Was heißt das für **Bauherr*innen** und **Auftraggeber*innen?** Welche Merkmale sind also dem Beruf Architekt*in zuzuordnen? Was ist ein*eine **Architekt*in?**

Der*die Architekt*in ist also nicht nur Entwerfer*in oder Künstler*in, sondern viel mehr. Er*sie ist nach Definition der Bundesarchitektenkammer vom 04.10.2000:
- **Treuhänder*in** des*der Auftraggeber*in,
- Hauptverantwortliche*r am Bau,

Treuhänder*in

1

- Koordinator*in im Prozess einer „integrativen Planung",
d. h. er*sie koordiniert alle am Bau beteiligten Fachdisziplinen, z. B. Statik, Gebäudetechnik und Bauphysik,
- Gestalter*in der gebauten Umgebung und
- Garant für die kontrollierte Qualität am Bau, die technische Perfektion, Schadensfreiheit, Wirtschaftlichkeit, Kostensicherheit und Terminsicherheit.

1.2 Der*die Architekt*in und seine*ihre Aufgaben

Die Schwerpunkte der Architekt*innentätigkeit liegen neben der
entwerferischen und planerischen Tätigkeit auch in Bauüberwachung, Baumanagement sowie Kosten- und Terminplanung.

Honorarordnung für Architekten und Ingenieure (§ 34 HOAI)
Honorarordnung für Architekten und Ingenieure (§ 34 HOAI)
Die Vielzahl der Anforderungen an Architekt*innen ergeben
sich unter anderem aus dem Leistungsbild der. **Honorarordnung für Architekten und Ingenieure (§ 34 HOAI)**. Diese ist
in ▣ Abb. 1.1 in den Leistungsphasen und Arten der Architekt*innenleistung dargestellt.

Die **HOAI** ist die wirtschaftliche Grundlage der Architekt*innen, sie bietet die Gewähr, dass Architekt*innen einem
Leistungswettbewerb und nicht einem Preiswettbewerb unterliegen. Die Leistungen, die der*die Architekt*in gegenüber seinen*ihren Auftraggebern als Sachwalter*in und Treuhänder*in
erbringt, sind zum großen Teil geistige Leistungen. Die Planung,
als ständiger Austausch zwischen Planer*innen und Auftraggeber*innen, erfolgt prozessorientiert und ist zum großen Teil geistige Arbeit, die sich nicht wie ein materielles Gut bewerten lässt
und deshalb die Findung einer angemessenen finanziellen Vergütung erschwert. Durch die HOAI ist das Entgelt für die Planung
auf Basis der Baukosten errechenbar, sie ermöglicht so eine „angemessene" Gebührenvereinbarung über geistige Leistungen.

Die verschiedenen Aufgabenfelder eines Projektes können von mehreren Büros erbracht werden. Jede*r Architekt*in arbeitet also in einem, manchmal auch in mehreren,
aber selten in allen Bereichen der zum Beruf gehörenden
Anforderung (▣ Abb. 1.2).

Die herkömmlichen Tätigkeitsfelder der Architekt*innen
sind, unter anderem durch die Öffnung des EU-Binnenmarktes, um einige Leistungsbereiche erweitert worden bzw. es erhalten einige schon immer zum Berufsbild gehörende Aspekte eine neue Gewichtung. Unter anderem zählen hierzu
Bauleitplanung, Kosten und Terminkontrolle, Projektentwicklung, Generalplanung, Projektsteuerung und Baumanagement sowie Baubetreuung und Facility-Management.

Die Ausbildung an den Universitäten sollte nach Meinung des Bund Deutscher Architekten (BDA) über die Entwurfslehre hinaus mehr berufsbezogene und praxisnahe Schwerpunkte enthalten, um die Studierenden besser auf die Anforderungen auf dem Arbeitsmarkt vorzubereiten.

HOAI – Leistungsbild der Architekt*innen (Objektplanung)			Art der Architekt*-innenleistung
Leistungsphasen		Bewertung in %	
1.	**Grundlagenermittlung**		
	Ermitteln der Voraussetzungen zur Lösung der Bauaufgabe durch die Planung	2	
2.	Vorplanung		
	Erarbeiten der wesentlichen Teile einer Lösung der Planungsaufgabe	7	→ Beratungsleistung
3.	Entwurfsplanung		
	Erarbeiten der endgültigen Lösung der Planungsaufgabe	15	
4.	Genehmigungsplanung		
	Erarbeiten und Einreichen der Vorlagen für die erforderlichen Genehmigungen oder Zustimmungen	3	→ Planungsleistung
5.	Ausführungsplanung		
	Erarbeiten und Darstellen der ausführungsreifen Planungslösung	25	
6.	Vorbereitung der Vergabe		
	Ermitteln der Mengen und Aufstellen von Leistungsverzeichnissen	10	→ Koordinierungsleistungen
7.	Mitwirkung bei der Vergabe		
	Ermitteln der Kosten und Mitwirkung bei der Vergabe	4	
8.	Objektüberwachung (Bauüberwachung)		
	Überwachen der Ausführung des Objekts und Dokumentation z. B. von Mängelbeseitigungsfristen	32	→ Überwachungsleistungen
9.	Objektbetreuung		
	Überwachen der Beseitigung von Mängeln und Dokumentation des Gesamtergebnisses	2	

☐ Abb. 1.1 Gliederung der Architekt*innenleistungen nach Phasen und Arten

Während im europäischen Ausland das sogenannte „**Design-and-Build-Verfahren**" weit verbreitet ist, bei dem ein Betrieb Planung und Bauausführung übernimmt, ist in Deutschland noch die Trennung dieser beiden Bereiche weit verbreitet (☐ Abb. 1.3). Eine Zunahme des Design-and-Build-Verfahrens ist mit der weiteren Öffnung des EU-Binnenmarktes zu erwarten. Der Berufsstand Architekt*in unterliegt somit der Gefahr, durch die Abhängigkeit zur Bauindustrie zunehmend zum **Fachplaner*in Entwurf** zu werden.

Dieser Entwicklung sollte der*die Architekt*in entgegentreten können, indem er*sie die wirtschaftlichen Anforderungen

„Design-and-Build-Verfahren"

Fachplaner*in Entwurf

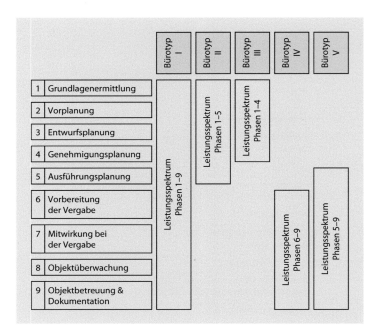

■ **Abb. 1.2**   Leistungsbild des Architekten und Bürotypologie

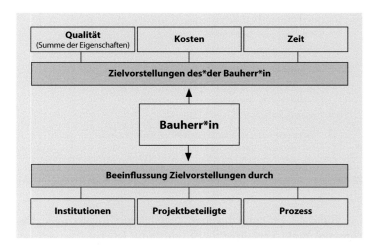

■ **Abb. 1.3**   Ziele: Der Bauherr und sein Objekt

an das Planen und Bauen auch weiterhin kompetent erfüllt und so den sich wandelnden Strukturen des Arbeitsmarktes gewachsen ist. Jede*r Architekt*in sollte sich fragen, welchen Stellenwert er*sie den unterschiedlichen Anforderungen seiner beruflichen Tätigkeit einräumt. Die Beachtung der wirtschaftlichen Prinzipien ist dabei ein wichtiger Aspekt dessen, was Architektur ausmacht.

◘ **Tab. 1.1**   Kritikpunkte von Bauherren/Investoren an der Architektenleistung
Kritikpunkte von Bauherr*innen/Investor*innen an der Architektenleistung
↳ Nichteinhaltung vorgegebener Kostenrahmen
↳ Unwirtschaftliche Planung
↳ Überschreitung der Planungs- und Bauzeit
↳ Mangelhafte Lieferung der Ausführungsplanung
↳ Bauzeitverlängerndes Ausschreibungs- und Vergabeverfahren
↳ Nachtragsforderungen der bauausführenden Betriebe
↳ Mangelhafte Koordination der Fachplanungen
↳ …
Wie reagiert der*die Bauherr*in/Investor*in darauf?
↳ Einschalten von Projektsteuer*innen
↳ Einschalten von Generalplaner*innen
↳ Einschalten von Generalunternehmer*innen
↳ …
Konsequenzen durch bzw. für den*die Architekt*innen?
↳ …
↳ …
↳ … W

◘ Tab. 1.1 gibt ausgewählte Kritikpunkte und Ziele (◘ Abb. 1.4) der Bauherr*innen an der Architekturleistung wieder. Viele dieser Aspekte sind deshalb in diesem Buch thematisiert:

– Nicht zur Abschreckung!
– Nur zur Sensibilisierung!
– Vielleicht zur Rettung des Projektes?

1.3 Architekturleistung aus planungs- und bauökonomischer Sicht

Der*die Architekt*in hat in allen neun **Leistungsphasen der HOAI** wirtschaftliche Tätigkeiten zu erbringen. Neben den Anforderungen an eine wirtschaftliche Planung zählen hierzu in den ersten Leistungsphasen von der Grundlagenermittlung über die Vorentwurfs- und Entwurfsplanung bis zum Einreichen des Bauantrags insbesondere die vorzunehmenden Kostenermittlungen einschließlich der dazugehörigen Leistungen.

1

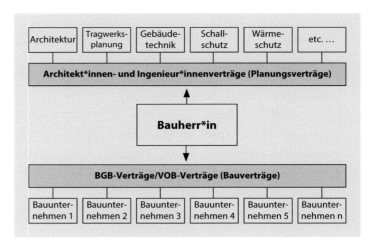

◻ Abb. 1.4   Verträge: Der*die Bauherr*in und sein*ihr Objekt

1.3.1 Leistungsphase 0

Die sogenannte *Leistungsphase 0* stellt keine Leistungsphase nach HOAI dar. Es handelt sich vielmehr um eine Phase vor der eigentlichen Planungsleistung, die der Projektentwicklung zuzuordnen ist. Es ist die Konzept-Ideenphase des*der Investor*in, bei dem die mögliche Investition zunächst geprüft wird.

Kostenrahmen

Um einem*einer Investor*in (Bauherr*in) gegenüber fundierte Aussagen über die Wirtschaftlichkeit und Rentabilität des beabsichtigten Vorhabens schon vor dem eigentlichen Beginn der Planung treffen zu können, ist es notwendig, die Grundlagen und Rahmenbedingungen des Grundstücks und des vorgesehenen Objekttyps in Bezug auf die beabsichtigte Nutzung zu ermitteln. Letztlich muss ein *Kostenrahmen* in der „LEISTUNGSPHASE 0" ermittelt werden, der dem*der Investor*in Überblick über die zu erwartenden Kosten verschafft.

Der Kostenrahmen ist eine erste Kostenaussage auf der Basis eines Nutzungsbedarfsprogramms bzw. eine Verwendung von Kostenkennwerten für Nutzungseinheiten und/oder Flächen.

1.3.2 Leistungsphasen 1–4

Bereits in der *Leistungsphase 1 – Grundlagenermittlung* und vorher während der Projektentwicklung werden Architekt*innen zur Untersuchung der Machbarkeit eines Projektes bzw. einer Projektidee eingeschaltet (siehe Leistungsphase 0). Während der Grundlagenermittlung werden alle Aspekte analysiert, die wesentlichen Einfluss auf die Planung haben. Aus planungsökonomischer Sicht sind dies kostenrelevante Einflüsse, z. B. die Bodenverhältnisse, die zu verwendende Bausubstanz mit ggf. vorhandenen Bauschäden, baurechtliche Einschränkungen der Grundstücksausnutzung oder Altlasten.

Nach diesen grundlegenden Wirtschaftlichkeitsüberlegungen und der Schaffung der Planungsgrundlagen ist in *Leistungsphase 2 – Vorplanung* eine **Kostenschätzung** nach DIN 276 vorzunehmen. Diese basiert auf einer Flächenermittlung nach DIN 277. Gegebenenfalls ist eine Finanzierungsplanung durch den*die Architekt*in aufzustellen.

Kostenschätzung

In *Leistungsphase 3 – Entwurfsplanung* sind neben einer **Kostenberechnung** nach DIN 276 eine Kostenkontrolle und bei Bedarf eine Kostensteuerung durchzuführen. Möglicherweise ist eine Variantenuntersuchung zur Kostenoptimierung oder eine Wirtschaftlichkeitsberechnung anzufertigen.

Kostenberechnung

In *Leistungsphase 4 – Genehmigungsplanung* kann der*die Architekt*in vor allem durch das vollständige Einreichen einer genehmigungsfähigen Planung mit dem Ziel einer möglichst schnellen Erteilung der Baugenehmigung wirtschaftlich handeln.

1.3.3 Leistungsphasen 5–8

Nach Abschluss der Genehmigungsplanung und der Dauer des Genehmigungsverfahrens beginnt die Realisierungsphase des Bauobjektes. Der*die Architekt*in hat hierfür gemäß § 34 HOAI folgende Leistungen zu erbringen:
1. Ausführungs-/Werkplanung *(Leistungsphase 5)*
2. Ausschreibung und Vergabe der Bauleistungen *(Leistungsphase 6 UND 7)*
3. Objektüberwachung und Dokumentation *(Leistungsphase 8)*

In *Leistungsphase 6* erstellt der*die Architekt*in ein bepreistes Leistungsverzeichnis und vergleicht die *Gewerkebudgets* mit der *Kostenberechnung*. In *Leistungsphase 7* erstellt der Architekt den **Kostenanschlag** aus den Angeboten und vergleicht diese mit den Gewerkebudgets, um ggf. steuernd in die Ausführung der Qualitäten einzugreifen. Während der Objektüberwachung wird eine **Kostenfeststellung** die tatsächlich entstandenen Kosten dokumentieren.

Gewerkebudgets
Kostenanschlag
Kostenfeststellung

Während die Aufgaben des*der Architekt*in durch die HOAI geregelt[1] sind, wird in diesem Buch ein weiteres „Instrument" vorgestellt, das die Vertragsbeziehungen zwischen

---

1 Achtung: Die HOAI ist ausschließlich PREISRECHT, vgl. Werkvertragsrecht BGB.

Bauherr*in und Bauunternehmer*in regelt. Hierbei handelt es sich um die VOB *(Vertragsordnung für Bauleistungen).*

Zur VOB sei vorab folgendes angemerkt. Sie …

- ist ein Regelwerk für die Vergabe und Abwicklung von Bauleistungen,
- beruht nicht auf gesetzlicher Grundlage,
- stellt keine Rechtsverordnung dar (im Gegensatz zur HOAI),
- wurde aufgrund der Überlegung entwickelt, dass die Regelungen des Werkvertragsrechtes des BGB für die Abwicklung von Bauprojekten unzureichend sind und auch das AGB diese Lücke nicht vollständig schließen kann,
- ergänzt das BGB und AGB und ist somit dem Zivilrecht zuzuordnen,
- muss in jedem Einzelfall ausdrücklich vereinbart werden.

Die VOB besteht aus drei Teilen:

- Teil A _ Allgemeine Bestimmungen für die *Vergabe* von Bauleistungen
- Teil B _ Allgemeine Bestimmungen für die *Ausführung* von Bauleistungen
- Teil C _ Allgemeine *technische* Vertragsbedingungen für Bauleistungen

1.3.4 Leistungsphase 9

Nach Fertigstellung des Bauvorhabens beginnt die Nutzungsphase. In den ersten Nutzungsjahren erstreckt sich die Leistungsphase 9.

Während der *Leistungsphase 9 – Objektbetreuung* verfolgt der*die Architekt*in die nach der Übergabe auftretenden Baumängel und überwacht deren Nachbesserung. Die Leistungsphase 9 endet mit dem Ablauf der Gewährleistungsfrist.

1.4 Wirtschaftlicher Erfolg des Architekturbüros

Neben den auf das zu planende Objekt gerichteten Tätigkeiten muss der*die Architekt*in auch durch eine wirtschaftliche Handlungsweise den Erfolg des eigenen Büros sicherstellen. Die Kenntnis der Honorargrundlagen, der Honorarermittlung und der Bürokosten sind dafür die zwingend notwendige Grundlage. Diesem Thema widmet sich der letzte Lehrbuchteil.

In ◘ Tab. 1.2 sind die Leistungsbilder je Leistungsphase dargestellt.

Das Leistungsbild gem. Anlage 10 HOAI 2021 (2013).

◘ Tab. 1.2 Das Leistungsbild gem. Anlage 10 HOAI 2021 (2013)

LPH 1 Grundlagenermittlung

Grundleistungen	Besondere Leistungen
a) Klären der Aufgabenstellung auf Grundlage der Vorgaben oder der Bedarfsplanung des Auftraggebers b) Ortsbesichtigung c) Beraten zum gesamten Leistungs- und Untersuchungsbedarf d) Formulieren der Entscheidungshilfen für die Auswahl anderer an der Planung fachlich Beteiligter e) Zusammenfassen, Erläutern und Dokumentieren der Ergebnisse	– Bedarfsplanung – Bedarfsermittlung – Aufstellen eines Funktionsprogramms – Aufstellen eines Raumprogramms – Standortanalyse – Mitwirken bei Grundstücks- und Objektauswahl, -beschaffung und -übertragung – Beschaffen von Unterlagen, die für das Vorhaben erheblich sind – Bestandsaufnahme – Technische Substanzerkundung – Betriebsplanung – Prüfen der Umwelterheblichkeit – Prüfen der Umweltverträglichkeit – Machbarkeitsstudie – Wirtschaftlichkeitsuntersuchung – Projektstrukturplanung – Zusammenstellen der Anforderungen aus Zertifizierungssystemen – Verfahrensbetreuung, Mitwirken bei der Vergabe von Planungs- und Gutachter*innenleistungen

LPH 2 Vorplanung (Projekt- und Planungsvorbereitung)

Grundleistungen	Besondere Leistungen
a) Analysieren der Grundlagen, Abstimmen der Leistungen mit den fachlich an der Planung Beteiligten b) Abstimmen der Zielvorstellungen, Hinweisen auf Zielkonflikte c) Erarbeiten der Vorplanung, Untersuchen, Darstellen und Bewerten von Varianten nach gleichen Anforderungen, Zeichnungen im Maßstab nach Art und Größe des Objekts d) Klären und Erläutern der wesentlichen Zusammenhänge, Vorgaben und Bedingungen (zum Beispiel städtebauliche, gestalterische, funktionale, technische, wirtschaftliche, ökologische, bauphysikalische, energiewirtschaftliche, soziale, öffentlich-rechtliche) e) Bereitstellen der Arbeitsergebnisse als Grundlage für die anderen an der Planung fachlich Beteiligten sowie Koordination und Integration von deren Leistungen f) Vorverhandlungen über die Genehmigungsfähigkeit g) Kostenschätzung nach DIN 276, Vergleich mit den finanziellen Rahmenbedingungen h) Erstellen eines Terminplans mit den wesentlichen Vorgängen des Planungs- und Bauablaufs i) Zusammenfassen, Erläutern und Dokumentieren der Ergebnisse	– Aufstellen eines Katalogs für die Planung und Abwicklung der Programmziele – Untersuchen alternativer Lösungsansätze nach verschiedenen Anforderungen einschließlich Kostenbewertung – Beachten der Anforderungen des vereinbarten Zertifizierungssystems – Durchführen des Zertifizierungssystems – Ergänzen der Vorplanungsunterlagen aufgrund besonderer Anforderungen – Aufstellen eines Finanzierungsplanes – Mitwirken bei der Kredit- und Fördermittelbeschaffung – Durchführen von Wirtschaftlichkeitsuntersuchungen – Durchführen der Voranfrage (Bauanfrage) – Anfertigen von besonderen Präsentationshilfen, die für die Klärung im Vorentwurfsprozess nicht notwendig sind, zum Beispiel – Präsentationsmodelle – Perspektivische Darstellungen – Bewegte Darstellung/Animation – Farb- und Materialcollagen – Digitales Geländemodell

(Fortsetzung)

1

■ **Tab. 1.2** (Fortsetzung)

LPH 3 Entwurfsplanung (System- und Integrationsplanung)

Grundleistungen	Besondere Leistungen
a) Erarbeiten der Entwurfsplanung, unter weiterer Berücksichtigung der wesentlichen Zusammenhänge, Vorgaben und Bedingungen (zum Beispiel städtebauliche, gestalterische, funktionale, technische, wirtschaftliche, ökologische, soziale, öffentlich-rechtliche) auf der Grundlage der Vorplanung und als Grundlage für die weiteren Leistungsphasen und die erforderlichen öffentlich-rechtlichen Genehmigungen unter Verwendung der Beiträge anderer an der Planung fachlich Beteiligter. Zeichnungen nach Art und Größe des Objekts im erforderlichen Umfang und Detaillierungsgrad unter Berücksichtigung aller fachspezifischen Anforderungen, zum Beispiel bei Gebäuden im Maßstab 1:100, zum Beispiel bei Innenräumen im Maßstab 1:50 bis 1:20 b) Bereitstellen der Arbeitsergebnisse als Grundlage für die anderen an der Planung fachlich Beteiligten sowie Koordination und Integration von deren Leistungen c) Objektbeschreibung d) Verhandlungen über die Genehmigungsfähigkeit e) Kostenberechnung nach DIN 276 und Vergleich mit der Kostenschätzung f) Fortschreiben des Terminplans g) Zusammenfassen, Erläutern und Dokumentieren der Ergebnisse	– 3-D oder 4-D Gebäudemodellbearbeitung (Building Information Modelling BIM) – Aufstellen einer vertieften Kostenschätzung nach Positionen einzelner Gewerke – Fortschreiben des Projektstrukturplanes – Aufstellen von Raumbüchern – Erarbeiten und Erstellen von besonderen bauordnungsrechtlichen Nachweisen für den vorbeugenden und organisatorischen Brandschutz bei baulichen Anlagen besonderer Art und Nutzung, Bestandsbauten oder im Falle von Abweichungen von der Bauordnung – Analyse der Alternativen/Varianten und deren Wertung mit Kostenuntersuchung (Optimierung) – Wirtschaftlichkeitsberechnung – Aufstellen und Fortschreiben einer vertieften Kostenberechnung – Fortschreiben von Raumbüchern

LPH 4 Genehmigungsplanung

Grundleistungen	Besondere Leistungen
a) Erarbeiten und Zusammenstellen der Vorlagen und Nachweise für öffentlich-rechtliche Genehmigungen oder Zustimmungen einschließlich der Anträge auf Ausnahmen und Befreiungen, sowie notwendiger Verhandlungen mit Behörden unter Verwendung der Beiträge anderer an der Planung fachlich Beteiligter b) Einreichen der Vorlagen c) Ergänzen und Anpassen der Planungsunterlagen, Beschreibungen und Berechnungen	– Mitwirken bei der Beschaffung der nachbarlichen Zustimmung – Nachweise, insbesondere technischer, konstruktiver und bauphysikalischer Art, für die Erlangung behördlicher Zustimmungen im Einzelfall – Fachliche und organisatorische Unterstützung des Bauherrn im Widerspruchsverfahren, Klageverfahren oder ähnlichen Verfahren

LPH 5 Ausführungsplanung

Grundleistungen	Besondere Leistungen
a) Erarbeiten der Ausführungsplanung mit allen für die Ausführung notwendigen Einzelangaben (zeichnerisch und textlich) auf der Grundlage der Entwurfs – Aufstellen einer detaillierten Objektbeschreibung als Grundlage der Leistungsbeschreibung mit Leistungsprogrammx) und Genehmigungsplanung bis zur ausführungsreifen Lösung, als Grundlage für die weiteren Leistungsphasen	– Aufstellen einer detaillierten Objektbeschreibung als Grundlage der Leistungsbeschreibung mit Leistungsprogramm – Prüfen der vom bauausführenden Unternehmen aufgrund der Leistungsbeschreibung mit Leistungsprogramm ausgearbeiteten Ausführungspläne auf Übereinstimmung mit der Entwurfsplanung[x]

(Fortsetzung)

◘ Tab. 1.2   (Fortsetzung)

LPH 5 Ausführungsplanung	
Grundleistungen	**Besondere Leistungen**
b) Ausführungs-, Detail- und Konstruktionszeichnungen nach Art und Größe des Objekts im erforderlichen Umfang und Detaillierungsgrad unter Berücksichtigung aller fachspezifischen Anforderungen, zum Beispiel bei Gebäuden im Maßstab 1:50 bis 1:1, zum Beispiel bei Innenräumen im Maßstab 1:20 bis 1:1	– Fortschreiben von Raumbüchern in detaillierter Form – Mitwirken beim Anlagenkennzeichnungssystem (AKS) – Prüfen und Anerkennen von Plänen Dritter, nicht an der Planung fachlich Beteiligter auf Übereinstimmung mit den Ausführungsplänen (zum Beispiel Werkstattzeichnungen von Unternehmen, Aufstellungs- und Fundamentpläne nutzungsspezifischer oder betriebstechnischer Anlagen), soweit die Leistungen Anlagen betreffen, die in den anrechenbaren Kosten nicht erfasst sind
c) Bereitstellen der Arbeitsergebnisse als Grundlage für die anderen an der Planung fachlich Beteiligten, sowie Koordination und Integration von deren Leistungen d) Fortschreiben des Terminplans e) Fortschreiben der Ausführungsplanung aufgrund der gewerkeorientierten Bearbeitung während der Objektausführung f) Überprüfen erforderlicher Montagepläne der vom Objektplaner geplanten Baukonstruktionen und baukonstruktiven Einbauten auf Übereinstimmung mit der Ausführungsplanung	[x] Diese Besondere Leistung wird bei Leistungsbeschreibung mit Leistungsprogramm ganz oder teilweise Grundleistung. In diesem Fall entfallen die entsprechenden Grundleistungen dieser Leistungsphase

LPH 6 Vorbereitung der Vergabe	
Grundleistungen	**Besondere Leistungen**
a) Aufstellen eines Vergabeterminplans b) Aufstellen von Leistungsbeschreibungen mit Leistungsverzeichnissen nach Leistungsbereichen, Ermitteln und Zusammenstellen von Mengen auf der Grundlage der Ausführungsplanung unter Verwendung der Beiträge anderer an der Planung fachlich Beteiligter c) Abstimmen und Koordinieren der Schnittstellen zu den Leistungsbeschreibungen der an der Planung fachlich Beteiligten d) Ermitteln der Kosten auf der Grundlage von dem*von der Planer*in bepreister Leistungsverzeichnisse e) Kostenkontrolle durch Vergleich der von dem*von der Planer*in bepreisten Leistungsverzeichnisse mit der Kostenberechnung f) Zusammenstellen der Vergabeunterlagen für alle Leistungsbereiche	– Aufstellen der Leistungsbeschreibungen mit Leistungsprogramm auf der Grundlage der detaillierten Objektbeschreibung[x] – Aufstellen von alternativen Leistungsbeschreibungen für geschlossene Leistungsbereiche – Aufstellen von vergleichenden Kostenübersichten unter Auswertung der Beiträge anderer an der Planung fachlich Beteiligter [x] Diese Besondere Leistung wird bei Leistungsbeschreibung mit Leistungsprogramm ganz oder teilweise Grundleistung. In diesem Fall entfallen die entsprechenden Grundleistungen dieser Leistungsphase

(Fortsetzung)

1

◻ **Tab. 1.2** (Fortsetzung)

LPH 7 Mitwirkung bei der Vergabe

Grundleistungen	Besondere Leistungen
a) Koordinieren der Vergaben der Fachplaner*innen b) Einholen von Angeboten c) Prüfen und Werten der Angebote einschließlich Aufstellen eines Preisspiegels nach Einzelpositionen oder Teilleistungen, Prüfen und Werten der Angebote zusätzlicher und geänderter Leistungen der ausführenden Unternehmen und der Angemessenheit der Preise d) Führen von Bietergesprächen e) Erstellen der Vergabevorschläge, Dokumentation des Vergabeverfahrens f) Zusammenstellen der Vertragsunterlagen für alle Leistungsbereiche g) Vergleichen der Ausschreibungsergebnisse mit den von dem*von der Planer*in bepreisten Leistungsverzeichnissen oder der Kostenberechnung h) Mitwirken bei der Auftragserteilung	– Prüfen und Werten von Nebenangeboten mit Auswirkungen auf die abgestimmte Planung – Mitwirken bei der Mittelabflussplanung – Fachliche Vorbereitung und Mitwirken bei Nachprüfungsverfahren – Mitwirken bei der Prüfung von bauwirtschaftlich begründeten Nachtragsangeboten – Prüfen und Werten der Angebote aus Leistungsbeschreibung mit Leistungsprogramm einschließlich Preisspiegel[x] – Aufstellen, Prüfen und Werten von Preisspiegeln nach besonderen Anforderungen [x] Diese Besondere Leistung wird bei Leistungsbeschreibung mit Leistungsprogramm ganz oder teilweise Grundleistung. In diesem Fall entfallen die entsprechenden Grundleistungen dieser Leistungsphase

LPH 8 Objektüberwachung (Bauüberwachung) und Dokumentation

Grundleistungen	Besondere Leistungen
a) Überwachen der Ausführung des Objektes auf Übereinstimmung mit der öffentlich-rechtlichen Genehmigung oder Zustimmung, den Verträgen mit ausführenden Unternehmen, den Ausführungsunterlagen, den einschlägigen Vorschriften sowie mit den allgemein anerkannten Regeln der Technik b) Überwachen der Ausführung von Tragwerken mit sehr geringen und geringen Planungsanforderungen auf Übereinstimmung mit dem Standsicherheitsnachweis c) Koordinieren der an der Objektüberwachung fachlich Beteiligten d) Aufstellen, Fortschreiben und Überwachen eines Terminplans (Balkendiagramm) e) Dokumentation des Bauablaufs (zum Beispiel Bautagebuch) f) Gemeinsames Aufmaß mit den ausführenden Unternehmen g) Rechnungsprüfung einschließlich Prüfen der Aufmaße der bauausführenden Unternehmen h) Vergleich der Ergebnisse der Rechnungsprüfungen mit den Auftragssummen einschließlich Nachträgen i) Kostenkontrolle durch Überprüfen der Leistungsabrechnung der bauausführenden Unternehmen im Vergleich zu den Vertragspreisen j) Kostenfeststellung, zum Beispiel nach DIN 276 k) Organisation der Abnahme der Bauleistungen unter Mitwirkung anderer an der Planung und Objektüberwachung fachlich Beteiligter, Feststellung von Mängeln, Abnahmeempfehlung für den Auftraggeber l) Antrag auf öffentlich-rechtliche Abnahmen und Teilnahme daran m) Systematische Zusammenstellung der Dokumentation, zeichnerischen Darstellungen und rechnerischen Ergebnisse des Objekts n) Übergabe des Objekts o) Auflisten der Verjährungsfristen für Mängelansprüche p) Überwachen der Beseitigung der bei der Abnahme festgestellten Mängel	– Aufstellen, Überwachen und Fortschreiben eines Zahlungsplanes – Aufstellen, Überwachen und Fortschreiben von differenzierten Zeit-, Kosten- oder Kapazitätsplänen – Tätigkeit als verantwortlicher Bauleiter*in, soweit diese Tätigkeit nach jeweiligem Landesrecht über die Grundleistungen der LPH 8 hinausgeht

(Fortsetzung)

▣ **Tab. 1.2**   (Fortsetzung)

LPH 9 Objektbetreuung

Grundleistungen	Besondere Leistungen
a) Fachliche Bewertung der innerhalb der Verjährungsfristen für Gewährleistungsansprüche festgestellten Mängel, längstens jedoch bis zum Ablauf von fünf Jahren seit Abnahme der Leistung, einschließlich notwendiger Begehungen b) Objektbegehung zur Mängelfeststellung vor Ablauf der Verjährungsfristen für Mängelansprüche gegenüber den ausführenden Unternehmen c) Mitwirken bei der Freigabe von Sicherheitsleistungen	– Überwachen der Mängelbeseitigung innerhalb der Verjährungsfrist – Erstellen einer Gebäudebestandsdokumentation, – Aufstellen von Ausrüstungs- und Inventarverzeichnissen – Erstellen von Wartungs- und Pflegeanweisungen – Erstellen eines Instandhaltungskonzepts – Objektbeobachtung – Objektverwaltung – Baubegehungen nach Übergabe – Aufbereiten der Planungs- und Kostendaten für eine Objektdatei oder Kostenrichtwerte – Evaluieren von Wirtschaftlichkeitsberechnungen

Quellennachweis

Zitierte Literatur

Architektenrichtlinie der Europäischen Union vom 10. Juni 1985
Honorarordnung (2021) für Architekten und Ingenieure vom 12. Juli 2020
    (BGBl. I S. 2392)

Weiterführende, empfohlene Literatur

Möller, D; Kalusche, W: Planungs- und Bauökonomie, Band 1: Grundlagen
    der wirtschaftlichen Bauplanung, 5. Auflage, München/Wien, 2006
Möller, D; Kalusche, W: Planungs- und Bauökonomie, Band 2: Grundlagen
    der wirtschaftlichen Bauausführung, 5. Auflage, München/Wien, 2007
Möller, D; Kalusche, W: Übungsbuch zur Planungs- und Bauökonomie, 5.
    Auflage, München/Wien, 2010

Einführung in die Immobilienwirtschaft

Abgrenzung der Planungs- und Bauökonomie von der Immobilienökonomie

Kristin Wellner

K. Wellner und S. Scholz (Hrsg.), *Architekturpraxis Bauökonomie*, https://doi.org/10.1007/978-3-658-41249-4_2

Inhaltsverzeichnis

Inhalt des Kapitels
Die Immobilienökonomie wird von der Bau- und Planungsökonomie auch hinsichtlich der Entwicklung der Disziplinen abgegrenzt und ihre wichtigsten Inhalte der Beschäftigung werden definiert. 2.1. Abgrenzung der Planungs- und
Bauökonomie von der ImmobilienökonomiePlanungs- und
Bauökonomie

2.1 Abgrenzung der Planungs- und Bauökonomie von der Immobilienökonomie Planungs- und Bauökonomie

Sowohl die **Planungs- und Bauökonomie** als auch die **Immo-**
bilienökonomie sind junge Forschungs- und Lehrgebiete. Im
Vergleich zu den klassischen Wissenschaften sind beide Disziplinen mit ca. 60 bzw. 30 Jahren Bestehen sehr jung. Die
Bauökonomie – damals noch in Verbindung mit dem Baubetrieb – wurde an der TU Berlin durch Prof. Karl-Heinz Pfarr,
Ingenieur und Ökonom, dem „Vater der HOAI", begründet.
Er war der Auffassung, dass neben entwurflicher Gestaltung
und statischer Standsicherheit sowie technischer Ausführung
von Gebäuden auch ökonomische und rechtliche Inhalte in
der Architekturausbildung und Forschung grundlegend wichtig sind (Pfarr 1984; Möller und Kalusche 2012).

Ebenso war die Betrachtung aus der betriebs- und volks-
wirtschaftlichen Perspektive in den 1990er-Jahren eine neue
Sicht auf die Immobiliennutzung und -investition. Zumindest
war sie neu in ihrer Zusammenführung als interdisziplinäre
Lehr- und Forschungsdisziplin der Wirtschaftswissenschaften
im deutschen Sprachraum durch Prof. Karl-Werner Schulte
(o. V. 2015, Titelstory).

Beide Disziplinen sollten nicht voneinander getrennt gesehen werden, betrachten aber die Planung, Erstellung und
Nutzung von Gebäuden aus zwei verschiedenen Blickwin-
keln. Die Planungs- und Bauökonomie versteht sich eher als
Wirtschaftslehre aus Sicht der **Bauherr*innen**, und die **Archi-**
tekt*innen werden als Treuhänder der Bauherr*innen wahrgenommen (vgl. Möller und Kalusche 2012).

Die **Immobilienwirtschaft**, mit sowohl volkswirtschaftli-
cher (= Ökonomie) und betriebswirtschaftlicher (= Management) Basis, versteht sich als „wissenschaftliche Disziplin, die
die Erklärung und Gestaltung realer Entscheidungen von mit
Immobilien befassten Wirtschaftssubjekten zum Gegenstand

Planungs- und
Bauökonomie

Immobilienökonomie

Bauherr*innen

Architekt*innen

Immobilienwirtschaft

2

interdisziplinär

Lebenszyklus

Nutzungsphase

Baubetriebslehre

hat und auf einem interdisziplinären Grundverständnis beruht" (Schulte 2008).

Beide Ansätze müssen somit zwingend **interdisziplinär** sein und sollten die Sicht der verschiedenen an Planung und Bau beteiligten Stakeholder*innen, wie Planer*innen, Bauunternehmer*innen, Eigentümer*innen, Finanzierer*innen, Jurist*innen, Genehmigungsbehörden und insbesondere die künftigen Nutzer*innen, zusammenführen (◘ Abb. 2.4). Der Schwerpunkt der Bauökonomie liegt dabei eher auf den ersten Phasen des **Lebenszyklus** und die der Immobilienökonomie in der **Nutzungsphase**, aber nicht ausschließlich. Insbesondere in der ersten Phase vor der eigentlichen Planung im Sinne des Entwurfs liegt ein großer Überschneidungsbereich in der Findung der Projektidee und deren Umsetzung in der Planung (◘ Abb. 2.2). Dafür ist eine tiefe Analysephase im Vorfeld wichtig, oft auch als „Planung der Planung" oder als „Leistungsphase 0 bzw. -1" bezeichnet. Umfassende Machbarkeitsstudien mit verschiedenen Teilanalysen sind in dieser Phase notwendig.

Die **Baubetriebslehre** ist die dritte wissenschaftliche Disziplin im interdisziplinären Reigen der ökonomischen Betrachtung von Planen, Bauen und Nutzen von Immobilien (◘ Abb. 2.1). Als Betrachtungsgegenstand hat sie das Bauunternehmen und seine wirtschaftlichen Entscheidungen im Rahmen des Bauprozesses. Die Baubetriebslehre ist zumeist in der Ausbildung der Bauingenieur*innen verankert, da sie insbesondere auf die Kosten, Termine und Qualitäten am Bau zur ökonomischen Absicherung der Baumaßnahme fokussiert.

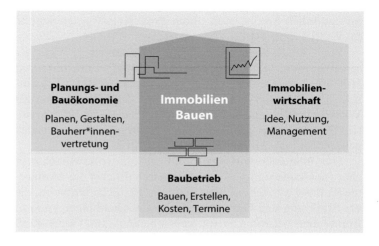

◘ **Abb. 2.1**   Schnittmengen der Planungs- und Bauökonomie, der Immobilienwirtschaft und des Baubetriebs

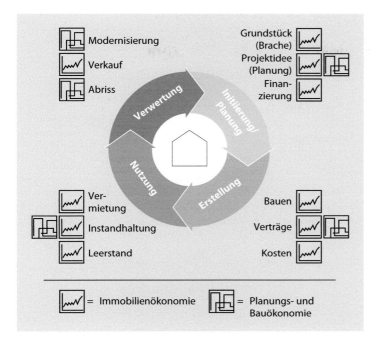

Modernisierung

Verkauf

Abriss

Grundstück
(Brache)

Projektidee
(Planung)

Finan-
zierung

Verwertung

Initiierung/
Planung

Nutzung

Erstellung

Ver-
mietung

Instandhaltung

Leerstand

Bauen

Verträge

Kosten

= Immobilienökonomie

= Planungs- und
Bauökonomie

◘ Abb. 2.2 Abgrenzung der Planungs- und Bauökonomie mit der Immobilienwirtschaft

Die **Wohnungswirtschaftslehre** als Vorreiter der Immobilienwirtschaftslehre, auf die Nutzungsart Wohnen bezogen, muss hier der Vollständigkeit halber noch genannt werden. Sie hat eine lange Tradition und beschäftigt sich hauptsächlich mit der Prognose der Nachfrage am Wohnungsmarkt, staatlicher Interventionen und den Bereitstellungsformen des Sozialguts Wohnen (Jenkis 2001).

Wohnungswirtschaftslehre

2.2 Inhalte der Immobilienökonomie als wissenschaftliche Disziplin

Die **Immobilienökonomie** oder **Immobilienwirtschaftslehre** hat eine klassische interdisziplinäre Zusammensetzung aus Basisdisziplinen der Geistes- und Sozialwissenschaften, der Ingenieurwissenschaften, Rechtswissenschaften u. v. m. Deren Verhältnis ist in ◘ Abb. 2.3 dargestellt. Die drei Disziplinen im Kern bilden die interdisziplinäre Grundlage, die durch die weiteren Disziplinen im äußeren Ring situativ ergänzt werden (vgl. Rottke und Thomas 2011, S. 55).

Die Immobilienwirtschaftslehre baut auf den Annahmen der **Neuen Institutionenökonomik** auf, die von unvollkomme-

Immobilienökonomie

Immobilienwirtschaftslehre

Neuen Institutionenökonomik

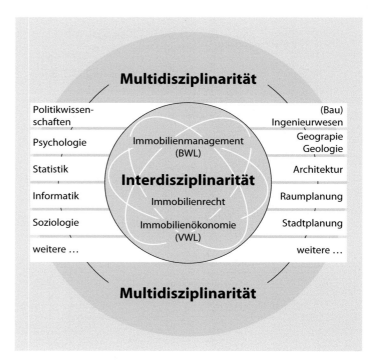

▣ Abb. 2.3 Inhalte einer Fachdisziplin „Immobilienwirtschaftslehre". (Eigene Erstellung nach: Rottke und Thomas 2011, S. 55)

▣ Abb. 2.4 Stakeholder*innen einer Projektentwicklung

nen Märkten, nicht rational handelnden Wirtschaftssubjekten und asymmetrischen Informationsverteilungen am Markt sowie dem Vorhandensein von Transaktionskosten im Gegensatz zur klassischen Markttheorie ausgeht. Dies trifft auf Immobilienmärkte im Besonderen zu. Man beachte z. B. die hohen Grunderwerbssteuern einiger Bundesländer, die Liebhaberei bei Eigennutzung und die besonderen Kenntnisse der Verkäufer*innen gegenüber den Käufer*innen bei Kaufentscheidungen. Aber was ist die ökonomische Definition eines Gebäudes im Verständnis der Immobilienwirtschaftslehre?

Es gibt keine juristische **Definition der Immobilie**, nur das **Grundstück** ist im BGB §§ 94–96 als: „Grund und Boden und darauf befindliche Gebäude" definiert. Der wirtschaftliche Charakter einer **Immobilie** wird nicht durch die Tatsache ihrer Produktion, sondern durch ihre Nutzung begründet (vgl. Schulte 2005). Das Grundstück ist dabei Voraussetzung der Nutzung. Die Immobilie wird ökonomisch als eine „Blackbox" zur Generierung eines **Cashflows** (= Zahlungsstrom) aus Nutzungsentgelten (zumeist **Miete**) gesehen. Raum-Zeit-Einheiten können in Geld-Zeit-Einheiten umgewandelt werden, indem Eigentümer*innen der Immobilie diese dritten Personen zur Nutzung zur Verfügung stellen. Der Vorteil dabei ist, dass Eigentum und Nutzung auseinanderfallen können. Es ist also nicht notwendig, dass die Nutzer*innen das gesamte Kapital für den Bau oder Erwerb einer Immobilie aufbringen, sie können dies auch durch das Nutzungsentgelt (= Miete, Zins) monatlich abzahlen. Das erzeugt einen stetigen **Cashflow**, der im Rahmen der Investitionsbetrachtung, wie in ▶ Kap. 13 näher erläutert, von großer Bedeutung ist. Dafür braucht es Nutzer*innen und Investor*innen sowie Finanzierer*innen. Gebäude werden zum Investitionsobjekt, obwohl sie bei Betrachtung der Nutzungsart Wohnen auch Sozialgut sind und es damit immer wieder zu gesellschaftlichen Konflikten hinsichtlich steigender Mieten und fehlender Wohnungen zumindest an stark nachgefragten Standorten, also urbanen Räumen kommt.

Nicht zuletzt dadurch stehen Immobilien am Kapitalmarkt mit anderen Anlagealternativen in Konkurrenz bezüglich der Höhe und Sicherheit zukünftiger Cashflows sowie deren zeitlicher Verteilung. Das kann eine größere oder geringe Nachfrage nach Immobilieninvestitionen aufgrund externer Entwicklungen unabhängig vom Gebäude selbst oder der Entwicklung der Immobilienkonjunktur bedeuten. Und dabei ist es unerheblich, wie diese Gebäude (Stichwort „Blackbox") gestaltet sind oder welche Eigenschaften sie im Einzelnen besitzen, zumindest auf den ersten Blick.

Grundstück

Immobilie

Cashflow

Miete

2

Nutzungsflexibilität

**Eigentümer*innen/
Investor*innen/
Nutzer*innen**

Stakeholder*innen

Wirtschaftlichkeitsanalysen

Lebenszyklusanalysen

Lebenszyklus

Projektentwicklung

**ganzheitlichen
Nachhaltigkeit**

Partizipation

Nachhaltigkeit

Auf den zweiten Blick ist das jedoch anders. Nur eine auf die (künftigen) Nutzer*innen ausgerichtete Immobilie, die eine hohe **Nutzungsflexibilität** und geringe Instandhaltungs- und Verbrauchskosten hat, ist langfristig nachhaltig und damit auch ökonomisch effizient, und auch Investor*innen würden diese Immobilie einer im Vergleich schlechteren Alternative vorziehen. Diesen Zusammenhang gilt es zu nutzen. Um diese Sicht bereits in die Planungsphase einzubeziehen, ist deshalb eine Zusammenarbeit von Planer*innen und **Eigentümer*innen/Investor*innen/Nutzer*innen**, aber eben auch vielen anderen Beteiligten, den sogenannten **Stakeholder*innen**, wichtig (siehe ◨ Abb. 2.4). Schon bei der Planung müssen umfassende Analysen wie **Wirtschaftlichkeitsanalysen** und **Lebenszyklusanalysen** (LCA und LCC) den gesamten **Lebenszyklus** und möglichst alle externen Effekte betreffenden Einflussgrößen berücksichtigen, um wirklich nachhaltige Entscheidungen treffen zu können. Siehe Wirtschaftlichkeitsanalyse und Lebenszyklusanalyse im ▶ Kap. 13.

Das bedeutet, dass im Rahmen einer **Projektentwicklung** die meisten Parameter der späteren Nutzung gesetzt werden und diese nicht mehr ohne großen Aufwand änderbar sind (siehe ◨ Abb. 13.2). Deshalb ist die sorgfältige und interdisziplinäre Planung so entscheidend – nicht nur für den wirtschaftlichen Erfolg. Das setzt aber ein Verständnis der Beteiligten untereinander voraus. Hinzu kommt der immer stärkere Einfluss von Gruppen, die man nicht ursächlich einer Projektentwicklung zuordnen würde, z. B. die Nachbarschaft und die interessierte Zivilgesellschaft. Welchen Einfluss diese auf Termine und Kosten und auf die eigentliche Realisierbarkeit (Genehmigung und Bauprozess) nehmen können, ist nicht erst seit „Stuttgart 21" bekannt.

Für solche Großprojekte, insbesondere aber auch beim Bauen im Bestand, ist die frühe Einbindung des Umfelds über moderierte Bürgerbeteiligungsmodelle notwendig. Es hilft nicht, gestalterisch anspruchsvolle und stadtplanerisch verträgliche Objekte zu planen, wenn diese bei der Bevölkerung nicht ankommen und von den Nutzer*innen nicht angeeignet werden. In diesem Zusammenhang kommt den langfristig planenden Investor*innen (im Gegensatz zu Investor*innen mit kurzfristigen Gewinnerwartungsinteressen) eine besondere Rolle in der Projektentwicklung zu. Sie vertreten im Rahmen der ökonomisch gleichgerichteten Ziele (nachhaltige Erträge aus langfristigen Nutzungen) die Sicht der Nutzer*innen, die sich von der Sicht der Bauherr*innen und Architekt*innen unterscheiden kann.

Ideal im Sinne einer **ganzheitlichen Nachhaltigkeit** wäre eine Gleichschaltung der Ziele durch eine moderierte **Partizipation** aller Beteiligten.

Quellennachweis

Jenkis, Helmut: Kompendium der Wohnungswirtschaft, 4. Auflage. München 2001.

Möller, Dietrich-Alexander; Kalusche, Wolfdietrich (Hrsg.): Planungs- und Bauökonomie: Wirtschaftslehre für Bauherr*innen und Architekt*innen (Bauen und Ökonomie), 6. vollst. überarb. Auflage, 2012.

o. V.: Meilensteine, in: immobilienmanager 10/2015, Titelstory, S. 16.

Pfarr, Karlheinz: Grundlagen der Bauwirtschaft, Essen 1984.

Rottke, Nico; Thomas, Matthias (Hrsg.): Immobilienwirtschaftslehre, Band 1: Management, Köln, 2011.

Schulte, Karl-Werner (Hrsg.): Immobilienökonomie – Betriebswirtschaftliche Grundlagen, Band 1, 4. Auflage, München, 2008.

Schulte, Karl-Werner u. a. (Hrsg.): Handbuch Immobilien-Investition, 2., vollst. überarb. Aufl., Köln, 2005.

Planungsphase

Inhaltsverzeichnis

Flächenmanagement

Regina Zeitner

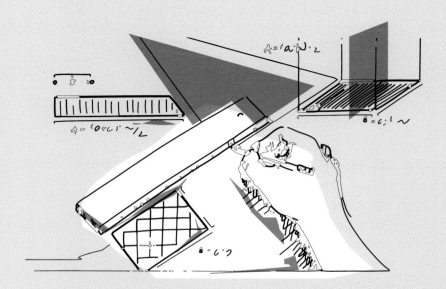

Inhaltsverzeichnis

© Der/die Autor(en), exklusiv lizenziert an Springer Fachmedien Wiesbaden GmbH, ein Teil von
Springer Nature 2023
K. Wellner und S. Scholz (Hrsg.), *Architekturpraxis Bauökonomie*,
https://doi.org/10.1007/978-3-658-41249-4_3

3.1 Einleitung

Flächenmanagement ist eine der wichtigsten Aufgaben in der Immobilienwirtschaft. Ziel dieses Kapitels ist, für die Komplexität dieser Aufgabe zu sensibilisieren, die verschiedenen Zielgruppen und Flächenermittlungsarten vorzustellen und Hinweise zu den geltenden Normen und Richtlinien zu geben. Auch wenn im Rahmen dieser Veröffentlichung nicht näher auf die Notwendigkeit des CAD und CAFM eingegangen wird, muss hervorgehoben werden, dass ein effizientes Flächenmanagement ohne eine angemessene IT-Unterstützung nicht möglich ist.

Flächenangaben sind die entscheidenden Grundlagen für die wirtschaftliche Betrachtung einer Immobilie. Sie dienen u. a. zur Aufstellung des Raumprogramms, zur Kalkulation von Baukosten sowie zur Ermittlung der Einnahmen und der Bewirtschaftungskosten.

Insbesondere für die gewerbliche Immobilienwirtschaft sind die Themen **Flächenstandards**, -flexibilität und -effizienz von Bedeutung. Architekt*innen sind hier in ihrer ganzen Kompetenz gefordert.[1]

Flächenstandards

3.2 Leistungsbild Flächenmanagement

Das übergreifende Leistungsbild des **Flächenmanagements** umfasst die quantitativ und qualitativ optimierte Ausnutzung aller Flächen einer Immobilie. Ziel ist eine höhere **Flächeneffizienz** und die damit einhergehende steigende Wertschöpfung und auch Ressourcenschonung. Es gibt ein breites Leistungsspektrum, das im folgenden Kapitel aus der Sicht der unterschiedlichen Beteiligten beschrieben wird.

Flächenmanagements

Flächeneffizienz

---

1 Dieses Kapitel entstand in Zusammenarbeit mit Michael Marchionini, Günter Neumann und Heike Irmscher.

3.3 Ziele/Zielgruppen

Das Flächenmanagement umfasst nach DIN 32736 „(...) das Management der verfügbaren Flächen im Hinblick auf ihre Nutzung und Verwertung" (DIN 32736 2000, 7). Dabei wird unterschieden in

- nutzerorientiertes Flächenmanagement (z. B. Planung von Belegungsprozessen)
- anlagenorientiertes Flächenmanagement (z. B. Verknüpfung von raumbezogenen Nutzungsanforderungen mit den Leistungen des technischen Gebäudemanagements)
- immobilienwirtschaftlich orientiertes Flächenmanagement (z. B. Verknüpfung von Flächen und Räumen zu vermietbaren Einheiten)
- serviceorientiertes Flächenmanagement (z. B. Planung und Abrechnung flächen- bzw. raumbezogener Reinigungsleistungen)
- Dokumentation und Einsatz informationstechnischer Systeme

Wertschöpfung

Flächen bilden die Basis jeglicher **Wertschöpfung.** Flächenmanagement führt dazu, die Flächeneffizienz für Investor*in und Mieter*in/Nutzer*in zu steigern und nachhaltig sicherzustellen.

Durch die steigenden Kosten für die Flächenbereitstellung und die Flächenbewirtschaftung und der zunehmenden Ressourcenknappheit hat die Optimierung des Verhältnisses zwischen flächenbedingten Kosten und der Wertschöpfung aus der Fläche eine hohe Bedeutung. Flächenmanagement hat das Ziel

- einer Erhöhung der Wertschöpfung auf gleichbleibender Fläche (z. B. durch Nutzung bisher brachliegender Flächen, Anpassung der Flächen an den aktuellen Bedarf oder Verdichtung der auf der Fläche befindlichen Arbeitsplätze) oder
- der Verringerung der Fläche bei gleichbleibender Wertschöpfung (z. B. durch Flächenverdichtung, flexible Arbeitsformen wie Desk Sharing, Office Hoteling, Co-Working oder Homeoffice sowie die Rückgabe bisher belegter, aber ungenutzter Flächen) oder
- einer Kombination aus beiden Ansätzen.

Dabei kommt es nicht selten zu Zielkonflikten zwischen z. B. Investor*in (Kapitalanleger*in), Kommune (Planungshoheit) und Mieter*in (Gebäude als Betriebsmittel). Deshalb ist die

Akzeptanz der einzelnen Akteur*innen (Zielgruppen) von großer Bedeutung für das gegenseitige Verständnis und damit den Projekterfolg (Gebäude als Betriebsmittel).

Die wesentlichen Akteur*innen sind

- **Politik/Verwaltung**: Die Politik erfüllt einen Versorgungsauftrag. Dabei versucht sie, Anforderungen von Investor*innen und städtebauliche Aspekte in Baurecht umzusetzen, z. B. durch die Festsetzung von Baumassen und Flächen. Das besondere Städtebaurecht ermöglicht es der Kommune, den Umgang mit dem städtebaulichen Bestand, mit der Stadtgestalt und baulichen Eigenheiten bestimmter Räume wie Denkmalschutz oder Stadtumbau auch gegen Interessen von Investor*innen durchzusetzen.   **Politik/Verwaltung**

- **Projektentwickler*in**: Der*die Projektentwickler*in ist bestrebt, Baurecht und Marktanforderungen optimal zu verbinden. Die Wertschöpfung liegt für ihn*sie in der generierten vermarktbaren Fläche. Bei einer Projektentwicklung werden die Faktoren Standort, Projektidee und Kapital so miteinander kombiniert, dass einzelwirtschaftlich wettbewerbsfähige sowie gesamtwirtschaftlich verträgliche Immobilienobjekte entstehen.   **Projektentwickler*in**

- **Investor*in** (Kapitalanleger*in): Für den*die Investor*in ist das Gebäude eine Kapitalanlage. Die Wertschöpfung erfolgt über die Fläche (Verkauf/Vermietung). Deshalb wird versucht, sowohl die Anforderungen des Marktes bestmöglich zu erfüllen (z. B. durch wirtschaftliche Raumkonzepte mit entsprechenden Achsrastern) als auch einen möglichst großen Teil der Brutto-Grundfläche (BGF) als vermarktbare Fläche (z. B. Mietfläche nach MFG) auszuweisen.   **Investor*in**

- **Investor*in** (Eigennutzer*in): Im Unterschied zum*zur Kapitalanleger*in nutzt der*die Investor*in das Gebäude selbst für den Betrieb seines*ihres Kerngeschäfts. Es ist also schwerpunktmäßig Betriebsmittel. Die bereitzustellenden Flächen orientieren sich dabei an den Anforderungen des Kerngeschäfts.

- **Architekt*in**: Der*die Architekt*in setzt die Wünsche des*der Investor*in (Bauherr*in) unter Beachtung der baurechtlichen Vorgaben sowie unter Ausnutzung des Baurechts funktional, technisch, gestalterisch und wirtschaftlich um.   **Architekt*in**

- **Mieter*in/Nutzer*in**: Für den*die gewerbliche*n Mieter*in/ Nutzer*in ist die angemietete oder eigene Immobilie Betriebsmittel. Ihre primäre Funktion ist die Erfüllung der Anforderungen des Kerngeschäfts bei maximaler Flexibilität und einem minimalen Flächenverbrauch pro Arbeitsplatz.   **Mieter*in/Nutzer*in**

3

Dienstleister*in

— **Dienstleister*in**: Für den*die Dienstleister*in – ob aus dem Asset, Property oder Corporate Real Estate bis hin zum Facility-Management – ist die Fläche Grundlage der Wertschöpfung, da ein Großteil seiner*ihrer Leistungen auf der Fläche erbracht bzw. über die Fläche verrechnet wird.

3.4 Flächenermittlungsarten

Flächenermittlungsarten

In Deutschland existieren verschiedene **Flächenermittlungsarten**, die teilweise für unterschiedliche Zielgruppen entwickelt wurden. Im Folgenden werden die Flächenermittlungsarten nach der Reihenfolge ihres Einsatzes im immobilienwirtschaftlichen Prozess erläutert. Im Anschluss wird ein länderübergreifendes Regelwerk vorgestellt, das der Internationalisierung der Immobilienwirtschaft Rechnung trägt.

Generell benötigt der*die Bauherr*in folgende Flächenangaben zur Beurteilung der Wirtschaftlichkeit seines oder ihres Bauvorhabens (vgl. ❏ Abb. 3.1).

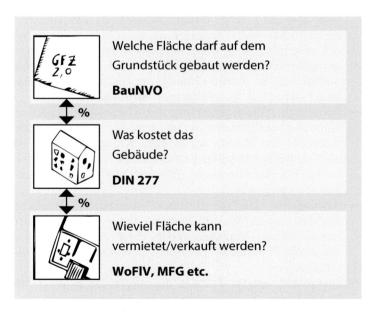

❏ **Abb. 3.1**   Vom Baurecht zur vermietbaren Fläche

3.4.1 Verordnung über die bauliche Nutzung von Grundstücken (Baunutzungsverordnung – BauNVO), (11/2017)

Die Kenntnis der Baunutzungsverordnung (BauNVO) ist für Architekt*innen von entscheidender Bedeutung, denn hier wird insbesondere über die **Grundflächenzahl** (GRZ) und die **Geschossflächenzahl** (GFZ) festgelegt, wie viel Fläche (von Gebäuden/baulichen Anlagen) auf einem Baugrundstück realisiert werden kann. Das ist nicht nur für den Neubau von Interesse, sondern auch für die Nachverdichtung im Bestand. Die GFZ gibt an, wie viel m^2 Geschossfläche je m^2 Grundstücksfläche zulässig ist (vgl. ◘ Abb. 3.2a, b), die GRZ, wie viel m^2 Grundfläche je m^2 Grundstücksfläche zulässig ist (vgl. ◘ Abb. 3.2a, b). Zu beachten ist, dass jeweils die BauNVO gilt, die zum Zeitpunkt der öffentlichen Auslegung des betreffenden Bebauungsplans (B-Plan) nach § 3 (2) Baugesetzbuch (BauGB) in Kraft ist.

Grundflächenzahl

Geschossflächenzahl

GRZ

3.4.2 DIN 277, Grundflächen und Rauminhalte im Hochbau (08/2021)

Die **Flächen und Rauminhalte**, die über DIN 277 ermittelt werden, dienen als Basis für den Vergleich von Bauwerken und Grundstücken. Über diese Kennwerte erfolgt die **Koste-**

Flächen und Rauminhalte

Kostenermittlung

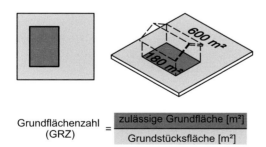

$$\frac{\text{Grundflächenzahl}}{\text{(GRZ)}} = \frac{\text{zulässige Grundfläche [m}^2\text{]}}{\text{Grundstücksfläche [m}^2\text{]}}$$

Darstellung der Grundflächenzahl:

Dezimalzahl, z. B. 0,4
oder
GRZ mit Dezimalzahl, z. B. GRZ 0,4

Beispiel:

Grundstücksfläche: 600 m² | GRZ 0,3
zulässige Grundfläche = 600 m² x 0,3 = 180 m²

◘ **Abb. 3.2a** Berechnung der **GRZ**

3

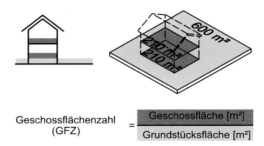

$$\text{Geschossflächenzahl} \atop (GFZ) = \frac{\text{Geschossfläche [m²]}}{\text{Grundstücksfläche [m²]}}$$

Darstellung der Geschossflächenzahl:
Dezimalzahl im Kreis, als Höchstmaß, z. B. (0,7)
als Mindest- und Höchstmaß, z. B. (0,5) bis (0,7)
oder
GFZ mit Dezimalzahl, als Höchstmaß, z. B. GFZ 0,7
als Mindest- und Höchstmaß, z. B. GFZ 0,5 bis 0,7

Beispiel:
Grundstücksfläche: 600 m² | GFZ 0,7
zulässige Grundfläche = 600 m² x 0,7 = 420 m²

◘ **Abb. 3.2b**   Berechnung der **GFZ**

nermittlung nach (DIN 276, 2018) und (DIN 18960, 2020). „Die nach diesem Dokument ermittelten Flächen und Rauminhalte können auch für andere Zwecke (z. B. die Festlegung der Wohnfläche oder der Mietfläche) verwendet und den dafür erforderlichen Ermittlungen zugrunde gelegt werden. Eine Bewertung der Flächen und Rauminhalte im Sinne der entsprechenden Vorschriften nimmt die Norm jedoch nicht vor" (DIN 277, 2021, 4).

Brutto-Grundfläche

Brutto-Rauminhalt

In der Regel erfolgt die erste Kostenschätzung über die **Brutto-Grundfläche (BGF)** und/oder den **Brutto-Rauminhalt (BRI).**

Das intensive Studium der DIN 277 ist für Architekt*innen zwingend notwendig. Leider liest und hört man häufig den Begriff Bruttogeschossfläche anstatt Brutto-Grundfläche. Dies ist falsch, und man ist ganz sicher nicht überkorrekt, wenn man darauf hinweist, dass der Begriff Geschossfläche ein Terminus aus der BauNVO ist und Fachbegriffe überdies richtig verwendet und geschrieben werden sollten. In der Regel reicht die Verwendung der Abkürzung BGF aus, damit befindet man sich immer auf der sicheren Seite. Im Folgenden werden die Flächen mit den geläufigen Abkürzungen aus der (DIN 277, 2021) verwendet (vgl. ◘ Abb. 3.3).

Grundflächen des Bauwerks

Die **Grundflächen des Bauwerks** werden nach folgendem Schema gegliedert:

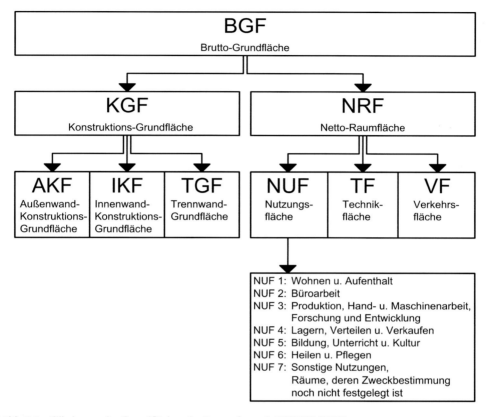

▣ **Abb. 3.3**   Gliederung der Grundflächen des Bauwerks nach DIN 277 (2021)

Die BGF erfasst die Gesamtfläche aller Grundrissebenen eines Bauwerks, dies bezieht selbstverständlich die Untergeschosse mit ein.

Nicht zur BGF gehören:

- „Flächen von außerhalb des Bauwerks befindlichen Baukonstruktionen (z. B. Terrassen, Treppen, Rampen, Höfe), die an das Bauwerk anschließen, aber nicht mit ihm konstruktiv fest verbunden sind;
- Lufträume (z. B. von Atrien und in Galeriegeschossen, Deckenöffnungen, Treppenaugen) mit einem lichten Querschnitt >1,0 m²;
- Aufstellflächen und Zugangswege für technische Anlagen auf dem Bauwerk (z. B. Photovoltaikanlagen, Wärmetauscheraggregate, Lüftungsgeräte);
- Flächen, die ausschließlich der Wartung, Inspektion und Instandsetzung von Baukonstruktionen und technischen Anlagen dienen (z. B. fest installierte Dachleitern und Dachstege, Wartungsstege in Hohlräumen über abge-

hängten Decken, Flächen in Hohlräumen von Installationsdoppelböden, Kriechgänge);
- Flächen in Dachräumen, die keinen Zugang haben, nicht begehbar oder aus anderen Gründen nicht nutzbar sind;
- Flächen in Hohlräumen von Kaltdachkonstruktionen;
- Flächen in Lichtschächten, Luftschächten und Montageschächten, die außen am Bauwerk liegen." (DIN 2021, 10–11)

„Für die Ermittlung der **BGF** sind die äußeren Maße der Baukonstruktionen einschließlich Bekleidung (z. B. Außenseite von Putzschichten, mehrschaligen Wandkonstruktionen) in Höhe der Oberkanten der Boden- oder Deckenbeläge anzusetzen" (DIN 277, 2021, 10).

Konstruktions-Grundfläche

Durch die Untergliederung der **Konstruktions-Grundfläche (KGF)** in die
- Außenwand-Konstruktions-Grundfläche (AKF)
- Innenwand-Konstruktions-Grundfläche (IKF)
- Trennwand-Grundfläche (TKF)

wird die Verbindung zur DIN EN 15221-6 hergestellt, dem Aufbau der Kostengruppen nach DIN 276 Rechnung getragen und die Möglichkeit gegeben, im Sinne der MFG die Mietfläche ohne die konstruktiv nicht notwendigen Wände zu ermitteln.

Aus der Differenz der BGF mit den Teilflächen der KGF ergeben sich folgende Flächen:
- BGF − AKF = IGF (Innen-Grundfläche)
- IGF − IKF = NGF (Netto-Grundfläche)
- NGF − TGF = NRF (Netto-Raumfläche)

Grundflächen und Rauminhalte sind je nach ihrer unterschiedlichen Raumumschließung getrennt zu ermitteln, dabei gibt es folgende Differenzierung:
- Regelfall der Raumumschließung (R): Dies sind Bereiche des Bauwerks, die überdeckt und allseitig in voller Höhe umschlossen sind (z. B. Innenräume), sie können aber auch mit dem Außenklima verbunden sein (z. B. Rollgitter in Garagen).
- Sonderfall der Raumumschließung (S): Dies sind Bereiche des Bauwerks, die nicht in allen Begrenzungsflächen (Boden, Decke, Wand) vollständig umschlossen sind (z. B. Loggien, Dachterrassen, unterbaute Innenhöfe).

KGF, die zwischen den Bereichen R und S liegt (z. B. die Wand zwischen Wohnraum und Balkon), ist dem Bereich R zuzuordnen." (DIN 277, 2021, 12).

Grundflächen und Rauminhalte sind darüber hinaus getrennt nach Grundrissebenen (z. B. Geschosse) und getrennt nach unterschiedlichen Höhen (z. B. Atrium) zu ermitteln (vgl. ◘ Abb. 3.4a, b).

„Der BRI wird von den äußeren Begrenzungsflächen des Bauwerks umschlossen, die von den Gründungsflächen, den Außenwänden und den Dächern gebildet werden. Der BRI ist aus den BGF und den dazugehörigen Höhen zu ermitteln. Als Höhen gelten die vertikalen Abstände zwischen den Oberkanten der Boden- oder Deckenbeläge im jeweiligen Geschoss bzw. bei Dächern die Oberkanten der Dachbeläge. werden." (DIN 277, 2021, 12) (vgl. ◘ Abb. 3.4a, b).

„Nicht zum BRI gehören die Rauminhalte von folgenden Elementen:

- Einzel-, und Streifenfundamente, Tiefgründungen;
- Lichtschächte, Luftschächte und Montageschächte mit einem Volumen von $\leq 1,0 \text{ m}^3$, die außen am Bauwerk liegen;
- Eingangsüberdachungen;
- Dachüberstände, soweit sie nicht Überdeckungen für Rauminhalte des Bereichs (S) (…) darstellen;
- auskragende Sonnenschutzanlagen;
- Schornsteinköpfe, Lüftungsrohre oder Lüftungsschächte, die über den Dachbelag hinausreichen;

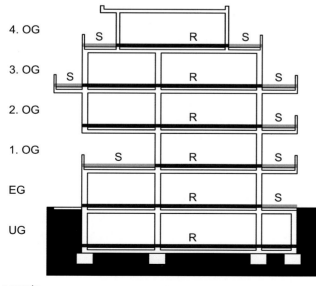

◘ **Abb. 3.4a** Getrennte Ermittlung der BGF entsprechend der Raumumschließungen

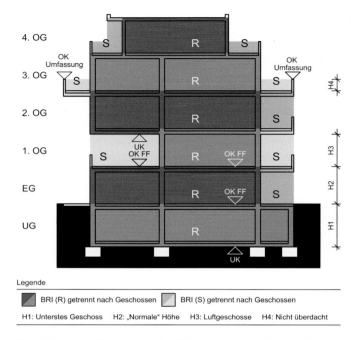

◨ Abb. 3.4b Ermittlungsregeln des BRI mit den dazugehörigen Höhen

— Dachaufbauten (z. B. Dachgauben, Dachoberlichter, Lichtkuppeln) mit einem Volumen von $\leq 1,0$ m^3;
— untergeordnete Bauteile wie konstruktive und gestalterische Vorsprünge an Außenwänden (z. B. Lisenen, Pilaster, Gesimse)." (DIN 277, 2021, 12–13)

3.4.3 Verordnung zur Berechnung der Wohnfläche (Wohnflächenverordnung – WoFlV) (11/2003)

Wohnfläche

Die **Wohnfläche** ist die entscheidende Kennzahl zur Bestimmung der Wirtschaftlichkeit von Wohnungsbauten. Sie dient u. a. der Ermittlung von Miet- und Kaufpreisen, des Immobilienwerts, der Betriebskosten und der Modernisierungsumlagen. Wenn nach dem Wohnraumförderungsgesetz die Wohnfläche berechnet wird, sind die Vorschriften der WoFlV zwingend anzuwenden. Allerdings steht es auch allen anderen Vermieter*innen frei, die vermietete Fläche vertraglich nach der WoFlV festzulegen. Dies ist juristisch vorteilhaft, da sich ein Großteil der Rechtsprechung auf die in der WoFlV definierte Wohnfläche bezieht.

In der WoFlV findet eine Ermittlung und eine **Bewertung der Flächen** statt. So gehen z. B. Flächen von Balkonen oder Flächen, die unter 2,00 m Höhe aufweisen, nur anteilig in die Ermittlung der Flächen ein.

Bewertung der Flächen

Die Wohnfläche einer Wohnung umfasst nach § 2 der WoFlV „(…) die Grundflächen der Räume, die ausschließlich zu dieser Wohnung gehören. Die Wohnfläche eines Wohnheims umfasst die Grundflächen der Räume, die zur alleinigen und gemeinschaftlichen Nutzung durch die Bewohner bestimmt sind" (WoFlV 2003, § 2).

„Zur Wohnfläche gehören auch die Grundflächen von
- Wintergärten, Schwimmbädern und ähnlichen nach allen Seiten geschlossenen Räumen sowie
- Balkonen, Loggien, Dachgärten und Terrassen,

wenn sie ausschließlich zu der Wohnung oder dem Wohnheim gehören." (WoFlV 2003, § 2).

„Zur Wohnfläche gehören nicht die Grundflächen folgender Räume:
- Zubehörräume, insbesondere Kellerräume, Abstellräume und Kellerersatzräume außerhalb der Wohnung, Waschküchen, Bodenräume, Trockenräume, Heizungsräume und Garagen,
- Räume, die nicht den an ihre Nutzung zu stellenden Anforderungen des Bauordnungsrechts der Länder genügen, sowie
- Geschäftsräume." (WoFlV 2003, § 2)

Die Anrechnung der Grundflächen erfolgt nach folgenden Vorgaben:
„Die Grundflächen
1. von Räumen und Raumteilen mit einer lichten Höhe von mindestens zwei Metern sind vollständig,
2. von Räumen und Raumteilen mit einer lichten Höhe von mindestens einem Meter und weniger als zwei Metern sind zur Hälfte,
3. von unbeheizbaren Wintergärten, Schwimmbädern und ähnlichen nach allen Seiten geschlossenen Räumen sind zur Hälfte,
4. von Balkonen, Loggien, Dachgärten und Terrassen sind in der Regel zu einem Viertel, höchstens jedoch zur Hälfte." (WoFlV 2003, § 4)

3

Mietfläche für gewerblichen Raum

3.4.4 Richtlinien der Gesellschaft für Immobilienwirtschaftliche Forschung e. V. (gif)

3.4.4.1 Richtlinie zur Berechnung der Mietfläche für gewerblichen Raum (MFG) (6/2017)

Die MFG gilt mittlerweile als Standard für die Definition der Mietfläche von gewerblich vermieteten oder genutzten Gebäuden. Ziel dieser Richtlinie ist, „(…) dass eine Veränderung des Zuschnitts von Mieteinheiten innerhalb eines Gebäudes keine Auswirkungen auf die Gesamtmietfläche des Gebäudes hat" (MFG 2017, 4).

Als Ausgangspunkte der nach MFG definierten Flächenarten dient die BGF (nach DIN 277–1 2016; vgl. ◘ Abb. 3.5).

3.4.4.2 Richtlinie zur Berechnung der Verkaufsfläche im Einzelhandel (MF/V) (5/2012)

Verkaufsfläche im Einzelhandel

„Die MF/V definiert die Verkaufsfläche innerhalb und außerhalb von Gebäuden, die ganz oder teilweise dem Einzelhandel zuzurechnen sind und legt fest, welche dieser Flächen als Verkaufsfläche auszuweisen sind." (MF/V 2012, 5) Basis der

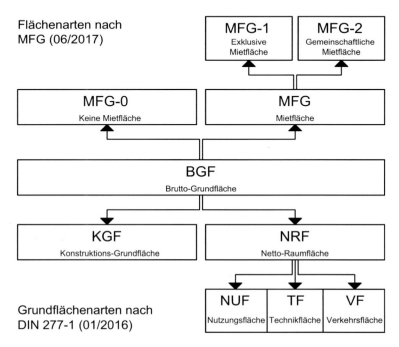

◘ **Abb. 3.5** Flächenarten nach MFG. (Eigene Abbildung nach MFG 2017, 6)

nach MF/V definierten Flächenarten sind die Vorgaben der DIN 277–1 (2005).

3.4.4.3 Richtlinie zur Berechnung der Mietfläche für Wohnraum (MF/W) (5/2012)

Die MF/W wird auf dem Immobilienmarkt immer stärker angenommen. Grund für diese Akzeptanz ist die unkomplizierte und klare Vorgehensweise bei der Ermittlung der Flächen mittels dieser Regelung. Darüber hinaus ist die Wohnflächenverordnung nur für den geförderten Wohnungsbau verbindlich – für den freifinanzierten Wohnungsbau gibt es mit Ausnahme der MF/W keine spezifische Flächenermittlungsart. Der entscheidende Vorteil der MF/W gegenüber der WoFlV ist, dass alle Flächen immer zu 100 % ausgewiesen werden. Eine preisliche Bewertung erfolgt über die Anteile der Mietflächentypen MF/W-1a-e an der Mietfläche. Dies führt zu einer größeren Transparenz für alle Beteiligten.

Mietfläche für Wohnraum

Die MF/W verwendet explizit nicht den Begriff der Wohnfläche, sondern „(…) unterscheidet stattdessen Mietflächen (mit vollständigen bzw. anteiligem Nutzungsrecht) in Wohnungsflächen und Nebenflächen" (MF/W 2012, 3). Basis der nach MFG definierten Flächenarten sind die Vorgaben der DIN 277–1 (2005).

3.4.5 DIN EN 15221–6: Flächenbemessung im Facility Management (12/2011)

Die **DIN EN 15.221-6** dient dazu, ein europäisch einheitliches Verständnis für Flächen und Rauminhalte zu ermöglichen. Sie „(…) schafft eine gemeinsame Grundlage für die Planung und Auslegung für Flächenmanagement und Finanzbewertung und bietet ein Werkzeug für Benchmarking im Bereich des Facility Managements" (DIN EN 15221–6 2011, 7).

DIN EN 15.221-6

3.4.6 IPMS (International Property Measurement Standards) All Buildings (01/2023)

Die heutige Immobilienwirtschaft agiert global. Die dafür notwendige Transparenz – beispielsweise bei der Angabe von Flächen zur Bewertung einer Immobilie – ist jedoch vor dem Hintergrund nationaler Normen, Richtlinien oder Gesetze nicht einfach zu erreichen. Um daraus hervorgehende Probleme zu lösen, gründete sich 2013 die International Property Measurement Standards Coalition (IPMSC) mit dem Ziel,

internationalen Standard

IPMS

„(…) einen gemeinsamen **internationalen Standard** für Flächenermittlungen im Immobilienbereich zu erarbeiten" (IPMSC 2014, 1). Die Anwendung des Standards IPMS soll „(…) die Vergleichbarkeit von Flächen, die nach verschiedenen nationalen Flächenermittlungsstandards ermittelt worden sind" (vgl. gif, 11/2015, 4), ermöglichen. Wichtig ist hier der Hinweis, dass ausdrücklich von einer Flächenermittlungsmethode die Rede ist und nicht von einer Methode zur Erfassung der Mietflächen (vgl. gif, 11/2015, 4). Die nach dem IPMS ermittelten Flächen „(…) können für Bewertungs-, Transaktions- und Vergleichszwecke verwendet werden" (IPMSC 2014, 6). Sie dienen allen Beteiligten der Immobilienwirtschaft, ob Architekt*innen, Banker*innen, Mieter*innen oder Facility Manager*innen. Im Januar 2023 wurde die überarbeitete IPMS veröffentlicht, die nun für alle Gebäudetypen gilt.

3.4.7 FM-spezifische Fläche

FM-spezifische Flächen

FM-spezifische Flächen sind (Teil-)Flächen, die speziell zur Ermittlung von FM-spezifischen Kosten und der Bewertung von FM-spezifischen Leistungen dienen, aber in dieser Form in keinem Regelwerk konkret aufgeführt werden.

3.4.7.1 Reinigungsfläche
Die Analyse der Betriebs- und Instandhaltungskosten für Selbstnutzer zeigen, dass Reinigungskosten eine der größten FM-relevanten Kostenkategorien sind (Bauakademie 2022, 53). Daher ist die Größe der Reinigungsfläche die entscheidende Voraussetzung zur Bewertung von Angeboten und Leistungsmaßen.

3.4.7.2 Beheizte Fläche

Energieeffizienz

Da i. d. R. ein Gebäude nie zu 100 % beheizt wird, spielt die beheizte Nutzfläche (GEG 2020, § 3 (1) Nr.10) bei der Bewertung der **Energieeffizienz** eine große Rolle.

3.4.7.3 Verhältnis der gemeinschaftlich genutzten Mietfläche zur Mietfläche
Bei vermieteten/angemieteten Flächen ist der Anteil der gemeinschaftlich genutzten Mietfläche (MFG-2) an der gesamten Mietfläche (MFG) z. B. bei der Bewertung der Mietnebenkosten ein wichtiges Kriterium.

3.5 Flächenflexibilität

Hinsichtlich **Flächenflexibilität** ist generell zwischen baulichen, oft statischen Gegebenheiten und den Erfordernissen des Unternehmens/der Organisation zu unterscheiden. Darüber hinaus muss der Unterschied zwischen Neubau und Bestand beachtet werden.

Flächenflexibilität

Grundlage für Flächenflexibilität ist

- das verfügbare und/oder geplante Flächenangebot, bestimmt durch die entsprechenden Flächentypen und -größen, sowie deren Realisierung in einem konkreten Raumkonzept (vom Zellenbüro bis Großraumbüro) und
- die Flächennachfrage, bestimmt durch Arbeitsplatztypen (z. B. Standardarbeitsplatz, Projektleiter*in mit Besprechungstisch), einem konkreten Flächenbedarf und einem möglichen Anspruch auf Einzelraumnutzung.

3.5.1 Bauliche Flächenflexibilität

Bauliche Flächenflexibilität bezeichnet die Freiheitsgrade, Räume u. a. hinsichtlich folgender Aspekte zu verändern:
- Raumgröße und Zuschnitt (z. B. durch Einziehen oder Entfernen von Trennwänden)
- Anschlussmöglichkeiten und Installationen (z. B. IT, Einzelraumregelung, Steuerungsmöglichkeiten für Heizung, Licht, Jalousien)
- Alternativen der Raumnutzung (z. B. Büro, Besprechung).

Zur flexiblen Nutzung der durch die baulichen Gegebenheiten bestimmten Flächen ist es erforderlich, stets den konkreten Bedarf, geprägt durch den Flächenstandard des Unternehmens bzw. der Organisation, im Blick zu haben.

3.5.2 Organisatorische Flächenflexibilität

Die Flächenflexibilität aus Sicht des Unternehmens bzw. der Organisation beschreibt die Erfordernisse einer flexiblen Raumnutzung im Zusammenhang mit möglichen Umstrukturierungen bzw. Organisationsänderungen. Dort, wo projektbezogene Arbeitsformen dominieren, kommt der Flächenflexibilität eine besondere Bedeutung zu. Ein Beispiel hierfür ist das zeitlich befristete Zusammenführen von Spezialist*innen für die gezielte Entwicklung eines Produktes, verbunden mit der Spezifik, dass die Anzahl der Projektmitarbeiter*innen, abhängig vom Fortschritt des Projekts, sehr stark variieren kann.

3.6 Flächeneffizienz/Flächenkennzahlen

Trotz der wachsenden Akzeptanz der Notwendigkeit eines verantwortungsvollen Umgangs mit der Ressource Fläche und trotz der Vielfältigkeit von Richtlinien und Regelwerken im Flächenmanagement, gibt es keine Richtlinien und Vorgaben zur Prüfung der Flächeneffizienz im Bestand.

3.6.1 Bauliche Flächeneffizienz

Flächeneffizienz

Die **Flächeneffizienz** aus baulicher Sicht wird im Wesentlichen durch den Flächennutzungsgrad ausgedrückt. Er ist ein Maß für die Ausnutzung der BGF durch den jeweiligen Nutzungszweck. Da der Nutzungszweck in der Regel durch die Nutzungsfläche (NUF) repräsentiert wird, lässt sich der Flächennutzungsgrad durch das Verhältnis NUF/NRF errechnen und sollte z. B. bei Bürogebäuden (ohne Klimatisierung, ohne Berücksichtigung Küche/Speisesaal und Tiefgaragen) bei mindestens 58 % (CREIS 1998–2017) liegen.

Flächennutzungsgrad

Zu beachten ist, dass der **Flächennutzungsgrad** wichtig für Neubauplanungen und bauliche Veränderungen im Bestand ist, jedoch keinerlei Aussage darüber zulässt, inwieweit die Nutzungsfläche tatsächlich zweckentsprechend und effizient genutzt wird oder sogar leer steht.

3.6.2 Flächenkennzahlen

Kennzahlen

Benchmarking

Flächenkennzahlen

Um eine Vergleichbarkeit der **Kennzahlen** zu ermöglichen, setzt **Benchmarking** eine einheitliche Definition der Eingangswerte (Leistungszahl und Bezugsgröße) voraus. Da die Flächen bei der Bewertung der Arbeitsplatzkosten entscheidend sind, dienen insbesondere nachfolgende **Flächenkennzahlen** zur Bewertung der eigenen Situation:

- Anteil der Nutzungsfläche (NUF) an der Netto-Raumfläche (NRF)
- Anteil der MFG-1 und der MFG-2 an der Brutto-Grundfläche (BGF)
- Flächenbedarf (NRF) pro Mitarbeiter*in
- Belegungsgrad (%)

◼ **Tab. 3.1** Übersicht über Flächenkennzahlen (Bauakademie 2022)

Kennzahl	Büro (%)
NRF/BGF	88
NUF/BGF	62
VF/BGF	20
TF/BGF	6
KGF/BGF	12

Generell ist bei der Verwendung der BGF nach DIN 277 zu beachten, ob nach den dort formulierten Ermittlungsregeln darunter nur der Regelfall BGF (R) zu verstehen ist oder auch der Sonderfall, also BGF (R) + (S) gefordert ist.

Als Beispiel für Flächenkennzahlen von Bürogebäuden, ist in ◼ Tab. 3.1 ein Auszug des NEO Office Impact Bench Marktberichts 2022 dargestellt.

3.6.3 Anteil der Nutzungsfläche an der Netto-Raumfläche

Durch den stetigen Anstieg der Nutzungskosten wird der Anteil der NUF an der NRF zu einem entscheidenden Wettbewerbsfaktor. Dieses Verhältnis zeigt, auf wie viel Prozent der NRF eines Gebäudes tatsächlich eine Wertschöpfung stattfindet. Die Kennzahl ist relevant für Vermieter*innen/Mieter*innen und Eigennutzer*innen, die einen Mietvertrag auf NRF-Basis abgeschlossen haben. Zu beachten ist allerdings, dass diese Kennzahl keine Aussage darüber zulässt, ob die Nutzungsfläche tatsächlich belegt ist oder leer steht.

3.6.4 Anteil der MFG-1 und der MFG-2 an der Brutto-Grundfläche

Der Anteil der exklusiv und gemeinschaftlich genutzten Mietfläche (MFG-1 und MFG-2) an der BGF ist für den*die Vermieter*in, der*die einen Mietvertrag auf MFG-Basis abgeschlossen hat, ein entscheidender Wettbewerbsfaktor. Die Mietfläche mit exklusivem Nutzungsrecht (MFG-1) stellt für Vermieter*in und Mieter*in die hochwertigste Fläche dar, da sie den höchsten Mietpreis erzielt und das höchste Maß an individueller Nutzung erlaubt.

3

3.6.5 Flächenbedarf pro Mitarbeiter*in

Flächenbedarf pro Mitarbeiter*in

Der **Flächenbedarf pro Mitarbeiter*in**/Arbeitsplatz – bezogen auf die NRF, NUF oder MFG – wird u. a. von den baulichen Gegebenheiten, vom Flächenanspruch der Mitarbeiter*innen, der Unternehmenskultur und von gesetzlichen Vorgaben (z. B. ArbStättV 2004) bestimmt. Beim Flächenbedarf spielt darüber hinaus das Raumkonzept und der Anteil von Teilzeitmitarbeiter*innen in einem Unternehmen eine entscheidende Rolle.

3.6.6 Belegungsgrad

Belegungsgrad

Der **Belegungsgrad** gibt an, zu welchem Anteil eine Fläche (z. B. NRF) belegt ist. Hierbei bedeutet Belegung die Zuweisung eines Nutzungsrechtes an einen*eine Nutzer*in, wie dies beispielsweise bei der Vermietung eines Seminarraums der Fall ist. Eine belegte Fläche kann nicht mehr anderweitig genutzt werden. Zu unterscheiden sind der

flächenanteilige Belegungsgrad

- **flächenanteilige Belegungsgrad** (gibt an, zu welchem Anteil eine verfügbare Fläche im Jahresmittel belegt ist, wie z. B. im Jahresmittel waren 85 % der verfügbaren Mietfläche eines Gebäudes vermietet) und der

zeitanteilige Belegungsgrad

- **zeitanteilige Belegungsgrad** (gibt an, zu welchem Anteil eine verfügbare Fläche in einer definierten Zeit belegt ist, wie z. B. ein Seminarraum war 250 h im Jahr belegt, das sind bei angenommenen 2500 möglichen Nutzungsstunden, die die Fläche im Jahr zur Verfügung steht, 10 % der verfügbaren Zeit).

3.7 Zusammenfassung

Flächenmanagement ist eine der komplexesten Aufgaben in der Immobilienwirtschaft. Neben den Bedürfnissen einer breitgestreuten Zielgruppe von dem*der Planer*in bis zu dem*der Facility-Manager*in sind auch die rechtlichen Grundlagen – insbesondere bei den Flächenermittlungsarten – vielfältig. Nur durch rechnerisch und regelgerecht exakte Flächenangaben lassen sich Bau- und Bewirtschaftungskosten planen und vergleichen.

In Deutschland stehen große Flächenbestände in Gewerbeimmobilien leer, die entweder nicht mehr benötigt werden oder den aktuellen Anforderungen nicht genügen. Dies ist ein Versäumnis der Investor*innen und Planer*innen, die eine notwendige Flächenflexibilität nicht berücksichtigt haben und sollte ein Ansporn für die Modernisierung dieser Flächen, aber auch den Neubau sein. Flächen kosten Energie und Ressourcen. Flächenstandards können dabei helfen, Flächenbedarfe zu reduzieren und Flächen effizienter einzusetzen.

Unterstützt werden diese Bemühungen durch die Bildung von Flächenkennzahlen und das Benchmarking. Dies gelingt jedoch nur, wenn die Flächenangaben laufend über IT (CAD/CAFM-Systeme) gepflegt und ausgewertet werden.

Quellennachweis

Zitierte Literatur

ArbStättV (12.08.2004): In der Fassung der Bekanntmachung vom 22.12.2020 (BGBl. I S. 3334)

BauNVO (21.11.2017): In der Fassung der Bekanntmachung vom 21.11.2017 (BGBl. I S. 3786), die durch Artikel 2 des Gesetzes vom 14. Juni 2021 (BGBl. I S. 1802) geändert worden ist

CREIS REMO (1998–2017): Betriebskosten 1998–2017; interne Erhebung

DIN 276 (12/2018): Kosten im Bauwesen (12/2018), Berlin: Beuth

DIN 277–1 (02/2005): Grundflächen und Rauminhalte von Bauwerken im Hochbau – Teil 1: Hochbau (02/2005), Berlin: Beuth

DIN 277–1 (01/2016): Grundflächen und Rauminhalte im Bauwesen – Teil 1: Hochbau, Berlin: Beuth

DIN 277 (08/2021): Grundflächen und Rauminhalte im Hochbau, Berlin: Beuth

DIN 18960 (11/2020): Nutzungskosten im Hochbau (11/2020), Berlin: Beuth

DIN 32736 (08/2000): Gebäudemanagement – Begriffe und Leistungen (08/2000), Berlin: Beuth

DIN EN 15221–6 (12/2011): Facility Management – Teil 6: Flächenbemessung im Facility Management (12/2011), Berlin: Beuth

GEG (08.08.2020): In der Fassung vom 20.07.2022 (BGBl.I S. 1237)

IPMSC (11/2014): Internationale Flächenermittlungsstandards für Immobilien: Bürogebäude, 11/2014

IPMSC (01/2023): International Property Measurement Standards: All Buildings, 01/2023

MFG (01.06.2017): Richtlinie zur Berechnung der Mietfläche für gewerblichen Raum (MFG), 01.06.2017, Wiesbaden: gif e. V.

MF/V (01.05.2012): Richtlinie zur Berechnung der Verkaufsfläche im Einzelhandel (MF/V), 01.05.2012, Wiesbaden: gif e. V.

MF/W (01.05.2012): Richtlinie zur Berechnung der Mietfläche für Wohnraum (MF/W), 01.05.2012, Wiesbaden: gif e. V.

Bauakademie (Hrsg.) (2022): NEO Office Impact Bench Marktbericht 2022. 11/2022

WoFlV (25.11.2003): In der Fassung vom 25.11.2003 (BGBl. I, S. 2346)

Weiterführende, empfohlene Literatur

ASR A1.2 (03/2022): Raumabmessung und Bewegungsflächen (03/2022)

Bielefeld, Bert; Fröhlich, Peter J. (2018): Hochbaukosten, Flächen, Rauminhalte. 17. Aufl. Wiesbaden: Springer Vieweg, 2018

BKI (Hrsg.) (2022): Bildkommentar DIN 276/DIN 277, 6. überarb. Aufl. Stuttgart: BKI, 2022

DGUV (09/2016): Büroraumplanung – Hilfen für das systematische Planen und Gestalten von Büros; DGUV Information 215–441, (09/2016), Berlin

GEFMA 130–1 (09/2020): Flächenmanagement – Grundlagen, (09/2020), Bonn: GEFMA e. V.

GEFMA 250 (02/2011): Benchmarking in der Immobilienwirtschaft – Grundlagen, Vorgehensweise und Anwendung (02/2011), Bonn: GEFMA e. V.

Just, Tobias et al. (2017): Wirtschaftsfaktor Immobilien 2017, Berlin, 06/2017

Neumann, Günter (2009): Leitfaden für ein erfolgreiches Immobilien-Benchmarking, Köln: Wolters Kluwer, 2009

Reisbeck, Tilmann; Schöne, Lars (2017): Immobilien-Benchmarking – Ziele, Nutzen, Methoden und Praxis, Wiesbaden: Springer, 2017

Zeitner, Regina et al. (2019): Flächenmanagement in der Immobilienwirtschaft, Wiesbaden: Springer, 2019

Kostenermittlungen nach DIN 276

Stefan Scholz

Inhaltsverzeichnis

© Der/die Autor(en), exklusiv lizenziert an Springer Fachmedien Wiesbaden GmbH, ein Teil von
Springer Nature 2023
K. Wellner und S. Scholz (Hrsg.), *Architekturpraxis Bauökonomie*,
https://doi.org/10.1007/978-3-658-41249-4_4

> **Inhalt des Kapitels**
> ▬ Kostenbeeinflussbarkeit
> ▬ Kostengliederung nach DIN 276
> ▬ Kostenermittlung mit der Elementmethode
> ▬ Kostenplanerische Leistungen nach HOAI
> ▬ Kostensteuerung und Kostenkontrolle

4.1 Allgemein

Während des Planungs-, Bau- und Nutzungsprozesses gilt es, vonseiten des*der Architekt*in eine Reihe verschiedener Kostenermittlungen aufzustellen. Die Ermittlung der einmaligen Kosten während der Planungs- und Realisierungsphase erfolgt entsprechend rechtlicher Verpflichtung nach (DIN 276 2018).

Kostenermittlungen haben zwei Zielrichtungen

Kostenermittlungen haben zwei Zielrichtungen:
▬ Budgetfestlegung und Kontrolle für den*die Bauherr*in (Kostenermittlung zur Leistungserbringung nach DIN 276)
▬ Grundlage für die Honorarermittlung der Architekt*innen und Ingenieur*innen (Kostenermittlung zur Ermittlung der anrechenbaren Kosten nach DIN 276)

Kosten nach **DIN 276** *Kosten im Hochbau* sind Aufwendungen für Güter, Leistungen und Abgaben, die für die Planung und Ausführung von Baumaßnahmen erforderlich sind. Die Gesamtkosten nach DIN 276 ergeben sich als Summe aller Kostengruppen (KG 100–800), die die Zusammenfassung einzelner, nach den Kriterien der Planung zusammengehörender, Kosten darstellen. Mit der Bildung von Kostengruppen wird der Notwendigkeit Rechnung getragen, dass mehrere einzelne Aufwendungen, ungeachtet der zeitlichen Fälligkeit, zweckorientiert und sachlich zusammengefasst werden müssen.

DIN 276

Die Abgrenzung der Investitionskosten zu den Baunutzungskosten ist in ◘ Abb. 4.1. dargestellt (s. a. ► Kap. 14).

4.2 Beeinflussbarkeit der Kosten im Verlauf des Planungs-, Ausführungs- und Nutzungszeitrahmens

Die ◘ Abb. 4.2 soll den Zusammenhang veranschaulichen, wie vor allem im Planungs- und Ausführungszeitraum die Beeinflussbarkeit des wirtschaftlichen Ergebnisses einer Baumaßnahme abnimmt. Im Wesentlichen werden die später entstehenden Kosten in Abhängigkeit von qualitativen und

┌─ Gebäudekosten ─┐

Kosten im Hochbau DIN 276 (2008-12)	Nutzungskosten DIN 18960 (2008-02)
100 Grundstück	100 Kapitalkosten
200 Vorbereitende Maßnahmen	200 Verwaltungskosten
	300 Betriebskosten
300 Bauwerk – Baukonstruktion	400 Instandsetzungskosten
400 Bauwerk – Technische Anlagen	
500 Außenanlagen und Freiflächen	
600 Ausstattung und Kunstwerke	
700 Baunebenkosten	
800 Finanzierung	

◘ **Abb. 4.1**   DIN 276 – Kosten im Hochbau und DIN 18960 – Baunutzungskosten

quantitativen Entscheidungen ganz zu Beginn des Planungsprozesses festgelegt. Später sind in der Regel nur noch marginale Korrekturen möglich.

Zeitpunkte der Kostenermittlungen

Die mit 1 bis 6 bezeichneten Markierungen geben die **Zeitpunkte der Kostenermittlungen** wieder und stellen mögliche Kostenvarianzen zum erwarteten Endergebnis dar.

4.3 Kostenermittlung im Leistungsbild des Architekten

Das werkvertraglich geschuldete Ziel

Im Rahmen seines Leistungsbildes hat der*die Architekt*in dem*der Auftraggeber*in kontinuierlich Kostenermittlungen vorzulegen. Diese sind dadurch gekennzeichnet, dass sie strukturell aufeinander aufbauen und mit zunehmender Zeit und Informationsfülle detaillierter und genauer werden. Von Bedeutung ist, dass es sich bei dem Leistungsbild *Kostenermittlung* nicht um ein jeweiliges Einzelprodukt handelt, sondern um eine den Planungs- und Ausführungsprozess begleitende, immerwährende aktuelle Information an den*die Bauherr*in. **Das werkvertraglich geschuldete Ziel** ist, den*die

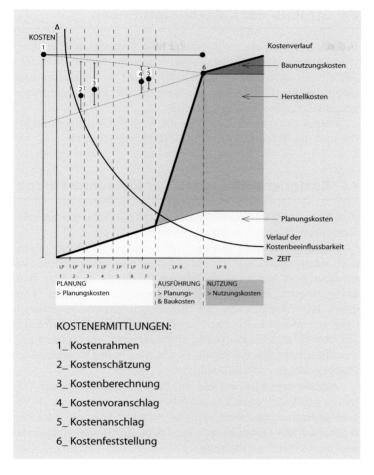

Abb. 4.2 Kostenbeeinflussbarkeit in Abhängigkeit vom Planungsfortschritt

Bauherr*in stets in die Lage zu versetzen, auf Basis der Kostenermittlungen die notwendigen Planungsentscheidungen zu treffen. Diese außerordentlich wesentliche Anforderung geht aus der DIN 276 und der laufenden Rechtsprechung hervor und ist auch ohne ausdrückliche Vertragsvereinbarung mit dem*der Bauherr*in geschuldet. Dabei hat der*die Architekt*in stets das gesamte Projekt im Blick zu haben und muss für die nicht von ihm*ihr erbrachten Planungsteile die Zuarbeit der Fachplaner*innen (z. B. Kostenplanung des*der TGA-Ingenieur*in) einbeziehen.

4.4 Struktur der Kostenermittlungen

Formale, inhaltliche und strukturelle Grundlage aller Kostenermittlungtätigkeiten des*der Architekt*inn ist die *DIN 276 Kosten im Hochbau.* Kernstück dieser Norm ist ihre **Kostengliederung** (◨ Tab. 4.1), die vorgibt, wie Kostenermittlungen ausnahmslos zu gliedern sind.

Ferner sind in der DIN 276 die Kostenermittlungsmethodik und die Arten der Kostenermittlungen definiert.

4.5 Kostenermittlung mit der Elementmethode

Zunächst ist festzuhalten, dass es zwei Möglichkeiten gibt, Kostenermittlungen zu strukturieren:

Planungsorientiert in den frühen Planungsphasen, gegliedert nach funktional beschreibbaren und geometrisch bemessbaren Bauteilen – so, wie sie qualitativ mit dem Bauherrn besprochen und von ihm entschieden werden. Dies dient im Wesentlichen der planungsbegleitenden Beurteilung von Wirtschaftlichkeit im Entwurfsprozess und basiert auf den zu diesem Zeitpunkt vorhandenen, qualitativen und quantitativen Informationen – so, wie sie in der Regel aus den Plangrundlagen ablesbar sind.

Ausführungsorientiert für die Realisierungsphase des Objektes, gegliedert nach Leistungsbereichen – so, wie sie als Pakete an Bauunternehmen vergeben werden. Dies dient im Wesentlichen der Kostenkontrolle, dem Auftragsmanagement und der Projektbuchhaltung.

4.6 Gebäude-Grobelemente

Als *Gebäude-Grobelemente* (s. ◨ Abb. 4.3) bezeichnet man nach DIN 276 raumbildende Baukörperflächen, in die sich jedes Bauwerk einteilen lässt.

Die **Aufteilung der Kostengruppe 300** ist weitgehend an diesen Bauelementen orientiert:

▪▪ Bauteile nach DIN 276
▬ 310 Baugrube: in m^3 Baugrubeninhalt (BGI)
▬ 320 Gründung: in m^2 Gründungsflächen (GFL)
▬ 330 Außenwände: in m^2 Außenwandflächen (AWF)
▬ 340 Innenwände: in m^2 Innenwandflächen (IWF)
▬ 350 Decken: in m^2 Deckenflächen (DEF)
▬ 360 Dächer: in m^2 Dachflächen (DAF)

■ **Tab. 4.1** Kosten im Hochbau – Kostengliederung nach (DIN 276 2018)

100	**GRUNDSTÜCK**		
110	**Grundstückswert**	126	Wertermittlungen
120	**Grundstücksnebenkosten**	127	Genehmigungsgebühren
121	Vermessungsgebühren	128	Bodenordnung
122	Gerichtsgebühren	129	Sonstiges zur KG 120
123	Notariatsgebühren	**130**	**Rechte Dritter**
124	Grunderwerbssteuer	131	Abfindungen
125	Untersuchungen	132	Ablösen dinglicher Rechte
		139	Sonstiges zur KG 130
200	**HERRICHTEN UND ERSCHLIESSEN**		
210	**Herrichten**	226	Telekommunikation
211	Sicherungsmaßnahmen	227	Verkehrserschließung
212	Abbruchmaßnahmen	228	Abfallentsorgung
213	Altlastenbeseitigung	229	Sonstiges zur KG 220
214	Herrichten der Geländeoberfläche	**230**	**Nichtöffentliche Erschließung**
215	Kampfmittelräumung	231 ff	Soweit erforderlich wie KG 220
216	Kulturhistorische Funde	**240**	**Ausgleichsmaßnahmen und -abgaben**
219	Sonstiges zur KG 210	241	Ausgleichsmaßnahmen
220	**Öffentliche Erschließung**	242	Ausgleichsabgaben
221	Abwasserentsorgung	249	Sonstiges zur KG 240
222	Wasserversorgung	**250**	**Übergangsmaßnahmen**
223	Gasversorgung	251	Bauliche Maßnahmen
224	Fernwärmeversorgung	252	Organisatorische Maßnahmen
225	Stromversorgung	259	Sonstiges zur KG 250
300	**BAUWERK – BAUKONSTRUKTIONEN**		
310	**Baugrube, Erdbau**	345	Innenwandbekleidungen
311	Baugrubenherstellung	346	Elementierte Innenwände
312	Baugrubenumschließung	359	Sonstiges zur KG 350
313	Wasserhaltung	**360**	**Dächer**
314	Vortrieb	361	Dachkonstruktionen
319	Sonstiges zur KG 310	362	Dachöffnungen
320	**Gründung, Unterbau**	363	Dachbeläge

(Fortsetzung)

◻ Tab. 4.1   (Fortsetzung)

321	Baugrundverbesserung	364	Dachbekleidungen
322	Flachgründungen und Bodenplatten	365	Elementierte Dachkonstruktionen
323	Tiefgründungen	366	Lichtschutz zur KG 360
324	Gründungsbeläge	369	Sonstiges zur KG 360
325	Abdichtungen und Bekleidungen	370	Infrastrukturanlagen
326	Drainagen	371	Anlagen für den Straßenverkehr
329	Sonstiges zur KG 320	373	Anlagen für den Flugverkehr
330	**Außenwände, vertikale Konstr. außen**	374	Anlagen des Wasserbaus
331	Tragende Außenwände	375	Anlagen der Abwasserentsorgung
332	Nichttragende Außenwände	376	Anlagen der Wasserentsorgung
333	Außenstützen	377	Anlagen der Energie- und Informationsversorgung
334	Außenwandöffnungen	378	Anlagen der Abfallentsorgung
335	Außenwandbekleidungen außen	379	Sonstiges zur KG 370
336	Außenwandbekleidungen innen	**380**	**Baukonstruktive Einbauten**
337	Elementierte Außenwände	381	Allgemeine Einbauten
338	Lichtschutz zur KG 330	382	Besondere Einbauten
339	Sonstiges zur KG 320	383	Landschaftsgestalterische Einbauten
340	**Innenwände, vertikale Konstr. innen**	384	Mechanische Einbauten
341	Tragende Innenwände	385	Einbauten des konstr. Ingenieurbaus
342	Nichttragende Innenwände	386	Orientierungs- und Informationssysteme
343	Innenstützen	387	Schutzeinbauten
344	Innenwandöffnungen	389	Sonstiges zur KG 380
345	Innenwandbekleidungen	**390**	**Sonstige Maßnahmen für Baukonstruktionen**
346	Elementierte Innenwandkonstruktionen	391	Baustelleneinrichtung

(Fortsetzung)

◘ Tab. 4.1 (Fortsetzung)

347	Lichtschutz zur KG 340	392	Gerüste
349	Sonstiges zur KG 340	393	Sicherungsmaßnahmen
350	**Decken, horizontale Konstruktionen**	394	Abbruchmaßnahmen
351	Deckenkonstruktionen	395	Instandsetzungen
352	Deckenöffnungen	396	Materialentsorgung
353	Deckenbeläge	397	Zusätzliche Maßnahmen
354	Deckenbekleidungen	398	Provisorische Baukonstruktionen
355	Elementierte Deckenkonstruktionen	399	Sonstiges zur KG 390
400	**BAUWERK – TECHNISCHE ANLAGEN**		
410	**Abwasser-, Wasser-, Gasanlagen**	**460**	**Förderanlagen**
411	Abwasseranlagen	461	Aufzugsanlagen
412	Wasseranlagen	462	Fahrtreppen, Fahrsteige
413	Gasanlagen	463	Befahranlagen
419	Sonstiges zur KG 410	464	Transportanlagen
420	**Wärmeversorgungsanlagen**	465	Krananlagen
421	Wärmeerzeugungsanlagen	466	Hydraulikanlagen
422	Wärmeverteilnetze	469	Sonstiges zur KG 460
423	Raumheizflächen	**470**	**Nutzungsspezifische und verfahrenstechnische Anlagen**
424	Verkehrsheizflächen	471	Küchentechnische Anlagen
429	Sonstiges zur KG 420	472	Wäscherei- und Reinigungs- und badetechnische Anlagen
430	**Lufttechnische Anlagen**	473	Medienversorgungsanlagen, Medizin- und Labortechnik
431	Lüftungsanlagen	474	Feuerlöschanlagen
432	Teilklimaanlagen	475	Prozesswärme-, kälte- und -luftanlagen
433	Klimaanlagen	476	Weitere nutzungsspezifische Anlagen
434	Kälteanlagen	477	Verfahrenstechnik für Wasser, Abwasser und Gase

(Fortsetzung)

◻ Tab. 4.1   (Fortsetzung)

439	Sonstiges zur KG 430	478	Verfahrenstechnik für Feststoffe, Wertstoffe, Abfälle
440	**Elektrische Anlagen**	479	Sonstiges zur KG 470
441	Hoch- und Mittelspannungsanlagen	**480**	**Gebäudeautomation**
442	Eigenstromversorgungsanlagen	481	Automationssysteme
443	Niederspannungsschaltanlagen	482	Schaltschränke, Automationsschwerpunkte
444	Niederspannungsinstallationsanlagen	483	Automationsmanagement
445	Beleuchtungsanlagen	484	Kabel, Leitungen und Verlegenetze
446	Blitzschutz- und Erdungsanlagen	485	Datenübertragungsnetze
447	Fahrleitungssysteme	489	Sonstiges zur KG 480
449	Sonstiges zur KG 440	**490**	**Sonstige Maßnahmen für technische Anlagen**
450	**Fernmelde- und infotechnische Anlagen**	491	Baustelleneinrichtung
451	Telekommunikationsanlagen	492	Gerüste
452	Such- und Signalanlagen	493	Sicherungsmaßnahmen
453	Zeitdienstanlagen	494	Abbruchmaßnahmen
454	Elektroakustische Anlagen	495	Instandsetzungen
455	Audiovisuelle Medien und Antennenanlagen	496	Materialentsorgung
456	Gefahrenmelde- und Alarmanlagen	497	Zusätzliche Maßnahmen
457	Datenübertragungsnetze	498	Provisorische technische Maßnahmen
458	Verkehrsbeeinflussungsanlagen	499	Sonstiges zur KG 490
459	Sonstiges zur KG 450		
500	**AUSSENANLAGEN UND FREIFLÄCHEN**		
510	**Erdbau**	547	Fernmelde- und informationstechnische Anlagen
511	Herstellung	548	Nutzungsspezifische Anlagen

(Fortsetzung)

■ **Tab. 4.1** (Fortsetzung)

512	Umschließung	549	Technische Anlagen in Außenanlagen, sonstiges
513	Wasserhaltung	550	Einbauten in Außenanlagen
514	Vortrieb		
519	Sonstiges zur KG 510	554	Wärmeversorgungsanlagen
520	**Gründung, Unterbau**	555	Raumlufttechnische Anlagen
521	Baugrundverbesserung	556	Elektrische Anlagen
522	Gründungen und Bodenplatten	557	Kommunikations-, Sicherheits- und IT-Anlagen, Automation
523	Gründungsbeläge	558	Nutzungsspezifische Anlagen
524	Abdichtungen und Bekleidungen	559	Sonstiges zur KG 550
525	Drainagen	**560**	**Einbauten in Außenanlagen und Freiflächen**
529	Sonstiges zur KG 520	561	Allgemeine Einbauten
530	**Oberbau, Deckschichten**	562	Besondere Einbauten
531	Wege	563	Orientierungs- und Informationssysteme
532	Straßen	569	Sonstiges zur KG 560
533	Plätze, Höfe, Terrassen	**570**	**Vegetationsflächen**
534	Stellplätze	571	Vegetationstechnische Bodenbearbeitung
535	Sportplatzflächen	572	Sicherungsbauweisen
536	Spielplatzflächen	573	Pflanzflächen
537	Gleisanlagen	574	Rasen und Saatflächen
538	Flugplatzflächen	579	Sonstiges zur KG 570
539	Sonstiges zur KG 530	**580**	**Wasserflächen**
540	**Baukonstruktionen**	581	Befestigungen
541	Einfriedungen	582	Abdichtungen
542	Schutzkonstruktionen	583	Bepflanzungen
543	Wandkonstruktionen	589	Sonstiges zur KG 580
544	Rampen, Treppen, Tribünen	**590**	**Sonstige Maßnahmen für Außenanlagen und Freiflächen**
545	Überdachungen	591	Baustelleneinrichtung

(Fortsetzung)

◻ Tab. 4.1 (Fortsetzung)

546	Stege	592	Gerüste
547	Kanal- und Schachtkonstruktionen	593	Sicherungsmaßnahmen
548	Wasserbecken	594	Abbruchmaßnahmen
549	Sonstiges zur KG 540	595	Instandsetzungen
550	**Technische Anlagen in Außenanlagen**	596	Materialentsorgung
551	Abwasseranlagen	597	Zusätzliche Maßnahmen
552	Wasseranlagen	598	Provisorische Außenanlagen
553	Anlagen für Gase und Flüssigkeiten	599	Sonstiges zur KG 590
600	**AUSSTATTUNG UND KUNSTWERKE**		
610	**Allgemeine Ausstattung**	641	Kunstobjekte
620	**Besondere Ausstattung**	642	Künstlerische Gestaltung des Bauwerks
630	**Informationstechnische Ausstattung**	643	Künstlerische Gestaltung der Außenanlagen und Freiflächen
640	**Künstlerische Ausstattung**	649	Sonstiges zur KG 640
		690	Sonstige Ausstattung
700	**BAUNEBENKOSTEN**		
710	**Bauherrenaufgaben**	742	Technische Ausrüstung
711	Projektleitung	743	Bauphysik
712	Bedarfsplanung	741	Thermische Bauphysik
713	Projektsteuerung	744	Geotechnik
714	Sicherheits- und Gesundheitsschutzkoordination	745	Ingenieurvermessung
715	Vergabeverfahren	746	Lichttechnik, Tageslichttechnik
719	Sonstiges zur KG 710	747	Brandschutz
720	**Vorbereitung der Objektplanung**	748	Altlasten, Kampfmittel, kulturhistorische Funde
721	Untersuchungen	749	Sonstiges zur KG 740
722	Wertermittlungen	**750**	**Künstlerische Leistungen**
723	Städtebauliche Leistungen	751	Kunstwettbewerbe

(Fortsetzung)

◨ Tab. 4.1 (Fortsetzung)

724	Landschaftsplanerische Leistungen	752	Honorare
725	Wettbewerbe	759	Sonstiges zur KG 750
729	Sonstiges zur KG 720	**760**	**Allgemeine Baunebenkosten**
730	**Objektplanung**	761	Gutachten und Beratung
731	Gebäude und Innenräume	762	Prüfungen, Genehmigungen, Abnahmen
732	Freianlagen	763	Bewirtschaftungskosten
733	Ingenieurbauwerke	764	Bemusterungskosten
734	Verkehrsanlagen	765	Betriebskosten der Abnahme
739	Sonstiges zur KG 730	766	Versicherung
740	**Fachplanung**	779	Sonstiges zur KG 770
741	Tragwerksplanung		
800	**FINANZIERUNG**		
810	Finanzierungsnebenkosten	830	Eigenkapitalzinsen
820	Fremdkapitalzinsen	840	Bürgschaften
		890	Sonstige Finanzierungskosten

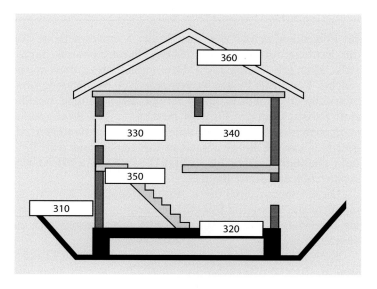

◨ Abb. 4.3 Gebäude-Grobelemente nach DIN 276

4

- 370 Baukonstruktive Einbauten: in m^2 Bruttogrundfläche (BGF)
- 390 Sonstige Maßnahmen für Baukonstruktionen: in m^2 Bruttogrundfläche (BGF)

Somit entspricht eine Kostengliederung nach Grobelementen (s. ◨ Abb. 4.3) annähernd der Gliederung bis zur 2. Ebene der DIN 276. Eine weitergehende Unterteilung der Kostengliederung bis in die 3. Ebene nach DIN entspricht der Einteilung in Gebäude-Unterelemente. Die Kostengruppe 400 wird für eine Kostenberechnung ebenfalls entsprechend der DIN 276/2. Ebene in ihre Einzelelemente unterteilt.

Noch einen Schritt weiter zur Kostensicherheit führt der Weg über die Kostenelemente. Dieses Verfahren ist allerdings bei konventioneller Bearbeitung äußerst aufwendig. Wird ein Projekt schon in der Entwurfsphase mit EDV (CAD mit Schnittstelle zu AVA-Programmen) bearbeitet, empfiehlt es sich, hier von Anfang an mit Kostenelementen (Kurztexten) zu arbeiten, da somit bereits zum Zeitpunkt der Kostenberechnung ohne großen Mehraufwand eine große Kostensicherheit erzielt werden kann. Die Kostenelemente (Kurztexte) bilden dann den Grundstock für die Ausschreibung (siehe auch Hasenbein-Methodik in ▶ Kap. 7 Ausschreibung).

4.7 Vorteile der Grobelementmethode in frühen Planungsphasen

Planungsphasen
Kostenpläne
qualitativ bestimmter
EINHEITSPREISE × MENGEN
geometrisch definierter
Bauteile

Im Folgenden werden die Vorteile der Elementmethode für die Kostenermittlungen in frühen Planungsphasen dargestellt. Hier geht es vor allem darum, deutlich zu machen, in welcher Form aus Plänen bereits sehr früh vorhandene geometrische Information durch verbale Beschreibung qualifiziert werden kann. Im Entwurf intendierte Ausführung kann geometrisch definierten und damit messbaren Bauteilen zugeordnet werden. Somit entstehen **Kostenpläne** aus dem Produkt **qualitativ bestimmter EINHEITSPREISE × MENGEN geometrisch definierter Bauteile**.

Diese planungsorientierte Aufbereitung von Kosten ermöglicht die klassische Entwurfsdarstellung mit den vorrangig Zahlen enthaltenden Budgetermittlungen anschaulich zu verknüpfen.

Sie stellt die Grundlage dar für die qualifizierte Diskussion des*der Architekt*in mit dem* Bauherr*in über die wirtschaftlichen Auswirkungen der vorgestellten Entwurfsabsichten.

Hier entsteht die Basis für das erforderliche Vertrauensverhältnis, ohne das eine wirkliche Treuhänderschaft des*der Architekt*in nicht umsetzbar ist.

■ ■ **Vorteile der Elementmethode**
— Besonders gut einsetzbar in den frühen Planungsphasen
— Kostenmäßige Beurteilung von Entwurfsalternativen
— Berücksichtigung der Gebäudegeometrie
— Höhere Kostengenauigkeit mit zunehmender Anzahl an Kostenstellen
— Wirtschaftlich, da leicht handhabbar und CAD-gerecht

4.8 Kostenplanerische Leistungen nach HOAI und DIN 276 im Einzelnen

In der DIN 276 und HOAI werden sechs Kostenermittlungsarten (s. ◨ Abb. 4.4) definiert:
— Kostenrahmen
— Kostenschätzung
— Kostenberechnung
— Kostenvoranschlag (bepreistes Leistungsverzeichnis)
— Kostenanschlag
— Kostenfeststellung

In der HOAI werden diese Kostenermittlungsarten den Leistungsbereichen des*der Architekt*in zugeordnet. Im Folgenden werden nun die qualitativen Vorgaben für die jeweiligen

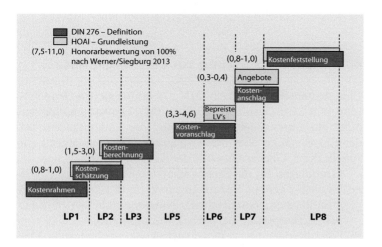

◨ **Abb. 4.4**   Kostenermittlungen nach DIN 276 und HOAI

Kostenermittlungen benannt. 2018 erschien die Neufassung der *DIN 276 Kosten im Bauwesen.* Sie spiegelt die aktuellen Entwicklungen im Planungs- und Baugeschehen wider. Vor allem berücksichtigt sie die zunehmenden Anforderungen der Bauherr*innen und Investor*innen nach wirtschaftlicher Planung und Kostensicherheit. Die wesentlichen Regeln zur Kostenplanung und Kostengliederung werden beibehalten und ergänzt. Dies führt zu neuen Kostengruppen. Die wichtigste Änderung ist die Einführung des Kostenvoranschlags als Kostenermittlung. Außerdem wurden die notwendigen Gliederungstiefen der Kostenermittlungen erhöht, die jetzt den üblichen Anforderungen gleichgestellt ist.

4.8.1 Kostenrahmen zur Leistungsphase 1

Kostenrahmen

Dieser Kostenrahmen definiert schon während der Konzeptformulierungsphase eine verbindliche finanzielle Zielgröße für das Projekt, an dem sich die Planung schrittweise ausrichten soll. Der Kostenrahmen dient der grundsätzlichen Überlegung des Bauherren und die Festlegung einer Kostenvorgabe. Der Kostenrahmen basiert in der Regel auf nutzungsbezogenen Kostenkennwerten und der Bedarfsplanung des*der Bauherr*in. Er ist damit ohne Planungsskizzen ermittelbar. Die Genauigkeit entspricht der 1. Gliederungsstufe der Kostengruppen. Diese Genauigkeit ist auch geeignet, eine Kosteneinschätzung gem. BGB § 650p darzustellen.

Gemäß DIN 276 sind Grundlagen für den Kostenrahmen:
- Kostenschätzung mit Bezugsgrößen für Flächen,
- Kostenschätzung mit Bezugsgrößen für Rauminhalte und
- Kostenschätzung mit Bezugsgrößen für Nutzeinheiten.

4.8.2 Kostenschätzung zur Leistungsphase 2

Kostenschätzung

Eine Kostenschätzung nach DIN 276 gehört zu den Grundleistungen in Leistungsphase 2 (§ 34 HOAI). Die Kostenschätzung dient zur überschlägigen Ermittlung der Gesamtkosten und der Entscheidung über die Vorplanung. Die Genauigkeit entspricht der 2. Gliederungsstufe der Kostengruppen.

Grundlagen für die Kostenschätzung sind:
- möglichst genaue Bedarfsangaben – z. B. Flächen (Bruttogrundflächen, Nutzflächen), Nutzungseinheiten (Arbeitsplätze, Bettplätze, Tierplätze), Rauminhalte,
- Planunterlagen – z. B. versuchsweise zeichnerische Darstellungen, Strichskizzen,
- ggf. erläuternde Angaben.

Die Art und Genauigkeit der Berechnungen sind abhängig von den verfügbaren Unterlagen und von dem Zweck, dem das Berechnungsergebnis dienen soll.

Gemäß DIN 276 sind Grundlagen für die Kostenschätzung:

— Planungsunterlagen (Vorentwurfszeichnungen bzw. -skizzen),
— Mengenberechnungen der Bezugseinheiten (2. Ebene nach DIN 276) und
— ggf. Erläuterungen.

Um die Kosten für ein Projekt schätzen zu können, bedient man sich in der Regel abgerechneter Objektdaten, wobei die Objekte in ihren Eigenschaften möglichst dem betrachteten Objekt gleichen sollen. Die so gewonnenen Kostenkennwerte als Vergangenheitsgrößen werden mithilfe von Baupreisindizes auf den aktuellen Kostenstand zum Zeitpunkt der Ermittlung bzw. auf die „Mittlere Bauzeit" hochgerechnet.

Bei einer Kostenermittlung über €/m^2 Grundrissfläche oder €/m^3 Rauminhalt ist eine Beeinflussung der Gesamtkosten mit verschiedenen Entwurfsvarianten nur schwer möglich. Hier bleibt oft nur als einziger Ansatzpunkt zur Kostenreduzierung die Verkleinerung des gesamten Objektes. Eine genauere Kostenzuteilung zu den einzelnen Einflussfaktoren ist nicht möglich. Es bietet sich daher an, diese Einflussfaktoren detaillierter zu ermitteln, um die Schwerpunkte der Kosten zu erkennen und gegebenenfalls planerisch einzugreifen (siehe Elementmethode).

4.8.3 Kostenberechnung zur Leistungsphase 3

Die Kostenberechnung ist die der Kostenschätzung nachfolgende Kostenermittlung und dient der Entscheidung über die Entwurfsplanung. Die Kostenberechnung ist eine während der Leistungsphase 3/Entwurfsplanung (HOAI) gemäß DIN 276 vorzunehmende „angenäherte Ermittlung der Kosten" und geht in ihrer Kostengliederung mindestens bis zur 3. Ebene.

Kostenberechnung

Dadurch ist eine größere Kostengenauigkeit als bei der Kostenschätzung zu erreichen.

Grundlagen für die Kostenberechnung sind:

— Planungsunterlagen (durchgearbeitete, vollständige Vorentwurfs- bzw. Entwurfszeichnungen),
— Mengenberechnungen der Bezugseinheiten (3. Ebene nach DIN 276) und
— ggf. Erläuterungen.

Hierfür gibt es verschiedene Verfahren, von denen sich die Kostenberechnung mit Gebäude-Grobelementen, Gebäude-

Unterelementen oder Leitgewerken als praktikabel erwiesen haben. Die o. g. Begriffe werden so heutzutage nicht mehr verwendet, in der Gliederungsstruktur der DIN 276 sind diese Begriffe zwar nicht wörtlich, aber doch inhaltlich übernommen.

Eine sogenannte ausführungsorientierte Gliederung der Kosten ist gemäß DIN 276 ebenfalls zulässig. Die Kostengruppen werden nach Gesichtspunkten der Herstellung unterteilt, z. B. nach den ausführenden Gewerken. Somit kann bei Bedarf auch gezielt in einzelne Kostengruppen, z. B. durch Senkung der Ausführungsstandards, eingegriffen werden, um Kosten einzusparen. Gleichzeitig ist eine vergabeorientierte Gliederung vorteilhaft, um eine Grundlage für das Erstellen der Leistungsbeschreibungen zu erhalten. Gleichzeitig ist eine spätere Kostenkontrolle und Kostensteuerung durch die Aufteilung in Gewerke erleichtert (im Vergleich der Kostenberechnung mit den Angebotspreisen).

4.8.4 Leistungsverzeichnisse/Kostenvoranschlag zur Leistungsphase 6

Kostenvoranschlag bepreisten Leistungsverzeichnisse

Die Erstellung von Leistungsverzeichnissen mit Preisen durch den*die Architekt*in, sowie die Budgetkontrolle durch Vergleich der **bepreisten Leistungsverzeichnisse (LVs)** mit der Kostenberechnung wird im Zuge der Bearbeitung der Leistungsphase 6 durchgeführt. Diese Leistung ist damit die letzte Kostenermittlung, die der*die Architekt*in zur Überprüfung bzw. zum Abgleich des Kostenziels mit der Ausführungsplanung verwendet. Sie dient der Entscheidung über die Ausführungsplanung. Erst anschließend sollen die Ausschreibungen versandt werden. In der Praxis ist dies durch zeitversetzte Ausführungsplanung und Vergabe teilweise noch während der Bauausführungzeit sehr schwer zu realisieren. Umso mehr muss der*die Architekt*in im Vorfeld auf die Gewerke mit im Einzelfall risikobehafteten Annahmen achten und diese rechtzeitig fertig zu planen und auszuschreiben. Neu in der DIN 276 wurde der Kostenvoranschlag aufgenommen. Dieser ist nach Kostengruppen in der 3. Stufe zzgl. einer weiteren Untergliederung je nach Gewerk zu erstellen. Er ist auch nach Vergabeeinheiten zu gliedern und ggf. mehrfach gem. Fortschritt zu erstellen. Die klare Definition, wie diese Leistung tatsächlich durch das Büro ausgeführt wird, ist aus Sicht des Verfassers mit dem*der Bauherr*in vertraglich zu regeln. Ohne diese Regelung wäre ein enormer Aufwand für die ständige Aktualisierung der Gewerkebudgets zu erbringen. Ferner widerspricht sich die DIN hier mit der HOAI, was in der Praxis zu Streit führen könnte.

4.8.5 **Kostenanschlag zur Leistungsphase 7**

Der Kostenanschlag nach DIN 276 dient als eine Grundlage für die Entscheidung über die Vergaben und die Bauausführung.

Grundlagen für den Kostenanschlag sind:

Kostenanschlag

- Planungsunterlagen – z. B. endgültige, vollständige Ausführungs-, Detail- und Konstruktionszeichnungen,
- Berechnungen – z. B. für Standsicherheit, Wärmeschutz, technischen Anlagen,
- Berechnungen der Mengen von Bezugseinheiten der Kostengruppen,
- Erläuterungen zur Bauausführung – z. B. Leistungsbeschreibungen und
- Zusammenstellungen von Angeboten, Aufträgen und bereits entstandenen Kosten.

Im Kostenanschlag sollen die Gesamtkosten mindestens bis zur 3. Ebene der Kostengliederung ermittelt werden. Er wird gewerkeorientiert aufgestellt, sodass er mit den Vergabeeinheiten aus dem Kostenvoranschlag verglichen werden kann.

4.8.6 **Kostenfeststellung zur Leistungsphase 8**

Die Kostenfeststellung nach DIN 276 dient zum Nachweis der entstandenen Kosten sowie gegebenenfalls zum Vergleich und für Dokumentationen.

Grundlagen für die Kostenfeststellung sind:

Kostenfeststellung

- Geprüfte Abrechnungsbelege – z. B. Schlussrechnungen, Nachweise der Eigenleistungen,
- Planungsunterlagen – z. B. Abrechnungszeichnungen und
- Erläuterungen.

In der Kostenfeststellung sollen die Gesamtkosten nach Kostengruppen bis zur 2. Ebene der Kostengliederung unterteilt werden. Bei Baumaßnahmen, die für Vergleiche und Kostenkennwerte ausgewertet und dokumentiert werden, sollten die Gesamtkosten mindestens zur 3. Ebene der Kostengliederung unterteilt werden.

4.8.7 **Mengen von Bauteilen und Bezugsgrößen**

In der *DIN 276 Kosten im Hochbau* sind nur qualitative Festlegungen zu den Kostengruppen und Bauteilen enthalten. Die zugehörigen Mengendefinitionen und Messvorschriften finden sich seit 2018 in der DIN 276 selbst. Entsprechende Informationen enthält die ◨ Tab. 4.2.

4

◻ **Tab. 4.2** Kostengliederung (KG) nach DIN 276, Auszug Messvorschriften einiger Kostengruppen

KG	Bezeichnung	Einheit	Messvorschrift
310	Baugrube	m^3	Gemessen wird der Rauminhalt des Aushubs, einschließlich der Arbeitsräume. Der Aushub für Fundamente, Grundleitungen, Ausgleichsschichten, Filterschichten usw. wird nicht berücksichtigt
320	Gründung	m^2	Grundfläche der untersten Grundrissebene (evtl. Summe bei unterschiedlichem Niveau). Die Fläche ergibt sich aus den äußeren Abmessungen in Bodenhöhe. Konstruktive Vor- und Rücksprünge bleiben unberücksichtigt
330	Außenwände	m^2	Abgewickelte Außenfläche der Außenwände. Gemessen wird vertikal ab Oberkante Fundament bis zur Auflagerung der Dachkonstruktion bzw. bis zur Oberkante der als Dachbrüstung geführten Außenwand. Öffnungen, wie z. B. Fenster, Türen und Loggien werden übermessen. Bis auf kleinere Abweichungen (z. B. unterschiedliche Berechnung der Fläche der tragenden Wände bis zu Wandachsen) ist die Fläche der Außenwände die Summe der Flächen der Elemente: – KG 331 Tragende Außenwände – KG 332 Nichttragende Außenwände – KG 334 Außentüren und -fenster – KG 337 Elementierte Außenwände
340	Innenwände	m^2	Summe der Flächen der Innenwände in allen Grundrissebenen. Gemessen wird bis zur Innenkante der Außenwand. Bei durchbindenden Wänden wird nur eine (bei ungleichen Wandstärken die stärkere) gemessen. Vertikal wird von der Oberkante der darunter liegenden bis zur Unterkante der darüber liegenden Tragkonstruktion der Decke gemessen. Öffnungen, wie z. B. Türen und Innenfenster werden übermessen. Bewegliche, aber ortsfeste Trennwände werden mit gemessen, freistellbare Trennwände bleiben unberücksichtigt. Nichtebene Wände werden abgewickelt Bis auf kleinere Abweichungen (z. B. Differenzen in Festlegungen der vertikalen Begrenzungen) ist die Fläche der Innenwände die Summe der Flächen der Elemente: – KG 341 Tragende Innenwände – KG 342 Nichttragende Innenwände – KG 344 Innentüren und -fenster – KG 346 Elementierte Innenwände
350	Decken	m^2	Summe der Grundflächen aller Grundrissebenen mit Ausnahme der Dachfläche und Basisfläche. Die Flächen der einzelnen Grundrissebenen ergeben sich in der Regel aus der äußeren Abmessung. Konstruktive Vor- und Rücksprünge bleiben unberücksichtigt. Treppen, Öffnungen, Wände, Schächte usw. werden übermessen. Bis auf kleinere Abweichungen (z. B. Durchdringungen wie z. B. Schornstein) ist die Fläche der Decken gleich der Fläche des Elements: – KG 351 Deckenkonstruktionen
360	Dächer	m^2	Bei Flachdächern ergibt sich die Fläche aus den äußeren Abmessungen in Höhe der Dachkonstruktion. Bei geneigten Dächern wird die abgewickelte Fläche ermittelt. Öffnungen wie z. B. Dachfenster, Schornsteine und sonstige Aufbauten werden übermessen. Bis auf kleinere Abweichungen (die Fläche von Durchdringungen wie z. B. Schornstein) ist die Fläche der Dächer die Summe der Elemente: – KG 361 Dachkonstruktionen – KG 362 Dachöffnungen

KG	Bezeichnung	Einheit	Messvorschrift
370	Baukon-struktive Einbauten	BRI BGF (R)	Nach DIN 277
390	Sonst. Maß-nahmen für Baukonst-ruktion	BRI BGF (R)	Nach DIN 277
400	Tech. Anlagen	BRI BGF (R)	Nach DIN 277

▢ Tab. 4.1 (Fortsetzung)

4.9 Kostendaten

Die normativen Vorgaben der DIN 276 und DIN 277 sind ausschließlich definitorischer und gliederungstechnischer Art. Kostendaten finden sich dort an keiner Stelle.

Diese Informationen sind entsprechend den strukturellen Regeln der DIN qualifizierten Kostendatenbanken und Informationsdiensten vorbehalten. Der in diesem Zusammenhang wohl bedeutendste Dienst ist das **Baukosteninformationszentrum der Architektenkammern** Deutschlands (BKI).

Die ▢ Tab. 4.3 zeigt ein Beispiel abrufbarer Information für Ein- und Zweifamilienhäuser.

Bauk osteninformationszentrum der Architektenkammern

4.10 Kostenplan

Bisher war die Rede von normativen Vorgaben und Regelungen nach HOAI zur formalen und inhaltlichen Vorgehensweise bei der Kostenermittlung. Außerdem wurde die mögliche Herkunft erforderlicher Kostendaten benannt.

Wie nun das Ergebnis einer Kostenermittlung dargestellt werden kann, welches den genannten Anforderungen entspricht, sollen folgende beispielhafte Ausschnitte in ▢ Tab. 4.4, 4.5 und 4.6 zeigen.

Der von dem*von der Architekt*inn zu liefernde Kostenplan ist jederzeit mithilfe von Standard-Software aus dem Bereich der Tabellenkalkulation zu erstellen. Einschlägige Software-Hersteller unterstützen hier mit entsprechend integrierter Branchen-Software; aber auch die Datenbankbetreiber liefern in der Regel zu ihren Daten geeignete Verarbeitungs- und Darstellungsprogramme mit.

4

◻ **Tab. 4.3** Beispiel für Kostendaten von Ein- und Zweifamilienhäusern, mittlerer Standard, unterkellert, Kostenstand 1/2018 inkl. 19 % MwSt. (Quelle: BKI Gebäude Neubau (2018, 314))

300 Bauwerk Baukonstruktion		
Bezugsgröße: Menge entsprechend Maßregeln	**Kostenkennwert €/Einheit Mittelwert (Streuungswert)**	**% KG 300 Mittelwert (Streuungswert)**
310 Baugrube (m³ BGI) Rauminhalt der Baugrube einschließlich Arbeitsräumen und Böschungen	27 € (19–43)	3,6 % (2,2–6,4)
320 Gründung (m² GRF) Brutto-Grundflächen der untersten Grundrissebenen	214 € (181–254)	8,3 % (6,5–12,8)
330 Außenwände (m² AWF) Summe aller Wandflächen, die den Brutto-Rauminhalt umschließen	374 € (309–526)	38,3 % (35,4–41,6)
340 Innenwände (m² IWF) Summe aller Wandflächen, die den Brutto-Rauminhalt des Bereiches R unterteilen	183 € (154–239)	12,9 % (10,1–16,2)
350 Decken (m² DEF) Summe aller Brutto-Grundflächen ohne Gründungsfläche	313 € (264–427)	19,0 % (15,5–22,5)
360 Dächer (m² DAF) Summe aller Flächen flacher oder geneigter Dächer, die den Brutto-Rauminhalt nach oben abgrenzen, zzgl. Dachüberstände	282 € (228–377)	14,7 % (11,3–16,7)
370 Baukonstruktive Einbauten Brutto-Grundfläche (m² BGF)	19 € (6–43)	0,3 % (0–2,8)
390 Sonstige Maßnahmen Brutto-Grundfläche (m² BGF)	34 € (19–65)	3,6 % (2,0–5,7)
400 Bauwerk Technische Anlagen		
410 Abwasser-, Wasser-, Gasanlagen (m² BGF) Bruttogrundfläche der Regel- und Sonderfallflächen	66 € (50–80)	30,5 % (22,0–40,6)
420 Wärmeversorgung (m² BGF) Bruttogrundfläche der Regel- und Sonderfallflächen	102 € (70–147)	44,9 % (35,1–54,3)
430 Lufttechnische Anlagen (m² BGF) Bruttogrundfläche der Regel- und Sonderfallflächen	20 € (3–35)	3,8 % (0,3–12,1)
440 Starkstromanlagen (m² BGF) Bruttogrundfläche der Regel- und Sonderfallflächen	42 € (26–72)	17,9 % (13,2–23,5)
450 Fernmelde- und IT-Anlagen (m² BGF) Bruttogrundfläche der Regel- und Sonderfallflächen	7 € (4–11)	3,3 % (1,5–5,3)

4.11 Genauigkeitsanforderungen an die Kostenplanung

Die Genauigkeitsanforderung an die **Kostenplanung** ist mit zunehmendem Planungsfortschritt steigend. Daher dürfen die ersten Kostenschätzungen eine höhere Toleranz aufweisen

◻ **Tab. 4.4**   Beispiel 1. Ebene nach DIN 276

KG	Kostengruppe	Menge Einheit	€/Einheit	Kosten €
3 + 4	Bauwerk			
300	Bauwerk – Baukonstruktionen	244,62 m² BGF	1242	304.000
	Fundamente, Bodenplatte, Estrich, Schieferplatten; Porenbeton-Mauerwerk, Holz-/Alu-Fenster, Außenputz, Innenputz, Anstrich; KS-Mauerwerk, GK-Wände, Türen; Stb-Decke, Treppen; Fertigteil-Dachplatten, Stb-Flachdach, Wärmedämmung, Dachabdichtung, Kies, Schieferplatten			
400	…			

◻ **Tab. 4.5**   Beispiel 2. Ebene nach DIN 276

KG	Kostengruppe	Menge Einheit	€/Einheit	Kosten €
300	Bauwerk – Baukonstruktionen			
310	Baugrube	100,00 m³	42	4200
	Oberboden abtragen, lagern (100 m³), Boden laden, entsorgen (50 m³), Boden, schadstoffbelastet, laden, entsorgen (50 m³)			
320	…			

◻ **Tab. 4.6**   Beispiel 3. Ebene nach DIN 276

KG	Kostengruppe	Menge Einheit	€/Einheit	Kosten €
310	Baugrube	100,00 m³	41,57	4157,14
311	Baugrube	100,00 m³	41,57	4157,14
312	Baugrubenumschließung	–	–	–
313	Wasserhaltung	–	–	–
319	Baugrube, sonstiges	–	–	–
320	…			

als die späteren Kostenberechnungen. Toleranzlos ist erst die Kostenfeststellung am Ende des Projektes.

Über die Anforderungen an die zulässigen **Genauigkeiten der Kostenermittlungen** hat regelmäßig die Rechtsprechung

Genauigkeiten der Kostenermittlungen

zu befinden, da es keine genormten Kriterien gibt. Allgemein geht die Rechtsprechung davon aus, dass ab einer Überschreitung der folgenden Toleranzen von einer mangelhaften Architektenleistung ausgegangen werden kann:

- Kostenschätzung: 30 %
- Kostenberechnung: 20 %
- Kostenanschlag: 10 %

Die Angaben sind folglich nicht die übliche Toleranz, sondern stellen einen Grenzwert dar, den die Rechtsprechung für den*die Bauherr*in als noch hinnehmbar formuliert hat. Zudem ist bei üblichen und wiederkehrenden Bauvorhaben (z. B. Wohnhäuser) von sehr viel genaueren Toleranzen auszugehen.

Da die Kostenermittlungen stets auf subjektiven Kosteneinschätzungen aus historischen Projekten der Architekt*innen beruhen, ist grundsätzlich eine Ungenauigkeit nicht vermeidbar. Erst ab der Auftragsvergabe sind tatsächliche Vertragspreise für das spezifische Projekt vereinbart. Auch sind für Architekt*innen die tatsächlichen zeitlichen Baumarktentwicklungen zwischen erster Kostenschätzung und Vergabe nicht vorhersehbar. Diesen grundsätzlichen Unterschied zum „Angebot des*der Händler*in beim Autokauf" sollte jede*r Architekt*in dem*der privaten Bauherr*in erläutern.

4.11.1 Gesamtgenauigkeit einer Beispielposition

Folgende Berechnung stellt die Genauigkeit einer Kostenposition in Abhängigkeit der Mengen- und Preisungenauigkeit dar. Die Menge und der Preis sollen eine angenommene Genauigkeit von 10 % haben. Wie hoch ist die Gesamtgenauigkeit?

4.11.2 Ermittlung der Gesamtgenauigkeit

Es wird deutlich, dass spätestens zur Kostenberechnung von dem*von der Architekt*in eine sehr genaue Mengenermittlung zu erstellen ist

Die Berechnung zeigt, dass sich aus 10 % Preis- und Mengenabweichung eine Gesamtgenauigkeit von 21 % ergibt. **Es wird deutlich, dass spätestens zur Kostenberechnung von dem*von der Architekt*in eine sehr genaue Mengenermittlung zu erstellen ist**, um die Anforderungen an die Genauigkeit des Kostenplanes zu erreichen. Es verbleibt dann trotzdem die Abweichung des Preises, die sich aus der Marktentwicklung ergibt und schwierig zu prognostizieren ist.

4.12 Übersicht Kostenkontrolle und Kostensteuerung

Nach der DIN kommt der Kostenkontrolle und Kostensteuerung eine zentrale Bedeutung zu. Kostensteuerung ist das gezielte Eingreifen in die Entwicklung der Kosten, insbesondere bei Abweichungen, die durch die kontinuierliche Kostenkontrolle festgestellt worden sind (◘ Abb. 4.5). Demzufolge ist die Voraussetzung für eine Kostensteuerung zunächst ein Kostenplan zu einem Entscheidungszeitpunkt.

Weichen die definierten Plankosten beim Soll-Ist-Vergleich von den tatsächlichen Kosten ab, müssen zielgerichtete Anpassungsmaßnahmen, die von dem*der Planer*in vorgeschlagen werden müssen, eingeleitet werden. Diese laufen im Allgemeinen auf Änderungen der bauherr*innenseitigen Bedarfsanforderungen hinaus, d. h. den Kostenvorgaben, Quantitäten und Qualitäten.

Gemäß DIN 276 *Kosten im Hochbau* ist die Kostenkontrolle der Vergleich einer aktuellen mit einer früheren Kostenermittlung. Eine Kontrolle der Kosten hat das Ziel, mögliche Kostenabweichungen festzustellen und zu begründen, wie es dazu gekommen ist. Gründe für Kostenabweichungen sind meist:

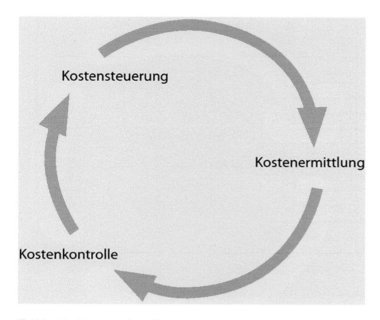

◘ **Abb. 4.5**   Zusammenhang Kostensteuerung

- Änderungswünsche des*der Bauherr*in
- Planungsänderungen durch den*die Architekt*in
- Unvollständige Ausschreibungen
- Fehler in den Kostenermittlungen
- Kostenrisiken

Kostentransformation von der bauteilorientierten zur ausführungsorientierten Gliederung

Zwischen der Kostenberechnung in Leistungsphase 3 und dem Kostenanschlag in Leistungsphase 7 findet eine Veränderung in der Gliederung der Kosten statt, von den Kostengruppen nach DIN 276 in Vergabeeinheiten. Somit findet eine **Kostentransformation von der bauteilorientierten zur ausführungsorientierten Gliederung** statt (◘ Abb. 4.6). Die Budgetplanung wird in der Regel gewerkeorientiert aufgestellt.

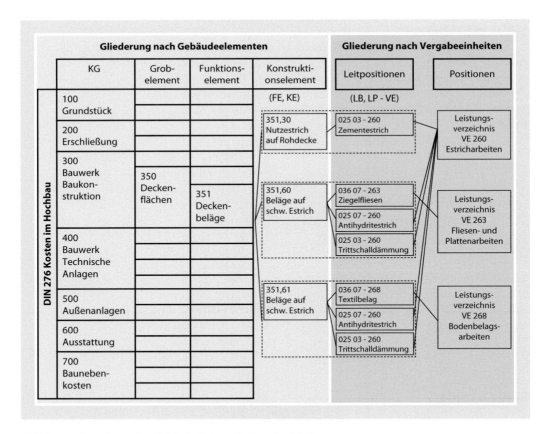

◘ **Abb. 4.6**   Transformation Gebäudeelemente in Vergabeeinheiten

4.13 Budgetplanung

Budget ist die vorgreifende Veranschlagung von erwarteten Einnahmen und beabsichtigten Ausgaben, Vorrat und verfügbaren Mitteln.

Die Vergabe ist ein dynamischer Prozess, d. h. es werden nicht alle Gewerke gleichzeitig ausgeschrieben, sondern entsprechend ihrer Reihenfolge im Bauprozess. Erkennt der*die Architekt*in bereits bei der Vergabe zeitlich zu Beginn liegender Bauleistungen, dass Überschreitungen des Budgets entstehen, sollten in den folgenden Leistungsbereichen (Gewerken) Einsparungen vorgenommen werden. Sinnvoll sind Kürzungen insbesondere bei:

— Gewerken, die einen hohen Kostenanteil an den Gesamtkosten besitzen
— Gewerken, bei denen eine Reduzierung der Ausführungs- und Materialqualität vertretbar ist, ohne dass die Wahrscheinlichkeit einer Entstehung von Bauschäden zunimmt.

Durch das Zwischenschalten der Budgetplanung zwischen Kostenberechnung und Kostenfeststellung hat der*die Architekt*in die Möglichkeit, die Kostenentwicklung zu steuern, d. h. frühzeitig in einen ungünstigen Kostenverlauf einzugreifen. Diese Leistung schließt mit der Erstellung der bepreisten Leistungsverzeichnisse und dem Vergleich mit dem Kostenziel in der Leistungsphase 7 ab.

4.14 Kostenrisiken

Um Baukosten für die Kostenberechnung sicher zu ermitteln, ist die Berücksichtigung der vorhersehbaren Risiken notwendig. Dies erfolgt durch die Benennung der Art der Risiken und dessen monetäre Bewertung in Verbindung mit der Eintrittswahrscheinlichkeit. Dafür sind Angaben von Toleranzen notwendig, die im weiteren Projektverlauf sinken. Die üblichen Faktoren, die zu berücksichtigen sind:

1. Geometrische Risiken (ungenaue Angaben)
2. Qualitative Risiken (Anforderungen nicht genau oder ändern sich)
3. Externe Risiken (Baugrund nicht untersucht)
4. Konjunkturelle Risiken (lange Planungszeiträume, steigende Baupreissteigerungen)

Doch nicht alle Kostenrisiken sind in der Kostenberechnung vollständig zu berücksichtigen. Bei unwägbare Kostenrisiken lassen sich die Eintrittswahrscheinlichkeit nicht bestimmen und treten auch unvorhersehbar im Laufe des Projektes auf. Diese machen sich dann als Abweichung in der Kostenkontrolle bemerkbar und der*die Planer*in muss dem*der Bauherr*in geeignete Maßnahmen zur Reduzierung, Vermeidung und Steuerung der Risiken aufzeigen.

4.15 Kontinuierliche Kostenkontrolle

In der Kostenkontrolle sollten alle kostenwirksamen Änderungen in jeder Phase des Projekts erfasst und auf Abweichungen verglichen werden. Die ◻ Abb. 4.7 zeigt, dass die Kostenverfolgung vor der Bauzeit beginnt und nach der Fertigstellung fortläuft (◻ Abb. 4.8).

Entsprechend dem Projektverlauf wird ab einem Projektzeitpunkt (i. d. R. nach den Vergaben) keine Kostensteuerung mehr möglich sein. Spätestens ab dem Zeitpunkt der tBau-

Entsprechend dem Projektverlauf wird ab einem Projektzeitpunkt (i. d. R. nach den Vergaben) keine Kostensteuerung mehr möglich sein

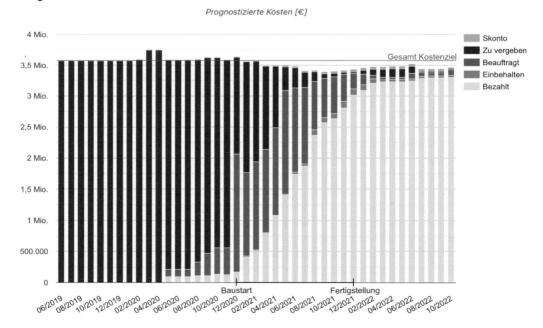

◻ **Abb. 4.7**   Übersicht Prognostizierte Kostenverfolgung (Screenshot www.blitzfin.com)

KG	Bezeichnung	Budget	Vergabe			Stand der Abrechnung			Prognose	
DIN/GAEB			⊘	Gesamtauftrag		Abgerechnet	⊘		Abweichung zum Budget	Prognose
1	2	5		8	(8/13)	9	(9/13)		12=5-13	13
100-800	GESAMT	3.613.352,72 €	3.424.116,58 €	97%		3.349.397,85 €	98%		214.014,32 €	3.399.338,40 €
	pro m²	2.845,15 €	2.696,15 €			2.637,32 €				2.676,64 €
300+400	Bauwerk	2.994.351,92 €	2.690.628,15 €	98%		2.679.901,39 €	98%		273.104,27 €	2.721.247,65 €
	pro m²	2.357,75 €	2.118,60 €			2.110,15 €				2.142,71 €
100	Grundstück									
200	Herrichten und Erschließen	101.000,00 €	175.023,45 €	37%		175.023,44 €	99%		-74.023,45 €	175.023,45 €
300	Baukonstruktionen	2.426.568,92 €	2.195.381,63 €	99%		2.163.089,01 €	98%		223.340,93 €	2.203.227,99 €
400	Technische Anlagen	567.783,00 €	495.246,52 €	95%		516.812,38 €	99%		49.763,34 €	518.019,66 €
500	Aussenanlagen	56.180,00 €	112.990,22 €	299%		53.256,72 €	127%		14.340,75 €	41.839,25 €
600	Ausstattung und Kunstwerke	86.400,00 €	76.493,20 €	100%		72.668,54 €	95%		9.906,80 €	76.493,20 €
700	Baunebenkosten	375.420,80 €	368.981,56 €	94%		368.547,76 €	95%		-9.314,05 €	384.734,85 €
800	Finanzierung									

◘ Abb. 4.8　Beispiel Kostenverfolgung (Screenshot www.blitzfin.com)

ausführung wechselt das Augenmerk auf die reine Kostenverfolgung, da Eingriffe nur noch in geringem Umfang möglich sind.

In der Ausführungsplanung sind die Mengen i. d. R. nicht mehr veränderbar, sodass Eingriffe in die Kostenplanung vorrangig durch Qualitätsreduzierungen vorgenommen werden müssen. Daher ist es für eine hohe Kostengenauigkeit notwendig, möglichst früh bereits sehr genaue Mengen- und Kostenermittlungen durchzuführen.

Um Planungsänderungen konsequent hinsichtlich Kostenauswirkungen zu untersuchen, hat sich für größere Vorhaben der formale „Antrag auf Planungsänderung" bewährt (◘ Abb. 4.9). Wird diese Vorgehensweise im Projektteam vereinbart und so sind die Planer*innen dadurch gezwungen, die Kostenauswirkungen im Antrag zu benennen, und der*die Bauherr*in hat bei der Entscheidung eine fundierte Kostengrundlage.

Antrag auf Planungsänderung

BAUWERK: _____

AUFTRAG-NR.: _____ LFD. NR.: _____

Antragsteller*in: Bauherr*in		Betrifft Gewerk:
Planer*in A		
Planer*in B		
Planer*in C		Betrifft Kostengruppe:
Planer*in D		
Projektsteuerung		
Sonstige		Datum, Unterschrift

Wir beantragen folgende Planungsänderung:

Kurzerläuterung:

Nutzerzustimmung erforderlich:		Ja	Die beschriebenen Änderungen sind technisch möglich und mit den Planungsbeteiligten abgestimmt:		Ja
		Nein			Nein

Datum, Unterschrift Nutzerzustimmung

Die beantragten Maßnahmen haben folgende Auswirkungen:

Termine:	Planungszeit ab Antragsgenehmigung:	_____	Tage
	Ausführungsvorlauf / Lieferfrist:	_____	Tage
	Verzögerung der laufenden Arbeiten:	_____	Tage
	Betroffene Gewerke:		

Kostenveränderung:			**Vorschlag zur Kostendeckung:**
	ca.	€	aus
	ca.	€	aus

Empfehlung Projektsteuerung:			**Datum, Unterschrift:**
Dem Antrag wird gefolgt:		Ja	
		Nein	
Siehe gesonderten Vermerk:			

Zustimmung zur Umplanung:	**Datum, Unterschrift Bauherr*in:**

◻ **Abb. 4.9**   Antrag auf Planungsänderung

Quellennachweis

zitierte Literatur

BKI Baukosten. Band 1–3: Statistische Kostenkennwerte für Gebäude, Bauelemente und Positionen, 2016
DIN 276 (12-2018) Kosten im Bauwesen
DIN 277 (01-2016) Grundflächen und Rauminhalte von Bauwerken im Hochbau
DIN 18960 (02-2008) Nutzungskosten im Hochbau
D. Siemon, Klaus: Baukostenplanung und -steuerung, 2016
Scholz, Stefan: Baukosten sicher ermitteln, 2021

Weiterführende, empfohlene Literatur

BKI Bildkommentar DIN 276/277 Kosten im Bauwesen, 2016
BKI Objektdaten. Bände: Altbau, Neubau, Technische Gebäudeausrüstung, Freianlagen, Energieeffizientes Bauen, Nutzungskosten, 2018
Plümecke, K: Preisermittlung für Bauarbeiten, Köln, 2017
Seifert, W: Praxis des Baukostenmanagements, Düsseldorf, 2002
Downloads zum Buch: ▶ www.architekturpraxis.de/downloads
Beispiel eines Kostenplanes als Arbeitsdatei (XLS)

Terminplanung

Inhalte, Darstellungsart, Terminüberschreitungen

Stefan Scholz

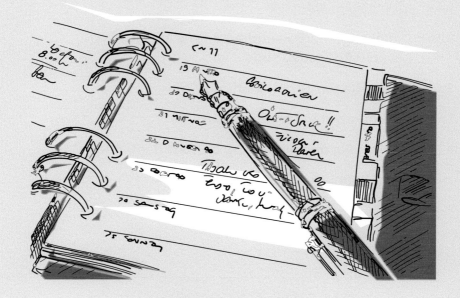

Inhaltsverzeichnis

© Der/die Autor(en), exklusiv lizenziert an Springer Fachmedien Wiesbaden GmbH, ein Teil von
Springer Nature 2023
K. Wellner und S. Scholz (Hrsg.), *Architekturpraxis Bauökonomie*,
https://doi.org/10.1007/978-3-658-41249-4_5

5.1 Allgemeines

Die Entwicklung und Realisierung von Projekten in der heutigen Zeit sind dadurch gekennzeichnet, dass sie
- an Größe und Komplexität zunehmen,
- unter enormem Termindruck realisiert werden sollen und
- unter einem starken Kostendruck stehen.

Daher wird es zwingend notwendig, die planmäßige Abwicklung der Projekte durch eine lückenlose Kontrolle aller Parameter sicherzustellen.

In Anlehnung an die REFA-Methodenlehre (Hujer 1997, 1) lässt sich die Ablaufplanung wie folgt eingrenzen:

» Die Ablaufplanung beschreibt die zur Zielerreichung benötigten Aufgaben in zeitlicher Abfolge.

Eine **wirtschaftliche Baufertigung** kann in der Regel nur mit einer sorgfältigen und detaillierten Ablauf- und Terminplanung sichergestellt werden. Ziel ist die Einhaltung einer optimalen Ausführungsdauer. In den meisten Fällen sind Bauprozesse sehr komplex geworden und im Gegensatz dazu die Fertigstellungstermine sehr knapp bemessen. Das nahtlose Ineinandergreifen der einzelnen Unternehmerleistungen ergibt sich nicht von selbst, sondern muss im Voraus geplant werden.

wirtschaftliche Baufertigung

Die Terminplanung ist eine Aufgabe, an der Bauherr*in, Planer*in, Bauleitung und ausführende Unternehmen gemeinsam beteiligt sind. Empfohlen wird auch eine klar strukturierte und termingerechte **„Planung der Planung",** in der unter anderem die Zeitpunkte (◨ Abb. 5.1) aufgeführt werden für:
- Planungsentscheidungen,
- Koordinierungsmaßnahmen mit anderen an der Planung Beteiligten und
- Planfertigstellungstermine.

Planung der Planung

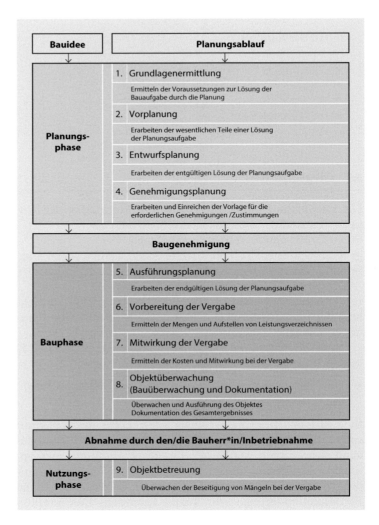

Abb. 5.1 Standardstruktur entsprechend der Leistungsphasen der HOAI

Meistens wird von dem*von der Bauherr*in der Endtermin für die Baufertigstellung vorgegeben. Es ist die Aufgabe des*-der Architekt*in bzw. des*der Projektsteuerer*in, die Terminvorstellungen der Bauherrschaft fachtechnisch umzusetzen und auf Durchführbarkeit, Risiken und Kostenauswirkungen zu prüfen. Aufgrund dieser Prüfung ist mittels eines ersten Rahmenterminplans der Fertigstellungstermin zu bestätigen oder gegebenenfalls zu korrigieren. Hierbei sind nicht nur die technische Machbarkeit, sondern auch wirtschaftliche Gesichtspunkte (wie z. B. Baukosten) zu berücksichtigen.

5.2 Terminplanung als Grundleistung

Vielfach wird von den*der Architekt*in die Auffassung vertreten, dass mit der Terminplanung nur der in der HOAI sogenannte **Bauzeitenplan** in Form eines **Balkendiagramms** gemeint ist. Zusätzlich zum Bauzeitenplan sind jedoch auch die Planungsphase und die Vergabephase zu berücksichtigen. Als Grundleistung sind üblicherweise zu erbringen:

- das Erstellen einen Rahmenterminplanes in Leistungsphase 2
- das Fortschreiben dieses Plans in Leistungsphase 3 und 5
- das Erstellen eines Vergabeterminplanes in Leistungsphase 6
- das Erstellen, Fortschreiben und Überwachen eines Bauzeitenplanes in Leistungsphase 8

Zur Erstellung eines Terminplanes für ein Projekt ist es zunächst notwendig, die Ablaufstruktur des betreffenden Projektes zu klären. Hierfür werden die Reihenfolge der zu erbringenden Arbeiten (Arbeitsschritte) und ihre Abhängigkeiten voneinander festgelegt, aus der dann der Terminplan zu entwickeln ist. Der Ablauf des Planungs- und Bauprozesses orientiert sich grundsätzlich an den zur Errichtung des Bauwerkes notwendigen Leistungen.

Diese Leistungen sind z. B. abhängig

- vom Volumen des Bauwerkes,
- von der Art der Konstruktion und Technologie,
- von der Art der Ausführung,
- von der Art der Vergabe.

Eine wirksame Ablaufplanung setzt jedoch viel früher ein. Es ist nämlich nicht nur die Ausführung, sondern auch die Planung zu planen.

Sämtliche Vorgänge, die für die Abwicklung des Projektes notwendig sind, sollten deswegen vorher in einem so genannten „Projektstrukturplan" objekt- oder funktionsorientiert gegliedert sein (◘ Abb. 5.2).

Die letzte Gliederungsebene im Projektstrukturplan führt dann zu den Arbeits- oder Leistungspaketen.

Für jedes Arbeitspaket ist zu überlegen, welche Vorgänge (Arbeitsschritte) hierfür notwendig sind. Der Detaillierungsgrad der Vorgänge wird vom definierten Informationswunsch abhängig sein. Als Grundlage für die weiteren Planungsaktivitäten wird daher eine Vorgangsliste erarbeitet.

Im nächsten Bearbeitungsschritt sind für die einzelnen Vorgänge die Vorgangsdauern zu ermitteln.

Balkendiagramms

5

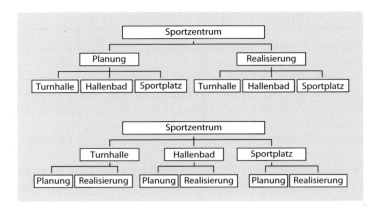

◘ **Abb. 5.2**   Projektstrukturplan

In diesem Zusammenhang ist bereits anzumerken, dass diese Vorgänge die Grundlage für die Termin-, Kapazitäts- und Kostenplanung darstellen.

Der Ablauf kann wie folgt dargestellt werden:
- Terminliste
- Balkendiagramm
- Netzplan
- Meilensteinplan
- Liniendiagramm

Balkendiagramm

Von den genannten Darstellungen ist das **Balkendiagramm** sicherlich die einfachste und damit auch meistverbreitete Terminpla-nungsdarstellung.

Die „unterste" Stufe des Balkenplanes ist demnach eine – je nach Feinheitsgrad wie Tag, Woche, Monat – auf der Abszisse eingetragene Dauer des Vorganges. Aus dieser Darstellung können jedoch noch keine direkten Abhängigkeiten entnommen werden. Somit besteht auch die Schwierigkeit, bei Verschiebung bzw. Verlängerung des Vorganges die Auswirkungen auf den Gesamtverlauf zu erkennen. Es besteht jedoch die Möglichkeit, die Abhängigkeiten durch Pfeile darzustellen.

Die Anforderungen an die Qualität der Terminplanung hat der BGH vorgegeben. Dieser führt aus, dass der Terminplan lückenlos den sogenannten „kritischen Pfad" darstellen muss. Das bedeutet, die Kennzeichnung der Terminkette, bei deren Verzögerung in Teilprozessen automatisch eine Fertigstellungsverzögerung des Projektendes nach sich ziehen wird. Sinngemäß ist diese Anforderung des BGH auf alle Terminpläne anzuwenden. Durch eine vollständige

Terminverkettung aller Teilprozesse kann die Anforderung mit den gängigen Terminplanungsprogrammen leicht eingehalten werden.

5.3 Betrachtungen zur Bauzeit

An der Realisierung von Bauprojekten ist eine Vielzahl von unterschiedlichen Institutionen wie Bauherr*in, Planer*in, Baubetriebe, Banken etc. beteiligt.

5.3.1 Betrachtungen zur Bauzeit aus der Sicht des*der Bauherr*in (Investor*in)

■■ **Welche Ziele verfolgt der*die Bauherr*in und wodurch werden sie beeinflusst?**
− „Optimale" Bauzeit
− Keine Qualitätseinbußen am Bauwerk durch eine Verkürzung der Bauzeit
− Keine Kostenerhöhungen durch die Verkürzung der Bauzeit
− Senkung der „Kosten der Finanzierung während der Bauzeit" (Kostengruppe 760 nach DIN 276) durch eine Verkürzung der Bauzeit
− Verkürzung der Bauzeit durch Einschalten eines*einer Generalplaner*in?
− Verkürzung der Bauzeit durch Einschalten eines*einer Generalunternehmer*in?
− Verkürzung der Bauzeit durch Einschaltung eines*einer Projektsteuerer*in?

■■ **Störgrößen**
− Verlängerung der Bauzeit durch Schlechtwetterperioden
− Verlängerung der Bauzeit durch „mangelhafte" Vergabe der Bauleistungen
− Finanzierungsschwierigkeiten
− „Änderungsplanungen" der Architekt*innen und Ingenieur*innen aufgrund von Vermietungsproblemen des*der Bauherr*in
− Bürgerinitiativen
− Konkurs beteiligter Baufirmen
− „Probleme" mit dem Prüfstatiker
− Stilllegung der Baustelle durch die Bauberufsgenossenschaft
− Unzufriedenheit mit einem Planer*in (Kündigung des Vertrages)

— Sturmschäden während der Ausbauphase (wer haftet?)
— Auswirkungen einer Aufhebung der Ausschreibung auf die Bauzeit

- **Welche Finanzierungskosten entstehen dem*der Bauherr*in während der Bauzeit?**

Ausgangssituation (dargestellt am Beispiel des Objektbereiches Mietwohnungsbau):

1. Der*die Bauherr*in wird Projekte in der Regel mit einem geringen Anteil (20 %) Eigenkapital realisieren.
2. Dies verursacht den Einsatz von Fremdkapital und die sich daraus ergebenden Finanzierungskosten.
   a) Verzinsung der ausgezahlten Teilbeträge der Hypotheken („normaler" Zinssatz gemäß Dauerfinanzierung).
   b) Bereitstellungszinsen für die noch nicht ausgezahlten Teilbeträge der Darlehen (Hypotheken), die jedoch noch nicht in Anspruch genommen werden können.
   c) Zwischenfinanzierungskosten für Baugelder, deren Ablösung durch Mittel der Endfinanzierung realisiert werden. Die Zwischenfinanzierung wird notwendig, wenn die ausgezahlten Teilbeträge der langfristigen Darlehen (Hypotheken) nicht ausreichen, um den Zahlungsverpflichtungen gegenüber den Baufirmen etc. nachzukommen.
   d) Der Auszahlungsverlust (Damnum) der langfristigen Darlehen wird ebenfalls der Kostengruppe 760 nach DIN 276 zugeordnet.

Während die Punkte a_ bis c_ besonders durch die Bauzeit beeinflusst werden, ist der Punkt d_ bauzeitneutral zu sehen. Diese unter Punkt 2 aufgeführten Sachverhalte stellen die markantesten Bereiche der „Finanzierung während der Bauzeit" dar.

- **Beispielrechnung**

Bei angenommenen Baukosten von 2000 € je qm BGF und einem Zinssatz von 6 % p. a. ergeben sich im Jahr Zinskosten in Höhe von 120 €. Eine Bauzeitverlängerung hat demnach eine monatliche Erhöhung der Baukosten um 10 € je qm BGF zur Folge.

5.3.2 Betrachtungen zur Bauzeit aus der Sicht des*der Architekt*in

— Der*die Bauherr*in wird dem*der Architekt*in den gewünschten Fertigstellungstermin seines Projektes mitteilen.

- Auf der Grundlage dieses Termins wird der*die Architekt*in den geplanten Soll-Ablauf der Realisierung (Bauzeitenplan etc.) festlegen.
- Auf der Grundlage dieses Bauzeitenplanes muss der*die Architekt*in die Ausschreibung und Vergabe der Rohbau-, Ausbau- und Gebäudetechnik-Gewerke vornehmen (Vorlauf!).
- Die Ausschreibung der Gewerke benötigt einen „bestimmten" Detaillierungsgrad der Ausführungsplanung (Vorlauf!).
- Die Ausführungsplanung des*der Architekt*in beinhaltet auch die Koordinierung und „Einarbeitung" der Leistungen der beteiligten Fachplaner.

Hieraus ergeben sich für den*die Architekt*in unmittelbar weitere Fragestellungen und häufige Störgrößen.

■ ■ **Fragestellungen und Störgrößen**
- Welche Pläne müssen zu welchem Zeitpunkt fertig sein?
- Welche Personalkapazität ist hierfür jeweils notwendig?
- In welcher Intensität muss geplant und überwacht werden, damit der*die Bauherr*in „zufrieden" und das Honorar trotzdem auskömmlich ist?
- Welche Konsequenzen hat die Nicht-Lieferung bzw. die „Zu-Spät-Lieferung" von Plänen?
- Wie kann vergabebedingte Bauzeitverzögerungen wieder eingeholt werden?
- Kann durch die Vergabe mehrerer Gewerke an einen*eine Unternehmer*in (Vergabeeinheit) die Bauzeit verkürzt werden?
- Wie kann der Ausschreibungs- und Vergabeprozess optimiert werden?
- Soll eventuell auf die Beauftragung der Leistungsphasen 6 bis 9 verzichtet oder hierfür ein*eine „Subplaner*in" eingeschaltet werden?

5.3.3 Betrachtungen zur Bauzeit aus der Sicht der Baubetriebe

Das Bauunternehmen hat seinen Auftrag (z. B. für die Gewerke Erdarbeiten, Mauerarbeiten und Beton- und Stahlbetonarbeiten) auf der Grundlage seiner Kalkulation bzw. seines Angebotes erhalten.

Der Auftrag ist an einen Baubeginn und den Fertigstellungszeitpunkt des Gewerks bzw. der Gewerke gekoppelt. Da das Bauunternehmen in der Regel noch an weiteren

Projekten ähnliche Bauleistungen (auch unter festen Terminen) realisiert, ergeben sich hieraus unmittelbare Fragestellungen und Störgrößen.

▪▪ Fragestellungen und Störgrößen
- Mit welcher Kapazität muss das Bauunternehmen die Realisierung der Bauleistung beginnen, damit der genannte Endtermin, aber auch Zwischentermine eingehalten werden können?
- Wie kann es die Angebotsendsumme durch Nachtragsforderungen maximieren?
- Wie muss es auf Behinderungen (gemäß VOB/B) reagieren?
- Welche Folgen hat die Nichteinhaltung von Terminen gemäß Bauvertrag?
- Besteht die Möglichkeit der Vereinbarung von Beschleunigungsvergütungen?
- Kann das Bauunternehmen bei Engpässen auf anderen Baustellen von dieser Baustelle eventuell Personal abziehen, ohne dass ein Zwischentermin oder der Endtermin gefährdet werden?
- Soll für einzelne Teilleistungen eventuell ein Subunternehmen eingeschaltet werden?
- Wie muss man auf Mängelmeldungen durch den*die bauleitende*n Architekt*in reagieren?
- Kann das Bauunternehmen das Personal von der Baustelle abziehen, wenn der*die Bauherr*in mit der Bezahlung einer Abschlagsrechnung mehrere Wochen in Verzug ist?

5.4 Arten von Terminplänen

Gliederung der Abläufe

Für die **Gliederung der Abläufe** gibt es keine verbindlichen Regeln. Entscheidend sind in jedem Fall Größe, Komplexität und voraussichtliche Dauer, sowie die Organisation der Planung und Ausführung.

Auch die Darstellung der Terminplanung kann in unterschiedlicher Form erfolgen. Werden moderne EDV-Verfahren eingesetzt, so kann ein und dieselbe Terminplanung sowohl als Terminliste, als Netzplan oder als Balkenplan usw. auf der Grundlage derselben Daten und Verknüpfungen dargestellt werden.

Bei Darstellung und Detaillierung sollten in jedem Fall folgende Punkte berücksichtigt werden:
- Wer wird mit dem Terminplan arbeiten?
- Welche Darstellungsform ist für welchen Projektbeteiligten verständlich und übersichtlich?

- Welche Detaillierung ist in welcher Projektphase möglich und notwendig?
- Welche Terminvorgaben werden Grundlage der Terminkontrolle und der Terminsteuerung sein?
- Welcher Aufwand ist bei der Erhebung, Pflege und Darstellung der Termindaten sinnvoll?

In der Praxis sind auch bei großen Bauvorhaben zwischen drei und fünf Ebenen der Terminplanung mit abgestufter Detaillierung ausreichend (■ Abb. 5.3). Üblich und verbreitet sind:
- Rahmen- und/oder Generalterminplan,
- Grobterminplan,
- Detailterminpläne mit Checklisten.

5.4.1 Rahmenterminplan (Rahmenablauf)

Der Rahmenterminplan dient insbesondere als Orientierungshilfe und zur Finanzierungsmittelplanung. Er ist bei baulichen Anlagen, die aus mehreren Einzelbauwerken bestehen, bei Großprojekten und Bauvorhaben mit sehr langer Ausführungsdauer auf jeden Fall erforderlich. Ein Rahmenterminplan ist im Allgemeinen ein Balkenplan mit ca. zwanzig Vorgängen. Terminkritische Vorgänge (z. B. Baugenehmigung)

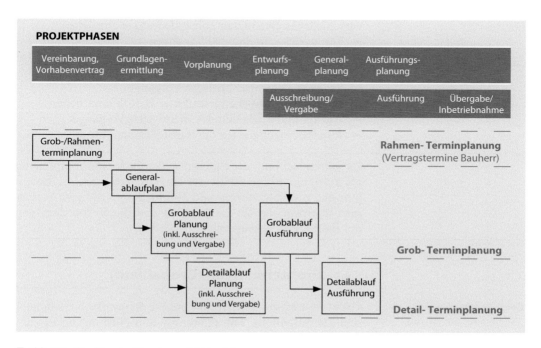

■ **Abb. 5.3** Struktur der Termin- und Ablaufplanung

werden als Meilenstein gekennzeichnet. Er ist insbesondere auch für den*die Bauherr*in anschaulich und gibt einen leicht verständlichen Überblick über den gesamten Terminverlauf.

5.4.2 Generalterminplan (Generalablauf)

Generalterminplan

Der **Generalterminplan** erfasst alle Projektphasen des gesamten Projektes. Es ist hierbei zweckmäßig, sich an den Leistungsphasen der HOAI zu orientieren. Des Weiteren sollte die Inbetriebnahme des Gebäudes in die Terminplanung einbezogen werden.

Die einzelnen Phasen auf der Generalebene sind Grundlage der weiteren Detaillierung von Planung und Ausführung in den darauf aufbauenden Grobterminplänen.

Folgende Punkte sind zu berücksichtigen:
- wesentliche Leistungsbilder (Objektplaner, Tragwerksplaner, etc.) und Vergabeeinheiten (Rohbauarbeiten, Fassadenbauarbeiten, etc.)
- überschlägig ermittelte Mengendaten (z. B. auf der Grundlage von Kennwerten)
- die wichtigsten Ablaufstrukturen
- Generaltermine (Meilensteine)
- angestrebter Leistungsverlauf

Für die weitere Planungsarbeit sind, differenziert nach den verschiedenen Beteiligten, folgende Punkte abzuleiten:
- Terminliche Rahmenbedingungen für Planung, notwendige Genehmigungen, Vorbereitung, Ausführung und Inbetriebnahme
- kritische Wege und kritische Vorgänge
- Leitbetriebe bzw. Leitgewerke (z. B. Rohbauarbeiten)
- Anzahl und Kapazität der wichtigsten Vorgänge
- Randbedingungen für die Baustelleneinrichtung

Es sollten nicht nur die Ergebnisse der Generalterminplanung als Terminplan dargestellt werden, sondern auch die Bedingungen, Voraussetzungen und eventuell notwendigen Annahmen in einem Bericht festgehalten und dieser von dem*von der Bauherr*in gegengezeichnet werden.

5.4.3 Grobterminplan (Grobablauf)

Grobterminplan

Grobterminpläne werden für einzelne Bauwerke oder Bauabschnitte aufgestellt. Die Planungs- und Ausführungsleistungen können in jeweils getrennten Grobabläufen aufgestellt werden. Die mit der Grobterminplanung vorgegebenen Anfangs- und Endtermine der einzelnen Vorgänge sind Grundlage der Planungs- und Bauverträge.

Auf Grundlage der Generalterminplanung werden auf dieser Ebene

- für jedes Teilprojekt die Gewerke und Baubeteiligten erfasst,
- Mengendaten je Gewerk ermittelt,
- Ablaufstrukturen aufgestellt,
- Grobtermine errechnet und
- Leistungsdaten und Aufwandswerte ermittelt.

Folgende Ergebnisse sind für die Grobterminplanung zu erwarten:

- Anfangs- und Endtermine von Leistungsphasen und Bauverträgen bzw. Leitgewerke,
- Ausführungsfristen der berücksichtigten Vorgänge,
- überschlägige Dimensionierung der Kapazitäten,
- wesentliche Zwischentermine bezogen auf Bauabschnitte oder Teillose, sowie das Ineinandergreifen verschiedener Leistungsbilder oder Gewerke.

5.4.4 Detailterminplan

Detailtermine sind für die eigentliche Planungs- und Ausführungsorganisation erforderlich. Sie beziehen sich in der Planung auf einzelne Bauabschnitte, Geschosse oder Nutzungsbereiche und in der Ausführung auf einzelne Bauverträge.

Die Ablaufgliederung des Detailterminplanes sollte vor allem auch die organisatorischen Regeln (Projekthandbuch) berücksichtigen, z. B.

- während der Planung Freigaben einzelner Planungsabschnitte durch den*die Bauherr*in,
- während der Vorbereitung der Vergabe Erstellung von Ausschreibungsunterlagen durch den*die Architekt*in,
- Freigabe und Versand jedes einzelnen Leistungsverzeichnisses durch den*die Bauherr*in.

Detailterminplan

Dabei kann die Dauer der einzelnen Vorgänge wenige Tage oder einen einzelnen Tag betragen. Als Darstellungsform haben sich Balkenpläne bewährt.

Im Zuge der Vergabe sollten die Detailtermine mit den Bietern durchgesprochen werden. Gegebenenfalls können von den Bewerber*innen Verbesserungsvorschläge bezüglich des Bauablaufes eingebracht werden. Diese werden dann nach Abgleich mit der Grobterminplanung sowie den Detailterminplänen anderer Gewerke Bestandteil des Bauvertrages.

5.5 Balkenpläne/Balkendiagramme als Darstellungsmethode

Der Balkenplan (◨ Abb. 5.4) ist das am weitesten verbreitete Instrument der Ablaufplanung. Dieses anschauliche Verfahren eignet sich sowohl zur Planung des zeitlichen Einsatzes der an einem Bauvorhaben beteiligten Firmen, als auch für den Einsatz von Arbeitskräften und Geräten.

Horizontal wird die Zeit maßstäblich aufgetragen, vertikal werden die Gewerke bzw. Arbeitsvorgänge aufgelistet. Jeder Vorgang erhält einen Balken von der Länge seiner Dauer, wobei besonders die zeitliche Lage der entsprechenden Ausführung der Arbeit (in Koordination mit den anderen Arbeiten) zu beachten ist.

Der horizontale Balken gibt keinerlei Aussage über vorhandene/eingesetzte Kapazitäten und Fertigungsmengen, sondern nur über die Dauer und den geplanten Beginn bzw. Fertigstellungstermin. Diese Dauer ist von unterschiedlichen Faktoren abhängig. So sollten neben den auszuführenden Mengen auch Vorbereitungs- und Lieferzeiten, sowie Nachbereitungs-, Abbinde-, Trockenzeiten u. ä. mit aufgeführt werden. Maßgebend für die Dauer können auch äußere Bedingungen sein (Schlechtwetter bei Dacharbeiten u. ä.).

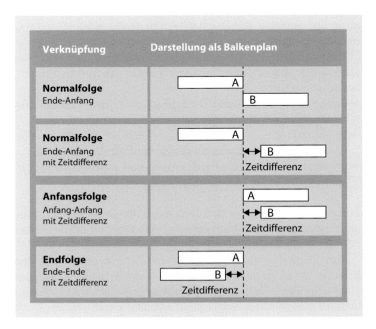

◨ **Abb. 5.4** Darstellung von Vorgangsverknüpfungen

Balkenpläne eignen sich ebenfalls zur Kontrolle des Bauablaufs. Zu diesem Zweck wird zu jedem der bereits eingetragenen Arbeitsvorgänge sowohl ein Balken mit den Soll-Zeiten als auch nach Beendigung der Arbeiten ein Balken mit den jeweiligen Ist-Zeiten eingezeichnet. Somit können die durch die Verzögerung des einen Gewerkes entstandenen, etwaigen Behinderungen der folgenden Gewerke frühzeitig erkannt und die daraus resultierende verlängerte Bauzeit ggf. durch erhöhten Arbeitskräfteeinsatz rechtzeitig vermieden werden.

5.6 Begriffe der Terminplanung

■■ **Ereignis**
— Eintreten eines definierten Zustandes im Projektablauf (Dauer $= 0$)

■■ **Vorgang**
— Zeiterforderndes Geschehen mit definiertem Anfang und Ende

■■ **Anordnungsbeziehung**
— Quantifizierbare Abhängigkeit zwischen Ereignissen oder Vorgängen (vgl. ◘ Abb. 5.5)

■■ **Ereigniszeiten**
— frühestmöglicher Eintritt/spätest erlaubter Eintritt

■■ **Vorgangszeiten**
— frühest möglicher Beginn/spätest erlaubter Beginn
— frühestmögliches Ende/spätest erlaubtes Ende

■■ **Pufferzeiten**
— Puffer: Zeitraum, der für die Verschiebung oder Ausdehnung eines Vorgangs zur Verfügung steht.
— Kritischer Vorgang: Vorgänge, deren gesamter Puffer gleich Null ist.
— Kritischer Weg: Menge von Pfeilen von A nach B, für die sämtliche Pufferzeiten gleich Null sind.

5.7 Toleranzen in Terminplänen

Die Fehlertoleranzen sind in der Planung geeignet zu berücksichtigen, ebenso die Auswirkungen von Verkettungen auf die Gesamtfehlertoleranz. Aus der Abbildung werden die Unterschiede von parallelen bzw. linearen Verkettungen ersichtlich (vgl. ◘ Abb. 5.6).

5

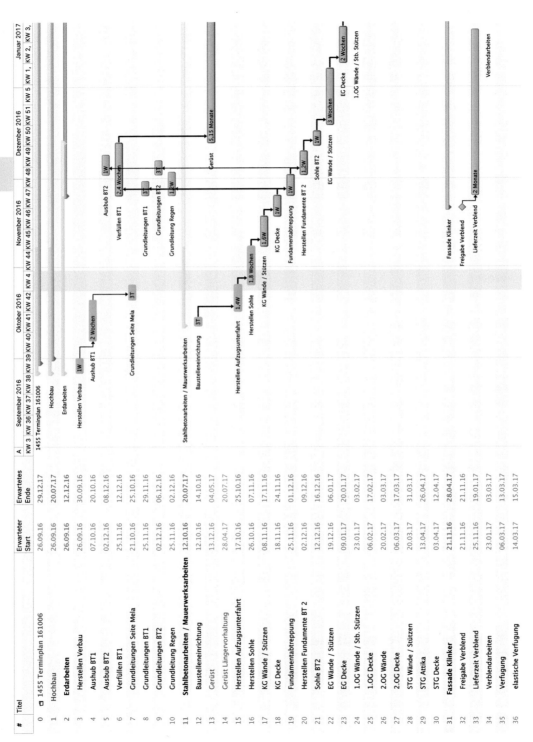

□ Abb. 5.5 Ausschnitt aus der Terminplanung als Beispiel

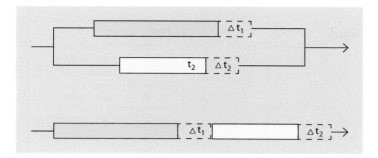

❑ Abb. 5.6   Parallele und lineare Verkettung

5.8 Kontrolle und Steuerung der Terminplanung

Die Kontrolle des Planungs- und Bauprozesses soll dazu führen, dass die gesetzten **Fristen** und **Termine** eingehalten werden. Während der Realisation erfolgt eine laufende Kontrolle des Baufortschritts und die Überwachung der Leistungen auf Einhaltung der ggf. vertraglich vereinbarten Termine (Terminkontrolle) durch die mit der Objektüberwachung beauftragten Planer*innen (Architekt*innen) und durch den*die Bauherr*in. Dazu hat es sich als zweckmäßig erwiesen, vor Ausführungsbeginn der Arbeiten die Termine festzulegen. Die Kontrolle erfolgt dann über den Soll-Ist-Vergleich.

Bei besonders wichtigen Teilleistungen empfiehlt sich die verbindliche Festlegung von Ausführungsfristen in den Bauverträgen.

▪ **Grundsätze der Terminsteuerung**

Für eine wirkungsvolle Terminsteuerung sind zwei Grundsätze zu beachten:

Grundsätze der Terminsteuerung

1. Der Terminplan muss soweit detailliert sein, dass für jeden Vorgang nur EIN Verantwortlicher definiert ist, und die Fristen Vertragsbestandteil sind.
2. Die zeitliche Komponente ist mit kontrollierbaren Quantitäten/Kapazitäten zu verknüpfen (zum Beispiel 100 m^2 Estrich pro Tag), um bei Verzögerung wirksam den*die AN*in in Verzug setzen zu können

▪▪ **Steuerung der Ausführungsfristen nach VOB/B (vgl.**
   ❑ Abb. 5.7 + 5.8)

Der Besonderheit des Langzeitcharakters des Bauvertrags entsprechend, dessen Durchführung in der Regel Monate bis Jahre erfordert, trifft die VOB/B Regelungen für die zeitlichen

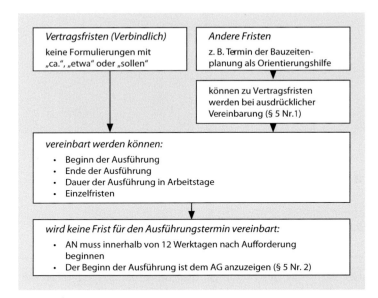

Abb. 5.7   Übersicht von Ausführungsfristen gemäß § 5 VOB/B

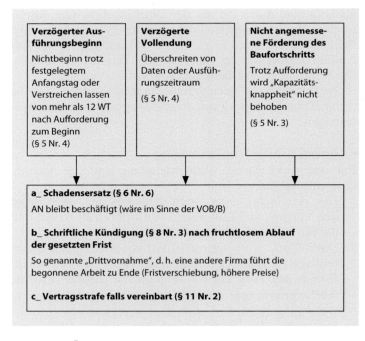

Abb. 5.8   Überschreiten von Ausführungsfristen gemäß VOB/B

Rahmenbedingungen und deren Einhaltung durch den*die AN*in (siehe ▶ Kap. 1 Baudurchführung).

Quellennachweis

Weiterführende, empfohlene Literatur

Bert Bielefeld: Terminplanung (2017)
Honorarordnung für Architekten und Ingenieure vom 10. Juli 2013 (BGBl.
    I S. 2276)
Hujer, R: REFA Methodenlehre der Betriebsorganisation, Leipzig, 1997
Vergabe- und Vertragsordnung für Bauleistungen

Software

► www.bauzeitenplaner.de (Marktübersicht)

Projektsteuerung als Erfolgskriterium

Debora Portner

K. Wellner und S. Scholz (Hrsg.), *Architekturpraxis Bauökonomie*,
https://doi.org/10.1007/978-3-658-41249-4_6

Inhaltsverzeichnis

> **Inhalt des Kapitels**
> ➡ Das Leistungsbild der Projektsteuerung
> ➡ Projektleitung und Projektsteuerung
> ➡ Planer*innen in der Projektsteuerung

6.1 Allgemeines

Die qualifizierte **Projektsteuerung** als eigenständige Disziplin ist in Zeiten immer komplexerer Projektinhalte mit hohen Anforderungen an die Qualität bei straffen Terminplänen, wirtschaftlich optimiertem Bauen und diversem Stakeholder*innenkreis unabdingbar geworden.

Sie stellen heute den umfassenden Aufgabenbereich im Gesamtkontext des Projektmanagements dar, in dem, abstrakt formuliert, die unter den Projektbeteiligten festgelegten Soll-Werte mit den Ist-Werten des Projekts verglichen und Maßnahmen bei ermittelten Abweichungen ergriffen werden. Konkret sind dies **(delegierbare) organisatorische, technische, rechtliche und wirtschaftliche Funktionen von Auftraggeber*innen**.

(delegierbare) organisatorische, technische, rechtliche und wirtschaftliche Funktionen von Auftraggeber*innen

Auftraggebende treten bei großen Projekten nur noch selten als natürliche Einzelpersonen auf, sondern agieren als Auftraggeber*innenorganisationen mit zum Teil unterschiedlichsten Interessen. Immer häufiger wird daher der Rat durch externe Fachspezialist*innen mit insbesondere koordinierender und steuernder Funktion hinzugezogen. Hierdurch hat sich Anfang der 1980er-Jahre die Projektsteuerung als eigenständiger Leistungsbereich herausgebildet (Kalusche 2016, 2), welcher insbesondere Beratungs-, Koordinations-, Informations- und Kontrollleistungen für Auftraggeber*innen umfasst.

In § 31 der HOAI von 1976 ist die Projektsteuerung als zusätzlicher, frei zu vereinbarender Leistungsbereich dargestellt. In der amtlichen Begründung zu § 31 HOAI in der Ausgabe vom 17.09.1976 wird dargestellt, dass Auftraggeber*innen oftmals nicht mehr in der Lage sind, bei insbesondere steigendem Bauvolumen und der damit einhergehenden Komplexität der Geschensabläufe den Anforderungen an Koordination, Steuerung und Überwachung gerecht zu werden. In der Praxis werden in diesen Fällen Funktionen von Auftraggeber*innen als Projektsteuerungsleistungen extern beauftragt. Somit wird die ursprüngliche Trennung der typischen Aufgaben von Auftraggeber*innen und Fachspezialist*innen teilweise aufgehoben.

typische Leistungen

Als **typische Leistungen** der Projektsteuerung werden in § 31 HOAI 1976 genannt[1]:

- Klärung der Aufgabenstellung, Erstellung und Koordinierung des Programms für das Gesamtprojekt,
- Klärung der Voraussetzungen für den Einsatz von Planer*innen und anderen an der Planung fachlich Beteiligten (Projektbeteiligte),
- Aufstellung und Überwachung von Organisations-, Termin- und Zahlungsplänen, bezogen auf Projekt und Projektbeteiligte,
- Koordinierung und Kontrolle der Projektbeteiligten, mit Ausnahme der ausführenden Firmen,
- Vorbereitung und Betreuung der Beteiligung von Planungsbetroffenen,
- Fortschreibung der Planungsziele und Klärung von Zielkonflikten,
- laufende Information des*der Auftraggeber*in über die Projektabwicklung und rechtzeitiges Herbeiführen von Entscheidungen des*der Auftraggeber*in,
- Koordinierung und Kontrolle der Bearbeitung von Finanzierungs-, Förderungs- und Genehmigungsverfahren.

Mit der HOAI-Novelle 2009 wurde der Leistungsbereich der Projektsteuerung in § 31 ersatzlos gestrichen. Was ist geschehen?

6.2 Das Leistungsbild der Projektsteuerung

fünf Projektstufen

Die lückenhafte Ausgestaltung des § 31 HOAI 1976 sowie die nicht geregelte Höhe der Vergütung konnte den Anforderungen an das Leistungsbild der Projektsteuerung nicht Genüge leisten (Kalusche 2016, 2). Der Ausschuss für die Honorarordnung der Ingenieurkammern und Verbände, AHO, entwickelte daraufhin ein umfassendes Leistungsbild mit zuletzt ergänzten „Lieferobjekten" für Projektmanagementleistungen[2] in der Bau- und Immobilienwirtschaft.

---

1   BGBl. (1979 I S. 2819).
2   Die Begriffe Projektsteuerung und Projektmanagement werden unterschiedlich definiert und häufig synonym verwendet. Als Steuerung wird gem. DIN 69901 zunächst ein konkreter Aufgabenbereich im Projektmanagement bezeichnet. Die Projektsteuerung kann jedoch z. B. nach PRINCE 2 auch als alle auf die Umsetzung des Projekts ausgerichteten Handlungen verstanden werden. In diesem Kapitel wird der Begriff der Projektsteuerung, angelehnt an § 31 HOAI 1976, als operatives Element des auch strategischen Projektmanagements verwendet.

Hierbei wurden **fünf Projektstufen** orientiert am Projektablauf definiert:

- **Projektstufe 1 Projektvorbereitung:** Projektinitiierung, strategische Planung, Grundlagenermittlung, Vertragsgestaltung
- **Projektstufe 2 Planung:** Vorentwurfs-, Entwurfs- und Genehmigungsplanung
- **Projektstufe 3 Ausführungsvorbereitung:** Ausführungsplanung, Vorbereitung der Vergabe und Mitwirken bei der Vergabe
- **Projektstufe 4 Ausführung:** Projektüberwachung
- **Projektstufe 5 Projektabschluss:** Projektbetreuung, Dokumentation

■■ Die Bedeutung der ersten Projektstufe(n)

Im Rahmen der 5. Auflage des 9. AHO-Hefts wurde die Projektstufe 1 Projektvorbereitung unter anderem noch um das Mitwirken bei der Klärung projektspezifischer Rahmenbedingungen ergänzt. In Kombination mit dem Mitwirken bei der Festlegung der Projektziele soll dem Ansatz Rechnung getragen werden, dass Projektsteuernde bereits frühzeitig, im besten Fall sogar noch vor dem Projektbeginn an Entscheidungen beteiligt werden, um ihr Know-how umfassend einzubringen, Ziele projektgerecht festzulegen und die Grundlagenermittlung zu begleiten oder durchzuführen. Leistungen der Projektstufe 1 können und sollten im besten Fall schon vor der Projektinitiierung und demnach auch vor den Grundleistungen der Leistungsphase 1 der HOAI beauftragt werden (siehe auch **Abschn.** 1.3.1 **Leistungsphase 0**). Hintergrund ist, dass die Aspekte, welche die Kosten tatsächlich erhöhen und Termine verschieben, in der Regel in der Planungs- und Ausführungsplanung zu finden, jedoch hier nicht ursächlich sind. Die Ursachen lassen sich vor allem der Projektvorbereitung und hier den Aufgaben der Auftraggeber*innen zuordnen und resultieren insbesondere aus einer mangelnden Bausollermittlung. Die Bausollermittlung erfolgt wiederum auf der Grundlage einer ausführlichen Grundlagenermittlung, einer vollständigen Bedarfsplanung und konkret formulierten Projektzielen sowie einer eindeutigen Aufgabenstellung. Die Mitwirkung von Projektsteuer*innen und Planer*innen in diesen frühen Projektphasen kann, sofern Auftraggeber*innen dies nicht eigenständig leisten können, entscheidend dazu beitragen, ein Projekt erfolgreich durchzuführen.

Die jeweiligen Projektstufen werden in fünf Handlungsbereiche unterteilt:

6

■■ Handlungsbereich A: Organisation, Information, Koordination und Dokumentation

Organisation des Projekts

Im Zentrum dieses Handlungsbereichs steht die **Organisation des Projekts**. Diese setzt sich in der Regel zum einen aus vorhandenen betrieblichen und zum anderen aus projektspezifischen Vorgaben zusammen und besteht unter anderem aus der Struktur der Projekthierarchie, Projektablaufschemata und -plänen sowie Organisations- und Projekthandbüchern. Zudem werden Kommunikations- und Dokumentationsstrukturen festgelegt (Kalusche 2016, 7).

Information

Der Bereich **Information** beinhaltet das Einrichten, die Anwendung und den Abschluss einer Kommunikationsstruktur bestehend aus Informations-, Berichts- und Protokollwesen. Hier wird festgelegt, wer, wann und wie berichtet. Zudem werden Hierarchien und Gesprächsarten, Projektberichte und die Jour-fixe-Organisation geregelt. Ziele von Jour-fixe-Besprechungen sind, Probleme zu erkennen und zu analysieren, offene Fragen festzuhalten und deren Verantwortlichkeit sowie Aufgaben zu definieren.

Koordination

Im Bereich **Koordination** wird insbesondere die Aufgabenverteilung zwischen den Projektbeteiligten festgelegt sowie ein Entscheidungs-, Änderungs- und Risikomanagement etabliert.

Dokumentation

Der Bereich **Dokumentation** umfasst die Struktur der Projektablage (Aktenordnung), Führung der Projektablage, Struktur der Projektdokumentation sowie Zusammenstellung und Übergabe der Projektdokumentation. Darüber hinaus werden die projektspezifischen Organisationsvorgaben in einem Projekthandbuch festgelegt.

■■ Handlungsbereich B: Qualitäten und Quantitäten

Qualitäts- und Quantitätssicherung

Die Aufgabe der Projektsteuerung innerhalb dieses Bereichs ist die Einhaltung der festgeschriebenen Qualitätsanforderungen im Projekt durch Analyse, Bewertung und Steuerung der Leistungen der Beteiligten, die Plausibilitätsprüfung der Quantitäten und der Aufbau einer **Qualitäts- und Quantitätssicherung** (z. B. durch ein Raumbuch).

■■ Handlungsbereich C: Kosten und Finanzierung

Steuerung der Kosten

Die **Steuerung der Kosten** erfolgt durch eine stetige projektspezifische Kostenverfolgung und zu ergreifende Anpassungen bei festgestellten Abweichungen von Kostenzielen. Die gewünschte maximale Kostensicherheit setzt hierbei:

- eine exakte Zielformulierung,
- eine detaillierte Kostenermittlung bereits in der Vorplanungsphase,

- geringe Planungsänderungen während der Projektdurchführung,
- professionelle Abwicklung der Ausschreibung und Vergabe sowie
- stetige Ist- und Soll-Kostenanalysen voraus.

▪▪ Handlungsbereich D: Termine, Kapazitäten und Logistik

Eine Terminüberschreitung verursacht in der Regel eine unvermeidliche Kostenüberschreitung. Deshalb umfasst dieser Handlungsbereich die Erstellung und Fortschreibung eines Terminrahmens und eines Steuerungsterminplans für das Gesamtprojekt sowie die Plausibilitätsprüfung von Terminplänen anderer Projektbeteiligter. Ziel ist durch stetigen Abgleich die **Einhaltung der Terminziele** (und damit auch der Kostenvorgaben) zu gewährleisten und wenn erforderlich entsprechende Anpassungsmaßnahmen zu ergreifen.

Einhaltung der Terminziele

Die Einhaltung der Terminvorgaben ist durch einen Soll-/ Ist-Vergleich zu kontrollieren. Für die Besprechungstermine ist es sinnvoll, alle zu überprüfenden Soll-Daten in einer Checkliste zusammenzustellen.

Aus den Ergebnissen der regelmäßigen Terminkontrolle und der Besprechungen ist ein Terminbericht für die Auftraggeber*innen zusammenzustellen. Aus diesem Bericht sollen die notwendigen Entscheidungen der Auftraggeber*innen, der Stand der Arbeiten und die Prognose zur Termineinhaltung ersichtlich sein.

Der Fokus der Kapazitätsplanung liegt auf einer hohen Auslastung der vorhandenen Ressourcen bei den Projektbeteiligten (Kalusche 2016, 10). Dies beeinflusst die Terminplanung ebenso wie die logistischen Anforderungen in einem Projekt, daher ist die Planung der Termine, **Kapazitäten und der Logistik** immer als iterativer Prozess zu verstehen.

Kapazitäten und der Logistik

▪▪ Handlungsbereich E: Verträge und Versicherungen

Je größer ein Projekt ist, desto unüberschaubarer wird die Zahl der Verträge und Versicherungen. Aufgabe der Projektsteuerung ist es daher, ein Vertragskonzept zu erstellen und die Auftraggeber*innen hinsichtlich der Versicherungen zu beraten (siehe ▶ Kap. 21 Versicherungen).

Das **Vertragsmanagement** ist ein äußerst schwieriges Gebiet der Projektsteuerung; nicht zuletzt deshalb, weil Projektsteuernde ein Gebiet betreten, auf dem sie (in den meisten Fällen) nicht ausreichend ausgebildet sind. Die Aufgaben der Projektsteuerung liegen hier nicht im juristischen Bereich, sondern unter anderem in der Koordination der Vertragstermine, der Vorbereitung von Verträgen (unter an-

Vertragsmanagement

derem (Fach-)Planungsverträge und Bauverträge inklusive der projektspezifischen Vertragsbedingungen), Prüfung von Nachträgen, der Erstellung von Vergabe- und Vertragsstrukturen und dem Erstellen von Versicherungskonzepten.

6.3 Projektsteuerung und Projektleitung

Projektsteuer*innen können je nach Auftrag rein beratend, aber auch in Projektleitungsfunktion tätig werden. Am Anfang eines jeden Projekts steht daher die Überlegung, welche Entscheidungen die Auftraggeber*innen selbst treffen möchten und können. Dies richtet sich u. a. nach der Fachkunde, dem Interesse und der Zeit (Möller und Kalusche 2013, 48). Während öffentliche Auftraggebende die Leistungen der Projektleitung im Allgemeinen nicht an externe Berater*innen übertragen dürfen, verfügen private Investor*innen dagegen häufig nicht über eigenes fachkundiges Personal, sodass sie Projektleitungsaufgaben delegieren (Kalusche 2016, 70). In der nachfolgenden, nicht abschließenden Aufzählung wird eine Unterscheidung zwischen Projektleitung und -steuerung insbesondere über die Funktionen und Aufgabenbereiche vorgenommen:

- **Abgrenzung der Projektleitung und Projektsteuerung**

Projektleitung
Projektsteuerung

Die **Projektleitung** hat **Linienfunktion,** die **Projektsteuerung** hat **Stabsfunktion.**
1. Die Projektleitung entscheidet, setzt durch, vollzieht, veranlasst, gibt Weisung, lässt sich berichten, übernimmt die Verantwortung; die Projektsteuerung bereitet Lösungsvorschläge und Entscheidungen vor, schlägt Anpassungsmaßnahmen vor, sorgt für Aktenlage und Dokumentation, gibt Impulse, berät, berichtet, schätzt Risiken ab, schafft Sicherheit für die Projektleitung.
2. Projektleiter*innen sind im Wesentlichem Generalist*innen, Projektsteuernde sind Spezialist*innen mit Entwicklungstendenz zu Generalist*innen.
3. Die Projektleitung benötigt Führungseigenschaften, die Projektsteuerung kann bei einer funktionsfähigen Projektleitung darauf verzichten; häufig wird jedoch von der Projektsteuerung die Übernahme der Projektleitung (ohne Auftrag) erwartet.
4. Projektleitung und Projektsteuerung bedingen sich gegenseitig.

Für Auftraggebende stellt sich hiermit die Frage nach der Beauftragung des notwendigen Leistungsumfangs an die Projektsteuerung. Der Leistungsumfang (Handlungsbereiche und Projektphasen) wird daher in der Regel auf der Grundlage der gewünschten Leistungsergebnisse und des eigenen Know-hows festgelegt.

Auch für die **originären Leistungen der Projektleitung** wird im Heft 9 der AHO-Schriftenreihe ein Leistungsbild beschrieben, aus der die vorgenannte Abgrenzung hervorgeht. Im Leistungsbild der Projektleitung kommt es im Wesentlichen darauf an, Entscheidungen herbeizuführen und zu treffen, als zentrale Organisationseinheit und Projektanlaufstelle zu fungieren sowie alle Stakeholder des Projekts zu koordinieren. Je nach Ausgestaltung des Projektleitungsauftrags und der damit übertragenen Vollmachten können durch die Auftraggeber*innen auch deren ureigenste Aufgaben wie Verhandlungen und Abschlüsse von projektbezogenen Verträgen sowie Freigaben, Abnahmen und Inbetriebnahmen an die Projektleitung vergeben werden.

Mit der 5. Auflage des 9. AHO-Hefts wurden auch Leistungen zur Projektcompliance sowie die Sicherstellung eines partnerschaftlichen Umgangs mit allen Projektbeteiligten in den Leistungskatalog mit aufgenommen, welche eine zunehmende Rolle für das Gelingen nicht nur komplexer Bauvorhaben spielen und Vertragsarten mit neuen Prinzipien, wie zum Beispiel das open-book-Verfahren hervorbringen.

originären Leistungen der Projektleitung

6.4 Planer*innen als Projektsteuernde

Kalusche (1996, 1667 ff.) wirbt, noch unter dem Blickwinkel des geltenden § 31 HOAI 1976, dafür, dass Architekt*innen auch den Leistungsbereich der Projektsteuerung (wieder) anbieten. Als Generalist*innen im Planungs- und Bauprozess können diese die Projektsteuerungsaufgaben noch am ehesten kompetent wahrnehmen.

> Die Entwicklungen der letzten Jahre haben jedoch gezeigt, dass Architekt*innen ihr Leistungsbild teilweise auf die „Fachplanung Gestaltung" reduzieren und nur noch selten das Leistungsbild der Generalist*innen ausfüllen.

Dabei finden sich in den besonderen Leistungen der HOAI durchaus zahlreiche Projektsteuerungsleistungen, wie z. B. die Projektstrukturplanung, die Durchführung von Wirtschaftlichkeitsuntersuchungen oder die Aufstellung, Überwachung und das Fortschreiben von Zeit-, Kosten- und Kapazitätsplänen.

Im Gegenzug werden Projektsteuernden zunehmend originäre Architekt*innenaufgaben, wie zum Beispiel die Objektüberwachung übertragen, wodurch es nicht nur zu Schnittstellenproblematiken, sondern auch zu erheblichen Honorarverlusten bei Architekt*innen kommen kann.

Zur Abgrenzung der Projektsteuerung von anderen Leistungsbildern der HOAI führt der DVP in DVP Informationen 1994 aus:

> » Von Gegnern der Projektsteuerung wird immer wieder angeführt, dass durch deren Beauftragung Überschneidungen mit Leistungen aus anderen Leistungsbildern der HOAI auftreten würden. Sie sehen darin eine mögliche Aushöhlung der HOAI Leistungsbilder und eine unliebsame Konkurrenz.
> Die Grundleistungen der Projektsteuerung sind per Definition reine delegierbare Auftraggeberfunktionen und daher als solche auch nicht in den Grundleistungen anderer Leistungsbilder enthalten. Nach dem klassischen, organisatorischen Grundprinzip der strikten Trennung von Planung, Ausführung und Kontrolle verbietet sich daher auch die gleichzeitige Wahrnehmung von Projektsteuerungs- und Planerfunktionen bei einem Projekt durch eine Institution.

Bei aller – vermeintlichen oder auch tatsächlichen – Konkurrenz ist jedoch festzuhalten, dass umfassende externe Projektsteuerungsleistungen, welche unklare und unvollständige Aufgabenstellungen, häufige Änderungen sowie fehlende oder verspätete Entscheidungen von Auftraggeber*innen verhindern können, nicht nur den Auftraggeber*innen, sondern auch den Planer*innen zugutekommen (Kalusche 1996, 1667).

Bei gleichzeitiger Beauftragung der Planungsleistung und der Projektsteuerung ist durch die Auftraggeber*innen besondere Vorsicht geboten. Es muss gewährleistet werden, dass eine strikte Trennung zwischen der Auftraggebendenfunktion (Projektsteuerung) und der Auftragnehmendenfunktion (Planung) bestehen bleibt (Kalusche 2016, 44). Die Abgrenzung lässt sich nach Will (1985, 277) beispielsweise so vornehmen, dass Planer*innen immer *objekt*orientiert, also die materielle Gestalt des Bauwerks betreffend, und Projektsteuer*innen *projekt*orientiert, also bezogen auf die Projektbeteiligten bei der Realisierung des Bauwerks, tätig werden.

Dies schließt nicht aus, dass auch Planer*innen selbst Projektsteuerungsleistungen als besondere Leistungen aus der HOAI in ihr Portfolio mit aufnehmen können. Hierbei muss jedoch beachtet werden, dass mit diesem Leistungsbild eine vollständig andere Rolle eingenommen wird. Planer*innen als Projektsteuernde befinden sich in beratender Stabsfunktion an der Seite der Auftraggeberorganisation und sitzen dieser nicht mehr als Planende gegenüber. Dies hat unter anderem zur Folge, dass eigene (gestalterische) Ziele hinter denen der Auftraggeber*innen zurückgestellt werden, Ausarbeitungen anderer Planer*innen zu prüfen und ggf. Änderungsvorschläge zu erarbeiten sind sowie Termin- und Kostenvorgaben nicht nur geplant, sondern auch durchgesetzt werden müssen (Kalusche 1996, 1670). Dennoch stellt die Projektsteuerung für Planer*innen mit ihrem besonderen, interdisziplinärem Know-how eine große Chance dar, ein weitreichendes und an Bedeutung zunehmendes Erfahrungs- und Betätigungsfeld zu ergreifen und die (Er-)Kenntnisse aus der Projektsteuerung nicht zuletzt auch wieder auf die originäre Objektplanung anzuwenden.

Quellennachweis

Zitierte Literatur

BGBl. 1979 I S. 2805–2838.
DVP Informationen 1994.
Heft 9 der AHO-Schriftenreihe: Untersuchungen zum Leistungsbild, zur Honorierung und zur Beauftragung von Projektmanagementleistungen in der Bau- und Immobilienwirtschaft, 5. vollständig überarbeitete und erweiterte Auflage, 2020.
Kalusche, Wolfdietrich: Der Architekt als Projektsteuerer, in: DAB 10/1996, S. 1667–1671.
Kalusche, Wolfdietrich: Projektmanagement für Bauherren und Planer, 4. aktualisierte und erweiterte Auflage, 2016.
Möller, Dietrich-Alexander; Kalusche, Wolfdietrich: Planungs- und Bauökonomie, Wirtschaftslehre für Bauherren und Architekten, 6. vollständig überarbeitete und aktualisierte Auflage, 2013.
Will, Ludwig: Die Rolle des Bauherrn im Planungs- und Bauprozess, 2. unveränderte Auflage, New York 1985.

Weiterführende, empfohlene Literatur

Ahrens, Hannsjörg: Handbuch Projektsteuerung – Baumanagement, 2014.
Deutscher Verband der Projektmanager in der Bau- und Immobilienwirtschaft e. V. ► www.dvpev.de.
Eschenbruch, Klaus: Projektmanagement und Projektsteuerung, 2020.

Bauphase

Inhaltsverzeichnis

Ausschreibung von Bauvorhaben VOB und Leistungsbeschreibung

Von Jan Kehrberg

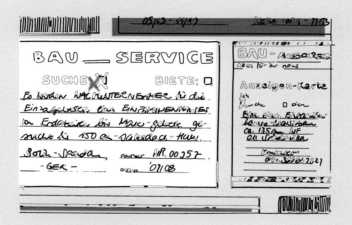

Inhaltsverzeichnis

© Der/die Autor(en), exklusiv lizenziert an Springer Fachmedien Wiesbaden GmbH, ein Teil von Springer Nature 2023
K. Wellner und S. Scholz (Hrsg.), *Architekturpraxis Bauökonomie*,
https://doi.org/10.1007/978-3-658-41249-4_7

Inhalt des Kapitels
- Aufbau und Inhalt der Vertragsordnung für Bauleistungen (VOB)
- Aufbau der Ausschreibungsunterlagen
- Arten, Funktion und Anforderungen der Leistungsbeschreibung
- Positionstexte, Mutterleistungsverzeichnisse, Standardleistungsbücher und AVA-Programme

7.1 Allgemein

Die Architekt*innentätigkeiten der in der HOAI beschriebenen Leistungsphasen 6 bis 9 (in Teilen auch Leistungsphase 5) sind wesentlich von der Vergabe und Überwachung der Bauleistungen gekennzeichnet. Anhand der Vertragsordnung für Bauleistungen (VOB) bzw. der Zuordnung zu den **Leistungsphasen** 5 bis 9 werden in den folgenden Kapiteln die wichtigsten, praktisch relevanten Tätigkeiten des*der Architekt*in bezüglich **Ausschreibung,** Vergabe und Abrechnung während der Realisierung eines Bauprojektes dargestellt. Einige aus der Sicht des*der Architekt*in besonders praxisrelevante Punkte werden unter Angabe der wichtigsten hierzu ergangenen Gerichtsentscheidungen dargestellt, um entsprechendes Problembewusstsein zu schärfen.

Leistungsphasen

Ausschreibung

7.2 Die Vergabe- und Vertragsordnung für Bauleistungen (VOB)

Die **VOB** war bei ihrer Einführung im Jahre 1926 als Sammlung der Verfahrensrichtlinien konzipiert, die der*die öffentliche Bauherr*in (Auftraggeber*in) bei der Vergabe von Bauleistungen befolgen sollte, um ein deutschlandweit einheitliches, möglichst kostengünstiges Verfahren zu schaffen. Wurden diese Richtlinien nicht befolgt, so konnte nur die Aufsichtsbehörde (etwa Rechnungshof) den*die öffentlichen Auftraggeber*in für den Verstoß rügen und zur Einhaltung der VOB zwingen. Der*die private Bauunternehmer*in (Auftragnehmer*in), der sich durch den Verstoß gegen die VOB benachteiligt fühlte, konnte nicht selbst dagegen vorgehen. Die VOB war und blieb bis in die 1990er-Jahre also eine reine Haushaltsregelung und enthielt keinen **Rechtsschutz** für Auftragnehmende.

Rechtsschutz

Im Laufe der Zeit wurde die VOB mehrmals reformiert und dabei einerseits um die Teile B und C ergänzt (dazu siehe sogleich), bekam andererseits auch einen rechtsschützenden Charakter für die Auftragnehmer. Dies geschah durch Umsetzung der Vorgaben der Europäischen Union im Jahr 1998. Seitdem haben die benachteiligten Auftragnehmer*innen die Möglichkeit, bei Verstoß des*der öffentlichen Auftraggeber*in gegen die VOB selbst vor Gericht dagegen vorzugehen.

Deutscher Vergabe- und Vertragsausschuss für Bauleistungen (DVA)

Außerdem entwickelte sich die VOB zur Grundlage für die Ausgestaltung von Bauverträgen zwischen privaten Bauherr*innen und Bauunternehmen, an denen die öffentliche Verwaltung gar nicht beteiligt ist. Beide Parteien, Auftraggebende und Auftragnehmende, sind im **Deutscher Vergabe- und Vertragsausschuss für Bauleistungen (DVA)** vertreten, der sich fortlaufend mit der Erarbeitung und Fortschreibung der VOB befasst. Dadurch können beide Parteien eine gerechte Berücksichtigung ihrer Interessen in den Bestimmungen der VOB sichern. Sie ist daher vor allem für die Praxis entworfen, soll also ein Werk sein, das sich um klare und einheitliche Regeln auf dem Gebiet des Baurechts bemüht.

Die VOB gliedert sich in drei Teile:
TEIL A ALLGEMEINE BESTIMMUNGEN FÜR DIE VERGABE VON BAULEISTUNGEN (Vergabevorschriften §§ 1 bis 23), mit folgender Untergliederung:
1. Abschnitt 1_ Basisparagraphen
2. Abschnitt 2_ Vergabebestimmungen im Anwendungsbereich der Richtlinie 2014/24/EU (VOB/A – EU)
3. Abschnitt 3_ Vergabebestimmungen im Anwendungsbereich der Richtlinie 2009/81/EG (VOB/A – VS)
TEIL B ALLGEMEINE VERTRAGSBEDINGUNGEN FÜR DIE AUSFÜHRUNG VON BAULEISTUNGEN (Durchführungsvorschriften §§ 1 bis 18),
TEIL C ALLGEMEINE TECHNISCHE VERTRAGSBEDINGUNGEN FÜR BAULEISTUNGEN (Abrechnungsregeln und „Stand der Technik").

7.2.1 Der Teil A der VOB (DIN 1960)

Bauvorhabens

Die VOB behandelt in ihrem Teil A die Geschehnisse, die dem Abschluss des Bauvertrages vorangehen. Teil A bestimmt also im Einzelnen, wie die Arbeiten im Rahmen eines **Bauvorhabens** an ausführende Bauunternehmen/Handwerker*in zu vergeben sind (vgl. ◘ Tab. 7.1). Diese Vergabevorschriften haben für einen privaten Bauherr*in nur Empfehlungscharakter, er kann also selbst entscheiden, ob er sich bei der Vergabe des Bauauftrages an die Bestimmun-

◘ Tab. 7.1 Struktur der VOB/A

Konzeption des Vergabeverfahrens	§ 1 Bauleistungen § 2 Grundsätze § 3 Arten der Vergabe § 3a Zulässigkeitsvoraussetzungen § 3b Ablauf der Verfahren	**Vergabeverfahrens**
Konzeption der Unterlagen	§ 4 Vertragsarten § 4a Rahmenvereinbarungen § 5 Vergabe nach Losen, Einheitliche Vergabe § 6 Teilnehmer am Wettbewerb § 6a Eignungsnachweise § 6b Mittel der Nachweisführung, Verfahren § 7 Leistungsbeschreibung § 7a Technische Spezifikationen § 7b Leistungsbeschreibung mit Leistungsverzeichnis § 7c Leistungsbeschreibung mit Leistungsprogramm § 8 Vergabeunterlagen § 8a Allgemeine, Besondere und Zusätzliche Vertragsbedingungen § 8b Kosten- und Vertrauensregelung, Schiedsverfahren § 9 Einzelne Vertragsbedingungen, Ausführungsfristen § 9a Vertragsstrafen, Beschleunigungsvergütung § 9b Verjährung der Mängelansprüche § 9c Sicherheitsleistung § 9d Änderung der Vergütung	**Unterlagen**
Durchführung des Verfahrens	§ 10 Fristen § 11 Grundsätze der Informationsübermittlung § 11a Anforderungen an elektronische Mittel § 12 Bekanntmachung § 12a Versand der Vergabeunterlagen	
Kalkulation des*der AN*in	§ 13 Form und Inhalt der Angebote	
Submission und Bewertung	§ 14 Öffnung der Angebote, Öffnungstermin bei Ausschließlicher Zulassung elektronischer Angebote § 14a Öffnung der Angebote, Eröffnungstermin bei Zulassung schriftlicher Angebote § 15 Aufklärung des Angebotsinhalts § 16 Ausschluss von Angeboten § 16a Nachforderung von Unterlagen § 16b Eignung § 16c Prüfung § 16d Wertung § 17 Aufhebung der Ausschreibung	**Submission**

(Fortsetzung)

Zuschlag

Zuschlag und Information	§ 18 Zuschlag § 19 Nicht berücksichtigte Bewerbungen und Angebote § 20 Dokumentation § 21 Nachprüfungsstellen § 22 Änderungen während der Vertragslaufzeit § 23 Baukonzessionen

gen des Teiles A hält. Für einen öffentlich-rechtlichen bzw. einen zur Einhaltung dieser Regelungen sonst verpflichteten Auftraggeber*in sind die **Vergabevorschriften** des Teils A zwingend vorgeschrieben.

Vergabevorschriften

Im weiteren Verlauf dieses Kapitels wird detailliert auf die Basisparagrafen der VOB Teil A eingegangen.

7

7.2.2 Der Teil B der VOB (DIN1961)

Vertragsabschluss

Der Teil B der VOB ist das Kernstück der VOB. Dieser Teil regelt die Beziehungen der Beteiligten nach erfolgter Vergabe der Bauleistungen, also nach **Vertragsabschluss.** Er ist darauf ausgerichtet, beide Parteien möglichst frühzeitig vor Schaden zu bewahren oder zumindest den Schaden gering zu halten. Zum Aufbau siehe ◻ Abb. 7.1.

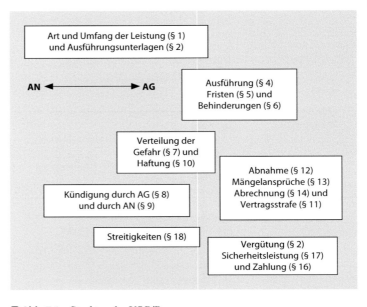

◻ **Abb. 7.1**   Struktur der VOB/B

Die **VOB/B** baut dabei auf dem **Werkvertragsrecht** des
BGB (§§ 631 ff.) auf. Ist die VOB Vertragsbestandteil geworden, so treten die gesetzlichen Vorschriften des BGB über-
all dort zurück, wo Teil B abweichende Regelungen enthält.
Dagegen gelten die gesetzlichen Vorschriften dort uneinge-
schränkt weiter, wo die VOB keine Abweichungen beinhaltet.

Die VOB/B ist, was den Teil B anlangt, aber kein Gesetz:
Sie gilt also nicht „von selbst", sondern muss in jedem Einzelfall vereinbart werden. Bauherr*in und Unternehmer*in
müssen sich also beide darin einig sein, dass die Bauausführung auf der Grundlage der VOB/B erfolgen soll. Oft wird
es nicht ausdrücklich vereinbart, sodass nach einer **konklu-
denten Vereinbarung** zu fragen ist. Dafür kann unter Umständen schon ein Hinweis des*der Bauherr*in gegenüber
dem*der Handwerker*in ausreichen, der VOB solle Vertragsinhalt werden [BGH NJW, 1983, 816], aber nicht gegenüber einem*einer Vertragspartner*in, der sich im Baugewerbe nicht auskennt [BGH NJW, 1990, 715]. Umgekehrt
genügt die Bezugnahme auf die VOB/B seitens des Auftragnehmers gegenüber dem*der privaten Bauherr*in, auf dessen Seite kein*e Architekt*in eingeschaltet ist, nicht für
eine konkludente Vereinbarung (BGH BauR, 1994, 617). Es
kommt also auf die Erfahrung und Kenntnisse der Parteien
im Einzelfall an. Fehlt die Einigung über die Geltung der
VOB, so gilt ausschließlich das BGB.

Die VOB/B regelt dabei nur die wichtigen Rechtsbe-
ziehungen zwischen Bauherr*in und Bauunternehmer*in
(Handwerker*in). Sie gilt also nicht für die Vergabe von
Aufträgen eines*einer Bauherr*in an einen*eine Architekt*in oder andere Sonderfachleute. Für diesen Bereich
enthalten grundsätzlich nur das BGB bzw. die **HOAI,** unter Umständen auch Abschn. 6 der VgV (Verordnung über
die Vergabe öffentlicher Aufträge) gesetzliche Regelungen.
Gleichwohl muss sich jede*r Architekt*in mit den Bestimmungen der VOB gut auskennen, weil er sie als Vertreter*in
des*der Bauherr*in im Vertragsverhältnis zu dem*der Bauunternehmer*in zu beachten hat.

VOB/B

Werkvertragsrecht BGB

konkludente Vereinbarung

HOAI

7.2.3 Der Teil C der VOB

Teil C enthält die ALLGEMEINEN TECHNISCHEN
VERTRAGSBEDINGUNGEN FÜR BAULEISTUNGEN
(ATV). Dieser Teil enthält eine Vielzahl von DIN-Normen,
die nach einzelnen technischen Tätigkeitsbereichen (sog.
Gewerken) im Rahmen der Bauausführung gegliedert sind,
siehe ◼ Tab. 7.2.

Gewerken

7

◨ Tab. 7.2   Struktur der VOB/C

DIN 18299	Allgemeine Regelungen für Bauarbeiten jeder Art
DIN 18300	Erdarbeiten
DIN 18301	Bohrarbeiten
DIN 18302	Arbeiten zum Ausbau von Bohrungen
DIN 18303	Verbauarbeiten
DIN 18304	Ramm-, Rüttel- und Pressarbeiten
DIN 18305	Wasserhaltungsarbeiten
DIN 18306	Entwässerungskanalarbeiten
DIN 18307	Druckrohrleitungsarbeiten außerhalb von Gebäuden
DIN 18308	Drän- und Versickerarbeiten
DIN 18309	Einpressarbeiten
DIN 18311	Nassbaggerarbeiten
DIN 18312	Untertagebauarbeiten
DIN 18313	Schlitzwandarbeiten mit stützenden Flüssigkeiten
DIN 18314	Spritzbetonarbeiten
DIN 18315	Verkehrswegebauarbeiten – Oberbauschichten ohne Bindemittel
DIN 18316	Verkehrswegebauarbeiten – Oberbauschichten mit hydraulischen Bindemitteln
DIN 18317	Verkehrswegebauarbeiten – Oberbauschichten aus Asphalt
DIN 18318	Verkehrswegebauarbeiten – Pflasterdecken und Plattenbeläge in ungebundener Ausführung, Einfassungen
DIN 18319	Rohrvortriebsarbeiten
DIN 18320	Landschaftsbauarbeiten
DIN 18322	Kabelleitungstiefbauarbeiten
DIN 18323	Kampfmittelräumarbeiten
DIN 18324	Horizontalspülbohrarbeiten
DIN 18325	Gleisbauarbeiten
DIN 18326	Renovierungsarbeiten an Entwässerungskanälen
DIN 18329	Verkehrssicherungsarbeiten
DIN 18330	Mauerarbeiten
DIN 18331	Betonarbeiten
DIN 18332	Naturwerksteinarbeiten
DIN 18333	Betonwerksteinarbeiten

◾ **Tab. 7.2** (Fortsetzung)	
DIN 18334	Zimmer- und Holzbauarbeiten
DIN 18335	Stahlbauarbeiten
DIN 18336	Abdichtungsarbeiten
DIN 18338	Dachdeckungs- und Dachabdichtungsarbeiten
DIN 18339	Klempnerarbeiten
...	

Diese Vertragsbedingungen dienen dazu, die nach technischen Erkenntnissen optimale Art und Weise der Leistungsdurchführung festzulegen (allgemein anerkannte Regeln der Technik). Darüber hinaus haben sie eine wichtige rechtliche Bedeutung: Durch sie wird im Einzelfall grundsätzlich umrissen, auf welche Weise die Bauleistung vertragsgerecht und mängelfrei auszuführen ist. In dieser Hinsicht ist insbesondere die **Gewährleistung** nach erfolgter **Abnahme** des Bauwerks von Bedeutung.

Gewährleistung

Die allgemeinen technischen Normen werden jeweils nach der herrschenden Vorstellung der betreffenden Fachkreise abgefasst, oftmals nach langjähriger Beratung und insbesondere nach eingehender Erörterung der gegenseitigen Interessen. Die Vorschriften der **VOB/C** umfassen weitgehend alle diejenigen Bauarbeiten, die zur Realisierung eines Gebäudes ausgeführt werden müssen.

Abnahme

VOB/C

Der systematische Aufbau der einzelnen Technischen Vertragsbedingungen nach Teil C ist für jedes Gewerk gleich:
0_ Hinweise für das Aufstellen der Leistungsbeschreibung
1_ Geltungsbereich
2_ Stoffe, Bauteile
3_ Ausführung
4_ Nebenleistungen, Besondere Leistungen
5_ Abrechnung

Eine Sonderstellung unter den Allgemeinen Technischen Vertragsbedingungen nimmt die DIN 18 299 ein. Hier sind *ALLGEMEINE REGELUNGEN FÜR BAUARBEITEN JEDER ART* formuliert. Sie ist inhaltlich wie alle anderen ATV strukturiert und umreißt die generellen Vertragsbedingungen, die für jeden Leistungsbereich Gültigkeit haben.

Sie gibt insbesondere Aufschluss über die für jedes Gewerk geltenden **Nebenleistungen** und **Besonderen Leistungen** und enthält wichtige Hinweise für das Aufstellen der Leistungsbeschreibung.

Nebenleistungen
Besonderen Leistungen

BMUB

- ■ **STRUKTUR DER VOB/C**

Die Einführung der Normen legt das Bundesministerium für Umwelt, Naturschutz, Bau und Reaktorsicherheit (**BMUB**) fest (▶ www.bmub.bund.de).

Die Teile B und C ergänzen das **Werkvertragsrecht** also durch spezielle, auf die besonderen Bedingungen des Bauens zugeschnittene, Vertragsbedingungen. Sie finden jedoch nur dann Anwendung, wenn die Parteien die VOB als Grundlage ihrer vertraglichen Beziehungen vereinbart haben (siehe oben).

7.3 Gliederung der VOB Teil A (DIN 1960)

7

Das Ausschreibungs- und Vergabeverfahren für Bauleistungen ist zunächst in Abschnitt I von Teil A der VOB (= DIN 1960) geregelt, der sich in drei Abschnitte gliedert. Die Anwendung der Abschnitte ist abhängig vom Auftragswert und von der Eigenart des Auftraggebers.

unterschwelliger Bereich

EU-weiten
Vergabeverfahren

- ▬ **Abschnitt 1:** Vorschriften für die Vergabe von Bauleistungen im sogenannten **unterschwelliger Bereich**
- ▬ **Abschnitt 2:** Vergabebestimmungen im Anwendungsbereich der Richtlinie 2014/24/EU (VOB/A – EU), Vergabe von Bauleistungen in **EU-weiten Vergabeverfahren**
- ▬ **Abschnitt 3:** Vergabebestimmungen im Anwendungsbereich der Richtlinie 2009/81/EG (VOB/A -VS), Vergabe von Bauleistungen im Bereich Verteidigung und Sicherheit

7.3.1 „EU-Paragrafen der Auftragsvergaberichtlinie" (2014/24/EU)

EU-Paragrafen

Bis zu der oben bereits angesprochenen Reform des deutschen Vergaberechts unter Einfluss der europarechtlichen Verpflichtungen waren die Bestimmungen über die Vergabe von Bauleistungen ausschließlich auf den nationalen Anwendungsbereich ausgerichtet. Durch die Reform in den 1990er-Jahren und spätere Realisierung der **Baukoordinierungsrichtlinie** (2004/18/EG, heute außer Kraft) mussten öffentliche Baumaßnahmen der einzelnen EU-Mitglieder erstmalig auch EU-weit ausgeschrieben werden, sobald eine Größenordnung von ca. 5 Mio. € (*[1]) überschritten wurde. Für solche Baumaßnahmen waren zusätzliche, teils abweichende Regelungen anzu-

---

1   Die genauen Schwellenwerte werden heute durch Artikel 4 der Richtlinie über die öffentliche Auftragsvergabe (2014/24/EU) festgelegt.

wenden, die jeweils direkt nach der Basisregelung für den nationalen Bereich im nachträglich eingefügten zusätzlichen Paragrafen, dem sogenannten „a-Paragraf" geregelt wurden. Die Gesamtheit der Regelungen für den EU-Bereich wurde dementsprechend früher auch **„a-Paragrafen"** genannt.

Diese Unterteilung in den nationalen und EU-weiten Anwendungsbereich wurde im Zuge der 2016 erfolgten Reform des Vergaberechts beibehalten, auch wenn in der aktuellen Fassung der VOB/A nicht mehr von „a-Paragrafen" gesprochen wird. Diese sind in den Abschnitt 2 eingeflossen und werden nun mit dem Zusatz „EU" geführt. Unterhalb der **Schwellenwerte,** ab deren Überschreitung die „EU-Paragrafen" des II. Abschnitts anzuwenden sind, gelten die Bestimmungen des Abschnittes I, also die „Basisparagrafen".

Im Rahmen dieses Grundlagenbuches wird überwiegend der nationale Anwendungsbereich, also der Abschnitt 1 der VOB/A erläutert.

Baukoordinierungsrichtlinie

a-Paragraf

Schwellenwerte

7.3.2 § 1 VOB/A Bauleistungen

Bauleistungen sind Arbeiten jeder Art, durch die eine bauliche Anlage hergestellt, instandgehalten, geändert oder beseitigt wird.

Bauleistungen

- **Zu Bauleistungen gehören unter anderem**
- Lieferung und Montage maschineller Einrichtungen, die fest mit dem **Bauwerk** verbunden und auch erforderlich sind, um das Bauwerk zu nutzen
- Lieferung und Montage maschineller oder elektrotechnischer Einrichtungen, wenn sie der Instandhaltung oder Änderung einer baulichen Anlage dienen
- Bauwerke als Ganzes, aber auch einzelne Bauteile
- Erneuerungs- und Veränderungsarbeiten an bestehenden Bauwerken, soweit es sich nicht um Ausbesserung reiner Verschleißerscheinungen handelt
- Reparaturarbeiten an einem Gebäude, wenn diese Arbeiten für das Gebäude oder den Gebäudeteil von wesentlicher Bedeutung sind
- Abbrucharbeiten
- Gerüstarbeiten

Bauwerk

- **Zu Bauleistungen gehören NICHT**
- **Architekten- und Bauingenieurleistungen** (im Abschnitt 6 der **VgV** geregelt)
- Baucontrolling, Bauherr*innenvertretung
- **Kauf von Immobilien**

Architekten- und Bauingenieurleistungen

VgV

Kauf von Immobilien

Die Grundsätze für eine sachgerechte Bauvergabe werden in § 2 festgelegt. In den §§ 3 bis 9 werden diese Anforderungen konkretisiert, die §§ 10 bis 21 betreffen die eigentliche Durchführung der Vergabe.

7.3.3 § 2 VOB/A Grundsätze

1. Bauleistungen werden an fachkundige, leistungsfähige und zuverlässige Unternehmer*innen zu angemessenen Preisen in transparenten Vergabeverfahren vergeben.
2. Bei der Vergabe von Bauleistungen darf kein*e Unternehmer*in diskriminiert werden.
3. Es ist anzustreben, die Aufträge so zu erteilen, dass die ganzjährige Bautätigkeit gefördert wird.
4. Die Durchführung von Vergabeverfahren zum Zweck der Markterkundung ist unzulässig.
5. Der*die Auftraggeber*in soll erst dann ausschreiben, wenn alle Vergabeunterlagen fertiggestellt sind und wenn innerhalb der angegebenen Fristen mit der Ausführung begonnen werden kann.

Eignung der Bewerber*innen

- **Eignung der Bewerber*innen**
- Überprüfungspflicht der Eignungsnachweise der Bewerber*innen durch den*die Auftraggeber*in (AG*in)
- Eignungsnachweise im Einzelnen

Fachkunde

  - **Fachkunde** (spezielle objektbezogene Sachkenntnisse des Betriebes, nicht die des*der Firmeninhaber*in)

Leistungsfähigkeit
Zuverlässigkeit

  - **Leistungsfähigkeit** (technisch, personell und finanziell)
- **Zuverlässigkeit**

- **Angemessene Preise**
- Marktübliche Preise (Preis, der sich aus Angebot und Nachfrage der Leistung am Markt gebildet hat)
- In der Vergabepraxis wird meist an den*die kostengünstigste*n Bieter*in vergeben

- **Wettbewerb**
- Objektive Vergabekriterien
- Gleichbehandlungsgebot

- **Bekämpfung ungesunder Begleiterscheinungen**
- Keine wettbewerbsbeschränkenden Absprachen

Schwarzarbeit

- Keine **Schwarzarbeit** und illegale Beschäftigung

- **Diskriminierungsverbot**
- Der Staat kann (anders als ein*e private*r AG*in) seine Aufträge nur nach einem objektiven und fairen Wettbewerb vergeben. Hieraus ergeben sich folgende Vorgaben:
  - Keine Benachteiligung bestimmter Bewerber*innen
  - Keine Beschränkung des Wettbewerbs
  - Beachtung gemeinschaftsrechtlicher, technischer Spezifikationen
  - Verbot von Preisverhandlungen
  - Wertung der Angebote nach objektiven Gesichtspunkten

Förderung ganzjähriger Bautätigkeit

7.3.4 § 3 VOB/A Arten der Vergabe

(1) Bei **Öffentliche Ausschreibung** werden Bauleistungen im vorgeschriebenen Verfahren nach öffentlicher Aufforderung einer unbeschränkten Zahl von Unternehmen zur Einreichung von Angeboten vergeben.

Öffentliche Ausschreibung

(2) Bei **Beschränkte Ausschreibung** werden Bauleistungen im vorgeschriebenen Verfahren nach Aufforderung einer beschränkten Zahl von Unternehmen zur Einreichung von Angeboten vergeben, gegebenenfalls nach öffentlicher Aufforderung, Teilnahmeanträge zu stellen (Beschränkte Ausschreibung nach Öffentlichem Teilnahmewettbewerb).

Beschränkte Ausschreibung

(3) Bei **Freihändige Vergabe** werden Bauleistungen ohne ein förmliches Verfahren vergeben.

Freihändige Vergabe

7.3.5 § 3a VOB/A Zulässigkeitsvoraussetzungen

(1) Eine **Öffentliche Ausschreibung** muss stattfinden, soweit nicht die Eigenart der Leistung oder besondere Umstände eine Abweichung rechtfertigen.

(2) Eine Beschränkte Ausschreibung kann erfolgen,

1. bis zu folgendem Auftragswert der Bauleistung ohne Umsatzsteuer:

a) 50.000 € für Ausbaugewerke (ohne Energie- und Gebäudetechnik), Landschaftsbau und Straßenausstattung,

b) 150.000 € für Tief-, Verkehrswege- und Ingenieurbau,

c) 100.000 € für alle übrigen Gewerke,

2. wenn eine Öffentliche Ausschreibung kein annehmbares Ergebnis gehabt hat,

3. wenn die Öffentliche Ausschreibung aus anderen Gründen (z. B. Dringlichkeit, Geheimhaltung) unzweckmäßig ist.

(3) Beschränkte Ausschreibung nach Öffentlichem Teilnahmewettbewerb ist zulässig,

1. wenn die Leistung nach ihrer Eigenart nur von einem beschränkten Kreis von Unternehmen in geeigneter Weise ausgeführt werden kann, besonders wenn außergewöhnliche Zuverlässigkeit oder Leistungsfähigkeit (z. B. Erfahrung, technische Einrichtungen oder fachkundige Arbeitskräfte) erforderlich ist,

2. wenn die Bearbeitung des Angebots wegen der Eigenart der Leistung einen außergewöhnlich hohen Aufwand erfordert.

(4) Freihändige Vergabe ist zulässig, wenn die Öffentliche Ausschreibung oder Beschränkte Ausschreibung unzweckmäßig ist, besonders

1. wenn für die Leistung aus besonderen Gründen (z. B. Patentschutz, besondere Erfahrung oder Geräte) nur ein bestimmtes Unternehmen in Betracht kommt,

2. wenn die Leistung besonders dringlich ist,

3. wenn die Leistung nach Art und Umfang von der Vergabe nicht so eindeutig und erschöpfend festgelegt werden kann, dass hinreichend vergleichbare Angebote erwartet werden können,

4. wenn nach Aufhebung einer Öffentlichen Ausschreibung oder Beschränkten Ausschreibung eine erneute Ausschreibung kein annehmbares Ergebnis verspricht,

5. wenn es aus Gründen der Geheimhaltung erforderlich ist,

6. wenn sich eine kleine Leistung von einer vergebenen größeren Leistung nicht ohne Nachteil trennen lässt.

Die Freihändige Vergabe kann außerdem bis zu einem Auftragswert von 10.000 € ohne Umsatzsteuer erfolgen.

Der*die Architekt*in muss sich unbedingt mit den Vergabearten auskennen, um den*die Auftraggeber*in entsprechend beraten zu können und das Vergabeverfahren mit allen nötigen Unterlagen gemäß den geltenden Anforderungen vorzubereiten.

nationale Vergabearten

Folgende **nationale Vergabearten** sind in der VOB vorgesehen:

7.3.5.1 Öffentliche Ausschreibung

öffentliche Bekanntmachung

Für den nationalen Anwendungsbereich sollen Aufträge im Regelfall nach Öffentlicher Ausschreibung erteilt werden. Bei diesem Verfahren wird der*die Auftraggeber*in im Rahmen einer **öffentlichen Bekanntmachung** (Tageszeitungen, amtliche Veröffentlichungsblätter, Fachzeitschriften oder elektronisch, zum Beispiel unter ► www.ted.europa.eu) alle am Auftrag interessierten Baubetriebe auffordern, die Vergabeunterlagen anzufordern und anschließend das Angebot abzugeben. Eine solche Vergabeart gewährleistet in der Regel den größten Wettbewerb.

7.3.5.2 Beschränkte Ausschreibung (mit Teilnahmewettbewerb)

Eine beschränkte Ausschreibung kann bei Eintritt folgender Sachverhalte durchgeführt werden:

Beschränkte Ausschreibung Teilnahmewettbewerb

- Die geforderte Bauleistung ist so komplex, dass sie nur von einer begrenzten Anzahl von Bietenden ausgeführt werden kann, evtl. sind sogar umfangreiche Vorarbeiten notwendig.
- Die öffentliche Ausschreibung hat kein annehmbares Ergebnis gebracht.
- Die Bauleistungen müssen unverzüglich erbracht werden (z. B. Beschädigungen an der Fassade nach einem Sturm etc.).
- Bei der Anwendung einer öffentlichen Ausschreibung würde ein Missverhältnis zwischen Angebotsaufwand und „Wert der Leistung" entstehen.

Es gibt dabei keine abschließende Darstellung der Gründe für die Durchführung einer beschränkten Ausschreibung.

7.3.5.3 Freihändige Vergabe

Die Freihändige Vergabe soll nur stattfinden, wenn eine Öffentliche oder Beschränkte Ausschreibung unzweckmäßig ist. Sie ist nicht an Förmlichkeiten gebunden (keine förmliche Ausschreibung, kein Eröffnungstermin etc.).

Freihändige Vergabe

7.3.6 § 4 VOB/A Vertragsarten

(1) Bauleistungen sollen so vergeben werden, dass die Vergütung nach Leistung bemessen wird **(Leistungsvertrag)**, und zwar:

Vertragsarten

1. In der Regel zu Einheitspreisen für technisch und wirtschaftlich einheitliche Teilleistungen, deren Mengen nach Maß, Gewicht oder Stückzahl von den Auftraggebenden in den Verdingungsunterlagen anzugeben ist **(Einheitsvertrag)**.

Leistungsvertrag

2. In geeigneten Fällen für eine Pauschalsumme, wenn die Leistung nach Ausführungsart und Umfang genau bestimmt ist und mit einer Änderung bei der Ausführung nicht zu rechnen ist **(Pauschalvertrag)**.

Einheitsvertrag

Stundenlohnvertrag

Auf- und Abgebotsverfahren

(2) Abweichend von Absatz 1 können Bauleistungen geringeren Umfangs, die überwiegend Lohnkosten verursachen, im Stundenlohn vergeben werden (**Stundenlohnvertrag**).

(3) Das Angebotsverfahren ist darauf abzustellen, dass die Bietenden die Preise, die sie für ihre Leistungen fordern, in die Leistungsbeschreibung einsetzen oder in anderer Weise im Angebot angeben.

(4) **Das Auf- und Abgebotsverfahren,** bei dem von den Auftraggebenden angegebene Preise dem Auf- und Abgebot der Bietenden unterstellt werden, soll nur ausnahmsweise bei regelmäßig wiederkehrenden Unterhaltungsarbeiten, deren Umfang möglichst zu umgrenzen ist, angewandt werden.

§ 4 der VOB/A enthält Kriterien für die Wahl der auf die auszuführenden Bauleistungen zugeschnittenen Vertragsart. Dies heißt jedoch nicht, dass jeder Bauvertrag ausschließlich nur einem Vertragstypus zu entsprechen hat. Es wird grundsätzlich zwischen zwei Leistungsverträgen unterschieden, dem Einheitspreisvertrag und dem Pauschalvertrag. In besonderen Fällen werden der Stundenlohnvertrag und das Auf- und Abgebotsverfahren angewendet (vgl. ◘ Abb. 7.2).

7.3.6.1 Einheitspreisvertrag

Der **Einheitspreisvertrag** stellt die allgemein übliche Verfügungsform dar. Es wird kein Gesamtpreis für die ganze Leistung vereinbart. Stattdessen vereinbaren die Parteien für bestimmte Mengeneinheiten einer technisch und wirtschaft-

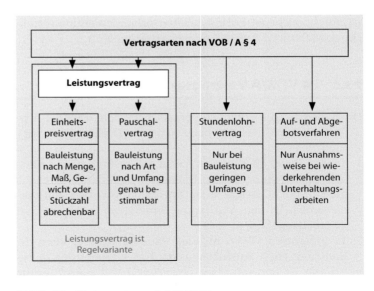

◘ **Abb. 7.2**   Vertragsarten nach § 4 VOB/A

lich einheitlichen Teilleistung Einheitspreise. Die Vergütung erfolgt dann nach den vereinbarten Einheitspreisen und den tatsächlich ausgeführten Mengen.

7.3.6.2 Pauschalvertrag

In einem **Pauschalvertrag** wird dagegen nicht der Einheitspreis, sondern der Gesamtpreis für die geforderte Leistung vereinbart. Diese Vertragsform ist für beide Seiten mit Risiken verbunden und damit können für AG*in und AN*in Vor- und Nachteile entstehen. Der Pauschalbetrag setzt nämlich voraus, dass Art und Umfang der auszuführenden Leistung exakt festgelegt werden können. Somit ist verständlich, dass der Pauschalbetrag gegebenenfalls doch verändert werden muss.

Pauschalvertrag

7.3.6.3 Stundenlohnvertrag

Hier wird nicht nach dem Wert der herbeigeführten Leistung, sondern nach dem Zeitaufwand abgerechnet. Basis der Berechnung sind die entsprechenden Stundenverrechnungssätze. Die Vergabe von Leistungen nach Stundenlohn anstelle auf Einheitspreisbasis kann für den*die Architekt*in pflichtwidrig sein, wenn sie zu einer deutlichen Verteuerung führt, auch wenn grundsätzlich keine allgemeine Verpflichtung des*der Bauherr*in besteht, so kostengünstig wie möglich zu arbeiten [OLG Karlsruhe, BauR 2006, 859].

Stundenlohnvertrag

7.3.6.4 Auf- und Abgebotsverfahren

Beim Auf- und Abgebotsverfahren werden die von den Auftraggebenden angegebenen Preise dem Auf- und Abgebot der Bietenden unterstellt. Der*die Auftraggeber*in gibt die Art der Leistungen und Preise vor, die aufgrund von Erfahrungssätzen ermittelt werden. Der*die Bieter*in macht auf diese Preise ein Auf- oder Abgebot in Prozent und gibt die Stundenverrechnungssätze an. Dieses Verfahren soll gemäß § 4 Abs. 4 VOB/A nur ausnahmsweise bei regelmäßig wiederkehrenden Unterhaltungsarbeiten, deren Umfang möglichst zu umgrenzen ist, angewandt werden.

Auf- und Abgebotsverfahren

7.3.7 § 6 VOB/A Teilnehmer am Wettbewerb

Während in § 3 VOB/A die Vergabearten angesprochen werden, wird in § 6 VOB/A geregelt, welche Teilnehmer*innen für die verschiedenen Vergabearten zugelassen sind. In § 6a VOB/A sind ebenso die Anforderungen an die Teilnehmer*innen definiert, sowie in § 6b VOB/A ein Verweis auf das **„Präqualifikationsverfahren"** für die Erbringung der auftragsunabhängigen Nachweise.

Präqualifikationsverfahren

7.3.8 § 7 VOB/A Leistungsbeschreibung

Leistungsbeschreibung

Die Erstellung einer Leistungsbeschreibung gehört zu den Grundleistungen, die bei Beauftragung der Leistungen aus „Leistungsphase 6" im Sinne der HOAI (Vorbereitung der Vergabe) von den Architekt*innen geschuldet sind. Eine ordnungsgemäße Leistungsbeschreibung ist Voraussetzung für die zuverlässige Bearbeitung der Angebote durch die Bieter*innen. Hierzu wird die gedankliche Vorwegnahme der Herstellung des Werkes in Schriftform benötigt.

Die Leistung muss daher von dem*von der Architekt*in eindeutig, vollständig, technisch richtig und ohne ungewöhnliche Wagnisse für die Bieter*innen beschrieben werden. Der*die Architekt*in muss allerdings nicht auch Einzelheiten der technischen Ausführung vorschreiben, da dies Sache der Unternehmer*in und der zuständigen Fachleute ist. Sind an der Erstellung der Leistungsbeschreibung auch andere Fachleute beteiligt, so übernimmt der*die Architekt*in die Abstimmung und die Koordination. Er*sie hat dabei auf die Einhaltung von Terminen und rechtzeitige Erstellung der gesamten Leistungsbeschreibung zu achten.

Damit wird deutlich, dass die Leistungsbeschreibung als Bestandteil der gesamten **Vertragsunterlagen** eine zentrale Bedeutung einnimmt.

**Baubeschreibung
Leistungsverzeichnis**

Die Leistungsbeschreibung besteht im Regelfall aus der **Baubeschreibung** und dem **Leistungsverzeichnis** mit der Unterteilung in:
- Vorspann mit allgemeiner Darstellung der Bauaufgabe (Baubeschreibung)
- Leistungsverzeichnis mit den unterschiedlichen Positionsarten: Normalposition, Grundposition, Alternativposition, Zuschlagsposition
- Nachspann

Hinweis: Nach § 7 VOB/A sind Eventualpositionen (Bedarfspositionen) grundsätzlich nicht vorzusehen.

7.3.9 Durchführung der Vergabe gemäß §§ 10 ff. VOB/A

Durchführung der Vergabe

Nach der Fertigstellung bzw. Zusammenstellung der Vergabeunterlagen erfolgt die Durchführung des Vergabeverfahrens. Die Mitwirkung bei der Vergabe ist eine der Grundleistungen der „**Leistungsphase** 7" im Sinne der HOAI. Dieses hat gemäß §§ 10 ff. der VOB/A zu erfolgen, vgl. im Einzelnen ◘ Abb. 7.3.

Leistungsphase 7

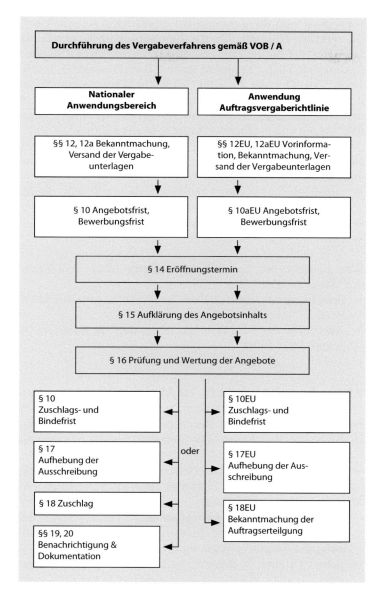

Abb. 7.3   Durchführung des Vergabeverfahrens gemäß VOB/A

Aus der Sicht des*der Architekt*in ist jedoch Folgendes zu beachten: Wird die*der Architekt*in mit der Leistungsphase 7 beauftragt, so folgt daraus noch keine Vollmacht für Auftragsvergabe im Namen des*der Bauherr*in [OLG Köln BauR, 1993, 243 – ständige Rechtsprechung]. Auch wenn der*die Architekt*in die Leistungsbeschreibung bereits vor dem Erhalt der **Baugenehmigung** durch den*die Bauherr*in

Baugenehmigung

vorbereitet und diese dann nicht erteilt wird, so erhält er*-sie sein*ihr Honorar für die **Leistungsphase 6** nur dann, wenn der*die Bauherr*in sein ihm *ihr vorzeitiges Tätigwerden ausdrücklich gewünscht hatte [OLG Düsseldorf BauR, 1994, 534]. Der*die Architekt*in sollte sich also immer vor der Anfertigung der Leistungsbeschreibung wie auch vor der Durchführung des Vergabeverfahrens versichern, dass ihm*ihr ein entsprechender Auftrag erteilt wurde.

Leistungsphase 6

Folgende Voraussetzungen müssen für die Aufforderung zur Abgabe eines Angebotes seitens des*der Bauherr*in also erfüllt sein:

- „Sämtliche" Unterlagen müssen fertiggestellt sein, die für die Ausführung des Bauvorhabens erforderlich sind,

Finanzierung

- die **Finanzierung** muss gesichert sein und
- eine behördliche Baugenehmigung muss vorliegen.

Schadensersatzpflicht

Was passiert bei einer Ausschreibung ohne Bauabsicht des*der Bauherrn*in?

- **Schadensersatzpflicht** des*der Bauherrn*in gemäß § 823 ff. BGB
- Ansprüche der *die Biete*inr gegen den*die Bauherrn*in gemäß § 632 BGB

7.3.10   Angebotsfrist (§ 10 Abs. 1 VOB/A)

Angebotsfrist

- Der Zeitraum für die Bearbeitung und Einreichung der Angebote durch den*die Bieter*in beträgt mindestens zehn Kalendertage.
- Bis zum Ablauf der Angebotsfrist kann der*die Bieter*in sein*ihr Angebot „in Textform", also etwa per Brief, Fax oder E-Mail zurückziehen.

Ausschlussfrist

- Die Angebotsfrist (**Ausschlussfrist**) endet, sobald der Verhandlungsleiter im Eröffnungstermin mit der Öffnung der Angebote beginnt.
- Beim „Offenen Verfahren" beträgt die Angebotsfrist gemäß § 10aEU VOB/A 35 Kalendertage. Diese Frist kann bei erfolgter Vorinformation auf 15 Kalendertage verkürzt werden.

7.3.11   Bindefrist (§ 10 Abs. 4VOB/A)

Bindefrist

- Bindefrist: Zeitraum, für den der*die Bieter*in gegenüber dem*der AG*in an das Angebot gebunden ist.
- Wichtig: Während der Bindefrist ist der*die Bieter*in an sein Angebot gebunden. Eine Anfechtung des Angebotes wegen eines Kalkulationsirrtums ist also ausgeschlossen.

– Zeitraum der Zuschlagsfrist: maximal 30 Kalendertage (nach § 10aEU 35 Kalendertage; Verkürzung durch Vorabinformation nach § 10a EU möglich)

7.3.12 Eröffnungstermin (§ 14 VOB/A)

Nach Beendigung der Angebotsfrist findet ein Termin statt, an dem die Angebote geöffnet und verlesen werden. Dieser Termin wird **„Eröffnungstermin"**, auch **„Submissionstermin"**, genannt.

Eröffnungstermin

Bei der Durchführung des Eröffnungstermins sind strenge Vorschriften anzuwenden. Diese dienen dem Schutz der Bietenden und der von ihnen erstellten Angebotsunterlagen. Vertreter*innen von Unternehmen, die am Angebotsverfahren nicht teilgenommen haben, dürfen an diesem Termin nicht teilnehmen und haben keinerlei Rechte auf Information.

Submissionstermin

Das Verlesen der Angebote beschränkt sich nicht nur auf den Namen des*der Bieter*in, dessen Wohnort und die Angebotsendsumme. Es müssen vielmehr auch Preisnachlässe (Rabatte, Skonto), Änderungsvorschläge und Nebenangebote verlesen werden.

7.3.13 § 8 VOB/A Vergabeunterlagen

Während sich der § 7 VOB/A mit der eigentlichen Leistungsbeschreibung befasst, hat § 8 VOB/A Inhalt und Umfang der Vergabeunterlagen zum Gegenstand.

Vergabeunterlagen

7.3.13.1 Aufbau der Ausschreibungsunterlagen

Ausschreibungsunterlagen sind Vertragsunterlagen gegliedert in Leistungsbereiche (Gewerke oder Gewerkegruppen), vgl. im Einzelnen ◘ Abb. 7.4.

Ausschreibungsunterlagen

Die von dem*von der Architekt*in zusammengestellten Vergabeunterlagen müssen in tatsächlicher und rechtlicher Hinsicht so detailliert sein, dass Unternehmer*innen aufgrund der ihnen zugeleiteten Unterlagen ohne große Vorarbeit wirtschaftlich vergleichbare Angebote abgeben und mit einem „Ja" des*der Bauherr*in nach Vervollständigung der Angebotsunterlagen mit den Preisangaben der Unternehmer*innen die Verträge zustande kommen können.

Entsteht wegen unzureichender funktionaler Leistungsbeschreibung später ein **Baumangel** oder kann der*die Bauunternehmer*in von dem von dem*der Bauherr*in eine höhere oder zusätzliche Vergütung verlangen, so kann der*die Architekt*in dafür haftbar gemacht werden [OLG Celle, BauR 2004, 1971].

Baumangel

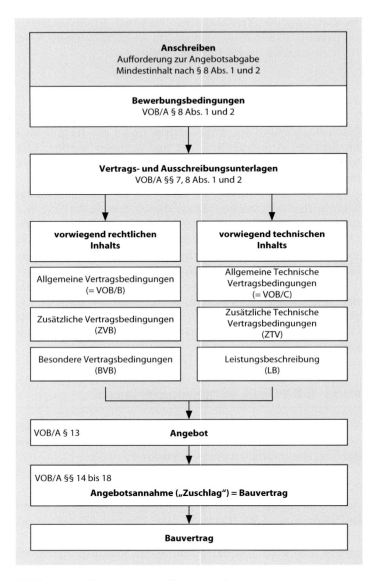

Abb. 7.4 Aufbau der Ausschreibungsunterlagen

Gewährleistungsfristen

Ferner sollte – nicht zuletzt mit Blick auf die in der Leistungsphase 8 geschuldete Auflistung von Gewährleistungsfristen in den Vertragsunterlagen – eine förmliche Abnahme vorgesehen werden, um Schwierigkeiten bei der Bestimmung des Beginns der **Gewährleistungsfristen** zu vermeiden. Macht der*die Bauherr*in eine bestimmte Vorgabe hinsichtlich der gewünschten Gewährleistungsfristen, etwa eine 5-jährige Frist, und wird diese durch den*die Architekt*in in den Vertragsunterlagen nicht umgesetzt, sodass die 2-jährige VOB-Frist gilt, so haftet der*die Architekt*in auf Nachbesserung der Unterlagen [BGH BauR, 1983, 168].

Auf die Möglichkeit, eine **Vertragsstrafe** zu vereinbaren, hat der*die Architekt*in den*die Bauherr*in hinzuweisen, der*die Architekt*in muss die Vertragsstrafenregelung jedoch nicht inhaltlich ausarbeiten. Stellt sich die von dem von dem*der Architekt*in vorgeschlagene Vertragsstrafenklausel, etwa wegen der fehlenden Strafobergrenze, als unwirksam heraus, so kann der*die Architekt*in dafür haftbar gemacht werden [OLG Brandenburg BauR, 2003, 1751]. **Vertragsstrafe**

Um Streitigkeiten über das **Aufmaß** vorzubeugen, sollten Art und Weise des späteren Aufmaßes und bei einem zeichnerischen Aufmaß die zugrundezulegenden Zeichnungen festgelegt werden. **Aufmaß**

Gemäß § 8 VOB/A ergänzt das **Anschreiben** die Vertragsunterlagen. Der Mindestinhalt ergibt sich aus § 8 VOB/A. **Anschreiben**

Die Ausschreibungsunterlagen bestehen aus folgenden Bestandteilen (vgl. ◻ Abb. 7.5):

— Auf dem Deckblatt sind allgemeine Angaben hinsichtlich des Projektes, Name und Anschrift des*der Bauherr*in und des*der Architekt*in zu finden. Hinzu kommen spezielle Angaben, die das einzelne Gewerk betreffen, z. B. Name und Anschrift des*der Bieter*in, sowie der Abgabetermin des Angebots.

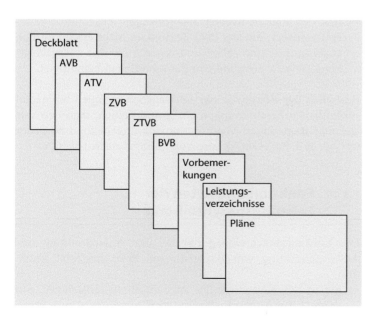

◻ **Abb. 7.5** Vollständigkeit der Unterlagen

Allgemeine Vertragsbedingungen (AVB)

- Die **Allgemeine Vertragsbedingungen (AVB)** für die Ausführung von Bauleistungen, sowie die **Allgemeinen Technischen Vertragsbedingungen** (ATV) hinsichtlich der technischen Ausführung gelten für alle Projekte eines*einer Auftraggeber*in gleichermaßen. Bei den zur Anwendung der VOB verpflichteten Auftraggeber*innen entsprechen die AVB der VOB/B und die ATV der VOB/C.

Besondere Vertragsbedingungen (BVB)/Besondere Technische Vertragsbedingungen (BTVB)

Zusätzliche Vertragsbedingungen (ZVB)/Zusätzliche Technische Vertragsbedingungen (ZTVB)

- In den **Besondere Vertragsbedingungen (BVB)/Besondere Technische Vertragsbedingungen (BTVB)** sind die Besonderheiten des Projektes festgehalten, z. B. hinsichtlich der geografischen Lage, der Verkehrsverhältnisse und der besonderen technischen Anforderungen.
- Die **Zusätzliche Vertragsbedingungen (ZVB)/Zusätzliche Technische Vertragsbedingungen (ZTVB)** enthalten über die Regelungen der AVB/ATV hinausgehende oder sie modifizierende Bestimmungen, die regelmäßig zum Vertragsbestandteil gemacht werden. Die Regelungen der ZVB und BVB dürfen jedoch bei allen zur Anwendung der VOB verpflichteten Auftraggeber*innen nicht der VOB/B widersprechen oder ihren Grundgehalt verändern.
- Die Vorbemerkungen enthalten eine Baubeschreibung/Maßnahmenbeschreibung, eine Liste der Beteiligten sowie die für diese Ausschreibung relevanten Termine.

Leistungsverzeichnissen

- In den **Leistungsverzeichnissen** wird die Gesamtleistung in Teilleistungen (Positionen) zerlegt und diese in allen technischen Einzelheiten beschrieben.
- Mit den Plänen werden alle sonstigen Zusatzinformationen geliefert, die aus dem Textteil so nicht eindeutig hervorgegangen sind. Hier sind nur die für das ausgeschriebene Gewerk notwendigen Planunterlagen beizufügen.

Bezüglich der Rangfolge der Vertragsbedingungen bei widersprüchlichen Bestimmungen gilt grundsätzlich, dass den spezielleren Regelungen Vorrang vor den allgemeinen zu geben ist (vgl. §§ 8, 8a VOB/A), also von „unten" nach „oben".

7.3.14 Funktion und Arten der Leistungsbeschreibung

Die **Leistungsbeschreibung** hat bei der Ausschreibung und Auftragserteilung von Bauleistungen eine dreifache Funktion.

- Sie ist das Kernstück der Ausschreibungsunterlagen, auf deren Grundlage die Bauunternehmer*innen ihre Angebotspreise ermitteln,

- sie wird anschließend zum Bestandteil des Angebots und
- geht schließlich bei der Auftragserteilung in den Bauvertrag ein.

Der somit vereinbarte **Leistungsumfang** bzw. die vereinbarten Preise dienen als Grundlage für die vertragsgerechte Ausführung der Bauleistungen mit allen daraus resultierenden rechtlichen Konsequenzen.

    Bei nicht konsequenter Trennung von allgemeinen Vorbemerkungen, Besonderen Vertragsbedingungen und allgemeinen Technischen Vertragsbedingungen ist das erstellte Leistungsverzeichnis unbrauchbar und der*die Architekt*in hat keinen Anspruch auf den Lohn für deren Erstellung [LG Aachen NJW-RR 1988, 1364].

    Der § 7 VOB/A unterscheidet zwei Arten der Leistungsbeschreibung:

Leistungsumfang

7.3.14.1 Die Leistungsbeschreibung mit Leistungsverzeichnis (§ 7b VOB/A)

In dieser nach VOB üblichen Ausschreibungsmethode werden die Leistungen durch eine Baubeschreibung (allgemeine Darstellung der Bauaufgabe) und ein **Leistungsverzeichnis** (die Bauleistungen werden in allen technisch und wirtschaftlich einheitlichen Teilleistungen angegeben und positionsweise erfasst) beschrieben.

Leistungsverzeichnis

7.3.14.2 Die Leistungsbeschreibung mit Leistungsprogramm (§ 7c VOB/A)

Beim **Leistungsumfang** werden lediglich funktionale Anforderungen gestellt, die das Bauwerk oder einzelne Bauteile erfüllen müssen. Hinsichtlich einer Außenwand würden z. B. die Anforderungen der Statik, des Wärme- und Schallschutzes vorgegeben sein. Die Unternehmer*innen können Material und Bauart frei wählen, um die für sie preisgünstigste Alternative anzubieten. Dies erfordert für die Bietenden einen erhöhten Arbeitsaufwand.

Leistungsprogramm

7.3.14.3 Auszug aus dem Leistungsverzeichnis

Gewerk: FLIESEN- UND PLATTENARBEITEN, DIN 18352
    Titel I: Bodenbeläge ANGABEN ZUR **BAUSTELLE**
    Fünfgeschossiger Wohnhausneubau in der Palmenallee 92, schlechte Anlieferbedingungen: Busspuren beachten, Lastenaufzug ist vorhanden, Baustrom im Kellergeschoss
1. **AUSFÜHRUNGSFRIST** Die Arbeiten sind nach **Aufforderung** (Leistungsbeginn gemäß § 5 Abs. 2 VOB/B) zu beginnen und innerhalb von vier Wochen auszuführen.
2. ANGABEN ZUM UNTERGRUND

Baustelle

Ausführungsfrist

Stahlbetondecke aus Normalbeton B 25 ausgehärtet, Verlegung auf vorhandenem schwimmenden Estrich, Oberfläche geneigt (vgl. ◘ Abb. 7.6).

3. ANGABEN ZU ALLEN FLIESEN

Alle Bodenfliesen aus glasiertem, keramischem Steingut, nicht frostbeständig, Nennmaß 15 × 15 cm, Oberfläche eben, Glasur matt, uni, Farbton weiß, mit Kehlsockelfliesen des gleichen Fliesenfabrikats, uni, Farbton weiß, Höhe 60 mm, horizontale Fuge im Anschluss an die Wandfliesen mit elastoplastischer Dichtung verschlossen. Wandfliesen aus glasiertem, keramischem Steingut, nicht frostbeständig, Nennmaß 15 × 15 cm, Oberfläche eben, Glasur glänzend, uni, Farbton weiß.

Ein weiterer Beispielauszug aus dem Leistungsverzeichnis ist unter ◘ Abb. 7.7 zu finden.

7.3.15 Anforderungen an die Leistungsbeschreibung

Leistungsbeschreibung   Die Vergabe- und Vertragsordnung für Bauleistungen führt in Teil A, § 7 Abs. 1 Nr. 1 zur Leistungsbeschreibung allgemein aus:

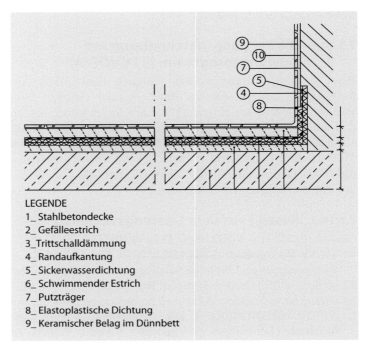

LEGENDE
1_ Stahlbetondecke
2_ Gefälleestrich
3_ Trittschalldämmung
4_ Randaufkantung
5_ Sickerwasserdichtung
6_ Schwimmender Estrich
7_ Putzträger
8_ Elastoplastische Dichtung
9_ Keramischer Belag im Dünnbett

◘ **Abb. 7.6**   Detail Stahlbetondecke mit Fußbodenaufbau

```
LV-Datei : BV-260103 Berlin
VN :        Anonyme Architekt*innen
1.          Beton- und Stahlbetonarbeiten, Estricharbeiten
            Fliesen- und Plattenarbeiten

                        LEISTUNGSVERZEICHNIS

OZ          Langtext                    Menge/ME  Einheitspreis  Gesamtpreis


024.10.010  STL-Nr. 90 024/072 57 03 11 11
            Bodenbelag,
            Untergrund geneigt,
            im Dünnbett mit hydraulisch erhärtetem
            Dünnbettmörtel DIN 18 156 Teil 2
            auf Estrich verlegen im Fugenschnitt
            mit durchlaufender Fuge zwischen
            Wandbekleidung und Bodenbelag,
            verfugen durch Einschlämmen mit
            dunkelgrauem Zementestrich, Fugenbreite 2 mm,
            Hersteller/Typ der Fliesen:
            Villeroy & Boch Standard
                                        14,80 m²   ...............   ...............

024.10.015  Alternativposition
            Bodenbelag wie 024.10.010
            Hersteller/Typ der Fliesen: ...............................
                                        14,80 m²   ...............   ...Nur EHP......

024.10.020  STL-Nr. 90 024/171 04 73 11 11
            Kehlsockel,
            im Dünnbett mit hydraulisch erhärtetem
            Dünnbettmörtel DIN 18 156 Teil 2
            auf Estrich, Sockelhöhe 60 mm,
            verfugen durch Einschlämmen mit
            dunkelgrauem Zementestrich, Fugenbreite 2 mm,
            verfugen der Horizontalfuge zur Wandbekleidung
            mit elastoplastischer Dichtung,
            Hersteller/Typ der Fliesen: wie 024.10.10
                                        28,30 m    ...............   ...............

024.10.025  Alternativposition
            Bodenbelag wie 024.10.020
            Hersteller/Typ der Fliesen: ...............................
                                        28,30 m²   ...............   ... Nur EHP ...
```

◘ Abb. 7.7 Auszug aus dem Leistungsverzeichnis

» Die Leistung ist eindeutig und so erschöpfend zu beschreiben, dass alle Bewerber die Beschreibung im gleichen Sinne verstehen müssen und ihre Preise sicher und ohne umfangreiche Vorarbeiten berechnen können.

Weiter wird in § 7 Abs. 1 Nr. 2 gefordert:

» Um eine einwandfreie Preisermittlung zu ermöglichen, sind alle sie beeinflussenden Umstände festzustellen und in den **Verdingungsunterlagen** anzugeben.

Verdingungsunterlagen

Eine eindeutige und erschöpfende Leistungsbeschreibung ist jedoch nicht nur zur **Preiskalkulation** im Baubetrieb von Belang. Nachdem die Angebote bei dem*der Architekt*in eingegangen sind, muss aus ihnen der*die preisgünstigste Bieter*in ermittelt werden. Der Vergleich von Einheits- und Gesamtpreisen der einzelnen Positionen sowie der Angebotspreise ist allerdings nur dann sinnvoll, wenn den Positionen und letztlich dem gesamten Angebot die gleiche Leistung zugrunde liegt (vgl. ◘ Abb. 7.8).

Preiskalkulation

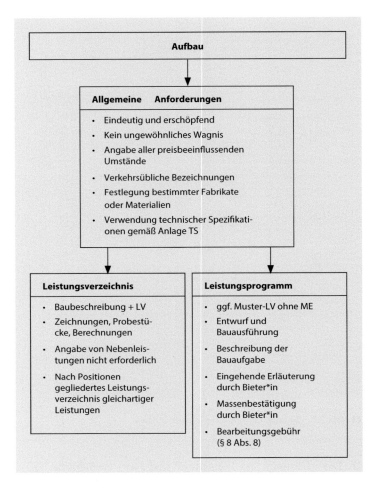

Abb. 7.8 Beschreibung der Leistung nach § 7 VOB/A

Einheitspreise
Mischkalkulationen

Hier wird die Wichtigkeit einer lückenlosen, eindeutigen Leistungsbeschreibung deutlich: Leistungen, die technisch nicht gleichwertig sind, können auch preislich nicht miteinander verglichen werden. Hält sich der*die Bieter*in dann nicht an die Leistungsbeschreibung, indem er*sie die **Einheitspreise** einzelner Leistungspositionen in **Mischkalkulationen** auf andere Leistungspositionen umlegt, so ist sein Angebot grundsätzlich von der Wertung auszuschließen [BGH BauR, 2004, 1433].

Zur Preisermittlung sind gemäß VOB/A alle sie beeinflussenden Faktoren, also auch sämtliche später maßgebliche Vertragsbedingungen, bereits in den Verdingungs-/Ausschreibungsunterlagen anzugeben.

Ausschreibungsunterlagen

Bei Bauherr*innen, die nicht die VOB/A anzuwenden haben, müssen die **Ausschreibungsunterlagen** nicht sämtliche später geltenden Vertragsunterlagen enthalten. Diese Bauherr*innen haben vielmehr die Möglichkeit, im Rahmen von Vergabeverhandlungen vertragliche Regelungen einzeln auszuhandeln. Allerdings ist auch hier zwecks späterer Einholung von vergleichbaren Angeboten anzuraten, eine vollständige Leistungsbeschreibung und alle wesentlichen Vertragsbedingungen zur Angebotsgrundlage zu machen.

Die Ermittlung des*der preisgünstigsten Bieter*in wird durch eine Reihe typischer Fehler in der Leistungsbeschreibung erschwert:

- lückenhafte und ungenaue Beschreibung der **Ausführungsart** **Ausführungsart**
- fehlende Hinweise auf die Qualität von Baustoffen und Bauteilen
- keine Angabe zur **Abrechnungseinheit** **Abrechnungseinheit**
- mangelhafte Abgrenzung zwischen einzelnen Positionen
- Vergessen bestimmter Teilleistungen bei der Ausschreibung

Diese nicht ausgeschriebenen Teilleistungen stellen die späteren Nachtragspositionen dar. Nachtragspositionen können auch durch Planänderungen aufgrund von Bauherr*innen wünschen entstehen. Sie sind problematisch, da sie in der Regel zu einem Zeitpunkt auftreten, an dem die Vergabe bereits abgeschlossen ist und sie somit nicht mehr dem Preiswettbewerb unterliegen. Der*die mit der Planung und Bauüberwachung beauftragte Architekt*in gilt dabei als bevollmächtigt, im Namen des*der Bauherr*in zusätzliche Arbeiten in Auftrag zu geben, soweit es zur mangelfreien Errichtung des Bauwerks zwingend erforderlich ist [OLG Düsseldorf, BauR 1998, 1023].

Andererseits kann es auch zur doppelten Ausschreibung **Doppelausschreibungen** von bestimmten Leistungen kommen. Der*die Architekt*in ist dabei im Rahmen seiner Prüfung und Wertung der abgegebenen Angebote auch verpflichtet zu prüfen, ob **Doppelausschreibungen** vorliegen [OLG Koblenz NJW-RR 1998, 20].

7.3.15.1 Erstellung von Positionstexten

Die Forderung der VOB/A nach eindeutiger und erschöpfender Beschreibung der Leistung ist nicht leicht zu erfüllen. **Positionstext** Insbesondere die freie Formulierung der Leistungsverzeichnistexte verlangt von der*dem Architekt*in ein hohes Maß an technischem Grundwissen, welches sich über alle Gewerke erstrecken muss.

7.3.15.2 Mutter-Leistungsverzeichnisse

Die Texte der Leistungsverzeichnisse können jedoch auch **Mutter-Leistungsverzeichnisse** aus bereits abgewickelten, ähnlichen Projekten zusammen-

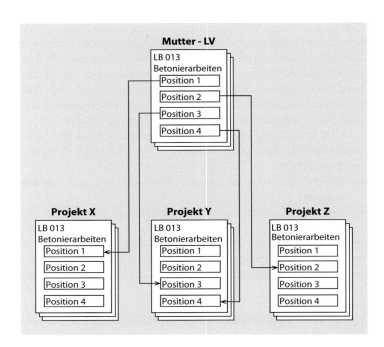

⬛ Abb. 7.9   Leistungsbeschreibung mittels Mutter- & Leistungsverzeichnissen

gestellt bzw. aus bürointernen Textverzeichnissen (so genannte Mutter-LVs) entnommen werden (vgl. ⬛ Abb. 7.9).

7.4 Standardleistungsbücher

Gewerke

Ein wichtiges Hilfsmittel zur Anfertigung von Leistungsverzeichnis-Texten bilden die Standardleistungsbücher. Sie sind entsprechend dem Teil C der VOB in einzelne **Gewerke** untergliedert. Die Standardleistungsbücher enthalten Textfragmente, welche die Auswahl zwischen verschiedenen Leistungsvarianten ermöglichen. Durch die Aneinanderreihung der Textfragmente entsteht nach und nach ein komplettes Leistungsverzeichnis.

Textteilnummer

Standardleistungsbücher können auch als Checkliste dienen, um sicherzustellen, dass jede Teilleistung lückenlos beschrieben wurde. Die einzelnen Textfragmente lassen sich durch Textteilnummern verschlüsseln. Jede beliebige Position kann durch eine elfstellige **Textteilnummer** und eine Kennnummer vollständig beschrieben werden, vgl. ein Beispiel in der ⬛ Abb. 7.10.

Ergebnis: STLB-Bau Beschreibung ist vollständig.

STLB-Bau 2013-04 013

Ortbeton Außenwand Stahlbeton C25/30 SB2 D 25cm   KT

Ortbeton Außenwand, obere Betonfläche waagerecht, als Stahlbeton, Normalbeton C 25/30 DIN EN 206-1, DIN 1045-2, unter Verwendung von Portlandzement - CEM I, eisenoxidarm (Weißzement), Expositionsklasse Frostangriff mit und ohne Taumittel XF1, Expositionsklasse Betonkorrosion durch Verschleißbeanspruchung XM1, Expositionsklasse Betonkorrosion durch chemischen Angriff XA1, Expositionsklasse Bewehrungskorrosion, ausgelöst durch Karbonatisierung XC3, Expositionsklasse Bewehrungskorrosion, verursacht durch Chloride, ausgenommen Meerwasser XD1, als Sichtbeton, mit normalen Anforderungen, Klasse SB 2 gemäß DBV-Merkblatt "Sichtbeton", Ausgabe August 2004, Dicke 25 cm, Erprobungsflächen werden gesondert vergütet, Ausführung gemäß Zeichnung.

Abrechnungseinheit: m2

Ausgewählte Ausprägungen / Textergänzungen:

Bauteil, Wand/aufgehend	Außenwand		
Anforderung geschalte Betonfläche	als Sichtbeton - normale Anforderungen Klasse SB 2 gemäß DBV-Merkblatt
Einteilung Beton nach Bewehrung	Stahlbeton
Einteilung Beton nach Rohdichte/Verwendung	Normalbeton
Festigkeitsklasse Beton	C 25/30
Expositionsklasse Frost Beton	XF1 - mäßige Wassersättigung ohne Taumittel
Expositionsklasse Verschleiß Beton	XM1 - mäßige Beanspruchung
Expositionsklasse chemischer Angriff Beton	XA1 - schwach angreifende Umgebung
Expositionsklasse Bewehrungskorrosion Karbonatisierung	XC3 - mäßig feucht
Expositionsklasse Bewehrungskorrosion Chloride	XD1 - mäßig feucht
Expositionsklasse Bewehrungskorrosion Meerwasser	ohne Angabe
Feuchtigkeitsklasse Beton	ohne Angabe
Betoneigenschaft speziell	ohne Angabe
Normung Beton	DIN EN 206-1, DIN 1045-2
Farbton	ohne Angabe
Anzahl geneigter Seitenflächen	ohne Angabe
Ausbildung obere Betonfläche	waagerecht
Leistungsumfang Betonarbeiten	Erprobungsflächen werden gesondert vergütet
Technologie Betonarbeiten	Ortbeton
Ausführungsunterlagen	gemäß Zeichnung
Abrechnungseinheit	m2
Dicke [cm] Wand	25
Zementart	Portlandzement - CEM I, eisenoxidarm (Weißzement)

Auswahl:

Festigkeitsklasse Beton :

- C 25/30
- C 30/37
- C 35/45
- C 40/50
- C 45/55
- C 50/60
- C 55/67 hochfest
- C 60/75 hochfest
- C 70/85 hochfest
- C 80/95 hochfest
- C 90/105 hochfest
- C 100/115 hochfest
- C 12/15
- C 16/20
- C 20/25

Abb. 7.10 LB 013 Beton- und Stahlbetonarbeiten, Beispiel Standardleistungsbuch

7.5 AVA-Programme

AVA-Programme

Zur EDV-Unterstützung der Leistungsbeschreibung sind sogenannte AVA-Programme (Ausschreibung – Vergabe – Abrechnung) entwickelt worden. Die Ausschreibung von Bauleistungen ist heute ohne Hilfe spezieller Software undenkbar.

Mit Hilfe der AVA-Programme kann man auf Datenbanken zurückgreifen, die in ihrer Struktur Ähnlichkeiten mit den Standardleistungsbüchern aufweisen bzw. eine Sammlung von Standardleistungen und deren Beschreibungen darstellen, womit sich dann beliebige Positionen und Textteile miteinander kombinieren und ergänzen lassen. Allerdings ist auch hierfür umfangreiches, technisches Grundwissen notwendig, da selbst in AVA-Programmen nicht alle Leistungen vollständig und technisch aktuell aufgelistet werden können.

Durch den Rückgriff auf Mutterleistungsverzeichnisse und die Verwendung von Stammpositionen/AVA-Programmen können Leistungsverzeichnisse einfach und rationell erstellt werden.

AVA-Programme bieten auch im Hinblick auf die weitere Bearbeitung der Leistungsverzeichnisse Vorteile, da sie Funktionen zum tabellarischen Angebotsvergleich und zur Abrechnung der später ausgeführten Leistungen besitzen.

Somit bilden sie gleichzeitig die Grundlage für eine laufende **Kostenkontrolle** und auch für eine ggf. notwendige Kostensteuerung.

Kostenkontrolle
Standardleistungsbücher

Die o. g. **Standardleistungsbücher** der „alten Generation" (STLB) werden aufgrund der Weiterentwicklungen im EDV-Bereich in Zukunft nicht weiter in Papierform herausgegeben. Die „neue Generation" (STLB-Bau) ist ausschließlich als Datenbank über AVA-Programme verwendbar. Die Struktur dieses Bausteinsystems schließt eine Kontrolle der zusammengestellten Positionsteile mit ein und verhindert technische Unsinnigkeiten.

Quellennachweis

Zitierte Literatur

Allgemeine Technische Vertragsbedingungen für Bauleistungen (VOB/C).
DIN 1960: Allgemeine Bestimmungen für die Vergabe von Bauleistungen (VOB/A).
DIN 1961: VOB Vergabe- und Vertragsordnung für Bauleistungen (VOB/B).
Richtlinie über die öffentliche Auftragsvergabe 2014/24/EU.
Von der Damerau, H. A. (2015): VOB im Bild. Hochbau- und Ausbauarbeiten, Köln.
Verordnung über die Vergabe öffentlicher Aufträge (VgV).
Bildschirmfoto (2016), Standardleistungsbuch für das Bauwesen, Beton- und Stahlbetonarbeiten LB013

Zitierte Gerichtsentscheidungen

BGH BauR, 1983, 168 – Verjährung bei Architektenhaftung

BGH NJW, 1983, 816 – vorbehaltlose Annahme der Schlusszahlung

BGH BauR 1994, 617 – Einbeziehung der VOB in Bauvertrag

BGH NJW, 1990, 715 – Einbeziehung der VOB gegenüber Personen außerhalb des Baugewerbes

BGH BauR, 2004, 1433 – Angebotsausschluss bei spekulativer Auf- und Abpreisung – „Rudower Höhe"

LG Aachen NJW-RR 1988, 1364 – Unbrauchbare Architektenleistung beim Leistungsverzeichnis

OLG Brandenburg BauR, 2003, 1751 – Pflichten des Architekten bei der Prüfung von Bauverträgen

OLG Celle, BauR 2004, 1971 – Haftung des Architekten bei unzureichender Leistungsbeschreibung

OLG Düsseldorf, BauR 1998, 1023 – Umfang hat Architektenvollmacht

OLG Karlsruhe, BauR 2006, 859 – Vergabe im Stundenlohn: Architektenhaftung

OLG Koblenz NJW-RR 1998, 20 – Haftung des Architekten bei fehlerhafter Ausschreibung

OLG Köln BauR, 1993, 243 – Kein Anschein für Architektenvollmacht aus Angebotseinholung

Weiterführende, empfohlene Literatur

Bürgerliches Gesetzbuch (BGB).

Herig, Norbert (2012): VOB Teile A/B/C- Praxiskommentar, Düsseldorf.

Plümecke, K. (2015): Preisermittlung für Bauarbeiten, Köln.

Preißing, W. (1990): Verfahrensgrundlagen Ausschreibung, Vergabe, Abrechnung von Bauleistungen, Stuttgart.

Löffelmann; Fleischmann (2012): Architektenrecht, Praxishandbuch zu Honorar und Haftung, Düsseldorf.

Vergabehandbuch des Bundes 2016, ▶ www.fib-bund.de.

▶ www.ava-bau.info (Übersicht Softwareanbieter).

Mengenermittlung

Von Stefan Scholz

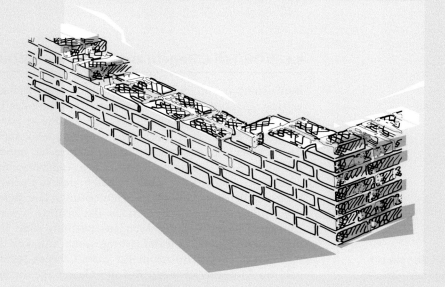

Inhaltsverzeichnis

© Der/die Autor(en), exklusiv lizenziert an Springer Fachmedien Wiesbaden GmbH, ein Teil von
Springer Nature 2023
K. Wellner und S. Scholz (Hrsg.), *Architekturpraxis Bauökonomie*,
https://doi.org/10.1007/978-3-658-41249-4_8

Inhalt des Kapitels
- Regeln zur Mengenermittlung
- Massen- und Mengenermittlung für das Gewerk Mauerwerk
- Vergütung bei Mengenabweichungen
- Wirtschaftliche Mengenermittlung

8

8.1 VOB Teil C Regeln zur Mengenermittlung

Bauleistungen werden in der Regel durch einen Einheitspreisvertrag vergeben. Dabei werden zur Ermittlung der Gesamtpreise die vom Unternehmen kalkulierten Preise pro Einheit (z. B. 1 m² Mauerwerk, 1 Stück Fenster) mit den von dem*von der Architekt*in angegebenen Mengen (Massen) multipliziert. Die Summe der Gesamtpreise ergibt den Angebotspreis.

VOB/C Regeln zur Mengenermittlung

Zu den wichtigsten Bestandteilen des Einheitspreisvertrages zählt der Umfang der Bauleistung. Die Berechnung des Umfangs der auszuführenden Bauleistungen nennt man Mengenermittlung. Diese Mengenermittlung stellt für den*die Architekt*in eine Grundleistung seiner Tätigkeit dar.

Die (VOB/C 2016) nennt für jedes Gewerk spezielle **Regeln zur Mengenermittlung.** Auf der Grundlage der errechneten Mengen sowie der Beschreibung der auszuführenden Arbeiten (Leistungsbeschreibung) kalkuliert das Bauunternehmen seine Einheitspreise. Nach der Auftragsabwicklung wird für die Abrechnung der Bauleistungen allerdings das tatsächlich entstandene Werk zugrundegelegt – nicht die Mengenermittlung.

Es besteht also ein Zusammenhang zwischen dem Gesamtpreis der Bauleistung, der auf der Abrechnung beruht, und der Mengenermittlung, die der vorherigen Preiskalkulation zugrundelag. Um Kostenrisiken zu vermeiden, muss die Mengenermittlung sehr exakt sein und nach den Abrechnungsregeln des jeweiligen Gewerkes der VOB/C erfolgen.

Abweichungen des Mengenansatzes um mehr als 10 %

Der § 2 VOB/B „Vergütung" räumt Bauunternehmen und Bauherr*innen das Recht ein, bei Abweichungen des Mengenansatzes um mehr als 10 % einen geänderten Einheitspreis zu verlangen. Somit kann eine ungenaue Massenermittlung Ursprung für Kostenabweichungen sein.

Hat der*die Architekt*in im Rahmen der Leistungsphase 6 das Leistungsverzeichnis erstellt und somit alle auszuführenden Arbeiten exakt beschrieben, muss er nun die hierfür notwendigen Mengen/Massen ermitteln, um das Verzeichnis zu vervollständigen. Er führt dies anhand seiner Ausführungszeichnungen (M 1:50 oder genauer) durch. Es zeigt sich also schon lange vor der eigentlichen Ausführung, wie wichtig eine möglichst ausführungsreife Ausführungsplanung ist.

Im Folgenden soll am Beispiel des Gewerkes Mauerwerksarbeiten eine Mengenermittlung für ein Gebäudeteil erstellt werden. Hierzu müssen die Abrechnungsregeln (= Aufmaßregeln) der VOB/C und DIN 18330 beachtet werden. Für alle Gewerke gilt die DIN 18299 ergänzend (DIN 18299).

8.1.1 Mengenermittlung am Beispiel von Mauerarbeiten

In ◘ Abb. 8.1 sind die wichtigsten Abrechnungsregeln der ATV Mauerarbeiten (DIN 18330) dargestellt, die für Mauerwerk jeder Art aus natürlichen und künstlichen Steinen gilt.

450

DIN 18330 – Mauerarbeiten

18330

0.5 Abrechnungseinheiten

Die in diesem Abschnitt dargestellten Abrechnungs- bzw. Mengeneinheiten stellen Empfehlungen dar und sind ggf. im Einzelfall anzupassen. In der Regel sorgt die Nutzung der benannten Maßeinheiten für eine bessere Kalkulationsmöglichkeit, da auf standardisierte Kostenansätze zurückgegriffen werden kann.

Hirsch

DIN 18330 – Mauerarbeiten

451

Abrechnung nach Flächenmaß (m²)	– alle Arten von Mauerwerkswänden – alle Arten von Bodenbelägen – flächige Auffüllungen – Dämmstoff-, Trenn- und Schutzschichten – Fertigteile und Fertigteil-Elementdecken	**18330**
Abrechnung nach Raummaß (m³)	– Füllstoffe und Schüttungen	
Abrechnung nach Längenmaß (m)	– Leibungen, Fensterbänke und Gesimse – gemauerte Schornsteine – alle Arten von Stürzen – Pfeiler und Pfeilervorlagen – Alle Arten von Schlitzen und Fugen – Ringanker – Erstellung von Mauerwerksschrägen	
Abrechnung nach Masse (kg, t)	– (Ein-)Bauteile und Befestigungsmittel aus Stahl – Schüttgüter	

◘ **Abb. 8.1** Auszug von Abrechnungsregeln der VOB/C, Mauerarbeiten DIN 18330. (Quelle: P. Fröhlich, B. Bielefeld Hrsg.: Kommentar zur VOB/C, 17. Auflage Springer Vieweg, 2013)

466

18330

5 Abrechnung

Der Abschnitt 5 wurde gegenüber der Ausgabe 2009 nicht verändert.

5.1 Allgemeines

5.1.1 Obwohl die Leistung sowohl aus den Maßen der Zeichnung als auch durch Aufmaß ermittelt werden darf, favorisieren die Regeln der VOB die Abrechnung nach Zeichnung, um sowohl dem Auftraggeber als auch dem Auftragnehmer das zeit- und kostenträchtige Aufmaß zu ersparen. Dieses Verfahren setzt allerdings voraus, dass Zeichnungen vorhanden sind, die die tatsächlich erbrachte Leistung darstellen.

Unabhängig von der Art der Leistungsermittlung gelten bei Mauerarbeiten folgende Grundregeln:

- Bauteile aus Mauerwerk werden nach deren tatsächlichen Maßen abgerechnet.
- Gleiches gilt für Bodenbeläge aus Mauerwerk (z. B. bei Böden aus Flach- oder Rollschichten).
- Bei mehrschaligen Wandkonstruktionen sind die Außenmaße der Außenschale zu berücksichtigen.
- Für (nachträgliche) Verfugungen sind die Maße der zu verfugenden Fläche anzusetzen.

Insbesondere die Regelungen für mehrschaliges Außenmauerwerk orientieren sich an den Bestimmungen für die Abrechnung von Außenwandbekleidungen anderer Gewerke. In Abweichung zu Abschnitt 5.1.5 sind hier die Maße der äußeren An- sichtsfläche der Außenschale anzusetzen – d. h. die Dicke der Außenschale wird an Außenecken zweimal, an Innenecken jedoch nicht gerechnet. Bei (nachträglichen) Verfugungen ist die gesamte sichtbare Fläche des zu verfugenden Mauerwerks an- zusetzen.

Hirsch

◘ **Abb. 8.1** (Fortsetzung)

DIN 18330 – Mauerarbeiten

467

18330

5.1.2 Die Höhe von Mauerwerkswänden wird von der Oberseite der Rohdecke (im Regelfall die Auflagerfläche des Mauerwerks) bis zur höhenbegrenzenden Unterseite der oberen Rohdecke gemessen (lichte Raumhöhe des Rohbaus) (siehe dazu Bild 18330-2). Abweichend von dieser Regel ist das Mauerwerk im untersten Geschoss in der Regel von der Oberfläche des Fundaments zu rechnen.

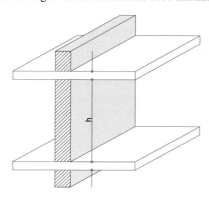

Bild 18330-2:
Bemessung der Höhe von Mauerwerkswänden bei durchbindenden Geschossdecken

5.1.3 Alle Arten von Fugen – dazu zählen auch Trenn- und Dehnfugen – sind grundsätzlich zu übermessen.

5.1.4 Wird – etwa bei freistehendem Mauerwerk zur Ableitung von Niederschlagswasser – der obere Abschluss in abgeschrägter Form ausgeführt, ist grundsätzlich bis zur höchsten Kante der Mauerwerkswand zu rechnen.

5.1.5 Bei Wanddurchdringungen und Wandecken wird grundsätzlich nur eine Wand durchgehend berücksichtigt. Treffen zwei Wände unterschiedlicher Dicke aufeinander, werden die Maße der dickeren Wand berücksichtigt.

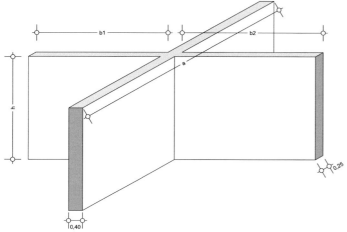

Bild 18330-3:
Kreuzende Wände

Hirsch

◘ **Abb. 8.1** (Fortsetzung)

18330

8

5.1.6 Die vereinfachte Ermittlung der Fläche von Gewölben mit geringer Stichhöhe (bis 1/6 der Spannweite) über deren Grundfläche ist seit Fassung 2006 der ATV nicht mehr zulässig. Vielmehr muss nun immer die tatsächliche Gewölbefläche durch Abwicklung ermittelt werden (z. B. bei Tonnengewölben die entsprechende Zylinderschale).

5.1.7 Stürze, Kästen von Rolladen, Überwölbungen und Entlastungsbögen sind zu übermessen und gesondert mit deren tatsächlichen Maßen in Anrechnung zu bringen.

5.1.8 Leibungen, Sohlbänke, Gesimse und ähnliche Bauteile sind nach Abschnitt 0.5 nach Längenmaß abzurechnen. Dabei ist die jeweils größte Bauteillänge zu berücksichtigen (z. B. bei gebogenen Bauteilen die Länge des äußeren Bogens).

Kommen hingegen Abfangungen für Mauerwerksschalen zur Abrechnung, werden diese nach der größten Länge des abgefangenen Bauteils gemessen.

5.1.9 Fenster- und Türpfeiler mit einer Breite von bis zu 50 cm, die zwischen Öffnungen über 2,5 m² Größe liegen, sind als getrennte Leistungen anzusehen und werden bei der Berechnung entsprechend gesondert berücksichtigt. In allen anderen Fällen sind sie als Teil des Wandmauerwerks zu betrachten.

5.1.10 Die Länge von Schornsteinen und gemauerten Abgasanlagen wird grundsätzlich über deren Mittelachse bestimmt.

5.1.11 Das Gewicht von genormtem Betonstabstahl ist der DIN 488-2, das von Betonstabstahlmatten und Bewehrungsdraht der DIN 488-4 zu entnehmen (siehe dazu auch Abschnitt 2.6) Bauteileigenschaften ungenormter Bauteile finden sich in aller Regel in den jeweiligen Handbüchern der Hersteller. Die Masse verwendeter Bewehrungsteile aus Stahl ist durch Berechnung – nicht etwa durch aufwändiges Wiegen – zu ermitteln. Wie abrechnungstechnisch mit dem Verschnitt umzugehen ist, bleibt nach den Angaben der ATV unklar.

5.1.12 Für das Übermessen von Aussparungen, die anteilig in angrenzende, unabhängig voneinander zu rechnende Flächen einbinden, ist nur der jeweilige Flächenanteil maßgebend (z. B. bei Mauerwerksöffnungen für Eckfenster).

5.1.13 Hängen verschiedenartige Aussparungen direkt zusammen – z. B. Fensteröffnungen mit unterseitigen Nischen – werden diese getrennt gerechnet.

5.2 Es werden abgezogen:

Die sogenannten „Übermessungsgrößen" von 2,5 m² bei Abrechnung nach Flächenmaß sowie 1 m bei Unterbrechungen von Längenbauteilen sollen der Verminderung des Arbeitsaufwandes bei der Abrechnung dienen. Bei der Ermittlung der Übermessungsgrößen sind die jeweils kleinsten Maße zu Grunde zu legen.

Hirsch

◻ Abb. 8.1   (Fortsetzung)

DIN 18330 – Mauerarbeiten

469

5.2.1 Bei der Abrechnung von Mauerarbeiten nach Flächenmaß werden abgezogen:

– Öffnungen über 2,5 m² Einzelgröße – auch raumhohe

– Nischen und Aussparungen für einbindende Bauteile, soweit für das dahinterliegende Mauerwerk eigene Positionen in der Leistungsbeschreibung verwendet wurden

– Aussparungen bis 0,5 m² Einzelfläche im Bereich von Bodenbelägen

– Unterbrechungen des Mauerwerks durch Bauteile, wenn deren Einzelgröße 30 cm überschreitet (z. B. Stürze, Unterzüge, Fachwerkteile)

Bereits seit Fassung von 2006 der ATV stellen auch raumhohe Öffnungen Flächen im Sinne der Übermessungsgrößen dar, soweit ihr Berechnungsmaß die Fläche von 2,5 m² nicht überschreitet.

Wurde bis dato für alle Arten von Nischen das Grenzmaß von 2,5 m² zugrunde gelegt, werden nun nur noch Nischen und Aussparungen abgezogen, deren Rückseiten in einer gesonderten Position des Leistungsverzeichnisses erfasst werden (z. B. bei gemauerten Heizungsnischen).

5.2.2 Bei der Abrechnung nach Längenmaß werden Unterbrechungen von über 1 m Einzellänge abgezogen. Dies betrifft unter anderem Unterbrechungen von Leibungen, Schlitzen und Fugen.

Beispiele für Abrechnung und Abrechnungseinheiten

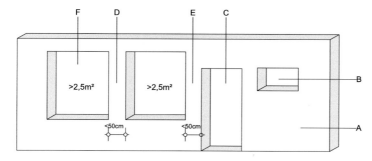

Bild 18330-4: Abrechnung einer Mauerwerkswand mit verschiedenen Öffnungen

A: Zu Abschnitt 0.5.1: Die Mauerwerkswand wird nach ihren tatsächlichen Maßen nach dem Flächenmaß abgerechnet.

B und C: Zu Abschnitt 5.2: Da die einzelnen Flächenmaße des kleineren Fensters und der Türaussparung unter 2,5 m² liegen, werden diese bei der Berechnung der Mauerwerkswand übermessen.

Hirsch

◘ **Abb. 8.1** (Fortsetzung)

470   DIN 18330 – Mauerarbeiten

18330

D und E: Zu Abschnitt 5.1.9: Die zwischen den Öffnungen liegenden Wandteile, die schmaler als 50 cm sind (Pfeiler), werden bei der Berechnung des Wandmauerwerks unterschiedlich berücksichtigt:

– Der zwischen den großen Fenstern liegende Pfeiler (D) ist getrennt und mit dem Längenmaß oder der Anzahl abzurechnen, da die Fenster aufgrund ihres Flächenmaßes von über 2,5 m² von der Wandfläche abgezogen werden.

– Der an die Türöffnung grenzende Pfeiler (E) zählt hingegen zum Wandmauerwerk, da er nicht beidseitig von Öffnungen über 2,5 m² begrenzt wird.

F: Zu Abschnitt 5.2.1: Da die Einzelflächen der beiden größeren Fenster das Flächenmaß von 2,5 m² überschreiten, werden sie bei der Berechnung der Mauerwerkswand abgezogen.

8

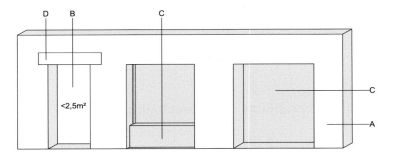

Bild 18330-5:   Abrechnung einer Mauerwerkswand mit Sturz und Nischen

A: Zu Abschnitt 0.5.1: Die Mauerwerkswand wird nach ihren tatsächlichen Maßen nach dem Flächenmaß abgerechnet.

B: Zu Abschnitt 5.2: Dabei wird die Fläche der Tür übermessen, da sie kleiner als 2,5 m² ist.

C: Zu Abschnitt 5.2.1: Die Nischen unterhalb und neben dem Fenster werden unabhängig von ihrer Größe abgezogen, da für das dahinterliegende Mauerwerk gesonderte Positionen vorgesehen werden müssen.

D: Zu Abschnitt 5.2.1: Da die Ansichtsfläche des Sturzbalkens über der Tür kleiner als 2,5 m² ist, wird er bei der Ermittlung der Wandfläche übermessen.

Hirsch

◻ **Abb. 8.1**   (Fortsetzung)

DIN 18330 – Mauerarbeiten

471

18330

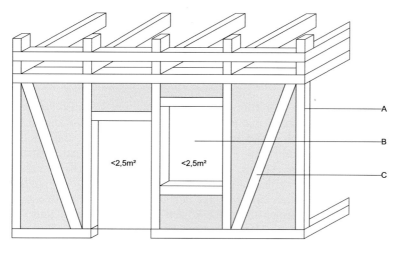

Bild 18330-6: Abrechnung einer Fachwerkwand mit Ausmauerung

Zu Abschnitt 0.5.1: Die Ausmauerung von Fachwerk wird nach dem Flächenmaß ausgeschrieben und abgerechnet.

Zu Abschnitt 5.2.1: Dem 4. Spiegelstrich entsprechend sind Fachwerksteile mit Breiten von über 30 cm, die die Mauerwerksfläche unterbrechen, abzuziehen. Dabei ist ungeklärt, ob auch Fachwerkteile (z. B. A), die die Mauerwerksfläche begrenzen, als Unterbrechung anzusehen sind.

Je nach Betrachtungsweise kann entweder die gesamte Wandfläche angerechnet werden, weil die Öffnungen (B) jeweils kleiner als 2,5 m² und die Fachwerkteile (C) schmaler als 30 cm sind oder die anrechenbare Fläche ist wesentlich geringer, weil nur die beidseitig von Mauerwerk begrenzten Fachwerkteile übermessen werden und die Öffnungen dann keine Teile der abzurechnenden Fläche mehr sind. Aufgrund des erhöhten Arbeitsaufwandes, der durch Anarbeiten an die unregelmäßigen Fachwerkteile entsteht, scheint die erstgenannte Abrechnungsvariante in diesem Beispiel durchaus vertretbar zu sein. Jedoch sollten die umschließenden Holzbauteile (z. B. Eckstiele und Fußschwellen) dann nicht in die Berechnung der Mauerwerkfläche einbezogen werden.

Hirsch

☐ **Abb. 8.1** (Fortsetzung)

8.1.2 Massenermittlung für das Gewerk Mauerwerk

8.2 Vergütung bei Mengenabweichungen im Einheitspreisvertrag

Da der Ermittlung der Angebotssumme beim Einheitspreisvertrag häufig nur grobe Mengenschätzungen vorangehen, ergeben sich in der Baupraxis im Regelfall Mengenabweichungen. Dies führt zu einer Änderung der Kalkulationsgrundlage des*der AN*in, denn in jedem Einheitspreis ist neben den herstellungsabhängigen Kosten (Einzelkosten der Teilleistungen) auch eine Umlage der Gemeinkosten der Baustelle, der allgemeinen Geschäftskosten sowie für Wagnis und Gewinn enthalten. Mengenreduzierungen führen dazu, dass der Anteil der Gemeinkosten, der für dieses Bauvorhaben kalkuliert wurde, nicht mehr voll abgedeckt wird. Der*die AN*in hätte bei Kenntnis der tatsächlich auszuführenden (geringeren) Mengen einen höheren Einheitspreis kalkuliert. Umgekehrt stellt sich der Fall bei Mengenüberschreitungen dar. Um hier das Risiko für beide Parteien ausgewogen zu gestalten, räumt die VOB den Vertragsparteien das Recht ein, bei Mengenüber- und Mengenunterschreitungen von mehr als 10 % eine Änderung des Vertragspreises zu verlangen. Die Regelung in § 2 Nr. 3 VOB/B bezieht sich jedoch nur auf die Fälle, in denen die Mengenmehrungen bzw. -minderungen ohne jede Entwurfsänderung und ohne jeden Eingriff des*der AG*in veranlasst sind, sich also allein aufgrund falscher, ungenauer Schätzung bei der Ausschreibung ergeben (vgl. ◙ Abb. 8.2).

§ 2 VOB/B Vergütung
1. Durch die vereinbarten Preise werden alle Leistungen abgegolten, die nach der Leistungsbeschreibung, den Besonderen Vertragsbedingungen, den Zusätzlichen Vertragsbedingungen, den Zusätzlichen Technischen Vertragsbedingungen, den Allgemeinen Technischen Vertragsbedingungen für Bauleistungen und der gewerblichen Verkehrssitte zur vertraglichen Leistung gehören.
2. Die Vergütung wird nach den vertraglichen Einheitspreisen und den tatsächlich ausgeführten Leistungen berechnet, wenn keine andere Berechnungsart (z. B. durch Pauschalsumme nach Stundenlohnsätzen, nach Selbstkosten) vereinbart ist.
3. 1) Weicht die ausgeführte Menge der unter einem **Einheitspreis** erfassten Leistung oder Teilleistung um nicht

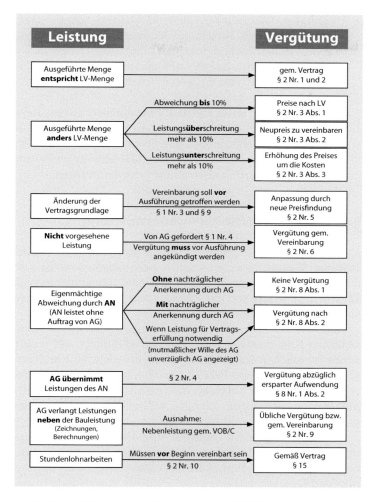

Abb. 8.2 § 2 Regelung der Vergütung gemäß VOB/B

mehr als 10 v. H. von dem im Vertrag vorgesehenen Umfang ab, so gilt der vertragliche Einheitspreis.

2) Für die über 10 v. H. hinausgehenden **Überschreitungen** des Mengenansatzes ist auf Verlangen ein neuer Preis unter Berücksichtigung der Mehr- oder Minderkosten zu vereinbaren.

3) Bei einer über 10 v. H. hinausgehenden **Unterschreitung** des Mengenansatzes ist auf Verlangen der Einheitspreis für die tatsächlich ausgeführte Menge der Leistung oder Teilleistung zu erhöhen, soweit der*die AN*in nicht durch Erhöhung der Mengen bei anderen Ordnungszahlen (Positionen) oder in anderer Weise einen Ausgleich erhält. Die Erhöhung des Einheitspreises

soll im Wesentlichen dem Mehrbetrag entsprechen, der sich durch Verteilung der Baustelleneinrichtungs- und Baustellengemeinkosten und der Allgemeinen Geschäftskosten auf die verringerte Menge ergibt. Die Umsatzsteuer wird entsprechend dem neuen Preis vergütet.

4) Sind von der unter einem Einheitspreis erfassten Leistung oder Teilleistung andere Leistungen abhängig, für die eine Pauschalsumme vereinbart ist, so kann mit der Änderung des Einheitspreises auch eine angemessene Änderung der Pauschalsumme gefordert werden.

8.3 Wirtschaftliche Mengenermittlung

wirtschaftliche Ermittlung der Mengen

Ein wiederkehrendes Problem ist die **wirtschaftliche Ermittlung der Mengen** in verschiedenen Leistungsphasen. Es gilt, die Mengen präzise zu ermitteln und zu dokumentieren (vgl. ◘ Abb. 8.3). Dabei soll der Zeitaufwand im Architekturbüro jedoch nicht zu hoch sein.

Herr Alfons Hasenbein ist Diplomingenieur in der Fachrichtung Konstruktiver Ingenieurbau (Statiker). Im Laufe seiner beruflichen Laufbahn arbeitete er wiederholt in diversen Projekten auch im Bereich der Mengenermittlung. Dabei störte er sich an der Tatsache, dass man stets quasi „bei Null" anfangen muss und die Mengen während des Bauprozesses mehrfach ermittelt werden müssen.

Die vielseitigen Erfahrungen und die Frustration über den Zeitaufwand nutzte er als Motivation um die „Hasenbein-Methodik für Praktiker" zu entwickeln. Diese Methodik für Mengenermittlung wird seit 1999 kontinuierlich weiterentwickelt und liegt heute als Software vor (Hasenbein – Mengenermittlung Software 2016).

Dabei werden die Mengen ohne CAD aus dem Plan heraus rationell ermittelt oder können manuell eingegeben werden. Diese Herangehensweise ist nicht nur einfach, sondern vor allem in Verbindung mit der Methodik sehr schnell. Die ermittelten Werte sind für alle Bauphasen (Angebotskalkulation, Ausschreibung, Arbeitsvorbereitung, Projektsteuerung/Bauleitung und Abrechnung) genau, sicher und prüfbar. Durch die hohe Transparenz und die grafischen Eingabehilfen verspricht es Bedienerfreundlichkeit und sollte auch ohne eine Schulung einsetzbar sein.

Ein besonderer Vorteil der Methodik ist, dass viele Positionen aufgrund logischer Folgerungen automatisch erzeugt werden. Im Gegensatz zu AVA-Programmen, CAD oder den grafisch digitalen Systemen mit den problematischen

FÜR PROJEKT:

Pos. Nr.:	Bez.:	Gegenstand	Breite (m)	Länge (m)	Höhe (m)	Fläche (m²)	Volumen (m²)	Abzug	Menge	Einheit
P1	AW 1	Außenwand HLZ 30	0,30	9,425	2,500	23,56	7,07		7,07	m³
	Ö 1	Balkontür	0,30	1,760	2,260	3,98	1,19	1,19		
	ST 1	Sturz Ö 1	0,30	2,125	0,240	0,51	0,15			
	Ö 2	Erker	0,30	2,400	2,500	6,00	1,80	1,80		
	Ö 3	Fenster	0,30	0,760	1,510	1,15	0,34			
	ST 3	Sturz Ö 3	0,30	1,125	0,071	0,08	0,02			
	Ö 4	Fenster	0,30	0,760	1,510	1,15	0,34			
	ST 4	Sturz Ö 4	0,30	1,125	0,071	0,08	0,02			
Summe									**4,08**	**m³**
	AW 2	Außenwand HLZ 30								
Summe										
P 1		HLZ 30								m³
P 2		AW-Klinker	0,115	9,660	2,500	24,15			24,15	m²
		Balkontür								
		Erker								
Summe									**14,17**	**m²**
		AW-Klinker								
Summe										
P 2		Klinker 11,5								

ÜBERTRAG:

◻ **Abb. 8.3**   Beispielrechnung zur Mengenermittlung

Überschneidungsbereichen geht die Hasenbein-Software nicht positionsweise vor (Hasenbein – Mengenermittlung Software 2016).

Prüfbarkeit und Vollständigkeit

Dabei ist das oberstes Gebot der Methode die **Prüfbarkeit und Vollständigkeit**

Der*die Nutzer*in wird bei der Eingabe geführt und muss bis auf wenige Ausnahmen nicht an Positionen denken, denn der komplette Stand der Technik einschl. VOB ist hinterlegt. Alle üblichen immer wiederkehrenden Details sind schon berechnet und werden automatisch übernommen. So werden kleine Details nicht mehr übersehen.

gewerkeorientierte Kostenermittlung ohne großen Mehraufwand

Durch die Methodik und die geführte Erfassung in der Software ist diese für das Studium ein geeignetes Lehrmittel. Mit den Ergebnissen kann aus der Mengenermittlung sofort eine **gewerkeorientierte Kostenermittlung ohne großen Mehraufwand** generiert werden.

Weitere Informationen finden Sie unter ▶ www.hasenbein.de

Quellennachweis

Zitierte Literatur

DIN 18299 Allgemeine Regelungen für Bauarbeiten jeder Art (für alle Gewerke)

Hasenbein: Hasenbein – Mengenermittlung Software, 2016, unter: ▶ http://hasenbein.de/

Vergabe- und Vertragsordnung für Bauleistungen (VOB 2016)

Weiterführende, empfohlene Literatur

T. Brandt; S. Th. Franssen: Basics Ausschreibung, 2007, Berlin

Kalkulation der Bauleistungen

Verfahren und Kostenarten

Stefan Scholz

FESTPREIS
>Architektenfeste sind Legende. Wenn am nächsten Morgen
die Scherben zusammengefegt sind und befreundete Handwerker*innen einen Kostenanschlag wegen diverser Instandsetzungen abgegeben haben, lässt sich der Festpreis
ungefähr ermitteln.<

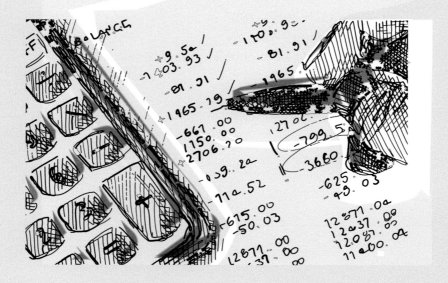

K. Wellner und S. Scholz (Hrsg.), *Architekturpraxis Bauökonomie*,
https://doi.org/10.1007/978-3-658-41249-4_9

Inhaltsverzeichnis

Inhalt des Kapitels
- Durchführung und Ablauf der Kalkulation
- Mittellohnberechnung
- Einzelkosten, Gemeinkosten, Allgemeine Geschäftskosten
- Ermittlung der Angebotsendsumme
- Kalkulationsverfahren und Schadensersatz

9.1 Allgemeines

Im Rahmen der Realisierung von Bauobjekten ist für den*-
die Bauherr*in die Einhaltung eines vorgegebenen Kosten-
rahmens (einmalige Kosten nach DIN 276) von zentraler Bedeutung. Die Ermittlung, Kontrolle und Steuerung der Kosten ist Aufgabe des*der Architekt*in im Zusammenhang mit
der Abwicklung der Grundleistungen der neun Leistungsphasen gemäß § 33 HOAI *Objektplanung von Gebäuden*. Hieraus
ergibt sich für den*die Architekt*in die Problemstellung der
Einschätzung, zu welchen Bedingungen der*die Bauherr*in
welche Bauleistungen „einkaufen" kann.

Im Rahmen der Entwurfsplanung (Leistungsphase 3)
wird als Ergebnis und damit als Entscheidungsgrundlage für
die spätere Realisierung eine Kostenberechnung nach DIN
276 vorliegen. Auf Basis der Entwurfs- und Genehmigungsplanung (Leistungsphase 5) erfolgt dann die Ausführungsplanung. Während der Vorbereitung der Vergabe (Leistungsphase 6) sind dann die Vorgaben der Ausführungsplanung in
der Regel in Leistungsverzeichnisse umzusetzen.

Hierzu zählen zwei wichtige Bearbeitungsschritte:
- Mengen- bzw. Massenermittlung
- Beschreibung der notwendigen Leistungen

Die sich hieraus ergebenden Leistungsverzeichnisse bilden
dann die Grundlage für die Unternehmerangebote. Eine exakte Leistungsbeschreibung ist daher Voraussetzung für die
risikoarme Kalkulation der Bieter*innen. Die Anforderungen
an die Leistungsbeschreibung regelt § 7 VOB/A *Leistungsbeschreibung* (VOB 2016).

Nur mit Grundkenntnissen der Kalkulation ist der*die
Architekt*in in der Lage, die gemäß § 16 VOB/A genannten
Punkte qualifiziert vorzunehmen:
- Prüfen der Angebote
- Werten der Angebote

Aber auch für Zwecke der Kostenkontrolle und Kostensteuerung ist ein Basiswissen über Kalkulation notwendig. Für die Wertung von Nachtragsforderungen und Stundenlohnarbeiten sind ebenfalls Kenntnisse über die Kalkulation von Bauleistungen notwendig (Aufwandswerte, Mittellohn). Da die Kenntnisse über Kalkulation in der Leistungsphase 6 (Vorbereitung der Vergabe) bei der Beschreibung der Leistungen notwendig sind und die Leistungsphase 6 auf den Planunterlagen (Ausführungsplanung) der Leistungsphase 5 aufbaut, wird erkennbar, dass auch der*die „Werkplaner*in" ein Grundwissen über Baukalkulation haben sollte.

Die vorliegende Arbeitsunterlage ist nicht als umfassendes Arbeitsmaterial für den*die Kalkulator*in zu betrachten, sondern dient den Studierenden als Einstieg in die Problematik der Kalkulation von Bauleistungen.

9.2 Kalkulationsverfahren

In Abhängigkeit von den unterschiedlichen Fertigungsverfahren werden in der Industrie unterschiedliche Verfahren (Methoden) der Kalkulation angewendet (vgl. ◻ Abb. 9.1).

9.2.1 Divisionskalkulation

Hier werden sämtliche, innerhalb des Zeitraumes anfallende Kosten zusammengefasst und auf die während des Zeitraumes realisierten Produktionseinheiten verteilt. Im

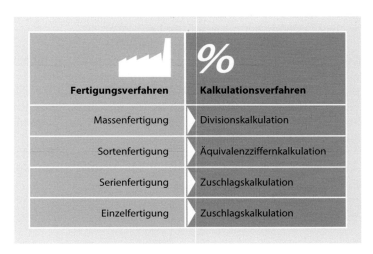

◻ **Abb. 9.1**   Fertigungsverfahren und häufig verwendete Kalkulationen

Bereich Bauwesen findet diese Kalkulationsform jedoch selten Anwendung (z. B. nur bei Steinbrüchen, Kiesgruben etc.).

9.2.2 Äquivalenzziffernkalkulation

Hierbei handelt es sich um eine abgewandelte Form der Divisionskalkulation. Im Bereich Bauwesen wird sie nur angewendet bei Produkten, die einen hohen Grad der Gleichartigkeit bei der Herstellung aufweisen, z. B. bei der Herstellung von Ziegeln unterschiedlicher Güte in einem Ziegelwerk, Herstellungen von verschiedenen Betonsorten in einem Transportbetonwerk und evtl. Herstellung von Betonrohren unterschiedlicher Größe in einem Betonsteinwerk.

9.2.3 Zuschlagskalkulation

Diese Kalkulationsform wird bei der Kalkulation von Bauleistungen in der Regel am häufigsten angewendet. Hierbei werden zunächst die direkten Kosten der jeweiligen Teilleistungen ermittelt und anschließend die Gemeinkosten erfasst und prozentual auf die jeweiligen Teilleistungen verteilt (vgl. ◘ Abb. 9.2).

In Abhängigkeit von der **Berechnungsart der Zuschläge** unterscheidet man:

Berechnungsart der Zuschläge

- Kalkulation mit vorausbestimmten Zuschlägen
- Kalkulation über die Angebotssumme

9.3 Durchführung und Ablauf der Kalkulation

Im Rahmen des vorliegenden Buches wird die Problematik der Kalkulation nicht an einem kompletten Gebäude bzw. am Beispiel eines Gewerkes erläutert; sie ist im Folgenden auf die Betrachtung der Kalkulation einer Position aus dem Gewerk „Mauerarbeiten" begrenzt.

Anhand dieser Position sollen zwei Punkte erläutert werden:

- In welcher Art muss die Leistung ausgeschrieben werden, damit der*die Bauunternehmer*in hierfür die entsprechenden Einheits- bzw. Gesamtpreise eintragen können?
- Welche Kenntnisse aus dem Kalkulationsverhalten der Bauunternehmen benötigt der*die Architekt*in, damit er*sie im Rahmen der „Mitwirkung bei der Auftragserteilung" eine Prüfung und Wertung der Angebote vornehmen kann?

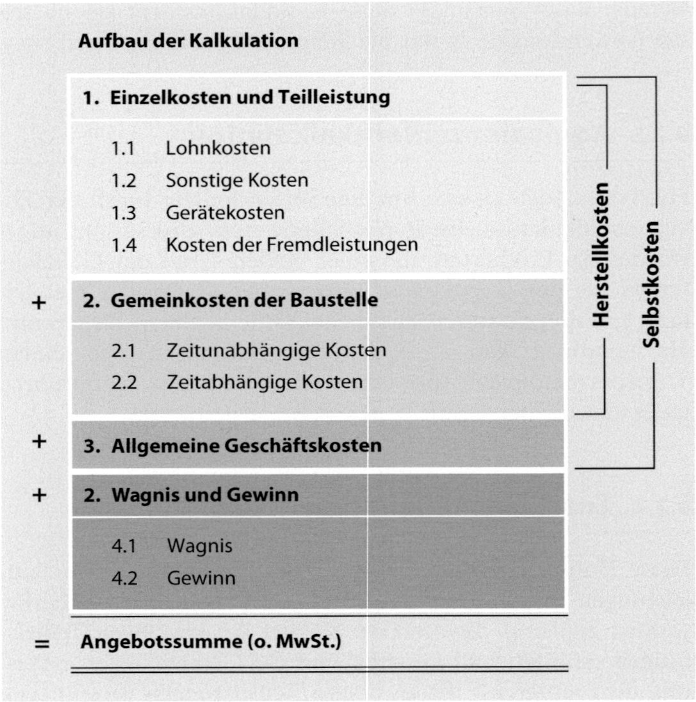
Aufbau der Kalkulation
1. Einzelkosten und Teilleistung
1.1 Lohnkosten
1.2 Sonstige Kosten
1.3 Gerätekosten
1.4 Kosten der Fremdleistungen
+ 2. Gemeinkosten der Baustelle
2.1 Zeitunabhängige Kosten
2.2 Zeitabhängige Kosten
+ 3. Allgemeine Geschäftskosten
+ 2. Wagnis und Gewinn
4.1 Wagnis
4.2 Gewinn
= Angebotssumme (o. MwSt.)
Herstellkosten
Selbstkosten

Abb. 9.2 Aufbau der Kalkulation (Zuschlagskalkulation)

Tab. 9.1 Kalkulation von Bauleistungen im Planungsprozess des Architekten

Leistungsphase 6	Vorbereitung der Vergabe	(Architekt*in)
	Kalkulation von Bauleistungen	(Bauunternehmer*in)
Leistungsphase 7	Mitwirkung bei der Vergabe	(Architekt*in)

Die **Kalkulation von Bauleistungen** auf der Seite der Bauunternehmen ist damit wie folgt in den Planungsprozess des*der Architekt*in eingeordnet (Tab. 9.1).

9.3.1 Mittellohnberechnung

Beispiel der Berechnung des Mittellohns unter Ausschluss des Poliers (Abb. 9.3).

				Grundlohn		Stand: 1.4.02
1 Werkpolier*in	I	1 x	14,52	€/h		14,52 €/h
2 Bauvorarbeiter*innen	II	2 x	13,30	€/h		26,60 €/h
3 Spezialbaufacharbeiter*innen	III	3 x	12,63	€/h		37,89 €/h
2 Gehobene Facharbeiter*innen	IV	2 x	11,90	€/h		23,80 €/h
6 Baufacharbeiter*innen	V	6 x	11,27	€/h		67,62 €/h
2 Baufachwerker*innen	VI	2 x	10,83	€/h		21,66 €/h
16 Arbeiter*innen					**Summe:**	**192,09 €/h**
durchschnittlicher Tariflohn:			$\frac{192,09\ €}{16\ h}$			12,01 €/h
+ Zulagen: angenommene Stammarbeiterzulage von:						
0,80 €/h für 9 Arbeiter*innen			$\frac{0,80\ \times\ 9}{16}$			0,45 €/h
					Summe:	**12,46 €/h**
+ Überstundenzuschlag:						
bei einer wöchentlichen Arbeitszeit von 43 h und der tariflichen Arbeitszeit von 38 h/Woche sind 5 h mit dem Überstundenzuschlag von 25% zu bezahlen						
$\frac{5 \times 0,25}{43}$ X 100 = 2,91 %			$\frac{2,91}{100}$ x 12,46 €/h			0,36 €/h
+ Vermögensbildung (für 80 % der Belegschaft)						
			0,80 x 0,125 €/h			0,10 €/h
Mittellohn A:						**12,92 €/h**
+ Sozialkosten 92,15 % vom Mittellohn A:			0,9215 x 12,92 €/h			11,91 €/h
Mittellohn AS:						**24,83 €/h**
+ Lohnnebenkosten:			1,61 €/h			1,61 €/h
Mittellohn ASL						**26,44 €/h**

◻ Abb. 9.3 Beispiel für eine Mittellohnberechnung (2002)

9.3.2 Einzelkosten der Teilleistungen

Im Rahmen der Ermittlung der Herstellungskosten steht die Ermittlung der **Einzelkosten der Teilleistungen** an erster Stelle. Diese Kostenart kann je nach Besonderheit einzelner Bausparten eine unterschiedliche Gliederung aufweisen. Die Gliederung der Einzelkosten der Teilleistungen in vier Kostenarten wird in der Regel für Bauarbeiten herangezogen.

Einzelkosten der Teilleistungen

9.3.2.1 Lohnkosten

Die Ermittlung der Lohnkosten beinhaltet neben dem arithmetischen Mittel sämtlicher Lohnkosten je Arbeitsstunde auch die Sozialkosten und die Lohnnebenkosten.

Sozialkosten aufgrund gesetzlicher Vorschriften:
- Bezahlung von Feiertagen
- Arbeitgeber*innenanteile zur Arbeiter*innenrenten-, Kranken-, Arbeitslosen- und Unfallversicherung

- Schwerbehindertenausgleichsabgabe
- Lohnfortzahlung im Krankheitsfall
- Krankenversicherungsbeitrag für Schlechtwettergeldempfänger*innen
- Arbeitsschutz, Arbeitssicherheit, Arbeitsmedizinischer Diensttag, Winterbauumlage

Sozialkosten aufgrund tariflicher Vereinbarungen:
- Bezahlung von Feiertagen
- Beiträge für die Sozialkassen des Baugewerbes (Lohnausgleichs- und Urlaubskasse, Zusatzversorgungskassen)
- Vorruhestand

Sozialkosten aufgrund freiwilliger Verpflichtungen, wie z. B:
- Beihilfen im Krankheits- oder Todesfall
- Jubiläumsgeschenke
- Besondere Aufwendungen für Betriebsfeste
- Zusätzliche Altersversorgung

Lohnnebenkosten
- Auslösung
- Reisegeld- und Reisezeitvergütung
- Kosten für Wochenendheimfahrten
- Fahrtkostenabgeltung
- Verpflegungszuschuss
- Kosten des Wohnlagers (sofern nicht in den Kosten für die Baustelleneinrichtung erfasst)

9.3.2.2 Sonstige Kosten

Neben den Kosten für Rüst-, Schal-, Verbau- und Betriebsstoffkosten setzen sich die Sonstigen Kosten in erster Linie aus den Baustoffkosten zusammen. Diese Baustoffkosten setzen sich wiederum aus dem Einkaufspreis, den evtl. Frachtkosten für die Anlieferung zur Baustelle und auch aus den zu berücksichtigenden Baustoffverlusten zusammen.

Für den*die Kalkulator*in ist daher neben diesen Punkten auch der Baustoffbedarf je Mengeneinheit von Bedeutung, z. B. wie viele Steine je m^3 Mauerwerk und wie viel Liter Mörtel je m^3 Mauerwerk erforderlich sind? Darüber hinaus benötigt er*sie eine Baustoffpreisliste. In der Fachliteratur gibt es eine Vielzahl von Tabellenwerken, aus denen man neben dem Baustoffbedarf für gängige Teilleistungen auch den Arbeitszeitbedarf je Mengeneinheit ablesen kann, z. B. in Plümecke, K. (2017): Preisermittlung für Bauarbeiten.

9.3.2.3 Gerätekosten

Die Erbringung der unterschiedlichen Teilleistungen für ein Gewerk erfordert nicht nur einen „Stundenaufwand" und einen „Materialaufwand", sondern in der Regel auch den Einsatz diverser Geräte (Kran, Bagger, Lkw, Betonmischer etc.).

Bei der Kalkulation von Bauleistungen müssen daher alle Kosten berücksichtigt werden, die sich aus der Vorhaltung und dem Betrieb der Geräte ergeben. Hierbei handelt es sich um:

Kosten der Gerätevorhaltung

Kalkulatorische Abschreibung	(abgekürzt A)
Kalkulatorische Verzinsung	(abgekürzt V)
Reparaturkosten	(abgekürzt R)

Kosten des Gerätebetriebes
- Treib- und Schmierstoffkosten
- Wartungs- und Pflegekosten
- Bedienungskosten

Kosten der Gerätebereitstellung
- Kosten des An- und Abtransportes
- Kosten für Auf-, Um- und Abladen
- Kosten für Auf-, Um- und Abbau

Allgemeine Gerätekosten
- Kosten der Lagerung
- Kosten der Geräteverwaltung
- Kosten der Geräteversicherung und Kfz- Steuern

In der Kalkulation werden unter den Gerätekosten jedoch nur die folgenden Kostenarten erfasst:
- Kosten für Abschreibung und Verzinsung (A + V)
- Kosten für Reparatur (R)

Wichtig: Kosten für die Gerätebedienung sind unter den Lohnkosten erfasst!

Innerhalb des Leistungsverzeichnisses können die Gerätekosten unterschiedlich zugeordnet werden:
1 **In den Einzelkosten als eigene Teilleistung (Position)**
   – Baustelleneinrichtung
   – Einrichten der Baustelle
   – Räumen der Baustelle
2 **In den Einzelkosten als Bestandteil einer Teilleistung (Position), z. B. Bagger für den Erdaushub**

3   **In den Gemeinkosten der Baustelle**
    Als Nachschlagewerk für die Ermittlung von Kostenan-
    sätzen für die Geräte dient die Baugeräteliste. Für nach-
    folgende Gruppen stehen die pauschalen Ansätze für Ab-
    schreibung, Verzinsung und Reparaturen zur Verfügung:
    – Geräte für Betonherstellung und Materialaufbereitung
    – Hebezeuge und Transportgeräte
    – Bagger, Flachbagger, Rammen und Bodenverdichter
    – Geräte für Brunnenbau, Erd- und Gesteinsbohrungen
    – Geräte für Straßenbau und Gleisoberbau
    – Druckluft-, Tunnelbau- und Rohrvortriebsgeräte
    – Geräte für Energieerzeugung und Verteilung
    – Nassbaggergeräte und Wasserfahrzeuge, Geräte für
      Umwelttechnik
    – Sonstige Geräte, Baustellenausstattungen

9.3.2.4 Kosten der Fremdleistungen

Diese Kostenart beinhaltet jene Kosten, die bei der Ausführung von Bauleistungen durch fremde Bauunternehmen anfallen (z. B. Montage von Fertigteilen, Erdarbeiten). Fremdleistungen betreffen also solche Leistungen, die zwar ein Bestandteil der vertraglich zu erbringenden Bauleistung sind,
jedoch nicht selbst ausgeführt werden. Sie werden einem
fremden Unternehmen (oft als Subunternehmer*in oder
Nachunternehmer*in bezeichnet) zur Ausführung übergeben.

9.3.2.5 Gemeinkosten der Baustelle

Hierzu zählen alle weiteren Kosten, die durch das Betreiben
einer Baustelle entstehen, die sich jedoch keiner Teilleistung
direkt zuordnen lassen.

Da der*die Bauherr*in am Ende Einheitspreise für ab-
rechnungsfähige Teilleistungen benötigt, müssen die Gemeinkosten wiederum auf Positionsebene projiziert werden. Basis
für die Ermittlung der Gemeinkostenzuschläge ist der sogenannte Betriebsabrechnungsbogen.

Im Rahmen der Zuschlagskalkulation wird dieser Zuschlag nicht bei der Berechnung des Einzelobjektes, sondern
langfristig im Voraus gebildet.

9.3.2.6 Allgemeine Geschäftskosten

Zu den Allgemeinen Geschäftskosten zählen jene Kosten, die
dem*der Unternehmer*in nicht durch einen bestimmten Auftrag, sondern durch den Betrieb als Ganzes entstehen. Sie
können daher nicht als Gemeinkosten den Baustellen direkt,
sondern nur über eine Umlage zugerechnet werden.

Zu den Allgemeinen Geschäftskosten zählen insbesondere sämtliche Kosten der Unternehmensleitung und Unternehmensverwaltung (Gehälter, Miete etc.), Beiträge zu Verbänden, Versicherungen und Aufwendungen für Rechtsberatung und Werbung.

Abschließend ist zu bemerken, dass die Findung des Verrechnungssatzes, der dem tatsächlichen Aufwand entspricht, als äußerst schwierig gilt. In der Regel benötigen kleinere Aufträge einen höheren und größere Aufträge einen geringeren Verrechnungssatz.

9.3.3 Ermittlung der Angebotsendsumme

Im Rahmen der Kalkulation mit vorausbestimmten Zuschlägen ergeben sich für die Kalkulation folgende Bearbeitungsschritte:

Einzelkosten der Teilleistung

— Zusammenstellung der **Einzelkosten der Teilleistung**

– Lohnkosten:	Aufwandswert × Stundensatz
– Stoffkosten:	Materialbedarf je Einheit × Baustoffkosten je Einheit
– Gerätekosten:	gemäß Zuordnung
– Fremdleistung:	gemäß Sub-/Fremdunternehmerangebot

— Verrechnung der **Gemeinkosten der Baustelle** über einen Zuschlag

Gemeinkosten der Baustelle

— Zusammenstellung der Herstellkosten
— Verrechnung der **Allgemeinen Geschäftskosten** über einen auftragsgrößenbezogenen Zuschlagsatz

Allgemeinen Geschäftskosten

— Zusammenstellung der Selbstkosten
— Ermittlung der Ansätze **für Gewinn & Wagnis** (gemeinsamer Prozentsatz)

für Gewinn & Wagnis

— Zusammenstellung der Angebotsendsumme (inkl. MwSt.)

9.4 Kalkulationsverfahren und Schadenersatz

In einem Schadenersatzfall werden die oben genannten Kalkulationsverfahren in der Regel nicht genügen, um den entstandenen Schaden zu bestimmen. Dies liegt in der Zuordnung der Kosten begründet, die z. B. im Zuschlagskalkulationsverfahren verwendet werden. An dieser Stelle wird daher auf das **Kalkulationsverfahren nach fixen und variablen Kosten** zurückgegriffen.

Kalkulationsverfahren nach fixen und variablen Kosten

9.4.1 Das Kalkulationsverfahren nach fixen und variablen Kosten

Die **variablen Kosten** sind direkt mit der Produktion der Leistung in Verbindung zu bringen, z. B. Steine für eine Wand. Das bedeutet, die Kosten sind direkt proportional zu den erzeugten Bauleistungen in der jeweiligen Abrechnungsart (also leistungsbezogen, beispielsweise nach qm) (◘ Abb. 9.4).

Die **fixen Kosten** sind für die Erbringung der Leistung notwendig, jedoch nicht direkt proportional. Ein Beispiel ist eine große Maschine oder Personal, welches ständig auf der Baustelle vorzuhalten ist. Diese Kosten werden in die Baustelleneinrichtung einbezogen und ggf. in der Zuschlagskalkulation auf die Bauleistungen verteilt. Die Standzeiten lösen jedoch Kosten aus, die mit der Produktion nicht direkt in Verbindung stehen und unabhängig von der Menge der Bauleistung sind.

Die Produktionsmittel werden finanziert, entweder direkt durch das Unternehmen (Kredite, Stammkapital) oder durch externe Finanzierer*innen (Leasinggeber*innen, Vermieter*innen von Betriebsmitteln) gegen Entgelt zur Verfügung gestellt. Diese zeitbezogenen Kosten (Zinsen, Mieten, kalkulatorische Zinsen), die direkt mit der festgelegten/kalkulierten Bauzeit und Unterbrechungen des Bauablaufes zusammenhängen, können so bestimmt werden. Wenn die Bauunterbrechung nicht vom Bauunternehmen verursacht wurde, können also die Fixkosten der Baustelle ein Bestandteil der Berechnungsgrundlage einer Schadenersatzforderung darstellen.

Weitere Bestandteile sind Mehrkosten in der Produktion, beispielsweise durch zwischenzeitlich beschädigte Baustoffe oder gestiegene Lieferkosten bei geringeren Liefermengen.

Die nachvollziehbare Kalkulation und die richtige Zuordnung der kalkulierten und angefallenen Kosten in der Projektbuchhaltung ist daher die Basis für die Bestimmung eines korrekten Baupreises und eines ggf. später auftretenden finanziellen Schadens.

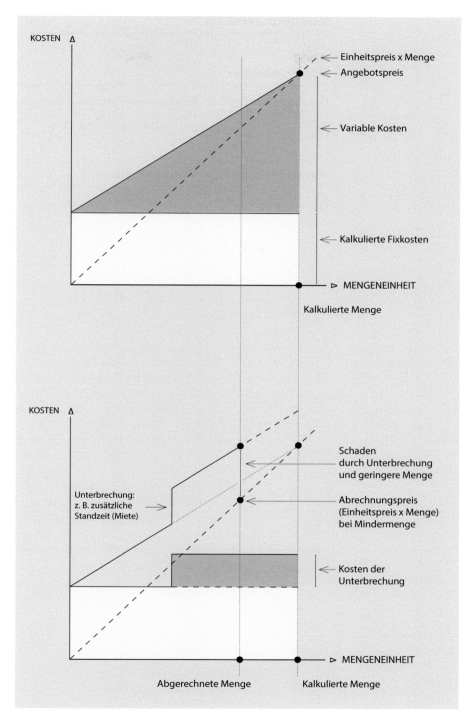

Abb. 9.4 Abrechnungsmodell im Bauvertrag, fixe und variable Kosten Zusammenhang für die Betrachtung von Abweichungen

Quellennachweis

Zitierte Literatur

Honorarordnung (2021) für Architekten und Ingenieure vom 12. November 2020 (BGBl. I S. 2392)
Vergabe- und Vertragsordnung für Bauleistungen (VOB 2019)

Weiterführende, empfohlene Literatur

Plümecke, K. (2017): Preisermittlung für Bauarbeiten, Köln

9

Eröffnungstermin

Prüfung und Wertung der Angebote

Stefan Scholz

Inhaltsverzeichnis

© Der/die Autor(en), exklusiv lizenziert an Springer Fachmedien Wiesbaden GmbH, ein Teil von
Springer Nature 2023
K. Wellner und S. Scholz (Hrsg.), *Architekturpraxis Bauökonomie*,
https://doi.org/10.1007/978-3-658-41249-4_10

10.1 Eröffnungstermin nach § 14 VOB/A

Der Ablauf des **Eröffnungstermins** (auch **Submissionstermin** genannt) wird in § 14 VOB/A festgelegt. Die strengen Formvorschriften über den Verlauf des Eröffnungstermins dienen dem **Schutz der Bieter*innen** und den von ihnen erstellten Angebotsunterlagen. Die Einhaltung der gleichen Wettbewerbschancen soll damit gewahrt werden.

Schutz der Bieter*innen

Der Ablauf des Eröffnungstermins ist nachfolgendem Schema zu entnehmen (◙ Abb. 10.1):

Beim Eröffnungstermin werden die Angebote geöffnet und verlesen. Bis zu diesem Termin sind die Angebote ungeöffnet unter Verschluss zu halten. Es dürfen nur die Bieter*innen und ihre Bevollmächtigten zugegen sein.

Vorgelesen werden lediglich der Name und der Wohnort der Bieter*innen und die Endbeträge der Angebote oder ihrer einzelnen Abschnitte. Außerdem wird bekannt gegeben, ob und von wem Änderungsvorschläge oder Nebenangebote eingereicht wurden.

Um den Vergleich der einzelnen Angebote zu ermöglichen, dürfen die Vertragsunterlagen des Anbieters nicht verändert werden. Die Angebote müssen eine rechtsverbindliche Unterschrift tragen.

Über den Eröffnungstermin ist ein Protokoll anzufertigen, das der*die Verhandlungsleiter*in unterschreiben muss. Im Protokoll sind die festgestellten Angebotssummen in der Rangfolge ihrer Höhe zu vermerken (Submissionsspiegel). Nebenangebote, also qualitativ und quantitativ gleichwertige Alternativangebote einzelner Unternehmer*innen, sind in den Submissionsspiegel aufzunehmen. Die beteiligten Bieter*innen haben das Recht, nach der Angebotsprüfung diese Änderungsvorschläge und Nebenangebote einzusehen (VOB 2016).

Über den Eröffnungstermin ist ein Protokoll anzufertigen

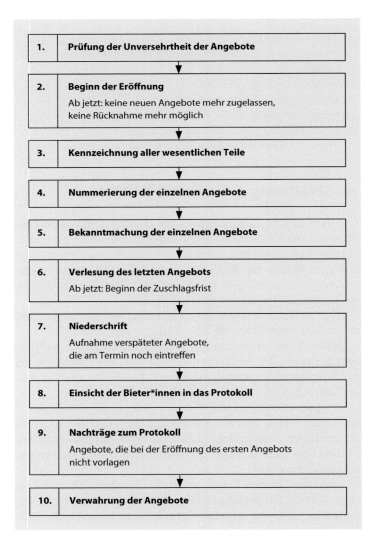

1.	**Prüfung der Unversehrtheit der Angebote**
2.	**Beginn der Eröffnung** Ab jetzt: keine neuen Angebote mehr zugelassen, keine Rücknahme mehr möglich
3.	**Kennzeichnung aller wesentlichen Teile**
4.	**Nummerierung der einzelnen Angebote**
5.	**Bekanntmachung der einzelnen Angebote**
6.	**Verlesung des letzten Angebots** Ab jetzt: Beginn der Zuschlagsfrist
7.	**Niederschrift** Aufnahme verspäteter Angebote, die am Termin noch eintreffen
8.	**Einsicht der Bieter*innen in das Protokoll**
9.	**Nachträge zum Protokoll** Angebote, die bei der Eröffnung des ersten Angebots nicht vorlagen
10.	**Verwahrung der Angebote**

■ **Abb. 10.1**   § 14 VOB/A Eröffnungstermin

10.2 Prüfung der Angebote nach § 16 ff. VOB/A

Nach dem Eröffnungstermin werden die Angebote nach § 16 ff. VOB/A von dem*von der Auftraggeber*in (AG*in) geprüft. Bei der Prüfung geht es darum, die Unterschiede zwischen den einzelnen Angeboten zu ermitteln. Bei der Prüfung von Nebenangeboten steht die Abklärung der technischen Risiken im Vordergrund.

Angebote, die am Eröffnungstermin bei Öffnung des ersten Angebotes nicht vorgelegen haben, brauchen nicht geprüft werden.

Im Anschluss an den Eröffnungstermin sind die Angebote in vielfacher Hinsicht zu prüfen. Die Ergebnisse der Prüfung sind schriftlich festzuhalten (Protokoll der Angebotsprüfung). Die Prüfung der Angebote muss so erfolgen, dass sie als Grundlage für die Wertung der Angebote herangezogen werden kann (Preisspiegel etc.).

Der **Prüfungsvorgang** wird **in vier Stufen** vorgenommen (vgl. ◻ Abb. 10.2):

- Formelle Prüfung
- Rechnerische Prüfung
- Technische Prüfung
- Wirtschaftliche Prüfung

Prüfungsvorgang in vier Stufen

Der aufzustellende **Preisspiegel** (vgl. ◻ Abb. 10.3) stellt eine Grundleistung im Rahmen der Leistungsphase 7 dar. Aus dem Preisspiegel kann man in der Regel ein exaktes Urteil über die Angemessenheit der Preise gewinnen.

Eine **formale Prüfung** wird zwar in der VOB nicht ausdrücklich festgelegt, allerdings brauchen die in § 16 (1) VOB/A erwähnten Angebote der Überprüfung nach Nr. 2 nicht unterzogen zu werden, was einer formellen Prüfung gleichkommt.

formale Prüfung

Es sind also folgende Fragen zu klären:
- Ist das Angebot rechtzeitig eingegangen?
- Gibt es eine rechtsverbindliche Unterschrift?
- Gibt es Änderungen an den Verdingungsunterlagen?
- Gibt es einen Eingang von nicht zugelassenen Nebenangeboten?
- Gibt es Angebote, die als Nebenangebote gewertet werden können?

Bei der formalen Prüfung werden die Angebote ausgeschlossen, die nicht § 16 (1) VOB/A entsprechen (zwingender Ausschluss). Es können weitere Angebote gem. § 16 (2) VOB/A ausgeschlossen werden (Ermessen des*der AG*in). Ferner sind nach § 16a VOB/A Angebote auszuschließen, wenn die nachgeforderten Nachweise nicht fristgerecht erbracht werden.

Alle verbleibenden Bieter*innen werden gem. § 16b VOB/A auf Eignung geprüft. Die verbleibenden Angebote werden dann in die nächste Prüfungsstufe übernommen.

Bei der **rechnerischen Prüfung** steht die Aufdeckung von Rechenfehlern im Vordergrund, die absichtlich oder verse-

rechnerischen Prüfung

10

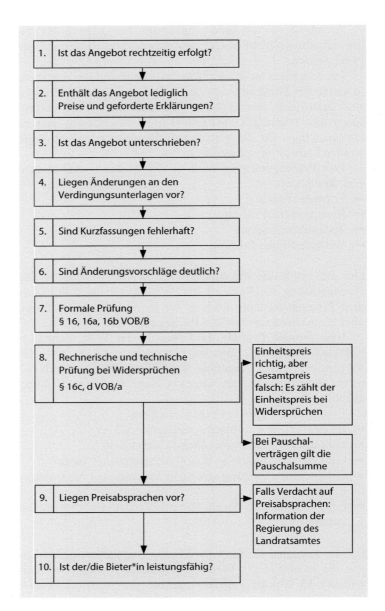

▫ Abb. 10.2 § 16 ff. VOB/A Prüfung der Angebote

hentlich im Angebot enthalten sein können. Dabei sind die Prioritätsregeln des § 16c VOB/A zu beachten:
— Bei Widersprüchen gilt der Einheitspreis.
— Bei Pauschalverträgen gilt der Pauschalpreis.

Objektnummer: _____ aufgestellt am: _____ durch: _____

Objekt: _____

Auftraggeber*in: _____ geprüft: _____

Pos.	Leistungsverzeichnis-Position Kurztext	Einheit	Menge	Bieter: Bauknecht		Bieter: Concrete		Bieter: Baubude	
				Einheits-preis €	Gesamt-preis €	Einheits-preis €	Gesamt-preis €	Einheits-preis €	Gesamt-preis €
10	Ortbeton Bodenplatte ø20	m²	408,00	31,88	13.007,04	34,10	13.912,80	36,25	14.790,00
20	Ortbeton Streifen-Fundament	m³	91,80	163,75	15.032,25	162,50	14.917,50	181,55	16.666,29
30	Ortbeton Aufzugswände ø25	m³	33,90	447,50	15.170,25	472,10	16.004,19	497,50	16.865,25
40	Ortbeton Deckenplatte ø16	m²	2.448,00	51,18	125.288,64	55,50	135.864,00	62,45	152.877,60
50	Treppenlauf Schalung	m²	59,20	83,75	4.958,00	91,65	5.425,68	95,30	5.641,76
60	Ortbeton Treppenlauf ø16	m²	59,20	165,00	9.768,00	177,15	10.487,28	194,38	11.507,30
70	Durchbrüche herstellen 20x20	Stck.	36,00	64,38	2.317,68	62,25	2.241,00	75,63	2.722,68

◧ **Abb. 10.3**   Preisspiegel-Gewerk für Beton- und Stahlbetonarbeiten

Gegenstand der **technischen Prüfung** ist die Frage, inwieweit die (Neben-)Angebote technisch gleichwertig sind bzw. welche Unterschiede sie aufweisen.

technischen Prüfung

Folgende Punkte sind zu prüfen:

- Sind alle geforderten Leistungen vollständig angeboten?
- Entsprechen die von dem*von der Bieter*in ausgewählten Erzeugnisse den Anforderungen der Leistungsbeschreibung?
- Sind die angebotenen Baustoffe, Bauteile und Verfahren bauaufsichtlich zugelassen und entsprechen sie den Regeln der Technik?
- Sind die angebotenen gleichwertigen Alternativen tatsächlich gleichwertig?
- Sind preisgünstig angebotene Leistungen minderwertig bzw. rechtfertigen höherwertige Leistungen den verlangten Mehrpreis?

Die **wirtschaftliche Prüfung** baut auf der vorangegangenen technischen und rechnerischen Prüfung auf und hat gem. § 16d VOB/A insbesondere folgenden Inhalt:

wirtschaftliche Prüfung

- Ist die angebotene Leistung in Relation zum Angebotspreis angemessen?
- Sind die Einheitspreise von Wahl- und Bedarfspositionen angemessen?
- Verursachen Änderungsvorschläge und Nebenangebote Mehrkosten an anderer Stelle?

- Beeinflussen ggf. gewährte Preisnachlässe die Wirtschaftlichkeit?
- Beinhaltet ein Angebot Vorteile nichttechnischer Art, die einen Mehrpreis rechtfertigen (z. B. längere Gewährleistung)?
- Wie ist die Gesamtwirtschaftlichkeit unter Einbezug von Unterhaltungs- und Wartungskosten zu beurteilen?

Nach abgeschlossener Prüfung erfolgen gegebenenfalls ein Aufklärungsgespräch, die Wertung der Angebote und schließlich der Zuschlag.

Kriterium Sicherheit der Vertragserfüllung

Bei der Auswahl der Angebote, die für den Zuschlag in Betracht kommen, spielt das **Kriterium** der **Sicherheit der Vertragserfüllung** eine wichtige Rolle. Die Bieter*innen sind verpflichtet, ggf. die Fachkunde, Leistungsfähigkeit und Zuverlässigkeit ihres Betriebes nachzuweisen. Der niedrigste Angebotspreis allein ist für die Auftragsvergabe nicht entscheidend.

» In die engere Wahl kommen nur solche Angebote, die unter Berücksichtigung rationellen Baubetriebs und sparsamer Wirtschaftsführung eine einwandfreie Ausführung einschließlich Gewährleistung erwarten lassen.
Unter diesen Angeboten soll der Zuschlag auf das Angebot erteilt werden, das unter Berücksichtigung aller Gesichtspunkte, wie z. B. Preis, Ausführungsfrist, Betriebs- und Folgekosten, Gestaltung, Rentabilität oder technischer Wert als das Wirtschaftlichste erscheint.

Die Angebotsprüfung kann bei einer Leistungsbeschreibung mit Leistungsverzeichnis in der Regel anhand von Einheitspreisen (Einzelpreisen) erfolgen.

Die Generalunternehmer*innenangebote erfolgen jedoch oft in Form eines Gesamtpreises (Pauschale). Hier kann die Angabe von ausgewählten Einheitspreisen (z. B. €/t Bewehrungsstahl) oder Teilsummen der Leistungsbereiche (z. B. Stahlbauarbeiten) vereinbart werden (VOB 2016).

10.3 Klärung des Angebotsinhalts nach § 15 VOB/A

Im Falle von Unklarheiten bei der Prüfung der Angebote nach § 16 ff. VOB/A kann der*die Auftraggeber*in diese nach § 15 VOB/A in einem Gespräch klären. Gespräche über Änderungen der Preise oder des Angebots sind nicht erlaubt.

Gespräche zwischen AG*in und Bieter*in stellen also im Rahmen der Prüfung und Wertung der Angebote die Ausnahme dar (vgl. ◘ Abb. 10.4).

Aufklärungsgespräche zwischen AG*in und Bieter*in sind nur in dem Zeitraum nach Öffnung der Angebote bis zur Zuschlagserteilung möglich (Zuschlagsfrist).

In sachlicher Hinsicht können nur Einzelfragen zur Klärung der in VOB/A gestellten Anforderungen an die technische und wirtschaftliche Leistungsfähigkeit des*der Bieter*in im Allgemeinen oder hinsichtlich der konkreten Ausführung des Angebots geklärt werden.

Verhandlungen über andere als die in § 15 VOB/A genannten Themenbereiche sind grundsätzlich unzulässig. Die Bieter*innen in einem *förmlichen Verfahren* müssen die Sicherheit haben, dass ihre Angebote so gewertet werden, wie sie am Eröffnungstermin vorlagen. Spekulationsangebote zu einem höheren Preis, die in Vergabeverhandlungen solange reduziert werden, bis der Auftrag erteilt wird, sollen so von vornherein ausgeschlossen werden.

Die Regelung § 15 VOB/A betrifft nur den Fall der Öffentlichen oder Beschränkten Ausschreibung. **Bei der Freihändigen Vergabe sind Verhandlungen jeden Inhalts zulässig.**

Verweigert der*die Bieter*in die Aufklärung, kann er*sie ausgeschlossen werden.

Die Entscheidung liegt also im Ermessen des*der AG*in (VOB 2016).

> Verhandlungen über andere als die in § 15 VOB/A genannten Themenbereiche sind grundsätzlich unzulässig

> Bei der Freihändigen Vergabe sind Verhandlungen jeden Inhalts zulässig

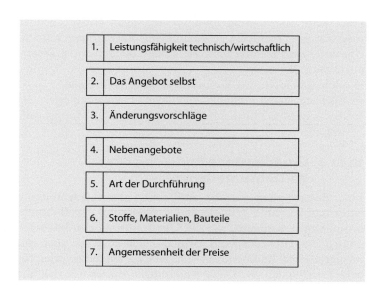

◘ Abb. 10.4   § 15 VOB/A Aufklärung des Angebotsinhalts

10.4 Aufhebung der Ausschreibung nach § 17 VOB/A

Ausschreibungsverfahren darf grundsätzlich nur zum Zweck der Errichtung eines Bauvorhabens durchgeführt werden

Ein **Ausschreibungsverfahren darf grundsätzlich nur zum Zweck der Errichtung eines Bauvorhabens durchgeführt werden.** § 17 VOB/A regelt den Ausnahmefall, dass das förmliche Vergabeverfahren nicht durch Zuschlag, sondern durch Aufhebung beendet wird. Der Zeitpunkt der Aufhebung kann innerhalb oder außerhalb der Zuschlags- oder Bindefrist liegen. Die Bieter*innen sind von der Aufhebung der Ausschreibung unter Angabe der Gründe, gegebenenfalls über die Absicht, ein neues Vergabeverfahren einzuleiten, unverzüglich zu unterrichten (VOB 2016).

10.4.1 Aufhebungsgründe

10.4.1.1 Aufhebung als Ausnahmeregelung

- Eine Aufhebung der Ausschreibung stellt wegen der von dem*von der Bieter*in unnütz aufgewendeten Kosten einen Ausnahmefall dar und wird deswegen nur in eng umgrenzten Fällen für zulässig erachtet.
- Für die freiwillige Vergabe ist § 17 VOB/A nicht von Belang.

10.4.1.2 Kein den Ausschreibungsbedingungen entsprechendes Angebot

Liegt kein den Ausschreibungsbedingungen entsprechendes Angebot vor, kann die Ausschreibung aufgehoben werden. Hierunter sind alle die Fälle zu zählen, bei denen die Bieterangebote z. B:

- nicht den formellen Voraussetzungen entsprechen,
- die festgelegten Fristen nicht eingehalten werden oder
- die Angebote selbst unvollständig sind oder Mängel aufweisen.

10.4.1.3 Grundlegende Änderung der Vertragsunterlagen

Eine Berechtigung für die Aufhebung der Ausschreibung kann nur bei einer grundlegenden Änderung der Rahmenbedingungen vorliegen, die die Durchführung der Baumaßnahme jetzt entweder nicht mehr möglich oder nur noch mit unzumutbaren Bedingungen (für AG*in, Bieter*in oder für beide) verbunden ist. Diese Änderungen dürfen für den*die AG*in zum Zeitpunkt der Bekanntmachung nicht voraussehbar gewesen sein, z. B.:

- Nachträgliche Kürzung der Etatmittel
- Auflagen, Baubeschränkungen
- Bodenverhältnisse

10.4.1.4 Andere schwerwiegende Gründe

Andere schwerwiegende Gründe, die zu einer Aufhebung der Ausschreibung berechtigen, bestimmen sich nach der objektiven Interessenlage des*der AG*in, z. B.:

- Änderung der politischen Verhältnisse,
- die Angebotssumme des niedrigsten Angebots überschreitet die im Haushalt zur Verfügung gestellten Mittel,
- die Ausführung der geplanten Arbeiten könnten bei einer anderen Ausführungsart wirtschaftlich günstiger realisiert werden.

10.5 Information unterlegener Bieter*innen nach § 19 VOB/A

§ 19 VOB/A regelt die Verpflichtungen des*der AG*in gegenüber den Bieter*innen, die ausgeschlossen wurden, nicht in die engere Wahl gekommen oder bei der Vergabe nicht berücksichtigt worden sind.

Die Bieter*innen sollen möglichst frühzeitig erfahren, wenn sie keine Chance mehr haben, den Zuschlag zu erhalten, damit sie sich in ihrer weiteren betrieblichen Planung hierauf einstellen können.

Eine Verletzung der Mitteilungspflicht kann grundsätzlich nicht zu einer Schadensersatzpflicht führen. Vor Ablauf der Zuschlagsfrist ist der*die Bieter*in an sein*ihr Angebot gebunden (Bindefrist), nach Ablauf der Zuschlagsfrist ist er*sie in seiner*ihrer weiteren unternehmerischen Disposition frei (VOB, 2016).

Quellennachweis

Zitierte Literatur

Vergabe- und Vertragsordnung für Bauleistungen (VOB 2016)

Weiterführende, empfohlene Literatur

Herig, Norbert: VOB Teile A/B/C- Praxiskommentar, Düsseldorf, 2012
Beck, W. et al: VOB für Praktiker, Kommentar zur Vergabe- und Vertragsordnung für Bauleistungen, Stuttgart, 2007

Mitwirkung bei der Vergabe: Der Bauvertrag

Jan Kehrberg

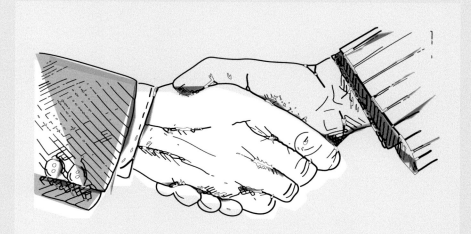

Inhaltsverzeichnis

© Der/die Autor(en), exklusiv lizenziert an Springer Fachmedien Wiesbaden GmbH, ein Teil von
Springer Nature 2023
K. Wellner und S. Scholz (Hrsg.), *Architekturpraxis Bauökonomie*,
https://doi.org/10.1007/978-3-658-41249-4_11

Inhalt des Kapitels
- Bewerbungsbedingungen gemäß VOB
- Auftragsverhandlung
- Verträge nach BGB und VOB
- Gewährleistungsbürgschaft
- Haftung

11.1 Allgemeines

Wesentliche Grundsätze des Privatrechts sind die Privatautonomie und die Vertragsfreiheit. Grundsätzlich entscheiden die Parteien über den Inhalt und den Abschluss von Verträgen. Das gilt auch im Bauvertragsrecht. In der Regel beruht der Abschluss eines **Bauvertrages** zwischen Bauherr*in und Bauunternehmer*in auf den Ergebnissen von Auftragsverhandlungen, die ihrerseits auf Grundlage der zuvor für den*-die Auftraggeber*in erstellten **Bewerbungsbedingungen** geführt werden. Daher kann bereits durch sorgfältig durchdachte Vorbereitung von Bewerbungsbedingungen eine wichtige Weichenstellung für den abzuschließenden Bauvertrag erfolgen.

> Bauvertrag

> Bewerbungsbedingungen

Für die Erstellung solcher Bewerbungsbedingungen bietet die Fachliteratur eine Vielzahl von Formularen, Musterbriefen etc., die zum Ziel haben, für die Vertragsparteien ausgewogene Formulierungen bereitzustellen.

Im Folgenden werden anhand von ausgewählten Beispieldokumenten der Ablauf und die Bandbreite der **Vertragsgestaltung** von den Bewerbungsbedingungen über den eigentlichen Bauvertrag bis zur Gewährleistungsbürgschaft dargestellt.

> Vertragsgestaltung

1. _ **Bewerbungsbedingungen** für die Vergabe von Bauleistungen
2. _ **Auftragsverhandlung**
3. _ **Bauvertrag** nach BGB bzw. nach VOB/B
4. _ **Vertragserfüllungsbürgschaft**
5. _ **Gewährleistungsbürgschaft**

Am Schluss des Kapitels werden typische Haftungsrisiken des*der Architekt*in als Vertreter*in des*der Bauherr*in in der **Leistungsphase 7** unter Angabe der wichtigsten hierzu ergangenen Gerichtsentscheidungen aufgezeigt.

> Leistungsphase 7

11.2 Der Bauvertrag nach BGB bzw. nach VOB/B

Grundsätzlich werden Bauverträge nach [**BGB**] oder nach (**VOB/B** 2016) abgeschlossen. Das BGB bildet den rechtlichen Rahmen und gilt dabei ergänzend zu den ausdrücklich

> BGB VOB/B

> Werksvertragsrecht

im Vertrag vereinbarten Bestimmungen. Enthält der Bauvertrag also keine ausdrückliche Regelung zu einem bestimmten Punkt, so muss geschaut werden, wie das Bau-**Werksvertragsrecht** des BGB (§§ 631 ff., 650a ff.) diesen Punkt regelt. In Ausnahmefällen enthält das BGB Regelungen, von denen die Vertragsparteien nicht abweichen dürfen. Wird ein solcher Punkt im Vertrag trotzdem anders geregelt, so ist die Vereinbarung unwirksam und wird von der zwingenden Vereinbarung des BGB ersetzt. Solche Fälle sind aber bei Bauverträgen zwischen Unternehmer*innen und Unternehmen, also Personen und Gesellschaften, die sich gewerblich in der Baubranche betätigen, eher selten.

Deutscher Vergabe- und Vertragsausschuss für Bauleistungen, DVA

Bei Einbeziehung der VOB/B in den Vertrag werden verschiedene Regeln des BGB durch die Bestimmungen der VOB/B ersetzt bzw. konkretisiert. Bei der VOB/B handelt es sich um ein Regelungswerk, das für die Auftragsvergabe bei öffentlichen Bauten durch Fachleute **(Deutscher Vergabe- und Vertragsausschuss für Bauleistungen, DVA)** konzipiert ist und das ausgewogene Vertragsverhältnis zwischen dem*der Bauherr*in und dem*der Bauunternehmer*in sichern soll. Ein entscheidender Unterschied der VOB/B zu den Regelungen des BGB besteht damit darin, dass die Bestimmungen der VOB/B nicht die Qualität von Rechtsnormen haben. Die VOB gilt danach, anders als das BGB, nicht automatisch bei Abschluss eines Bauvertrages, sondern sie muss ausdrücklich oder konkludent vertraglich vereinbart werden (vgl. hierzu Ausführungen in ▶ Kap. 7).

AGB Allgemeine Geschäftsbedingungen

Inhaltskontrolle

Wird die Verwendung der VOB/B von der einen Vertragspartei im Laufe der Verhandlungen als verbindlich vorgeschlagen, so stellt sie sog. **AGB** dar (**Allgemeine Geschäftsbedingungen,** die von einer Vertragspartei vorformuliert und in der Vielzahl von Verträgen verwendet werden). Die AGB unterfallen grundsätzlich einer strengen **Inhaltskontrolle** nach §§ 305 ff. BGB. Davon ist die VOB/B aber nach § 310 Abs. 1 BGB ausdrücklich ausgenommen, sofern sie nicht gegenüber einem*einer Verbraucher*in, also einer nicht im Baugewerbe tätigen Privatperson, gestellt wird. Sind am Bauvertrag also nur Unternehmen und öffentliche Auftraggeber*innen beteiligt und wollen sie die Geltung der VOB/B vereinbaren, so können sie sich darauf verlassen, dass sie wirksam sein wird.

Problematisch sind aber die Fälle, in denen die VOB/B in den Vertrag zwar ausdrücklich einbezogen wird, ihre einzelnen Bestimmungen dabei aber verändert werden. Denn die gesetzliche Ausnahme der VOB/B aus dem Anwendungsbereich der AGB-Vorschriften gilt gem. § 310 Abs. 1 BGB nur, soweit die VOB/B ohne inhaltliche Abweichungen insgesamt einbezogen ist. Der Grund dafür ist, dass die Regelungen der VOB/B in ihrer Gesamtheit ein ausgewogenes Verhältnis

11

zwischen Bauherr*innen und Bauunternehmer*innen schaffen sollen. Bietet die eine Vertragspartei es an, auch nur an einem Punkt davon abzuweichen, so stimmt auch das Gesamtverhältnis nicht mehr, sodass der gerichtliche Schutz der anderen Vertragspartei durch die Kontrolle der abweichenden Klauseln wieder möglich sein muss. Dafür reicht schon jede inhaltliche Veränderung und es kommt nicht darauf an, welches Gewicht im Rahmen des Gesamtverhältnisses sie hat (BGH BauR 2004, 668).

Unwirksamkeit

Hält ein Gericht die AGB-rechtliche Kontrolle der Bestimmungen der VOB/B für zulässig, so kommt es im Ergebnis nicht selten zu der Nichtigkeit bzw. **Unwirksamkeit** der geprüften Bestimmung. So wurde z. B. die verkürzte Verjährungsfrist der Mängelansprüche des § 13 VOB/B für unwirksam erklärt (BGH BauR 1984, 390).

Unter diesen Umständen ist Bauherr*innen eher anzuraten, Bauverträge unter Einbeziehung der VOB/B als Ganzes, ohne inhaltliche Veränderungen zu schließen. Soll die VOB/B mit Abweichungen einbezogen oder sollen einzelne Klauseln individuell ausgehandelt werden, so ist unbedingt anwaltlicher Rat einzuholen. Darauf sollte der*die Architekt*in immer hinwirken, um eine eigene Haftung bei eventueller späterer **Unwirksamkeit der Vereinbarungen** zu vermeiden.

11.2.1 Muster der Bewerbungsbedingungen für die Vergabe von Bauleistungen

Das Vergabeverfahren erfolgt nach der „Vergabe- und Vertragsordnung für Bauleistungen", Teil A „Allgemeine Bestimmungen für die Vergabe von Bauleistungen" (VOB/A, Abschn. 1).

Bewerbungsbedingungen

1. Mitteilung von Unklarheiten in den Vergabeunterlagen
   Enthalten die **Vergabeunterlagen** nach Auffassung des*der Bewerber*in Unklarheiten, Unvollständigkeiten oder Fehler, so hat der*die Bieter*in unverzüglich die Vergabestelle vor Angebotsabgabe in Textform darauf hinzuweisen.

Vergabeunterlagen

2. Unzulässige **Wettbewerbsbeschränkungen**
   Angebote von Bieter*innen, die sich im Zusammenhang mit diesem Vergabeverfahren an einer unzulässigen Wettbewerbsbeschränkung beteiligen, werden ausgeschlossen. Zur Bekämpfung von Wettbewerbsbeschränkungen hat der*die Bieter*in auf Verlangen Auskünfte darüber zu ge-

Wettbewerbsbeschränkungen

Angebot

ben, ob und auf welche Art er wirtschaftlich und rechtlich mit dem Unternehmen verbunden ist.

3. **Angebot**

3.1 Das Angebot ist in der Regel in deutscher Sprache abzufassen

3.2 Für das Angebot sind die von der Vergabestelle vorgegebenen Vordrucke zu verwenden. Das Angebot ist bis zu dem von der Vergabestelle angegebenen Ablauf der Angebotsfrist einzureichen. Ein nicht form- oder fristgerecht eingereichtes Angebot wird ausgeschlossen.

3.3 Eine selbstgefertigte Abschrift oder Kurzfassung des Leistungsverzeichnisses ist zulässig. Die von der Vergabestelle vorgegebene Langfassung des Leistungsverzeichnisses ist allein verbindlich.

3.4 Unterlagen, die von der Vergabestelle nach Angebotsabgabe verlangt werden, sind zu dem von der Vergabestelle bestimmten Zeitpunkt einzureichen.

3.5 Alle Eintragungen müssen dokumentenecht sein.

3.6 Ein*e Bieter*in, der*die in seinem*ihrem Angebot die von ihm*ihr tatsächlich für einzelne Leistungspositionen geforderten Einheitspreise auf verschiedene Einheitspreise anderer Leistungspositionen verteilt, benennt nicht die von ihm*ihr geforderten Preise. Deshalb werden Angebote, bei denen der*die Bieter*in die Einheitspreise einzelner Leistungspositionen in „Mischkalkulationen" auf andere Leistungspositionen umlegt, von der Wertung ausgeschlossen.

3.7 Alle Preise sind in Euro mit höchstens drei Nachkommastellen anzugeben.
Die Preise (Einheitspreise, Pauschalpreise, Verrechnungssätze usw.) sind ohne Umsatzsteuer anzugeben. Der Umsatzsteuerbetrag ist unter Zugrundelegung des geltenden Steuersatzes am Schluss des Angebotes hinzuzufügen.
Es werden nur Preisnachlässe gewertet, die
– ohne Bedingungen als Vomhundertsatz auf die Abrechnungssumme gewährt werden und
– an der im Angebotsschreiben bezeichneten Stelle aufgeführt sind.
Nicht zu wertende Preisnachlässe bleiben Inhalt des Angebotes und werden im Fall der Auftragserteilung Vertragsinhalt.

3.8 Ein Angebot auf der Grundlage von § 4 Abs. 4 VOB/A darf nur enthalten:
a) die Angabe des Auf- oder Abgebots auf die Preise in vom Hundert (v. H.),

b) die Angabe der Stundenlohnverrechnungssätze für Stundenlohnarbeiten,

c) sonstige in den Vergabeunterlagen geforderte Erklärungen.

Die Preise der Leistungsverzeichnisse enthalten keine Umsatzsteuer; zur Berechnung der Umsatzsteuer, siehe Zusätzliche Vertragsbedingungen 615 Nrn. 12.2 und 16.

4. **Bieter*innengemeinschaften**

4.1 Die Bieter*ingemeinschaft hat mit ihrem Angebot eine Erklärung aller Mitglieder in Textform abzugeben,

– in der die Bildung einer Arbeitsgemeinschaft im Auftragsfall erklärt ist,

– in der alle Mitglieder aufgeführt sind und der*die für die Durchführung des Vertrags bevollmächtigte Vertreter*in bezeichnet ist,

– dass der*die bevollmächtigte Vertreter*in die Mitglieder gegenüber dem*der Auftraggeber*in rechtsverbindlich vertritt,

– dass alle Mitglieder als Gesamtschuldner haften.

Auf Verlangen der Vergabestelle ist eine von allen Mitgliedern unterzeichnete bzw. fortgeschritten oder qualifiziert signierte Erklärung abzugeben.

4.2 Sofern nicht öffentlich ausgeschrieben wird, werden Angebote von Bieter*innengemeinschaften, die sich erst nach der Aufforderung zur Angebotsabgabe aus aufgeforderten Unternehmer*innen gebildet haben, nicht zugelassen.

5. Eignung

5.1 **Eignung Öffentliche Ausschreibung**

Präqualifizierte Unternehmen führen den Nachweis der Eignung durch den Eintrag in die Liste des Vereins für die Präqualifikation von Bauunternehmen e. V. (Präqualifikationsverzeichnis) und ggf. ergänzt durch geforderte auftragsspezifische Einzelnachweise.

Bei Einsatz von Nachunternehmen ist auf gesondertes Verlangen nachzuweisen, dass diese präqualifiziert sind oder die Voraussetzung für die Präqualifikation erfüllen ggf. ergänzt durch geforderte auftragsspezifische Einzelnachweise.

Nicht präqualifizierte Unternehmen haben als vorläufigen Nachweis der Eignung mit dem Angebot die ausgefüllte „Eigenerklärung zur Eignung" vorzulegen, ggf. ergänzt durch geforderte auftragsspezifische

Bieter*innengemeinschaften

Eignung Öffentliche Ausschreibung

Einzelnachweise. Bei Einsatz von Nachunternehmen sind auf gesondertes Verlangen die Eigenerklärungen auch für diese abzugeben ggf. ergänzt durch geforderte auftragsspezifische Einzelnachweise. Sind die Nachunternehmen präqualifiziert, reicht die Angabe der Nummer, unter der diese in der Liste des Vereins für die Präqualifikation von Bauunternehmen e. V. (Präqualifikationsverzeichnis) geführt werden ggf. ergänzt durch geforderte auftragsspezifische Einzelnachweise.

Gelangt das Angebot in die engere Wahl, sind die Eigenerklärungen (auch die der benannten Nachunternehmen) auf gesondertes Verlangen durch Vorlage der in der „Eigenerklärung zur Eignung" genannten Bescheinigungen zuständiger Stellen zu bestätigen. Bescheinigungen, die nicht in deutscher Sprache abgefasst sind, ist eine Übersetzung in die deutsche Sprache beizufügen.

Beschränkte Ausschreibungen/ Freihändige Vergaben

11

5.2 **Beschränkte Ausschreibungen/Freihändige Vergaben**
Ist der Einsatz von Nachunternehmen vorgesehen, müssen präqualifizierte Unternehmen der engeren Wahl auf gesondertes Verlangen nachweisen, dass die von ihnen vorgesehenen Nachunternehmen präqualifiziert sind oder die Voraussetzung für die Präqualifizierung erfüllen, ggf. ergänzt durch geforderte auftragsspezifische Einzelnachweise. Gelangt das Angebot nicht präqualifizierter Unternehmen in die engere Wahl, sind auf gesondertes Verlangen die in der „Eigenerklärung zur Eignung" genannten Bescheinigungen zuständiger Stellen vorzulegen. Ist der Einsatz von Nachunternehmen vorgesehen, müssen die Eigenerklärungen und Bescheinigungen auch für die benannten Nachunternehmen vorgelegt bzw. die Nummern angegeben werden, unter denen die benannten Nachunternehmen in der Liste des Vereins für die Präqualifikation von Bauunternehmen e. V. (Präqualifikationsverzeichnis) geführt werden, ggf. ergänzt durch geforderte auftragsspezifische Einzelnachweise. Bescheinigungen, die nicht in deutscher Sprache abgefasst sind, ist eine Übersetzung in die deutsche Sprache beizufügen.

Die Verpflichtung zur Vorlage von Eigenerklärungen und Bestätigungen entfällt, soweit die Eignung (Bieter und benannten Nachunternehmen) bereits im Teilnahmewettbewerb nachgewiesen ist.

11.2.2 Auftragsverhandlung

Siehe Protokoll eines Bieter*innengespräch*es in (■ Abb. 11.1).

Auftragsverhandlung

11.2.3 Mustervertrag mit VOB/B

Siehe (■ Abb. 11.2) Anmerkungen und Hinweise zum Ausfüllen siehe VHB 2019, ▶ www.bmub.bund.de (VHB 2017).

VOB/B Mustervertrag

11.2.4 Vertragserfüllungsbürgschaft

Siehe Muster in der (■ Abb. 11.3).

Vert ragserfüllungsbürgschaft

11.2.5 Gewährleistungsbürgschaft

Siehe Muster in der (■ Abb. 11.4).

Gewä hrleistungsbürgschaft

11.3 Haftung im Bereich der Leistungsphase 7

Von dem Bauvertrag zwischen dem*der Bauherr*in und dem*der Bauunternehmer*in ist der Vertrag zwischen dem*der Bauherr*in und dem*der Architekt*in zu unterscheiden, in dem der*die Architekt*in mit der Erbringung bestimmter Leistungen, die sich meistens in eine der HOAI-Leistungsphasen zuordnen lassen, beauftragt wird. Mittlerweile ist es in der Rechtsprechung allgemein anerkannt, dass der Architekt*innenvertrag einen Werkvertrag nach § 631 ff. BGB darstellt, unabhängig davon, ob der*die Architekt*in nur mit **Planung,** nur mit **Bauführung** oder in beiden Bereichen tätig werden soll (BGH NJW 1960, 431 zum **Vollarchitektenvertrag;** BGH BauR 1974, 211 zum Architekt*innenvertrag ohne Planungsleistungen und BGH BauR 1982, 79 zum Architekt*innenvertrag nur über Bauführung).

Haftung Leistungsphase 7
Planung Bauführung
Vollarchitektenvertrag

Der*die Architekt*in schuldet damit dem*der Bauherr*in die Herbeiführung eines bestimmten Werkerfolges, der in der Erbringung zahlreicher Einzelleistungen liegt, die für die plangerechte (**Zeitplan** und Kostenplan) und von Mängeln freie Vollendung des Bauwerkes zum bestimmten Zeitpunkt nötig werden. Damit kann für jede Leistungsphase nach der **HOAI** ein bestimmter **Leistungserfolg** des*der Architekt*in bestimmt werden, dessen Herbeiführung ihm den Lohnanspruch gegen den*die Bauherr*in sichert. Für die

Zeitplan
HOAI Leistungserfolg

11

Protokoll eines Bieter*ingesprächs

Objekt:	Fassade/Einfriedung Wohnhaus und Schulscheune
	Hauptstraße 1, Musterhausen
Auftraggeber*in:	Gemeinde Musterhausen
Datum:	03.03.2013
Ort:	Gemeindebüro Musterhausen
Los (Gewerk):	Abbruch-/Maurer- und Putzarbeiten
Angebot vom:	02.02.2013
Angebotssumme:	ungeprüft 218.156,50 €; geprüft 218.156,90 €
Teilnehmer*in	
Bieter*in:	Bauunternehmen Mustermann GmbH, München
	vertreten durch Herrn Max Mustermann
Auftraggeber*in:	Gemeinde Musterhausen
	vertreten durch Frau Erika Muster, Bürgermeisterin und
	Herrn Michel Müller, Sachbearbeiter im Bauamt der
	erfüllenden Gemeinde Bad Baden
Planung/Bauleitung:	Planungsbüro Schneider, Müller & Partner, Bonn
	vertreten durch Herrn Schneider

1_ Erklärung der EP-Pos. 01.02.2013 aus Angebot durch Bieter*in
   Preisgestaltung kann durch Bieter*in so erfolgen, weil für die Maßnahme ABM-Kräfte eingesetzt
   werden können. Des weiteren sind die günstigen Mietpreise für notwendige Arbeitsmaschinen,
   Container etc. zu begründen.

2_ Erklärung der Produktalternative „Erluskreation, naturrot" für Dachsteine durch Bieter*in
   Hier liegt im Angebot ein Rechtschreibfehler vor. Die Produktbeschreibung muss lauten:
   Ergoldsbacher Biberschwanzziegel Kreaton, naturrot. Ein Muster wurde vorgelegt.

3_ Nachlieferung fehlender Unterlagen im Original
   Die im Angebot im Original fehlenden Unterlagen
   - Unbedenklichkeitsbescheinigung Finanzamt
   - Unbedenklichkeitsbescheinigung Krankenkasse
   - Unbedenklichkeitsbescheinigung Berufsgenossenschaft
   - Nachweis über bestehende Haftpflichtversicherung
   - Referenzliste
   - Nachweis über erforderliche Fachkunde, Leistungsfähigkeit und Zuverlässigkeit
   - Angaben von Leistungen, die an Nachunternehmer vergeben werden sollen müssen
     schnellstmöglich schriftlich vollständig im Original vorliegen.

4_ Bereitschaftserklärung von zusätzlich zum Angebot einzusetzenden Material des AG
   Für die Eindeckung der Mauerkronen könnten nach Quantitätsprüfung durch den AG auch
   Biberschwanzziegel des AG verwendet werden. Hierzu erklärt sich der/die Bieter*in bereit.
   Es wird vom/von Bieter*in vorgeschlagen, aus dem Angebotspreis dann den Materialpreis
   herauszurechnen.

5_ Dachdeckungsarbeiten
   Die Dachdeckungsarbeiten (Mauerkrone und Säulen) übernimmt als Nachunternehmer*in die
   Firma Holzbau-GmbH Musterhausen.

6_ Termine
   Bei einer eventuellen Auftragserteilung an den/die Bieter*in wurde die Ausführungszeit
   (30.04.2013 bis 15.06.2013) nochmals bestätigt. Ein wie vom/von Bieter*in vorgeschlagener um
   zwei Kalenderwochen verzögerter Baubeginn wird NICHT vom AG akzeptiert.

◻ **Abb. 11.1**   Protokoll eines Bietergesprächs

Muster-Bauvertrag mit VOB

Bauvertrag zwischen

....
....
– nachstehend Auftraggeber*in (AG*in) genannt –
und

....
....
– nachstehend Auftragnehmer*in (AN*in) genannt –

über ....[Kurzbezeichnung der
Vertragsleistungen]..
an dem Bauvorhaben:
....

§ 1 Vertragsgegenstand
1.1 Der AN übernimmt mit diesem Vertrag folgende Leistungen an dem Bauvorhaben
..............................:
...., ..., ...

1.2 Vertragsbestandteile sind neben den Bestimmungen dieses Vertrages:
a)   Das Verhandlungsprotokoll vom ....
b)   Schriftliche Erklärungen des/der Bieter*in zum Angebot, die in diesem Vertrag ausdrücklich
als Vertragsbestandteile genannt sind
c)   Leistungsbeschreibung (bestehend aus Baubeschreibung, Leistungsverzeichnis –
Langtext, Zusammenstellung der Angebotssummen, Ergänzungen des
Leistungsverzeichnisses und sonstigen Anlagen)
d)   Baugenehmigung vom ....
e)   Terminplan vom ....
f)   Muster Vertragserfüllungsbürgschaft
g)   Muster Bürgschaft für Mängelansprüche
h)   Besondere Vertragsbedingungen (BVB)
i)   Zusätzliche Vertragsbedingungen (ZVB)
j)   Zusätzliche Technische Vorschriften (ZTV)
k)   Allgemeine Vertragsbedingungen für die Ausführung von Bauleistungen (VOB/B) in der
zum Zeitpunkt des Vertragsschlusses gültigen Fassung
l)   Allgemeine Technische Vertragsbedingungen (VOB/C)
m) Die Ausschreibungsunterlagen, Pläne und Zeichnungen, so weit sie ausdrücklich als
verbindlich bezeichnet sind.
n)   Schiedsvertrag vom ....
o)   ....
1.3 Im Falle von Widersprüchen gilt zunächst § 1 Abs. 2 VOB/B; im Übrigen ist die
vorstehende Rang- und Reihenfolge maßgeblich.

§ 2 Vergütung
2.1   Die Vergütung des AN richtet sich nach den vertraglichen Einheitspreisen und den
tatsächlich ausgeführten und durch Aufmaß nachgewiesenen Leistungen unter
Berücksichtigung des im Verhandlungsprotokoll vereinbarten Nachlasses in Höhe von

◘ **Abb. 11.2**   Mustervertrag mit VOB/B, (Heiermann und Linke 2014)

......%. Dieser Nachlass gilt auch für die Vergütung von etwaig anfallenden geänderten und/oder zusätzlichen Leistungen.

2.2   Die vorläufige Auftragssumme beträgt demnach netto .... EUR.

2.3   Die Einheitspreise sind Festpreise zuzüglich der jeweils geltenden gesetzlichen Umsatzsteuer. Sie schließen sämtliche Lohn- und Lohnnebenkosten ein.

2.4   Lohn- und Materialgleitklauseln sind – nicht –*) vereinbart. Es sind folgende Gleitklauseln vereinbart:*)

2.4.1   Lohngleitklausel (Anlage ....)

2.4.2   Materialgleitklausel für .... (Anlage ....)

2.5   Von den vereinbarten Preisen wird alles erfasst, was zur vollständigen und ordnungsgemäßen Durchführung der Leistungen des*der AN*in notwendig ist. Sie schließen insbesondere die Nebenleistungen ein, die nach den Vorschriften der VOB Teil C als Nebenleistungen ohne besondere Vergütung zu erbringen sind.

2.6   Bei Zahlung der jeweiligen Abschlags- und/oder Schlussrechnung innerhalb von ...... Tagen nach Zugang der jeweiligen Rechnung bei dem*der AG*in gewährt der*die AN*in zusätzlich zu dem vereinbarten Nachlass ..... % Skonto.

§ 3 Ausführungsfristen

3.1   Für die Erfüllung der vertraglichen Verpflichtungen des*der AN*in gelten folgende verbindliche Vertragsfristen gemäß § 5 Abs. 1 VOB/B:

a) Beginn der Ausführung am: ....

b) Verbindliche Zwischenfristen:

aa) Baugrubenaushub:

Beginn: ....   Fertigstellung: ....

bb) Rohbauarbeiten

Beginn: ....   Fertigstellung: ....

c) Abschließende Fertigstellung der Gesamtleistung:.....................

3.2   Der*die AN*in erklärt, zur ordnungsgemäßen, mängelfreien und rechtzeitigen Erfüllung seiner*ihrer vertraglichen Verpflichtungen in der Lage zu sein.

§ 4 Vertragsstrafe

4.1   Überschreitet der*die AN*in schuldhaft die in § 3 dieses Vertrages vereinbarten verbindlichen Vertragsfristen, so ist der*die AG*in berechtigt, für jeden Werktag der schuldhaften Überschreitung eine Vertragsstrafe zu fordern, ohne dass es des Nachweises eines konkreten Schadens bedarf.

4.2   Überschreitet der*die AN*in schuldhaft die in § 3 b) dieses Vertrages vereinbarten Zwischentermine, so hat er*sie für jeden Werktag des Verzuges eine Vertragsstrafe in Höhe von 0,1 % der Nettoauftragssumme der zum jeweiligen überschrittenen Zwischentermin fertig zu stellenden Teilleistung zu zahlen. Vertragsstrafen, die für die Überschreitung von Zwischenterminen anfallen, werden auf Vertragsstrafen für folgende Zwischentermine bzw. den Fertigstellungstermin angerechnet.

4.3   Überschreitet der*die AN*in schuldhaft den in § 3 c) dieses Vertrages vereinbarten Fertigstellungstermin, so hat er*sie für jeden Werktag des Verzuges eine Vertragsstrafe in Höhe von 0,2 % der Nettoauftragssumme je Werktag an den*die AG*in zu zahlen.

4.4   Die Vertragsstrafe wird insgesamt auf maximal 5 % der Nettoauftragssumme auf Grundlage der Schlussrechnung begrenzt.

4.5   Der*die AN*in bleibt unabhängig davon zur Zahlung eines eventuell vom*von der AG*in nachzuweisenden höheren Schadensersatzes verpflichtet. Eine bereits verwirkte Vertragsstrafe ist hierauf jedoch anzurechnen.

4.6   Der*die AG*in ist berechtigt, sich die Geltendmachung der Vertragsstrafe noch bis zur Schlusszahlung vorzubehalten.

◘ Abb. 11.2   (Fortsetzung)

§ 5 Zahlungen

5.1   Auf Antrag des AN werden bei ordnungs- und fristgemäßer Ausführung der Arbeiten Abschlagszahlungen in Höhe von . . . . 90 % *) der jeweils nachgewiesenen Leistungen erbracht, und zwar zuzüglich der darauf entfallenden Mehrwertsteuer.

5.2   Zahlungen werden entsprechend dem beigefügten Zahlungsplan erbracht.

5.3   Die Restzahlung erfolgt nach Abnahme der Leistungen des AN durch den AG. Insoweit gilt die Regelung in § 16 Abs. 3 VOB/B.

§ 6 Sicherheit

Es wird die Leistung folgender Sicherheiten vereinbart:

6.1   Der AN stellt vor Beginn der Ausführungen der Bauleistungen eine Vertragserfüllungsbürgschaft in Höhe von . . . . % der Bruttoauftragssumme nach dem Muster und der Vorschrift des AG. Es gilt § 17 VOB/B.

6.2   Der AG ist berechtigt, von der Restzahlung als Sicherheit für die Erfüllung seiner Mängelansprüche . . . . 5 %*) der Nettoabrechnungssumme einzubehalten. Der AN ist berechtigt, den Einbehalt durch Stellung einer unbefristeten selbstschuldnerischen Bürgschaft entsprechend den Regelungen in § 17 VOB/B abzulösen. Die Sicherheit für Mängelansprüche erstreckt sich auf die Erfüllung der Mängelansprüche einschließlich Schadensersatz sowie auf Erstattung von Überzahlung einschließlich Zinsen. Die Bürgschaft für Mängelansprüche ist für die Dauer der vereinbarten Verjährungsfrist für Mängelansprüche zu stellen. Die Rückgabe der Bürgschaft richtet sich nach § 17 Abs. 8 Nr. 2 VOB/B, jedoch mit der Maßgabe, dass als Rückgabezeitpunkt der Ablauf der vereinbarten Verjährungsfrist für Mängelansprüche vereinbart wird. § 17 Abs. 8 Nr. 2 Satz 2 VOB/B bleibt unberührt.

§ 7 Abnahme und Mängelhaftung

Eine förmliche Abnahme wird hiermit vereinbart.

Die Verjährungsfrist für Mängelansprüche wird mit fünf Jahren vereinbart. Sie beginnt mit der Abnahme der Leistungen des AN. Die Mängelansprüche des AG bestimmen sich im Übrigen nach den Vorschriften der VOB/B. Der AN haftet insbesondere dafür, dass seine Leistungen zum Zeitpunkt der Abnahme die vereinbarten Eigenschaften haben, nach den anerkannten Regeln der Technik ausgeführt und nicht mit Fehlern behaftet sind, die ihren Wert oder die Tauglichkeit zu dem gewöhnlichen oder nach dem Vertrag vorausgesetzten Gebrauch aufheben oder vermindern. Während der Verjährungsfrist für Mängelansprüche auftretende Mängel hat der AN unverzüglich auf seine Kosten zu beseitigen. Kommt der AN dieser Verpflichtung nicht nach, ist der AG nach Mahnung und Fristsetzung berechtigt, die Mängelbeseitigung auf Kosten des AN durch Dritte ausführen zu lassen. Die Beachtung gesetzlicher, baupolizeilicher und sonstiger behördlicher Vorschriften und Auflagen ist Sache des AN, soweit seine Leistungen davon betroffen sind.

§ 8 Abtretung

Der AN kann ihm aus diesem Vertrag zustehende Forderungen gegen den AG nur mit dessen schriftlicher Zustimmung abtreten. Dies gilt auch für Leistungen aus diesem Vertrag.

§ 9 Kündigung

Es gelten die Bestimmungen der VOB/B (§§ 8 und 9 VOB/B).

§ 10 Sonstiges

. . . .

§ 11 Streitigkeiten

◻ **Abb. 11.2**   (Fortsetzung)

Alle Streitigkeiten aus diesem Vertrag werden unter Ausschluss des ordentlichen Rechtswegs durch ein Schiedsgericht nach der Streitlösungssordnung für das Bauwesen (SL Bau) der Deutschen Gesellschaft für Baurecht und des Deutschen Beton-Vereins e.V. in der jeweils neuesten Fassung entschieden. Der von den Parteien abgeschlossene Schiedsvertrag, der in einer gesonderten Urkunde niedergelegt ist, ist Gegenstand dieses Bauvertrags. Das Schiedsgericht ist insbesondere auch befugt, über die Gültigkeit der Schiedsvereinbarung und ihren Umfang zu entscheiden.

§ 12 Allgemeine Bestimmungen
Der*die AN*in hat auf Verlangen des*der AG*in seine Mitgliedschaft in der Bauberufsgenossenschaft, die Erfüllung der Beitragsverpflichtungen und Unbedenklichkeitsbescheinigungen des zuständigen Finanzamts und der zuständigen gesetzlichen Krankenversicherungsanstalten nachzuweisen.
Lage und Umfang von Versorgungsleitungen hat der*die AN*in vor Aufnahme der vertraglichen Arbeiten und Leistungen auf eigene Kosten zu ermitteln und nach Rücksprache mit den Versorgungsträgern Schutzmaßnahmen vorzusehen. Für Leitungsschäden haftet der*die AN*in insoweit allein, als diese im Zusammenhang mit den von ihm ausgeführten Arbeiten entstanden sind. Der*die AG*in ist von Ansprüchen Dritter freizustellen.
Der*die AN*in weist den Abschluss einer ausreichenden Betriebshaftpflichtversicherung nach. Eine Bauwesenversicherung wurde vom*von der AG*in nicht *) abgeschlossen. Der*die AN*in ist in diese Bauwesenversicherung eingeschlossen und beteiligt sich mit . . . . % an der nachgewiesenen Versicherungsprämie.
Sollten einzelne Bestimmungen dieses Vertrags unwirksam oder nichtig sein, wird davon die Wirksamkeit der übrigen Regelungen nicht berührt. An die Stelle der unwirksamen oder nichtigen Bestimmung tritt das Gesetz.

. . . .
(Unterschrift Auftraggeber*in) (Unterschrift Auftragnehmer*in)

*) Unzutreffendes bitte streichen

Abb. 11.2   (Fortsetzung)

Leistungsphase 7 (HOAI 2013) besteht der*die von dem*-von der Architekt*in geschuldete Erfolg in der Mitwirkung bei der Auftragsvergabe in Form der Zusammenstellung der Verdingungsunterlagen für alle Leistungsbereiche, Einholen, Prüfen und Werten von Angeboten, Verhandlung mit Bieter*innen über genauen Vertragsinhalt und Koordinierung der Fachbeteiligten.

Erbringt der*die Architekt*in in der Leistungsphase 7 (so wie auch in anderen Leistungsphasen) seine Leistung nicht vertragsgemäß, macht er also etwas falsch, so haftet er wegen Verletzung des Architektenvertrages. Nach § 634 BGB kann solche Haftung darin liegen, dass der*die Bauherr*in

Die Firma _____

Anschrift des Auftragnehmers (AN) _____

hat am _____

mit Name, Anschrift des Auftraggebers (AG) _____

einen Vertrag für das Bauvorhaben _____

Ort _____

zur Ausführung der dort näher bezeichneten Bauleistungen abgeschlossen.

Aufgrund der Vereinbarungen im Bauvertrag ist der Auftragnehmer verpflichtet, für die vertragsgemäße Ausführung der ihm übertragenen Leistungen einschließlich der Abrechnung dem Auftraggeber eine Bürgschaft in Höhe von ___ % der Auftragssumme zu stellen.

Dies vorausgeschickt, übernehmen wir,

Name des Bürgen _____

Anschrift des Bürgen _____

für den Auftragnehmer gegenüber dem Auftraggeber die selbstschuldnerische Bürgschaft und verpflichten uns,
jeden Betrag bis zur Gesamthöhe von € _____
an den Auftraggeber zu zahlen, sofern der Auftragnehmer seine Verpflichtungen aus dem Bauvertrag nicht oder nicht vollständig erfüllt.

Auf die Einrede der Vorausklage (§ 771 BGB), der Anfechtbarkeit (§ 770 Abs. 1 BGB) sowie der Aufrechenbarkeit (§ 770 Abs. 2 BGB, soweit es sich nicht um rechtskräftig festgestellte, anerkannte oder im Zusammenhang mit dem o .g. Vertrag stehende Gegenforderung handelt, wird verzichtet.

Wir können nur auf Geld in Anspruch genommen werden. Unsere Verpflichtung erlischt mit Rückgabe dieser Urkunde.

Eine Hinterlegung ist ausgeschlossen.

_____ , den _____   _____ ,den _____

_____
Unterschrift des Bürgen

◘ Abb. 11.3   Vertragserfüllungsbürgschaft

Die Firma _____

Anschrift des*der Auftragnehmer*in (AN*in) _____

hat am _____

mit Name, Anschrift des*der Auftraggeber*in (AG*in) _____

einen Vertrag für das Bauvorhaben

_____

Ort

_____

zur Ausführung der dortnäherbezeichneten Bauleistungen abgeschlossen.

Aufgrund dieses Vertrages auszuführende Lieferungen und Leistungen sind von dem*der Auftragnehmer*in entsprechend den vertraglichen Vereinbarungen erbracht worden. Die Abnahme durch den*die Auftraggeber*in ist durchgeführt worden. Aufgrund der vertraglichen Vereinbarungen ist der*die Auftragnehmer*in verpflichtet, für die Erfüllung der Gewährleistungsansprüche dem*der Auftraggeber*in eine Bürgschaft in Höhe von % der Abrechnungssumme zu stellen.   _____

Dies vorausgeschickt, übernehmen wir,

Name des*der Bürg*in _____

Anschrift des*der Bürg*in _____

für den*die Auftragnehmer*in gegenüber dem*der Auftraggeber*in die selbstschuldnerische Bürgschaft und verpflichten uns,
jeden Betrag bis zur Gesamthöhe von € _____
an den*die Auftraggeber*in zu zahlen,sofern der*die Auftragnehmer*in Gewährleistungsansprüche aus den Vertrag nicht fristgerecht erfüllt.

Auf die Einrede der Vorausklage (§ 771 BGB), der Anfechtbarkeit (§ 770 Abs. 1 BGB) sowie der Aufrechenbarkeit (§ 770 Abs. 2 BGB, soweit es sich nicht um rechtskräftig festgestellte, anerkannte oder im Zusammenhang mit dem o. g. Vertrag stehende Gegenforderung handelt), wird verzichtet.

Wir können nur auf Geld in Anspruch genommen werden. Unsere Verpflichtung erlischt mit Rückgabe dieser Urkunde.

Eine Hinterlegungistausgeschlossen.

_____ ,den _____   _____ ,den _____

_____
Unterschrift des*der Bürg*in

◘ Abb. 11.4 Gewährleistungsbürgschaft

- die **Nacherfüllung,** also nachträgliche Verbesserung der Architekt*innenleistung, verlangt,   **Nacherfüllung**
- die Verbesserung selbst (bzw. durch einen*einer anderen Architekt*in) vornimmt und dafür **Aufwendungsersatz** fordert,   **Aufwendungsersatz**
- die Architekt*innenvergütung mindert,
- vom Architekt*innenvertrag zurücktritt,
- **Schadensersatz** verlangt.   **Schadensersatz**

Nachfolgend werden die typischen Haftungsfälle vorgestellt:

11.3.1 Vertragsunterlagen

Der*die Architekt*in haftet aus §§ 634 ff. BGB, wenn er beim Zusammenstellen der Vertragsunterlagen nicht alle Vorgaben des*der Bauherr*in, insbesondere über Verjährungsfristen (BGH BauR 1983, 168), Sicherheitsleistungen, Vertragsstrafen (OLG Brandenburg BauR 2003, 1751), falscher Berechnung von Grenzwerten für Bodenbelastung (OLG Dresden, BauR 2007, 726) usw. berücksichtigt hatte und hierdurch dem*der Bauherr*in Nachteile entstanden sind. Der*die Bauherr*in kann danach die Vergütung mindern, Schadensersatz verlangen und unter Umständen vom Vertrag zurücktreten.   **Vertragsunterlagen**

11.3.2 Einholen von Angeboten

Holt der*die Architekt*in keine ausreichende Anzahl von Angeboten ein und wäre bei pflichtgemäßem Vorgehen eine in jeder Hinsicht gleichwertige Leistung zu einem niedrigeren Preis zu erhalten gewesen, so ist er nach §§ 634, 636, 280 BGB zum Ersatz der vermeidbaren **Mehrkosten** verpflichtet, ohne dass die dem Kostenanschlag zuzubilligende Toleranzgrenze zu berücksichtigen wäre. Das Gleiche gilt für die Vergabe nach Stundenlohn statt Vergabe auf Einheitspreisbasis mit Einholung von **Vergleichsangeboten** (OLG Karlsruhe BauR 2006, 859).   **Mehrkosten**
    Vergleichsangebote

11.3.3 Prüfen und werten der Angebote

Der*die Architekt*in haftet ferner aus §§ 634, 636, 280 BGB, wenn er*sie sich nicht an die in der VOB/A niedergelegten Vergabegrundsätze gehalten hat, z. B. wenn er*sie die **Insolvenzgefährdung** eines*einer anbietenden Unternehmer*in, die er*sie kennt oder hätte erkennen müssen, nicht berücksichtigt und   **Insolvenzgefährdung**

Doppelausschreibungen

demzufolge der*die Bauherr*in nicht das günstigste Angebot angenommen hat.

Außerdem hat der*die Bauherr*in Anspruch auf Ersatz vermeidbarer Mehrkosten, die auf einen unrichtigen Preisspiegel zurückzuführen sind oder darauf, dass unnötige **Doppelausschreibungen** vorgenommen wurden (OLG Koblenz NJW-RR 1998, 20).

11.3.4 Koordinierung

Koordinierung

Verzögerungsschäden

Wegen mangelnder Zusammenarbeit mit anderen Vergabebeteiligten besteht eine Schadensersatzpflicht aus §§ 634, 636, 280 BGB für **Verzögerungsschäden,** wenn der*die Architekt*in Angebote aus den Leistungsbereichen am Vergabeverfahren beteiligter Sonderfachleute diesen nicht rechtzeitig zuleitet. In der Praxis werden nicht selten auch die Angebote aus Sonderfachausschreibungen an den*die Architekt*innen gesandt, sodass er deren zügige Prüfung und Berücksichtigung bei den Vergabeverhandlungen sichern muss.

Quellennachweis

Zitierte Literatur

Bürgerliches Gesetzbuch (BGB)

Heiermann, W; Linke, L: VOB-Musterbriefe für Auftraggeber, Wiesbaden, 2014.

Honorarordnung für Architekten und Ingenieure vom 10. Juli 2013 (BGBl. I S. 2276)

Vergabe- und Vertragsordnung für Bauleistungen (VOB, 2016)

Vergabe- und Vertragshandbuch für die Baumaßnahmen des Bundes (VHB 2008), Stand: April 2016

Weiterführende, empfohlene Literatur

BGH NJW 1960, 431 – Rechtsnatur des Vollarchitektenvertrages

BGH BauR 1974, 211 – Rechtsnatur des Architektenvertrages ohne Planungsleistungen

BGH BauR 1982, 79 – Architektenvertrag nur über Bauführung

BGH BauR 1983, 168 – Verjährung bei Architektenhaftung

BGH BauR 1984, 390 – Unzulässige Verkürzung der Gewährleistungsfrist im kaufmännischen Verkehr

BGH BauR 2004, 668 – Auch kleinere Abweichungen von der VOB/B führen zur AGB-Klauselkontrolle

OLG Brandenburg BauR 2003, 1751 – Pflichten des Architekten bei der Prüfung von Bauverträgen

OLG Dresden, BauR 2007, 726 – Schadensminderung und Vorteilsausgleich bei Schadensersatzanspruch gegen Architekt

Baudurchführung und Objektüberwachung

Clemens Schramm

Inhaltsverzeichnis

© Der/die Autor(en), exklusiv lizenziert an Springer Fachmedien Wiesbaden GmbH, ein Teil von Springer Nature 2023
K. Wellner und S. Scholz (Hrsg.), *Architekturpraxis Bauökonomie*,
https://doi.org/10.1007/978-3-658-41249-4_12

12.1 Einführung – Realisierungsphase, Leistungsphase 8 HOAI

Neben der Planungsphase, die i. w. in den Leistungsphasen 1–4 gemäß HOAI (2013) (bzw. 2021 – (vgl. ▶ Kap. 17 – Honorarermittlung) stattfindet und der Ausführungsvorbereitungsphase (LPH 5–7 gemäß HOAI) hat der*die Architekt*in im Rahmen der Realisierungsphase wichtige Aufgaben bei der Baudurchführung und **Objektüberwachung** zu erfüllen. Es gilt, die Arbeitsergebnisse der vorherigen Phasen in die gebaute Wirklichkeit zu bringen, sprich die geplante Architektur möglichst weitgehend umzusetzen. Die Bedeutung der Leistungsphase 8 HOAI wird auch daran deutlich, dass sie mit insgesamt 32 % fast ein Drittel des Gesamthonorars des gesamten Leistungsbilds gemäß HOAI ausmacht.

In LPH 8 sind folgende Leistungen zu erbringen (vgl. ◻ Tab. 12.1) vgl. § 34 HOAI i.V. mit Anlage 10.1 Leistungsbild Gebäude):

Bei vollständiger Beauftragung der LPH 8 sind alle Grundleistungen zu erbringen, die Besonderen Leistungen können als zusätzlich vergütungspflichtige Leistungen ebenfalls zwischen Bauherr*in und Architekt*in vereinbart werden. Die hier aufgeführten Grundleistungen werden weiter unten im Einzelnen näher beschrieben.

Objektüberwachung

12.2 Wer kann Bauleiter*in werden?

Die Antwort ist einfach: JEDE(R)! Auch wenn das eigentliche Bauen immer noch eine männlich geprägte Domäne ist, finden sich vermehrt Frauen auf der Baustelle. Wenn wir hier von Bauleitung sprechen, meinen wir die Rolle als **Bauleiter*in** im Sinne der HOAI (Objektüberwacher), sprich im Auftrag des Bauherren.

Ergänzend könnte die Tätigkeit als verantwortliche(r) **Bauleiter*in nach Landesbauordnung** als Besondere Leistung dazukommen.

Bauleiter*in

Bauleiter*in nach Landesbauordnung

12

◻ Tab. 12.1   LPH 8 Objektüberwachung (Bauüberwachung) und Dokumentation

GRUNDLEISTUNGEN	BESONDERE LEISTUNGEN
a) Überwachen der Ausführung des Objektes auf Übereinstimmung mit der öffentlich-rechtlichen Genehmigung oder Zustimmung, den Verträgen mit ausführenden Unternehmen, den Ausführungsunterlagen, den einschlägigen Vorschriften sowie mit den allgemein anerkannten Regeln der Technik b) Überwachen der Ausführung von Tragwerken mit sehr geringen und geringen Planungsanforderungen auf Übereinstimmung mit dem Standsicherheitsnachweis c) Koordinieren der an der Objektüberwachung fachlich Beteiligten d) Aufstellen, Fortschreiben und Überwachen eines Terminplans (Balkendiagramm) e) Dokumentation des Bauablaufs (zum Beispiel Bautagebuch) f) Gemeinsames Aufmaß mit den ausführenden Unternehmen g) Rechnungsprüfung einschließlich Prüfen der Aufmaße der bauausführenden Unternehmen h) Vergleich der Ergebnisse der Rechnungsprüfungen mit den Auftragssummen einschließlich Nachträgen i) Kostenkontrolle durch Überprüfen der Leistungsabrechnung der bauausführenden Unternehmen im Vergleich zu den Vertragspreisen j) Kostenfeststellung, zum Beispiel nach DIN 276 k) Organisation der Abnahme der Bauleistungen unter Mitwirkung anderer an der Planung und Objektüberwachung fachlich Beteiligter, Feststellung von Mängeln, Abnahmeempfehlung für den*die Auftraggeber*in l) Antrag auf öffentlich-rechtliche Abnahmen und Teilnahme daran m) Systematische Zusammenstellung der Dokumentation, zeichnerischer Darstellungen und rechnerischer Ergebnisse des Objekts n) Übergabe des Objekts o) Auflisten der Verjährungsfristen für Mängelansprüche p) Überwachen der Beseitigung der bei der Abnahme festgestellten Mängel	Aufstellen, Überwachen und Fortschreiben eines Zahlungsplanes Aufstellen, Überwachen und Fortschreiben von differenzierten Zeit-, Kosten- oder Kapazitätsplänen Tätigkeit als verantwortliche*r Bauleiter*in, soweit diese Tätigkeit nach jeweiligem Landesrecht über die Grundleistungen der LPH 8 hinausgeht

Bauunternehmen

Abzugrenzen ist diese Bauleitung von der sog. Firmen-Bauleitung, sprich den jeweiligen Bauleiter*innen der ausführenden **Bauunternehmen**. Diese müssen aus Sicht ihrer Betriebe dafür sorgen, dass stets genügend Materialien und Personal vor Ort sind. Sie vertreten natürlich auch die Interessen Ihrer Firma, wenn auf der Baustelle etwas nicht rund läuft, z. B. in Form einer Behinderungsanzeige, einer Bedenkenanzeige oder eines Nachtrags für vertraglich nicht vereinbarte Leistungen (s. dazu u.).

Baustelle

Die Architekt*innen-Bauleitung (Objektüberwachung) hat idealerweise die gesamte **Baustelle** im Blick und sorgt dafür, dass alle Beteiligten möglichst reibungslos arbeiten können, achtet auf etwaige Baumängel bzw. dringt auf ihre Beseitigung und bewertet eingehende Schreiben der Baufirmen bzw. berät die Bauherrin beim Umgang damit. Hierbei ist zu beachten, dass die Handlungsvollmacht der Architekt*innen-Bauleitung spätestens beim Portemonnaie des*der Bauherr*innen endet; sprich sobald rechtsgeschäftliche Tätigkeiten anfallen oder z. B. über Nachträge entschieden werden muss, ist die Bauleitung vorbereitend tätig, aber die eigentlichen Entscheidungen und Unterschriften wie auch Zahlungen muss der*die Bauherr*in leisten.

Von den o. g. Grundleistungen ist die entscheidende und über die Bauzeit andauernde Tätigkeit das Überwachen der Ausführung des Objektes auf

— Übereinstimmung mit der öffentlich-rechtlichen Genehmigung oder Zustimmung,
— den Verträgen mit ausführenden Unternehmen,
— den Ausführungsunterlagen,
— den einschlägigen Vorschriften sowie,
— mit den allgemein anerkannten Regeln der Technik.

Was hier in Kurzform anklingt, setzt umfangreiche Kenntnisse und Erfahrungen der Bauleitung voraus. Um mit den Baufirmen auf Augenhöhe reden zu können, braucht man viel technisches Wissen zu den Ausführungsbestimmungen. Außerdem muss man die Ausführungsunterlagen und die Bauverträge kennen, um auftretende Mängel oder nicht ausgeführte Bauleistungen rechtzeitig zu erkennen und Nachbesserung fordern zu können. Und selbstverständlich ist auch dafür zu sorgen, dass die Baugenehmigung eingehalten wird.

12.3 Ohne meine VOB sag ich gar nichts!

Die Bauleitung setzt zudem fundiertes Wissen der VOB (Vergabe- und Vertragsordnung für Bauleistungen), insbesondere des Teiles B – Allgemeine Vertragsbedingungen für die Ausführung von Bauleistungen, voraus. Bezüglich der Teile A und C der VOB wird auf die Ausführungen in ▶ Kap. 7 – Ausschreibung verwiesen.

Die VOB/B kommt immer dann zur Anwendung, wenn sie zwischen den Vertragsparteien (Bauherr*in als Auftraggeber*in und Baufirma als Auftragnehmer*in) gesondert vereinbart worden ist. Ansonsten gelten die allgemeinen Vorschriften des BGB, insbesondere das Werkvertragsrecht (§ 631 ff. BGB). Mit der VOB/B steht ein Instrumentarium zur Verfügung, das den Interessen von Auftraggeber*in und Auftragnehmer*in gleichermaßen gerecht werden soll. Dazu erarbeitet der paritätisch besetzte Deutsche Vergabe- und

Vertragsausschuss für Bauleistungen (DVA) Vorschläge, zuletzt mit Wirksamkeit ab 2019. Die VOB/B regelt in ihren 18 Paragrafen alle Sachverhalte zu folgenden Themen (◘ Abb. 12.1):

Da die VOB/B in der Anwendung durchaus komplex ist, wird auf die Literatur verwiesen bzw. auf die nachfolgenden Ausführungen zu den wichtigsten Bestimmungen.

Der Mangelbegriff ergibt sich aus § 13 Abs. 1 VOB/B (◘ Abb. 12.2):

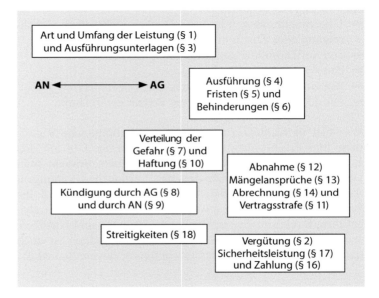

◘ **Abb. 12.1** Die VOB/B im Überblick

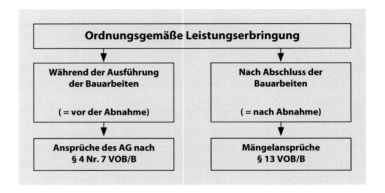

◘ **Abb. 12.2** Ansprüche nach VOB/B vor und nach der Abnahme

§ 1 Art und Umfang der Leistung
§ 2 Vergütung
§ 3 Ausführungsunterlagen
§ 4 Ausführung
§ 5 Ausführungsfristen
§ 6 Behinderung und Unterbrechung der Ausführung
§ 7 Verteilung der Gefahr
§ 8 Kündigung durch den Auftraggeber
§ 9 Kündigung durch den Auftragnehmer
§ 10 Haftung der Vertragsparteien
§ 11 Vertragsstrafe
§ 12 Abnahme
§ 13 Mängelansprüche
§ 14 Abrechnung
§ 15 Stundenlohnarbeiten
§ 16 Zahlung
§ 17 Sicherheitsleistung
§ 18 Streitigkeiten.

12.4 Beschreibung der Leistungen der Bauleitung

Die Kernleistung der Ausführungsüberwachung verursacht den meisten Aufwand in der Bearbeitung; je nach Größe der Baustelle sollte man diese regelmäßig besuchen bzw. bei kritischen Arbeiten (wie z. B. Abdichtung) schon aus Haftungsgründen am besten vor Ort sein. Bei großen Baustellen ist die Architekt*innen-Bauleitung ohnehin täglich anwesend.

Im Folgenden soll daher diese Grundleistung näher anhand der tabellarischen Übersicht aus Wingsch, Dittmar (◼ Tab. 12.2) (bearbeitet von Richter, Lothar, Schmidt, Andreas), Leistungsbeschreibungen und Leistungsbewertungen zur HOAI, 4. Auflage 2018, dargestellt werden (a. a. O., S. 146 ff):

a) **Überwachen der Ausführung des Objektes auf Übereinstimmung mit der öffentlich-rechtlichen Genehmigung oder Zustimmung, den Verträgen mit ausführenden Unternehmen, den Ausführungsunterlagen, den einschlägigen Vorschriften sowie mit den allgemein anerkannten Regeln der Technik**

Das Wichtigste sind in der Tat die Überwachungsleistungen vor Ort. Das Prinzip „Vertrauen ist gut, Kontrolle ist besser" muss leider beim Bauen immer wieder herangezogen werden. Schon aus haftungsrechtlichen Gründen ist die Architekt*innen-Bauleitung gehalten, alle kritischen Arbeiten selbst in Augenschein zu nehmen. Denn durch die **gesamtschuldnerische Haftung** sind Architekturbüros und Baufirma

Gesamtschuldnerische Haftung

12

◻ Tab. 12.2 Grundleistung Überwachung [Wingsch et al., 2018]

001		Überwachen der baulichen Ausführungen unmittelbar vor Ort durch:
	01.	Prüfen und Beaufsichtigen der Bauausführung als kontinuierlicher bzw. bei Erfordernis aus den jeweiligen Umständen des Einzelfalls als konstanter Baustellenbesuch und als angemessene Kontrolle der Ausführungsarbeiten (gewerkeabhängig angemessene Kontrolle)
	02.	Zeitrichtiges Anfordern der durch die baulichen Auftragnehmer entsprechend den bauvertraglichen Regelungen zur Verfügung zu stellenden Unterlagen (z. B. Auftragskalkulation, technische Unterlagen, Terminplan) und Prüfen und Werten dieser Unterlagen
	03.	Zeitrichtiges Anfordern der durch die anderen an der Planung/Objektüberwachung fachlich Beteiligten dem baulichen Auftragnehmer entsprechend den bauvertraglichen Regelungen zur Verfügung zu stellenden Unterlagen (z. B. Schal- und Bewehrungspläne, technische Unterlagen, Terminplan) und Prüfen und Werten dieser Unterlagen
	04.	Kontinuierliches Prüfen der den baulichen Auftragnehmern auf der Baustelle vorliegenden Ausführungsunterlagen (auch der Ausführungsunterlagen der anderen an der Planung/Objektüberwachung fachlich Beteiligten) auf die zeitlich und inhaltlich korrekte Version
	05.	Festlegen des Systems der Baukontrollen mit den baulich ausführenden Auftragnehmern in Abstimmung mit dem Auftraggeber
	06.	Prüfen und Bewerten der Materialeigenschaften von Bauteilen und Einbauten im Außenbereich auf dauerhafte Eignung
	07.	Dokumentieren der Ergebnisse der baulichen Qualitätskontrollen in Mangelverfolgungslisten, sodass für den Zeitraum der Objektüberwachung (und der Objektbetreuung) und danach auch erkennbar ist, wann ein Mangel festgestellt und angezeigt (gerügt) wurde, ob der Mangel behoben wurde, ob ein Mangel nach der erfolgten Beseitigung wieder aufgetreten ist und ob die Beseitigung des Mangels nicht möglich war Es entstehen gesteigerte Überwachungspflichten aufgrund von Hinweisen und Anhaltspunkten für Mängel
	08.	Führen von Koordinationsbesprechungen mit dem baulichen Auftragnehmer und Ergebnisprotokollierung unter Hinzuziehung der anderen an der Planung/Objektüberwachung fachlich Beteiligten
	09.	Durchführen und Leiten von Baubesprechungen zum Fachbereich Hochbau/Innenausbau und zur Koordinierung des Gesamtprojektes einschließlich der Ergebnisprotokollführung unter Hinzuziehung der anderen an der Planung/Objektüberwachung fachlich Beteiligten
	10.	Teilnehmen an übergeordneten Baubesprechungen zum Fachbereich Gesamtprojekt (Hochbau/Innenausbau und Technische Gebäudeausrüstung)

Mängel

Abnahme

gegenüber dem*der Bauherr*in gemeinsam für die mängelfreie Bauausführung verantwortlich; das ergibt sich aus den werkvertraglichen Bestimmungen des BGB. Treten Baumängel auf, sollten diese unverzüglich beseitigt werden, damit gar nicht erst Folgeerscheinungen auftreten. Zwar kann der*die

Bauherr*in alle **Mängel** noch bis zur **Abnahme** der Bauleistungen rügen, doch macht es mehr Sinn, für eine kontinuierliche Mängelbeseitigung einzutreten (s. hierzu auch § 4 Abs. 7 VOB/B). Auch „vergessene" Bauleistungen, z. B. eine nicht gemauerte Wand, sind in diesem Sinne ein Mangel – daher sollte man nicht bis zur Abnahme warten, sondern frühzeitig ordnungsgemäße Erbringung der vertraglich vereinbarten Leistungen verlangen.

Um die Bauarbeiten zu koordinieren, sind zudem regelmäßige Baubesprechungen sinnvoll: Alle beteiligten Baufirmen an einen Tisch zu bringen, führt oft schneller zu Lösungsansätzen und koordiniertem, abgestimmtem Zusammenarbeiten als viele Telefonate und viel Schriftverkehr.

Der*die Auftragnehmer*in hat dem*der Auftraggeber*in seine Leistung zum Zeitpunkt der Abnahme frei von Sachmängeln zu verschaffen. Die Leistung ist zur Zeit der Abnahme frei von Sachmängeln, wenn sie die vereinbarte Beschaffenheit hat und den anerkannten Regeln der Technik entspricht. Ist die Beschaffenheit nicht vereinbart, so ist die Leistung zur Zeit der Abnahme frei von Sachmängeln, wenn sie sich für die nach dem Vertrag vorausgesetzte, sonst für die gewöhnliche Verwendung eignet und eine Beschaffenheit aufweist, die bei Werken der gleichen Art üblich ist und die der*die Auftraggeber*in nach der Art der Leistung erwarten kann.

Wie schon erwähnt, darf alle finanziell relevanten Entscheidungen nur der*die Bauherr*in treffen (bei Gefahr im Verzuge, z. B. aufkommender Sturm und erforderliche Sicherungsmaßnahmen, kann natürlich die Bauleitung auch ohne Rücksprache Maßnahmen anordnen und muss dies im Nachgang den Bauherr*innen mitteilen). Daher sind diese zum einen zu informieren bzw. der relevante Schriftverkehr an sie weiterzuleiten. Zum anderen sind in Absprache mit ihnen die zu unterschreibenden Dokumente von der Architekt*innen-Bauleitung vorzubereiten und an die Bauherr*innen zu übergeben.

Bei der Architekt*innen-Bauleitung ist zugleich viel Menschenkenntnis gefragt. Die Welt des Bauens erfordert oft eine andere, direktere Ansprache, die aber trotzdem nie den Respekt vor den Bauleuten und den Baufirmen verlieren sollte. Die Bauherr*innenschaft – oftmals Laien – verwundert der raue Ton auf der Baustelle nicht selten. Man muss ihnen das Handeln auf der Baustelle daher häufig erklären. Auf der einen Seite sind die diplomatischen Fähigkeiten der Bauleitung gefordert, um im Gespräch die Ausführung zu dirigieren. Auf der anderen Seite darf man sich aber auch nicht scheuen, unangenehme oder rechtlich relevante Sachverhalte zu Papier zu bringen: Sollte es später, wie oft, zum (Rechts-)Streit kommen,

12

sind schriftliche Dokumente oft besser als Erinnerung an mündliche Gespräche. Das dazugehörige Motto lautet: „Wer schreibt der bleibt" – ein eingängiger Spruch, der trotz oder wegen seiner Verkürzung die Sache auf den Punkt bringt.

Selbstverständlich sollte sich die Architekt*innen-Bauleitung auch mit den anderen Fach-Bauleitungen der Bauherr*innenschaft, z. B. Haustechnik, abstimmen. Auch sollten Widersprüche in eingereichten Unterlagen der Planer*innen und auch der Baufirmen nach Möglichkeit früh entdeckt werden, um eventuelle Probleme von vornherein zu vermeiden.

Behinderungsanzeigen werden von Baufirmen immer dann gestellt, wenn tatsächliche oder vermeintliche hindernde Umstände das Bauen erschweren oder verunmöglichen. Hier ist schnelles Handeln der Bauleitung unabdingbar! § 6 VOB/B regelt das Vorgehen im Einzelnen, insbesondere die Rechte und Pflichten der Vertragsparteien bei Störungen des vertraglich vorgesehenen Bauablaufs. Diese Störungen werden als **Behinderung** oder bezeichnet. Unter einer Behinderung versteht man alle Ereignisse, die den vorgesehenen Leistungsablauf hemmen und verzögern. Unterbrechung bedeutet vorübergehender Stillstand der Arbeiten.

Durch den Inhalt der Anzeige muss dem*der Bauherren*in gegenüber zum Ausdruck gebracht werden, durch welche konkreten Umstände sich die Baufirma in der Ausführung ihrer Arbeiten behindert glaubt. Die Anzeige hat unverzüglich zu erfolgen, also dann, wenn die Behinderung absehbar ist, spätestens, sobald sich die Baufirma behindert sieht. Für die Anzeige der Behinderung verlangt die VOB Schriftform. Dies bedeutet jedoch nicht, dass eine mündliche Behinderungsanzeige unwirksam ist, denn die Schriftform dient nur zu Beweiszwecken.

Die Anzeige muss grundsätzlich an den*die Bauherren*in als Vertragspartner*in der Baufirma gerichtet sein. Die Anzeige an den*die bauaufsichtsführenden Architekt*innen reicht nur dann aus, wenn die Bauleitung bereit ist, die Behinderungen zu überprüfen und von der Bauherr*innenschaft insoweit bevollmächtigt hat, was die Ausnahme darstellt. In der Praxis kommt es trotz Terminplanung und Ablaufkoordination immer wieder zu Störungen des Bauablaufs. Es ist daher Aufgabe des*der Architekten*in, den*die Bauherr*in hinsichtlich der Prüfung der Behinderungsanzeige zu unterstützen, d. h. die Ansprüche der Baufirma zu überprüfen und Handlungsempfehlungen an die Bauherr*innenschaft zu geben. Ggf. müssen Verhandlungen mit der Baufirma aufgenommen werden, die behindernden Umstände sind abzustellen und Anpassungsmaßnahmen hinsichtlich des Ablaufplans vorzunehmen.

Behinderungsanzeigen
Behinderung

Bedenkenanzeigen der Baufirmen dienen dazu, etwaige technische Ungereimtheiten aufzuzeigen, z. B. Widersprüche in der Planung. Auch diese sollten schnellstens bearbeitet werden, um den Baufortschritt nicht zu beeinträchtigen. § 4 Abs. 3 VOB/B ist zu beachten:

Hat der*die Auftragnehmer*in **Bedenken** gegen die vorgesehene Art der Ausführung (auch wegen der Sicherung gegen Unfallgefahren), gegen die Güte der von dem*von der Auftraggeber*in gelieferten Stoffe oder Bauteile oder gegen die Leistungen anderer Unternehmer*innen, so hat er*sie diese dem*der Auftraggeber*in unverzüglich – möglichst schon vor Beginn der Arbeiten – schriftlich mitzuteilen; der*die Auftraggeber*in bleibt jedoch für die Angaben, Anordnungen oder Lieferungen verantwortlich.

Grundsätzlich gilt: Je besser die Ausschreibung bzw. der Bauvertrag gestaltet sind, je vollständiger die Ausführungsplanung ist, je weniger Änderungswünsche der Bauherr*innenschaft z. B. auftreten, desto seltener kommt es zu sog. Nachträgen bzw. Nachtragsangeboten.

Die Vergütung der Baufirmen ist in § 2 VOB/B allgemein geregelt, Angebote über geänderte und zusätzliche Leistungen der ausführenden Unternehmen sind analog § 2 Abs. 5 bzw. 6 VOB/B zu stellen und zu behandeln. Der Wortlaut der beiden zentralen Vergütungsvorschriften ist wie folgt:

» „(5) Werden durch Änderung des Bauentwurfs oder andere Anordnungen des Auftraggebers die Grundlagen des Preises für eine im Vertrag vorgesehene Leistung geändert, so ist ein neuer Preis unter Berücksichtigung der Mehr- oder Minderkosten zu vereinbaren. Die Vereinbarung soll vor der Ausführung getroffen werden."
„(6) Wird eine im Vertrag nicht vorgesehene Leistung gefordert, so hat der Auftragnehmer Anspruch auf besondere Vergütung. Er muss jedoch den Anspruch dem Auftraggeber ankündigen, bevor er mit der Ausführung der Leistung beginnt. Die Vergütung bestimmt sich nach den Grundlagen der Preisermittlung für die vertragliche Leistung und den besonderen Kosten der geforderten Leistung. Sie ist möglichst vor Beginn der Ausführung zu vereinbaren."

Abs. 5 behandelt also die klassischen **Nachträge** wegen geänderter Bauleistungen z. B. aufgrund geänderter Planung bzw. geänderter Bauherr*innenwünsche. Abs. 6 regelt das Vorgehen bei Zusatzleistungen, also Leistungen, die im Vertrag bis dahin nicht vorgesehen waren. In der Praxis ist die Abgrenzung nicht immer zweifelsfrei möglich.

Zu unterscheiden sind diese Bestimmungen von „normalen", weil häufig vorkommenden Mengenänderungen zwischen Ausschreibung und Ausführung bei sog. Einheitspreis-verträgen; die Vergütungsfolgen sind in § 2 Abs. 3 VOB/B ge-regelt. Bei sog. Pauschalpreisverträgen gilt § 2 Abs. 7 VOB/B, wonach der vereinbarte Preis grundsätzlich unverändert gilt, es sei denn, dass Nachträge nach § 2 Abs. 5 und 6 (zurecht) geltend gemacht werden.

b) **Überwachen der Ausführung von Tragwerken …**

… mit sehr geringen und geringen Planungsanforderun-gen auf Übereinstimmung mit dem Standsicherheitsnach-weis

Diese Grundleistung kommt nur dann zum Tragen, wenn Gebäude der Honorarzonen I oder II gemäß HOAI (mit sehr geringen und geringen Planungsanforderungen) aus-geführt werden. In diesem Fall muss der*die Architekt*in die Ausführung auch in statischer Hinsicht überprüfen, was ansonsten Sache der Tragwerksplanung oder des Prü-fingenieur*innenbüros wäre.

c) **Koordinieren der an der Objektüberwachung fachlich Betei-ligten**

Weiter oben schon angesprochen und keinesfalls unwich-tig ist die Koordinierung nicht nur der Baustellentätigkeit, sondern auch der Überwachungstätigkeit der Fachpla-ner*innen-Bauleitungen. So kann sichergestellt werden, dass die Bauherr*innen-Bauleitungen stets den gleichen Informationsstand haben und den Baufirmen nicht wider-sprechende Anordnungen zur Ausführung erteilen.

d) **Aufstellen, Fortschreiben und Überwachen eines Termin-plans (Balkendiagramm)**

Entwicklung und Realisierung von Projekten in der heuti-gen Zeit sind dadurch gekennzeichnet, dass sie

– an Größe und Komplexität zunehmen
– unter enormem Termindruck realisiert werden sollen
– und unter einem starken Kostendruck stehen.

Daher ist es zwingend notwendig, die planmäßige Ab-wicklung der Projekte durch eine lückenlose Kontrolle al-ler Parameter sicherzustellen.

Terminplan

Vielfach wird von Architekt*innen noch die Auffassung vertreten, dass mit der Ablaufplanung der in der HOAI in der Leistungsphase 8 genannte **Terminplan** als Bau-zeitenplan in Form eines Balkendiagramms gemeint ist. Eine wirksame Ablaufplanung setzt jedoch viel früher ein. Es ist nämlich nicht nur die Ausführung, sondern auch die Planung zu planen. Seit der HOAI (2013) ist die-sem Umstand Rechnung getragen. Bereits ab Leistungs-phase 2 muss der*die Architekt*in nunmehr einen Ter-minplan mit wesentlichen Vorgängen des Planungs- und

Bauablaufs erstellen. In den Leistungsphasen 3 und 5 HOAI (2013) ist dieser Terminplan sodann fortzuschreiben (s. dort, Grundleistung). In der Leistungsphase 6 wird das Aufstellen eines eigenen Vergabeterminplans als Grundleistung benannt. Für die Bauphase ist schließlich in Leistungsphase 8 die o. g. Grundleistung aufgelistet bzw. als Besondere Leistung: „Aufstellen, Überwachen und Fortschreiben von differenzierten Zeit-, Kosten- oder Kapazitätsplänen". Mit der Novellierung der HOAI (2013) die in der derzeit geltenden Fassung von 2021 übernommen worden ist (vgl. ► Kap. 17 – Honorarermittlung), ist also der Terminplanung durch die Architekt*innen eine wesentlich breitere Bedeutung zugekommen als früher! (vgl. ► Kap. 5 – Terminplanung)

Der in LPH 8 zu erstellende Bauzeitenplan muss dabei in die vorherigen Terminpläne eingebettet werden bzw. sich daraus ableiten. Die inhaltliche Tiefe des Bauzeitenplans hängt dabei nicht zuletzt von der Größe des Bauvorhabens ab und sollte mindestens gewerkeweise aufgebaut sein. Besser noch ist eine mindestens geschossweise Darstellung des Rohbaus und ggf. des Ausbaus. Natürlich ist noch eine weitere Detaillierung denkbar bis hin zu einer raumweisen Terminplanung. Die Terminplantiefe ist stets in Abhängigkeit der Projektanforderungen abzuwägen.

Zeitlich muss der Bauzeitenplan nicht erst in LPH 8 erstellt werden, sondern schon wesentlich früher. Denn inhaltlich hängt er engstens zusammen mit dem Vergabeterminplan, der in LPH 6 vom Architekturbüro erstellt werden muss. Da zwischen Vertragsschluss bzw. Beauftragung der Bauleistungen und Beginn der jeweiligen Ausführung eine gewisse Zeit für Arbeitsvorbereitung und Disposition der Baufirma (Personal, Materialbestellung, Baustelleneinrichtung usw.) erforderlich ist, folgt daraus, dass erst der Bauzeitenplan erstellt werden muss, um daraus den Vergabeterminplan abzuleiten! Dies ist auch deswegen erforderlich, weil bereits in der Ausschreibung die voraussichtlichen Ausführungszeiten genannt werden müssen, damit die Baufirmen entsprechend kalkulieren können.

e) **Dokumentation des Bauablaufs (zum Beispiel Bautagebuch)**
Der Bauablauf muss von der Architekt*innen-Bauleitung dokumentiert werden. Dazu zählen Fotos, ggf. Filme aus Standbildern einer fest installierten Kamera – damit kann der Rohbau bzw. das Wachsen des Gebäudes gut dokumentiert werden. Auch der Soll-Ist-Vergleich mit dem Bauzeitenplan bietet sich an. Das klassische Mittel ist aber nach wie vor ein Bautagebuch, das u. a. Angaben

12

zum Wetter, den anwesenden Firmen und Bauarbeitern sowie dem Baufortschritt und besonderen Vorkommnissen enthalten sollte. Dieses kann auch online geführt werden; Wichtig ist, dass es erstellt wird, da es im Streitfall ein wichtiges Beweismittel zum Baustellenablauf ist.

Die o. g. Grundleistungen finden alle während der Bauphase statt (Terminplanung idealerweise schon zuvor); die folgenden Grundleistungen ereignen sich am Ende der Bauzeit.

f) **Gemeinsames Aufmaß mit den ausführenden Unternehmen**
Am besten geht die Architekt*innen-Bauleitung zum Ende der Bauzeit des jeweiligen Gewerks zusammen mit der Firmen-Bauleitung gemeinsam über die Baustelle, um die Mengen der erbrachten Bauleistungen vor Ort aufzumessen. Nebeneffekt: Man kann sich dann auch gleich über aufgetretene Mängel unterhalten. Dabei gilt: Den Zollstock bzw. den Laser zum Messen der Mengen sollte immer die Architekt*innen-Bauleitung halten bzw. genauestens darauf achten, dass die Mengen bei sog. Einheitspreisverträgen, bei denen nach Mengen abgerechnet wird, korrekt erfasst werden. Sonst muss der*die Bauherr*in unter Umständen für Bauleistungen bezahlen, die gar nicht erbracht worden sind.

g) **Rechnungsprüfung einschließlich Prüfen der Aufmaße der bauausführenden Unternehmen**
In der Praxis häufiger vorkommend ist jedoch, dass die Baufirmen vor Ort oder anhand der Pläne (sofern sie 1:1 dem Gebauten entsprechen) ein Aufmaß der Mengen vornehmen und dieses zusammen mit der Abschlags- oder Schlussrechnung über die Architekt*innen-Bauleitung bei der Bauherr*innenschaft einreichen. In diesem Fall ist das Aufmaß wiederum vom Architekturbüro zu prüfen; erst anschließend kann die Rechnungsprüfung selbst erfolgen, bei der auch die Vertragspreise und vereinbarten Leistungen sowie eventuelle Nachträge abschließend geprüft werden müssen. Die geprüfte Rechnung ist sodann innerhalb bestimmter Fristen (vgl. § 16 VOB/B) zu bezahlen, es sei denn, die Rechnung ist nicht prüffähig, z. B. weil sie nicht anhand der Reihenfolge bzw. Nummerierung der Leistungsbeschreibung nachvollziehbar ist oder keine klare Abgrenzung zwischen vereinbarten Leistungen und nachträglichen Leistungen erkennbar ist.

Der*die Architekt*in überprüft also die Richtigkeit der Rechnung auf Übereinstimmung mit:
- dem Vertrag mit Vertragsbedingungen
- dem Angebot des Auftragnehmers einschl. aller Nebenangebote
- dem Aufmaß

- den Stundenzetteln
- ggf. dem Abnahmeprotokoll
- ggf. vorhandenen Forderungen Dritter an die Auftragnehmer*innen.

Des Weiteren kontrolliert er*sie die Rechnung auf Rechenfehler hin, auf die richtige Berechnung der Mehrwertsteuer, evtl. Sicherheitseinbehalte und Skonto. Die geprüfte und ggf. korrigierte Rechnung versieht der*die Architekt*in mit einem Prüfvermerk z. B. wie folgt: („Sachlich und rechnerisch richtig, geprüft am: .... durch: ....“) und reicht sie zur Begleichung an den*die Bauherr*in weiter (◙ Tab. 12.3).

h) **Vergleich der Ergebnisse der Rechnungsprüfungen mit den Auftragssummen einschließlich Nachträgen**

i) **Kostenkontrolle durch Überprüfen der Leistungsabrechnung der bauausführenden Unternehmen im Vergleich zu den Vertragspreisen.**

j) **Kostenfeststellung, zum Beispiel nach DIN 276**   **Kostenkontrolle**

Die Leistungen der Buchstaben h), i) und j) gehören inhaltlich zusammen. Die Kostenfeststellung basiert auf der vollständigen Abrechnung aller Bauarbeiten, sie bildet die tatsächlichen Ist-Kosten ab. Die **Kostenkontrolle**
wiederum beruht auf dem Vergleich der Ergebnisse der   **Kostenanschlag**
Rechnungsprüfung mit den Auftragssummen einschließ-   **Kostenfeststellung**
lich Nachträgen. Denn die Kostenkontrolle soll den

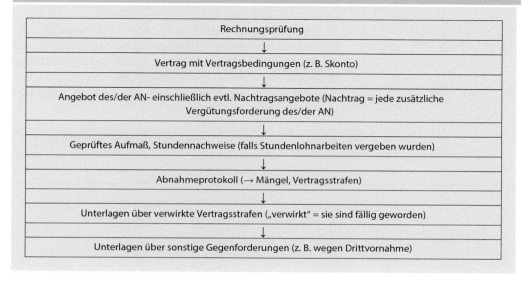

◙ **Tab. 12.3** Erforderliche Unterlagen für die Rechnungsprüfung

Rechnungsprüfung
↓
Vertrag mit Vertragsbedingungen (z. B. Skonto)
↓
Angebot des/der AN- einschließlich evtl. Nachtragsangebote (Nachtrag = jede zusätzliche Vergütungsforderung des/der AN)
↓
Geprüftes Aufmaß, Stundennachweise (falls Stundenlohnarbeiten vergeben wurden)
↓
Abnahmeprotokoll (→ Mängel, Vertragsstrafen)
↓
Unterlagen über verwirkte Vertragsstrafen („verwirkt" = sie sind fällig geworden)
↓
Unterlagen über sonstige Gegenforderungen (z. B. wegen Drittvornahme)

12

Zusammenhang herstellen zwischen dem **Kostenanschlag** der LPH 7 (auf den Vertragspreisen beruhend) und der **Kostenfeststellung**. Klar ist: Je mehr Abweichungen in der Kostenkontrolle festgestellt werden, desto eher wird der*-die Bauherr*in sich und die Architekt*innen fragen, wie es zu den Kostenveränderungen gekommen ist.

k) **Organisation der Abnahme der Bauleistungen unter Mitwirkung anderer an der Planung und Objektüberwachung fachlich Beteiligter, Feststellung von Mängeln, Abnahmeempfehlung für den*die Auftraggeber*in**

Am Ende der jeweiligen Bauleistungen findet die **Abnahme** der Bauleistungen statt. Der Ablauf orientiert sich i. d. R. an den Bestimmungen des § 12 VOB/B. Die Abnahme gilt als Dreh- und Angelpunkt des Bauvertrags. Ist die Abnahme erfolgt, so hat dies rechtliche Konsequenzen, die für die Architekt*innen im Rahmen der Objektbetreuung und der Beratungspflicht gegenüber dem Bauherren von großer Wichtigkeit sind. In ◘ Tab. 12.4 sind die Abnahmewirkungen dargestellt.

Zustandsfeststellung

Die *technische Abnahme (Zustandsfeststellung)* gehört im Rahmen der Bauüberwachung zu den Leistungen der Leistungsphase 8 nach HOAI. Unter *(rechtsgeschäftlicher) Abnahme* ist die Entgegennahme der vollendeten Bauleistung durch die Bauherr*innen zu verstehen, wobei dem Bauunternehmen gegenüber zum Ausdruck gebracht werden muss, dass die Leistung als „im Wesentlichen vertragsgemäß" akzeptiert wird. Dies kann nach § 12 VOB/B sowohl durch verschiedene Abnahmeverfahren als auch durch schlüssiges Verhalten erfolgen, sofern nicht ein bestimmtes Verfahren vertraglich vereinbart ist.

Abnahme

Ist eine Leistung fertiggestellt und wird vonseiten des Bauunternehmers eine Abnahme gewünscht, so ist die/der Bauherr*in zur verpflichtet, sofern keine schwerwiegenden Mängel diese ausschließen. Generell muss die*der Architekt*in vorliegende Mängel anzeigen, er kann dies

◘ Tab. 12.4	Rechtliche Wirkungen der Abnahme nach §12 VOB/B
1.	Ende des Erfüllungsstadiums
2.	Beginn der Verjährungsfrist für Mängelansprüche des AG
3.	Gefahrübergang
4.	Umkehr der Beweislast
5.	Anspruch auf Schlusszahlung
6.	Möglicher Ausschluss der Vertragsstrafen

sowohl vor, bei oder auch noch nach der tun. Das Bauunternehmen ist dann im Rahmen seiner Pflicht zur Erbringung einer mängelfreien Leistung bzw. nach der Abnahme im Rahmen seiner sog. Gewährleistung zur Behebung der Mängel verpflichtet.

Zu den Aufgaben des Architekturbüros gehören die Beratung der Bauherr*innenschaft bezüglich der Abnahme und
die Koordination des Abnahmeverfahrens. Zusätzlich hat
die Architekt*innen-Bauleitung die technische Endkon-
trolle der Leistungen vorzunehmen, während zur *rechtsgeschäftlichen Abnahme* nur der*die Bauherr*in als Vertragspartner*in der Baufirmen berechtigt ist. Der*die
Architekt*in hat neben der Mangelfreiheit auch die Übereinstimmung mit den Leistungsbeschreibungen und Planunterlagen sowie die Einhaltung der technischen Vorschriften zu überprüfen, um der Bauherr*innenschaft somit die
notwendige Grundlage für die rechtsgeschäftliche Abnahme zu geben. § 13 VOB/B ist zu beachten (◘ Abb. 12.3).

l) **Antrag auf öffentlich-rechtliche Abnahmen und Teilnahme
daran**

Je nach Art und Größe des Bauvorhabens kann behördli-
cherseits eine öffentlich-rechtliche Abnahme verlangt werden, die i. d. R. vor Nutzungsbeginn erfolgen muss und
die Übereinstimmung mit der Baugenehmigung belegt.

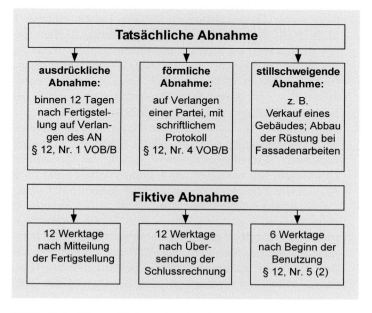

◘ **Abb. 12.3**   Die verschiedenen Abnahmeformen

12

m) **Systematische Zusammenstellung der Dokumentation, zeichnerischen Darstellungen und rechnerischen Ergebnisse des Objekts**

n) **Übergabe des Objekts**

Hier wieder ein wenig Bürokratie: Die abschließende Dokumentation aller Pläne und Unterlagen ist für den*die Bauherr*in sehr wichtig, um die Nutzungsphase gut einzuleiten. Auch für ein funktionierendes Facility Management braucht es z. B. alle technischen Dokumentationen und natürlich die zeichnerischen Darstellungen des tatsächlich Gebauten. Ein*e vernünftige*r Bauherr*in wird auf die systematische Zusammenstellung also großen Wert legen und erst dann einer Übergabe des Objekts zustimmen.

o) **Auflisten der Verjährungsfristen für Mängelansprüche**

Ist eine Leistung mangelfrei erbracht und eine Abnahme durchgeführt worden, beginnt für diese (Teil-) Leistung der Zeitraum, für den das Bauunternehmen Mangelfreiheit garantiert. Diese beträgt je nach Vertragsvereinbarung vier Jahre gemäß VOB bzw. fünf Jahre gemäß BGB. In diesem Zeitraum ist das Bauunternehmen für alle nachweislich von ihm/ihr verursachten Mängel haftbar und zu Behebung derselben verpflichtet.

Nach Ablauf der sog. Gewährleistungsphase bestehen diese Mängelansprüche nicht mehr (vgl. § 13 VOB/B), weshalb eine genaue Kenntnis der Fristen für die Bauherr*innen wichtig ist. Der*die Architekt*in hat im Rahmen seiner Grundleistungen für die Leistungsphase 8 nach HOAI diese Fristen aufzulisten und den Bauherr*innen mitzuteilen. Im Rahmen der Leistungsphase 9 hat die Bauleitung die Leistungen vor Ablauf der Verjährungsfristen nochmals zu kontrollieren, etwaige Mängel anzuzeigen und dem zuständigen Bauunternehmen zur Behebung dieser Mängel rechtzeitig aufzufordern.

Hierbei wird der Architekt*innen-Bauleitung im Falle einer Fristversäumnis bzw. bei einem Schaden, der bei einem nach VOB abgeschlossenen Vertrag mit vier Jahren Gewährleistung vonseiten der Bauunternehmen erst nach Ablauf der Frist auftritt, bis zu fünf Jahren haftbar gemacht, da ein Architektenvertrag grundsätzlich nach BGB abgeschlossen wird und somit zu fünf Jahren Gewährleistung vonseiten des Architekturbüros verpflichtet. Im Rahmen der gesamtschuldnerischen Haftung kann es hier für den*die Architekt*innen zu einem bösen Erwachen kommen, da die Frist für ihn erst nach Beendigung der Leistungsphase 9 beginnt! Diese Falle kann durch geschickte Vertragsgestaltung zumindest gemildert werden.

p) **Überwachen der Beseitigung der bei der Abnahme festgestellten Mängel**

Noch im Zuge der LPH 8 ist diese Grundleistung zu erbringen, mit der festgestellte Mängel bei der Abnahme beseitigt werden sollen; dies ist vom Architekturbüro zu überwachen. Zum Mängelbegriff s. o.

12.5 Zusammenfassung und Ausblick

Die Bauleitung im Auftrag der Bauherr*innenschaft als Auftraggeber*in ist eine spannende und für die Realisierung der geplanten Gebäude unabdingbare Leistung der Architekt*innen. Sie setzt viel (erlernbares) Wissen und einschlägige Erfahrung voraus. Anders als in anderen europäischen Ländern ist in Deutschland der Gedanke vorherrschend, dass Architekt*innen von der ersten Planung bis zum fertigen Bauwerk dabei sein sollen. Die Ausbildung setzt schon im Studium an und kann durch Training on the Job fortgeführt werden.

Quellennachweis

Zitierte Literatur

HOAI 2013, Honorarordnung für Architekten und Ingenieure, 17.07.2013
HOAI 2021, Honorarordnung für Architekten und Ingenieure mit Geltung ab 01.01.2021
Vergabe- und Vertragsordnung für Bauleistungen (VOB) – Teil B, Allgemeine Vertragsbedingungen für die Ausführung von Bauleistungen, Fassung 2016 (VOB/B)
Wingsch, Dittmar (bearbeitet von Richter, Lothar; Schmidt, Andreas), Leistungsbeschreibungen und Leistungsbewertungen zur HOAI, 4. Auflage 2018 (5. Auflage auf der neuen HOAI 2021 basierend 2023 erscheinen)

Weiterführende, empfohlene Literatur

Vergabe- und Vertragsordnung für Bauleistungen Teil A- Fassung 2019Bekanntmachung vom 31. Januar 2019 (BAnz AT 19.02.2019 B2)
Vergabe- und Vertragsordnung für Bauleistungen (VOB) – Teil B, Allgemeine Vertragsbedingungen für die Ausführung von Bauleistungen, Fassung 2016 (VOB/B) (Bekanntmachung vom 31.7.2009, BAnz. Nr. 155 vom 15.10.2009), geändert durch Bekanntmachung vom 26. Juni 2012 (BAnz AT 13.07.2012 B3), zuletzt geändert durch Bekanntmachung vom 7. Januar 2016 (BAnz AT 19.01.2016 B3), in der Fassung 2016 in Anwendung seit dem 18.4.2016 gem. § 2 Vergabeverordnung (Art. 1 der Verordnung vom 12.04.2016, BGBl. I S. 624) i. V. m. § 8a Abs. 1 VOB/A 2016
Bürgerliches Gesetzbuch (BGB), in der Fassung der Bekanntmachung vom 02.01.2002 (BGBl. I S. 42, ber. S. 2909, 2003 S. 738), zuletzt geändert durch Gesetz vom 07.11.2022 (BGBl. I S. 1982) m.W.v. 12.11.2022

12

VOB-Kommentare werden ständig neu aufgelegt. Empfehlenswert sind diejenigen von Vygen und Ingenstau/Korbion. Weitere z. B. von Ganten/Jagenburg und Leinemann.

Herig, Norbert: Praxiskommentar VOB Teile A, B und C, 5. Auflage, 2012 (6. Auflage angekündigt)

Kapellmann, Klaus; Schiffers, Karl-Heinz: Vergütung, Nachträge und Behinderungsfolgen beim Bauvertrag, Band 1 und Band 2, 7. Auflage, 2017 (8. Auflage angekündigt)

Vygen, Klaus; Joussen, Edgar; Lang, Andreas: Bauverzögerung und Leistungsänderung. Rechtliche und baubetriebliche Probleme und ihre Lösungen. 8. Auflage, 2021

Nutzungsphase

Inhaltsverzeichnis

Immobilieninvestition und Lebenszyklus in der Wirtschaftlichkeitsanalyse

Kristin Wellner

K. Wellner und S. Scholz (Hrsg.), *Architekturpraxis Bauökonomie*,
https://doi.org/10.1007/978-3-658-41249-4_13

Inhaltsverzeichnis

Um Gebäude nutzen zu können, braucht es eine Investition in diese. Das bedeutet, eine Person oder eine Gruppe von Personen muss genügend finanzielle Mittel aufbringen, die die Herstellung (Grundstück, Baukosten und weitere Kosten) ermöglichen. Dies können die späteren Nutzer*innen selbst sein oder andere Personen, die ihrerseits Nutzer*innen Gebäude gegen Entgelte (zumeist Miete) zur Verfügung stellen. D. h. Eigentum und Nutzung fallen oft auseinander. Das ist von Vorteil, da nicht alle Nutzer*innen auch über genügend hohe finanzielle Mittel verfügen, um eine Immobile erwerben zu können. Außerdem können Investor*innen und Eigentümer*innen ebenso wie die Nutzer*innen selbst über den Zeitablauf der Nutzung wechseln. Das ist für eine Volkswirtschaft enorm wichtig, da es notwendige Flexibilität und Anpassungselastizitäten schafft. Wichtig ist dabei, dass die Wünsche der zukünftigen Nutzer*innen, aber auch aller anderen von dem Bauwerk Betroffenen (=Stakeholder*innen) bereits beim Bau berücksichtigt werden. Wie können aber die zum Zeitpunkt des Planens und Bauens oft noch unbekannten Nutzer*innen darauf Einfluss nehmen bzw. deren Wünsche berücksichtigt werden? Das geht nur indirekt über die Bauherr*innen bzw. Investor*innen. Diese sollten aus marktwirtschaftlichen Gründen ein Interesse daran haben, die **Nutzungseigenschaften von Gebäuden** zu erhöhen – denn nur Gebäude, die die Bedürfnisse von Nutzer*innen erfüllen und diese dauerhaft binden, können Erträge erwirtschaften. Dafür müssen sinnvolle **Investitionsentscheidungen** getroffen werden, und teilweise sogar bereits vor der Planung auf die, aus dieser Sicht noch zukünftige, Planung Einfluss genommen werden, wenn es um neue Projektentwicklungen geht.

Alle **Investitionen in Immobilien** oder Bauprojekte, sowie alle Nachinvestitionen (Modernisierungen) während der Nutzungsdauer dieser, sind für die Entscheider*innen, die Gebäude und oft auch für die weiteren Beteiligten sowie die Stadtgesellschaft mit bedeutsamen Folgen verbunden, da sie:

- sich auf einen langen Zeitraum erstrecken,
- eine enorme Kapitalmenge binden,
- als Realinvestitionen gegenüber reinen Finanzinvestitionen mit komplexen Risiken behaftet sind,

Nutzungseigenschaften der Immobilie

Investitionsentscheidungen

Investitionen in Immobilien

- aufgrund von Transaktionskosten (z. B. Grunderwerbs-steuer) und verminderter Fungibilität (Handelbarkeit) nur schwer revidierbar sind
- und unsere gebaute Umwelt nicht unerheblich verändern
- sowie großen Einfluss auf die Umwelt und unser Klima haben.

13.1 Wirtschaftlichkeitsberechnung

Eine **Investition** stellt eine zielorientierte Bindung finanzieller Mittel in ein Objekt (Gebäude) dar, wobei Investor*innen zwecks Erwerb oder Neubau Zahlungen leisten (Kaufpreis oder Baupreis), um anschließend mittels des Investitionsobjektes zukünftige Zahlungen (Miete oder Verkauf) zu empfangen und damit die Anfangsauszahlung zurückzugewinnen. Die Festlegung einer Reihenfolge bzw. die Auswahl der vorteilhaftesten Investitionen erfolgt im Rahmen des Investitionsentscheidungsprozesses mittels **Wirtschaftlichkeitsanalysen.** Hierbei müssen neben den quantifizierbaren Einflussfaktoren auch qualitative und nicht direkt bewertbare Einflussgrößen (Imponderabilien, wie bspw. Vorlieben für bestimmte Gebäude oder individuell empfundene Vorteile) berücksichtigt werden.

Es gibt unterschiedliche Anwendungsfälle und damit verbunden auch verschiedene Anforderungen an Wirtschaftlichkeitsanalyen. Zum einen sollen sie mögliche Investitionsentscheidungen unterstützen, Bestandsanalysen für mögliche Sanierungsfragen oder Verkaufsentscheidungen rechtfertigen, aber auch prüfen, ob die Baukosten den künftigen Wertentwicklungen adäquat gegenüberstehen und ob eher ein Neubau oder eine umfassende Modernisierung profitabel ist. Hier ist es wichtig, wirklich alle Einflussparamater zu berücksichtigen. Im Sinne einer umfassenden Nachhaltigkeit und vor dem Hintergrund des Erhalts der „grauen", gebundenen Energie sollten hier auch die Abriss- und Recyclingkosten am Anfang und am Ende eines Lebenszyklus (siehe ▶ Kap. 2) seriös eingerechnet werden. Wirtschaftlichkeitsanalyen können aber auch der Wertermittlung und zu Bilanzierungszwecken während der Nutzungsphase dienen. Als weitere Anwendung, quasi als „Kalkulationsvorschrift" zur Ermittlung der Kostenmiete im öffentlich-geförderten Mietwohnungsbau, wurde die statische Wirtschaftlichkeitsberechnung nach der Zweiten Berechnungsverordnung (II. BV, BGBl. I 2614) eingeführt, spielt aber heute keine Rolle mehr. Nur die Definition der Betriebskosten sind aus der Vorschrift (BetrKV) bis heute anwendbar.

Je nach unterschiedlichen Beurteilungskriterien und Zielgrößen stehen verschiedene **Investitionsrechenverfahren** zur Verfügung, die sich hinsichtlich der Rechenmethodik, des Aufwandes und der Aussagefähigkeit unterscheiden.

Diese Kriterien (siehe ◘ Abb. 13.1) stehen oft im Gegensatz zueinander, wie aus nachfolgender Abbildung zu entnehmen ist. Eine eigene Abwägung der Sinnhaftigkeit ist hier notwendig.

Grob zusammengefasst gibt es statische, dynamische und moderne Verfahren der Wirtschaftlichkeitsberechnung (Schulte 2008, 642 ff.), die im Folgenden näher erläutert werden.

Inve stitionsrechenverfahren

13.1.1 Statische Verfahren

Für schnelle Entscheidungen und erste Überschlagsrechnungen dient die sogenannte **statische Anfangsrendite** als Hilfsmittel für Investitionsentscheidungen.

Die Betriebswirtschaftslehre unterscheidet folgende statische Verfahren:
- **Kostenvergleichsrechnung,**
- **Gewinnvergleichsrechnung,**
- **Rentabilitätsmethode** und
- **Kapitalrückflussrechnung** (Amortisationsmethode),

wobei meist nur die Rentabilitätsmethode bei Immobilien zum Einsatz kommt.

Wichtigste Gemeinsamkeit und kritisierte Vereinfachung dieser vier Verfahren ist die fehlende periodenspezifische Berücksichtigung der in der Realität komplexen und im zeitlichen Ablauf sich ändernden Eingangsparameter durch vereinfachte Stichtagsbetrachtung. Damit verbunden ist:

statische Anfangsrendite

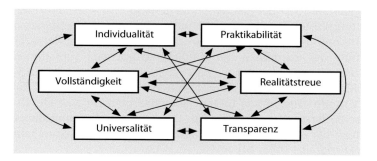

◘ **Abb. 13.1**   Anforderungen an Investitionsrechenverfahren

— die Verwendung einfacher, periodendurchschnittlicher „statischer" Rechengrößen (z. B. Miete am Stichtag, überschlägige Instandhaltungskosten, anfänglicher Kaufpreis)
— keine Auf- oder Abzinsungen über die Nutzungsdauer.

Netto- oder Bruttoanfangsrendite

Die bekannteste Form der statischen Verfahren ist die **Netto- oder Bruttoanfangsrendite,** also das Verhältnis zwischen Jahresmiete (mit oder ohne Bewirtschaftungskosten – Nettocashflow NCF) und Kaufpreis (mit oder ohne Kaufnebenkosten) zum Erwerbs- und/oder Betrachtungsstichtag.

$$\textbf{Bruttoanfangsrendite } (BAR) = \frac{Vertragsmiete}{Nettokaufpreis}$$

$$\textbf{Nettoanfangsrendite } (NAR) = \frac{Nettomieteinnahme (NCF)}{Bruttokaufpreis}$$

Die Verwendung einer Wertgröße (Preiskalkulation der Immobilie bzw. Wertermittlung) hat bereits einen großen Einfluss auf das Renditeergebnis und ist deshalb schon Teil der von den Anwender*innen umzusetzenden Strategie. Auch der Ansatz möglicher Sanierungskosten ist abhängig von den Investor*innen und ihrer Strategie. Zusätzlich sei hier auf den Unterschied von steuerrechtlich aktivierbaren Modernisierungskosten im Gegensatz zu regelmäßigen oder einmaligen Instandhaltungen im Rahmen der normalen Ausgaben hingewiesen (siehe auch gif 2007).

13.1.2 Dynamische Verfahren

Ab- oder Aufzinsung

Den dynamischen Verfahren ist gemeinsam, dass sie im Gegensatz zu den statischen Verfahren nicht mit Durchschnittswerten arbeiten, sondern zeitliche und wertmäßige Unterschiede im Zeitpunkt der Ausgaben (z. B. ansteigende Instandhaltungskosten über die Nutzungsdauer sowie Berücksichtigung aperiodischer Sanierungsmaßnahmen) und Einnahmen (Mietausfälle bei Leerstand und Wiedervermietungskosten) während der Nutzungsdauer der betrachteten Investitionsmaßnahme berücksichtigen. Durch die Betrachtung der Zeitreihen der Zahlungsströme von Einnahmen und Ausgaben bzw. Ein- und Auszahlungen sowie ihre **Ab- oder Aufzinsung** auf einen festen Bezugszeitpunkt wird die Vorteilhaftigkeit von Investitionen nicht nur für eine Durchschnittsperiode, sondern für die gesamte Nutzungsdauer bzw. bis zu einem bestimmten Planungshorizont untersucht (Diederichs 1985, 14).

Die dynamischen Verfahren sind aufgrund der mehrperiodischen Betrachtungsweise, bei der auch die regelmäßigen

Wertveränderungen berücksichtigt werden, für die Betrachtung von Gebäuden besser geeignet. Hierfür sind jedoch umfangreichere und zeitaufwendige Berechnungen notwendig. Ein- und Auszahlungen müssen den realen Größen in jeder Betrachtungsperiode (Monat oder Jahr) entsprechen bzw. prognostiziert werden und auf den Betrachtungsstichtag abgezinst werden.

Als dynamische Verfahren gelten:

- **Kapitalwertmethode,**
- **Interne Zinsfußmethode** und
- **Annuitätenmethode,**

wobei die beiden erstgenannten sich für Immobilien besser eignen. Die Funktionsweise der Methodiken ist aus entsprechender Literatur (siehe u. a. Roperter 1998; Schulte 2005) entnehmbar. Hier werden nur kurz die wichtigsten Verfahren überblicksartig umrissen.

Die **Kapitalwertmethode** (oder *Net-Present-Value-Methode* oder *Discounted Cash-Flow = DCF-Methode*) ist ein Verfahren zur Ermittlung der Summe aller Barwerte der zukünftigen, nach Höhe und Zeitpunkt durchaus ungleichen (Ein- und Aus-)Zahlungen. Die Formel zur Kapitalwertermittlung zinst alle Zahlungen, also die Anfangsauszahlung, die regelmäßigen Mietzahlungen und die Bewirtschaftungskosten sowie den Endwert der Investition (=Restwert der Immobilie/Gebäude) auf den Betrachtungsstichtag ab (= Diskontierung).

Kapitalwertmethode

Der **interne Zinsfuß** (oder *IRR = Internal Rate of Return*) ist die rechnerische Verzinsung der erwähnten Zahlungsreihe, wenn die gesamten diskontierten Zahlungen den Anfangsauszahlungen bzw. dem Stichtagswert entsprechen. Das heißt, der Kapitalwert wird mit „0" eingesetzt und die Formel für den Kapitalwert wird nach der Verzinsung umgestellt, um diese als Ergebnis zu erhalten. Im Gegensatz zum einem in Euro ausgedrücktem Kapitalwert handelt es sich bim Zinsfuß um eine Renditegröße, die in Prozent ausgedrückt wird und damit mit anderen Zinsgrößen vergleichbar, also leichter interpretierbar ist.

Interne Zinsfuß

Die Unsicherheiten dieser dynamischen Verfahren liegen in der Wahl des Zeitraumes, der als Beurteilungszeitraum angesehen werden soll. Für einen Nutzungszeitraum von 50 bis 100 Jahren verlieren diese Berechnungen ihre Genauigkeit, da alles zwischen 10 und 15 Jahre und darüber hinaus nur noch pauschal betrachtet wird und die gleichen Ungenauigkeiten wie bei den statischen Verfahren in Kauf genommen werden. Eine weitere Kritik sind die detailliert prognostizierten Einflussgrößen der ersten Jahre selbst, die eine Genauigkeit vortäuschen, die eine Prognose niemals leisten kann. Die Annahme des vollkommenen Kapitalmarktes und der gleichen

Höhe von Soll- und Habenzins sind weitere Kritikpunkte. Vor einer uninterpretierten Anwendung der rechnerischen Ergebnisse wird grundsätzlich gewarnt.

13.1.3 Moderne Verfahren

Verfahren mit vollständigen Finanzplänen (VOFI)

Moderne Verfahren oder **Verfahren mit vollständigen Finanzplänen (VOFI)** sind nochmals aufwendiger in der Anwendung als die dynamischen Verfahren. Sie gelten als Fortführung und Weiterentwicklung dieser, indem sie einige der Kritikpunkte abwenden. So können Soll- und Habenzins unterschiedlich hoch angesetzt werden und die Erfassung der einzelnen Elemente ist nochmals genauer. Außerdem erfolgt eine Betrachtung nach Finanzierung (Eigenkapitalrendite) und Steuern. Allerdings gehen diese Weiterentwicklungen zulasten der Anwendbarkeit und Übersichtlichkeit.

Die bekanntesten Verfahren sind:

- **VOFI Endwert**
- **VOFI Rentabilität**
- **VOFI-Amortisationsdauer**

Ebenso wie Kapitalwert und interner Zinsfuß bei den dynamischen Verfahren, wird einerseits ein wertmäßiger Vergleich von Investitionsalternativen durch den Endwert und eine Rendite durch die VOFI-Rentabilität ermittelt. Wie der Name es sagt, beinhaltet der VOFI ein Rechentableau, das alle Eingangsgrößen exakt abbildet und die Schwächen der vorgenannten Verfahren beheben möchte. Auch Finanzierungs- und Steuerzahlungen werden periodengenau angesetzt. Die Verwendung von periodenspezifisch unterschiedlichen Soll- und Habenzinsen macht die Berechnung noch genauer und detaillierter und bildet den realen Sachverhalt besser ab, ist aber auch extrem aufwendig, zudem fehleranfällig und intransparent. Ein VOFI ist nur mit EDV-Unterstützung leistbar und braucht genauere Kenntnisse der wirtschaftlich-mathematischen Zusammenhänge. Sie ist in der immobilienwirtschaftlichen Praxis oft noch weitgehend ungenutzt.

13.2 Wichtige Teilgrößen der Investitionsrechnung

Wie bei den Verfahren bereits benannt, kommt es auf die sinnvolle Prognose der Eingangsparameter bei allen Verfahren an. Dabei unterscheidet man grundsätzlich nach positiven **Einnahmen** und den davon abzuziehenden **Ausgaben bzw. Kosten** im Zähler der Renditeformel.[1] Weiterhin sind verschiedene Größen im Nenner zu berücksichtigen. Hier können Brutto- oder Nettokaufpreise oder auch aktuelle Werte nach Ertragswertberechnung angesetzt werden. Von der genauen Kenntnis der Wirkung ihres Ansatzes hängt die Aussagekraft der Wirtschaftlichkeitsberechnung ab.

13.2.1 Einnahmen: Mieterträge oder Nettocashflow

Haupteinnahmequelle bei Immobilien ist die **Miete,** auch Mietzins genannt, oder Pacht. Davon gibt es verschiedene Ausprägungen, wie Grund-, Staffel-, Index- oder Umsatzmiete. Diese müssen jeweils sinnvoll prognostiziert werden. Wichtig ist dabei, verschiedene Qualitäten (Größe, Zuschnitt oder Ausstattung der Mietfläche) und Lagekriterien zu beachten. Für die Kontrolle der eigenen Rechengrößen ist die Marktmiete (bzw. ortsübliche Vergleichsmiete) zu ermitteln.

Miete

Mieterträge sind direkt aus dem Mietvertrag ablesbar. Monatliche Werte müssen für Jahresbeträge mit 12 multipliziert werden. Bei Umsatzmieten (z. B. im Handel oder Gastronomie) sind auf Vorjahreswerte oder Prognosen abzustellen. Außerdem müssen eventuelle Steigerungsraten bei Staffel- oder Indexmieten aufgrund von Inflation berücksichtigt werden.

Mieterträge

Weitere Einnahmequellen sind andere **Mieteinnahmen** (Werbeflächen oder Antennenanlagen) und Erträge von dinglichen Rechten, wie Wegrechte. Oft sind diese aber vernachlässigbar im Verhältnis zu den Hauptmieteinnahmen.

Mieteinnahmen

Leerstände sollten durch entsprechende Mindereinnahmen berücksichtigt werden. Eine pauschale Mietausfallrate bei den Kosten bietet sich nicht an und ist oft zu ungenau. Neben den Mindereinnahmen sind aber auch Leerstandkosten zu berücksichtigen, die durch die fehlende Umlagefähigkeit der nicht verbrauchsabhängigen Kosten oder Vermietungsaufwand entstehen.

Unter **Nettocashflow** versteht man den Wert der tatsächlichen Flussgröße, die abzüglich der Zahlungen für die Bewirtschaftungskosten auf dem Konto faktisch ankommt.

Nettocashflow

---

1 Das Begriffspaar Einnahmen und Kosten sind nach der BWL-Theorie nicht korrekt verwendet, werden aber in der Praxis häufig so verwendet und deshalb auch hier so genannt, um keine Verständnisprobleme bei der Anwendung zu generieren.

Dies ist der Wert, den man für dynamische Verfahren und bei genauerer Rechnungsweise verwenden sollte.

13.2.2 Ausgaben: Bewirtschaftungskosten bzw. Nutzungskosten

Von den Einnahmen werden zur Gewinnermittlung folgende, üblicherweise anfallenden Ausgaben abgezogen.

Bewirtschaftungskosten
  Zu den **Bewirtschaftungskosten** gehören: Betriebs-, Verwaltungs- und Instandhaltungskosten.

— **Betriebskosten:**
Die können bei Wohnungsvermietung meist vollständig auf die Mieter*innen umgelegt werden. Dabei ist die Betriebskostenverordnung (§ 1 Abs. 1 BetrKV [BGBl. I S. 958]) zu beachten. Diese gilt auch teilweise bei Gewerbemietverträgen, je nach Vertragsgestaltung. danach müssten diese bei der Wirtschaftlichkeitsanalyse als „durchlaufender Posten" nicht berücksichtigt werden. Nur bei Leerstand sollten die verbrauchsunabhängigen Betriebskosten Berücksichtigung finden.

— **Verwaltungskosten:**
Zu den Verwaltungskosten zählen bspw. die Buchhaltung, Kosten der Jahresabschlüsse und Mitarbeiter*innenkosten bei Eigentümer*innen. Ebenso sind Vermietungsmaßnahmen oder gerichtliche Auseinandersetzungen mit Mieter*innen, Lieferant*innen oder Handwerker*innen als Verwaltungskosten zu berücksichtigen. In der Wohnungsverwaltung müssen diese grundsätzlich von den Vermieter*innen (Eigentümer*innen) getragen werden und sind somit als Ausgaben anzusetzen. Entweder wird ein Betrag pro Mieteinheit oder pro Quadratmeter gerechnet.

— **Instandhaltungskosten:**
Typische Instandhaltungskosten sind laufende Reparaturen oder malermäßige Instandsetzungen. Auch diese müssen in der Wohnungsvermietung grundsätzlich von den Vermieter*innen (Eigentümer*innen) getragen werden und sind somit als Ausgaben anzusetzen. Bei neuen Gebäuden fallen diese geringer aus. Sie sind neben dem Baualter hauptsächlich auch von der Nutzungsart und Bauweise abhängig. Die Instandhaltung ist von der steuerrechtlich aktivierungspflichtigen Modernisierung (auch nachträgliche Herstellungskosten, siehe Modernisierungskosten) abzugrenzen.

— **Mietausfallwagnisse und Abschreibungen:**
Obwohl in der ImmoWertV vorgesehen, sind dies **keine** Bewirtschaftungskosten im betriebswirtschaftlichen Sinne.

Mietausfälle sind entweder als Mindereinnahmen zu berücksichtigen oder gehören sowieso den anderen, vorgenannten Kostenarten an. Sie sind aufgrund des Leerstandes nicht auf die nichtvorhandenen Mieter*innen umlegbar. Abschreibungen spielen nur bei einer Renditebetrachtung nach Steuern eine Rolle, sind dann aber auch beim Wert (Werterhöhung der nachträglichen Anschaffungs- und Herstellungskosten) und nicht nur bei den laufenden Kosten zu berücksichtigen.

Siehe hierzu auch die Renditedefinition der gif (Gesellschaft für Immobilienwirtschaftliche Forschung e. V., Arbeitskreis Real Estate Investment Management, gif 2007, gif-ev.com) ausführlicher.

13.2.3 Kaufpreis bzw. Herstellungskosten und Erwerbsnebenkosten

Der **Kaufpreis** ist dem Kaufvertrag zu entnehmen oder vor Vertragsabschluss dem Angebot. Diesem sollten die Erwerbsnebenkosten zugerechnet werden, da diese von den Käufer*innen insgesamt aufgebracht (und finanziert) werden müssen. **Kaufpreis**

Zu den zu berücksichtigenden Kauf- bzw. Erwerbsnebenkosten gehören üblicherweise die:

- Makler*innengebühren (nur, wenn er*sie tatsächlich involviert war),
- Notariatskosten und Grundbuchgebühren sowie
- die in jedem Bundesland unterschiedlich hoch anfallenden Grunderwerbssteuern.

Für die Anwendung nach dem Kaufzeitpunkt in allen Folgeperioden ist ein aktualisierter Marktpreis auf Bewertungsbasis (Ertragswert) zu ermitteln. Dann sind natürlich auch keine Erwerbsnebenkosten anzusetzen. **Herstellungskosten**

Alternativ kann es auch notwendig sein, den Herstellungspreis (=Baukosten 100–800er Kostengruppen, incl. Finanzierung und Vermarktung, zu Baukosten, siehe auch ▶ Kap. 4) zu verwenden, der statt des Kaufpreises anzusetzen ist, wenn es sich nicht um einen Kauffall, sondern die Herstellung eines neuen Gebäudes handelt. Dabei ist allerdings der **Bodenpreis** als Teil des Kaufpreises mit zu berücksichtigen. **Bodenpreis**

In Summe kommen für **Erwerbsnebenkosten** oft mehr als 15 % des Nettokaufpreises zusammen und müssen durch die Immobilie in den Jahren der Nutzung durch Mietein- **Erwerbsnebenkosten** nahmen oder Wertzuwächse erwirtschaftet werden. Es können je nach Käufer*innen- oder Verkäufer*innenkonstellationen weitere Kosten hinzukommen, beispielsweise Kosten für Gutachten, Wirtschaftsprüfung oder Due Diligence bzw. Beratung der jeweiligen Parteien.

Es ist wichtig, all diese Kenngrößen für eine Investitionsrechnung sinnvoll zu prognostizieren oder von Istwerten abzuleiten. Nur gut gewählte Eingangsparameter sichern ein belastbares Ergebnis der Berechnung ab.

Modernisierungskosten bzw. nachträgliche Herstellungskosten erhöhen den Betrag des Kaufpreises bzw. die Herstellungskosten und sind zu aktivieren, weil sie sich auf das Gebäude werterhöhend auswirken (sollten). Die Abgrenzung zu den Instandhaltungskosten ist deshalb sehr wichtig. Echte Modernisierungen sind energetische Sanierungen, Erweiterungen der Nutzfläche oder umfassende Sanierungsmaßnahmen in einem erheblichen (auch finanziellen) Umfang. Diese können jährlich mit 9 % der nachweislich dafür aufgewendeten Kosten auf die Nettomiete umgelegt werden. Allerdings ist der Gesetzgeber aktuell dabei, diese Umlage nochmals zu ändern, um missbräuchliche Ausnutzungen für Gentrifizierungsprozesse und Luxussanierungen zu verhindern.

Modernisierungskosten bzw. nachträgliche

Herstellungskosten

13.3 Beurteilung und Fazit der Wirtschaftlichkeitsanalyse im Lebenszyklus

Je nach Einsatzzweck, Ziel und Art des Gebäudes bzw. Fragestellung einer Investitionsrechnung sind die Kenngrößen und zu prognostizierenden Eingangsparameter fallspezifisch zu bestimmen.

Wichtig ist das Bewusstsein, dass mit einer Investitionsrechnung bzw. Wirtschaftlichkeitsanalyse der Investition den Anwender*innen ein Spielraum für die der Bewertung der Zukunft offensteht. Fast alle Parameter sind auf die Zukunft ausgerichtet und müssen sorgfältig prognostiziert werden. Das Ergebnis der Rechnung entscheidet über den Einsatz der finanziellen Mittel, über die Ermöglichung bzw. das mögliche Aus einer Investition. Deshalb ist eine gewissenhafte und fundierte Prognose wichtig und auch die Ehrlichkeit gegenüber den eigenen Annahmen und Entscheidungen. Die Möglichkeit der Rechnung unterschiedlicher Szenarien (best, middle und worst case) kann helfen, die Entscheidung sensitiver abzuschätzen bzw. abzusichern.

Nur bei der Entscheidung für oder gegen den Bau einer Immobilie, also im Rahmen einer **Projektentwicklung** oder eines Redevelopments, können die Parameter variabel gestaltet und damit die beste Nutzungsvariante, der passendste Standort oder die perfekte Ausgestaltung (Case) gewählt werden. Wenn Investitionsentscheidungen im Laufe der Nutzungsphase getroffen werden müssen, werden die Kennwerte zumeist von den baulichen Parametern und den Marktgegebenheiten vorbestimmt. Sie sind dann durch Marktresearch, Erfahrungen und Statistiken bspw. zu Verbräuchen oder Kaufpreissammlungen und Herstellungskosten bestimmter Bauarten (BKI Baukosten) zu begründen.

Wichtig ist das Wissen, dass die Nutzungsparameter und die Nutzungskosten, sowie die Erträge während der **Nutzungsphase** kaum noch beeinflussbar sind. Diese werden durch die Planung festgelegt und beim Bauen manifestiert. Wie in ◘ Abb. 13.2 zu sehen, sind die Kosten der Nutzung um ein Vielfaches höher als die der Erstellung. Deshalb sollten dort, wie bereits anfänglich postuliert, die späteren Nutzer*innen und Eigentümer*innen Einfluss nehmen können, zumindest indirekt über die Bauherr*innen bzw. Investor*innen als Vertreter*innen der Interessen aller künftigen

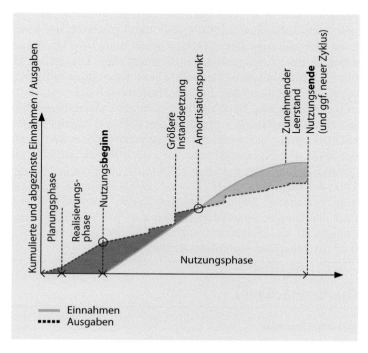

◘ **Abb. 13.2** Einnahmen- und Ausgabenreihe über die gesamte Zeit eines Bauprojektes (Lebenszyklus)

Nutzer*innen und Eigentümer*innen (=Stakeholder*in-nen).

Investitionsrechnungen sind eine wichtige Basis für strategische Entscheidungen der Immobilienproduktion und während der Bewirtschaftungsphase. Sie sollten unbedingt in die ganzheitliche **Lebenszyklusbetrachtung** eingebunden sein, und hier ist insbesondere auch der Prozess der Erstellung und der Beschaffung/Produktion aller Ausgangsstoffe sowie die Entsorgung der Bauteile nach Nutzungsende wichtig („von der Wiege bis zur Bahre" und Kreislaufwirtschaft). Dabei spielen auch die Kosten für die Energieerzeugung und die CO_2-Kosten (Steuer) eine wichtige Rolle, um ganzheitlich, nachhaltige Entscheidungen treffen zu können.

Eine wichtige Erkenntnis ist allerdings, dass die Vorgehensweise der Investitionsrechnung eine nachhaltige Planung und Bewirtschaftung rechnerisch meist nicht belohnt. Grund dafür ist das Wesen der Diskontierung also Abzinsung. Mögliche spätere Einsparungen aufgrund nachhaltiger Materialien oder geringeren Energieverbräuchen in Verbindung mit einer besseren Vermietbarkeit in den späteren Nutzungsjahren machen die finanziellen Wirkungen durch die Eigenschaft der Abzinsung geringer, im Gegensatz zu höheren oder niedrigeren Ausgaben zu Beginn der Berechnungsperiode. Eine längere Nutzungsdauer oder weniger Nutzungskosten in den späteren Jahren haben quasi keinen wirtschaftlichen Einfluss und somit auch keinen positiven Berechnungseffekt. Dessen muss man sich bei dynamischen Berechnungsmodellen bewusst sein. Die ersten 10 bis 15 Jahre sind entscheidend. Diese Erkenntnis soll aber nicht von nachhaltigen Entscheidungen abhalten, sondern in das Wissen um die Wirkung bei solchen Berechnungsfällen einfließen. Heilen kann man das teilweise durch die Berücksichtigung der wirklichen Gesamtkosten vor und nach der Bau- und Nutzungsphase, also auch der zurechenbaren Umweltkosten aller externen Effekte durch echte Lebenszyklus(-kosten)-analysen (LCA und LCC). Wichtig ist, dass man sich dieser Berechnungsgrundlagen, Rechenverfahren und Wirkungen bewusst ist, denn die Wirtschaftlichkeitsanalyse ist ein Instrument zur Steuerung von Investitionen und zur **Entscheidungsunterstützung.**

Quellennachweis

Zitierte Literatur

Diederichs, C. J: Wirtschaftlichkeitsberechnungen, Nutzen-Kosten-Untersuchungen. DVP-Verlag, Wuppertal, 1985.

13

gif, Gesellschaft für Immobilienwirtschaftliche Forschung e. V: Renditedefinitionen, Wiesbaden, 2007, abrufbar unter: gif-ev.com/real-estate-investment-management/

Schulte, K.-W. (Hrsg.): Immobilienökonomie – Betriebswirtschaftliche Grundlagen, Band 1, 4. Aufl., München, 2008.

Schulte, K.-W. u. a. (Hrsg.): Handbuch Immobilien-Investition, 2. Aufl., Köln, 2005.

Weiterführende, empfohlene Literatur

David, Kirsten: Funktionales Kostensplitting zur Ermittlung von Mieterhöhungen nach energetischen Maßnahmen – Eine Handlungsempfehlung auf Basis theoretischer und empirischer Untersuchungen. Dissertation. Hamburg 2019. Open Access: ► http://nbn-resolving.de/urn:nbn:de:gbv:1373-opus-5085.

Geltner; Miller; Clayton; Eichholtz: Commercial Real Estate Analysis and Investments, 3rd. ed., Mason, 2013.

gif, Gesellschaft für Immobilienwirtschaftliche Forschung e. V: Richtlinie Definition und Leistungskatalog, AK Real Estate Investment Management, Wiesbaden, Stand 18.05.2004.

Kruschwitz, L: Investitionsrechnung, 9. neu bearb. Aufl., Verlag Oldenburg, München, Wien, 2003.

Ropeter, S.-E: Investitionsanalyse für Gewerbeimmobilien, Immobilien Informationsverlag Rudolf Müller, Köln, 1998.

Rottke, N; Thomas, M. (Hrsg.): Immobilienwirtschaftslehre, Band 1: Management, Köln, 2011.

Schäfer, J; Conzen, G. (Hrsg.): Praxishandbuch Immobilien-Investition, 3. überarbeitete Auflage, München, 2015.

Stoy, C: Benchmarks und Einflussfaktoren der Baunutzungskosten, 2005.

Verordnung über die Aufstellung von Betriebskosten (Betriebskostenverordnung – BetrKV) vom 25. November 2003 (BGBl. I S. 2346, 2347), zuletzt geändert durch Artikel 4 des Gesetzes vom 3. Mai 2012 (BGBl. I S. 958)

Verordnung über wohnungswirtschaftliche Berechnungen nach dem Zweiten Wohnungsbaugesetz (Zweite Berechnungsverordnung – II. BV), Betriebskostenverordnung vom 25. November 2003 (BGBl. I S. 2346, 2347), die zuletzt durch Artikel 15 des Gesetzes vom 23. Juni 2021 (BGBl. I S. 1858) geändert worden ist

Nutzungskosten

Von Stefan Scholz

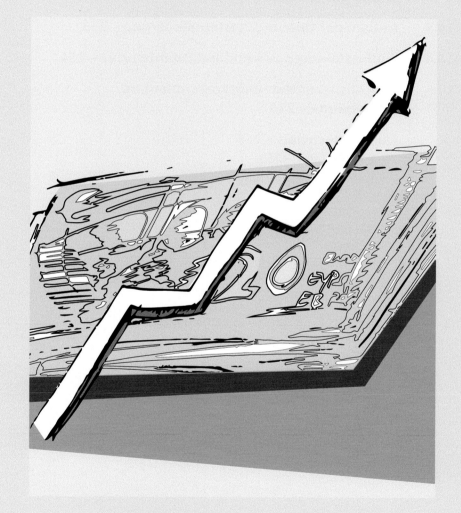

K. Wellner und S. Scholz (Hrsg.), *Architekturpraxis Bauökonomie*, https://doi.org/10.1007/978-3-658-41249-4_14

Inhaltsverzeichnis

Inhalt des Kapitels
- Grundsätze der Nutzungskostenplanung
- DIN 18960 Nutzungskosten im Hochbau (Stand 2008)
- Aufbau der Nutzungskostengliederung
- Einflussfaktoren des Architekturentwurfes
- Checkliste zur Nutzungskostenplanung für Gebäude

14.1 Grundsätze der Nutzungskostenplanung

Die Planung der Nutzungsphase des Objektes wird im Rahmen von Wirtschaftlichkeitsuntersuchungen und Nutzungskostenuntersuchungen zunehmend vom Bauherren gewünscht. Die Nutzungskosten können dabei auch als Zielgröße für die Planung gesetzt werden. Die Grundsätze sind von dem*von der Architekt*in bereits ohne besonderen Auftrag im Rahmen einer sogenannten **„wirtschaftlichen Planung"** zu beachten und geschuldet. Hinzu kommt die **Nutzungskostenplanung** mit zusätzlichen Kostenermittlungenarten, die in der **DIN 18960** in Analogie zur DIN 276 definiert wurden:

Nutzungskostenplanung

- **Nutzungskostenrahmen**
- **Nutzungskostenschätzung**
- **Nutzungskostenberechnung**
- **Nutzungskostenanschlag**
- **Nutzungskostenfeststellung**

DIN 18960

Die absoluten (liquiditätswirksamen) Nutzungskosten übersteigen die Errichtungskosten regelmäßig und haben daher einen erheblichen Einfluss auf die Wirtschaftlichkeit der Gesamtinvestition. Oft führt die hohe absolute Zahl der summierten Betriebs- und Instandhaltungskosten zu der Annahme, diese würden für die Wirtschaftlichkeit eines Projektes eine besonders große Rolle spielen. Vor einer Verwendung von Kennzahlen ohne Kenntnis der Kalkulationsansätze kann nur gewarnt werden, da die DIN 18960 keine standardisierten Vorschriften über Erfassungszeiträume, Berechnungsansätze etc. macht, sondern nur eine Kostengliederung normiert. Es sind daher präzise Dokumentationen aller Annahmen zu erstellen und Kostenvergleiche immer unter den gleichen Annahmen durchzuführen.

Die wirtschaftliche Betrachtung kann anschließend mit verschiedenen immobilienwirtschaftlichen Berechnungsmethoden, z. B. durch dynamische Kalkulation unter Berücksichtigung einer internen Verzinsung (Barwertmethode), erfolgen. Die Grundstücks- und Baukosten sind im Ergebnis einer dynamischen Kalkulation von zentraler Bedeutung. Dies liegt darin begründet, dass diese Kosten zu Beginn der Nutzung anfallen und die Finanzierungskosten direkt proportional zu diesen Erstinvestitionskosten sind. In ◘ Abb. 14.1 ist die Kostenverteilung bei einem durchschnittlichen Mehrfamilienhaus dargestellt. Es ist zu erkennen, dass die Summe der Grundstücks-, Bau- und Finanzierungskosten mehr als 50 % aller Kosten eines 50-Jahres-Zeitraumes ausmachen. Für die Berechnung wurde eine interne Verzinsung von 4 % unterstellt.

Die **Nutzungskostenplanung** dient der wirtschaftlichen und kostentransparenten Planung, Herstellung, Nutzung und Optimierung von Bauwerken. Hierzu sind qualitative und quantitative Bedarfsvorgaben erforderlich.

Diese Vorgaben bzw. Kosteneinflüsse sind nur begrenzt durch die Architekturplanung von dem*von der Architekt*in beeinflussbar (z. B. Nutzerverhalten) und mit umfangreichen Annahmen (Abstimmung mit dem*der Bauherr*in) zu

14

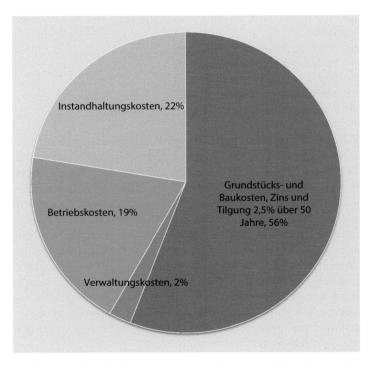

◘ **Abb. 14.1** Typische Nutzungskostenverteilung eines Wohngebäudes über 50 Jahre unter Berücksichtigung von 4 % interner Verzinsung

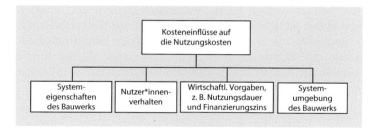

○ Abb. 14.2 Kosteneinflüsse auf die Nutzungskosten [in Anlehnung an Kalusche, (2011/12)]

ergänzen. Dies beinhaltet auch Kalkulationsparameter, wie z. B. Abschreibungsdauer, Nutzungsdauer von Bauteilen oder Zinsannahmen (vgl. ○ Abb. 14.2).

14.2 DIN 18960 Nutzungskosten im Hochbau (Stand 2008)

Zur **Gliederung der Nutzungskosten** empfiehlt sich die Verwendung der DIN 18960. Diese Norm gliedert lediglich die Struktur, legt selbst jedoch keine Parameter, wie z. B. Kostenkennwerte oder Kalkulationsregeln fest.

Nutzungskosten im Hochbau sind:

„alle in baulichen Anlagen und deren Grundstücken entstehenden regelmäßig oder unregelmäßig wiederkehrenden Kosten von Beginn ihrer Nutzbarkeit bis zu ihrer Beseitigung" (Nutzungsdauer)

▬ ohne Baukosten bis zur Übergabe (in DIN 276 erfasst)

▬ ohne Rückbauphase (in DIN 276 erfasst)

▬ ohne betriebsspezifische Kosten, soweit trennbar

14.3 Aufbau der Nutzungskostengliederung

Die **Nutzungskostengliederung** sieht drei Ebenen vor; diese sind durch dreistellige Ordnungszahlen gekennzeichnet. In der ersten Ebene der Nutzungskostengliederung werden die Gesamtkosten in folgende **vier Nutzungskostengruppen** gegliedert:

1. Kostengruppe 100: Kapitalkosten
2. Kostengruppe 200: Verwaltungskosten
3. Kostengruppe 300: Betriebskosten
4. Kostengruppe 400: Instandsetzungskosten (Bauunterhaltungskosten)

Nutz ungskostengliederung

vier Nutzungskostengruppen

Bei Bedarf werden diese Nutzungskostengruppen entsprechend der Nutzungskostengliederung in die Nutzungskostengruppen der zweiten Ebene und der dritten Ebene unterteilt. Über die Nutzungskostengliederung dieser Norm hinaus können die Kosten entsprechend den technischen Merkmalen oder anderen Gesichtspunkten weiter untergliedert werden.

14.4 Einflussfaktoren des Architekturentwurfes

Die Auswertung in ◖ Tab. 14.1 von ca. 100 vermieteten Verwaltungsbauten hat folgende Verteilung der Baunutzungskosten ergeben:

In der Planungsphase sind insbesondere die Investitionskosten, Ver- und Entsorgungskosten, Reinigungs- und Pflegekosten, sowie die Instandhaltungskosten durch den*die Architekt*in beeinflussbar.

Betrachtung der Erst- und Folgekosten

Ein Optimum kann nur unter gleichzeitiger **Betrachtung der Erst- und Folgekosten** erreicht werden. Im Zuge der Planung sind außerdem möglichst frühzeitig umfangreiche Festlegungen im Bereich Architektur, Haustechnik und Betrieb/Nutzung notwendig, um eine sinnvolle Genauigkeit der Nutzungskostenplanung zu erreichen.

Für die Entscheidungsfindung können anhand von Nutzungskosten verschiedene Ausführungsalternativen verglichen werden. ◖ Abb. 14.3 zeigt unterschiedliche Bodenbeläge, deren Nutzungskosten unter der Berücksichtigung von Annahmen/Vorgaben des*der Auftraggeber*in hinsichtlich Nutzungsdauern und Abzinsungshöhe gegenübergestellt sind. Je nach Betrachtung der Investitionsdauer kann dabei die wirtschaftlichste Alternative unterschiedlich ausfallen.

14

◖ **Tab. 14.1**   Typische Kostenverteilung bei Büroimmobilien [Christian Stoy 2005]

65 % Kalkulatorische Kosten	35 % Ausgabewirksame Kosten
33 % Eigenkapitalkosten	5 % Verwaltung
30 % Wertminderung durch Abnutzung	9 % Ver- und Entsorgung
	9 % Reinigung und Pflege
	3 % Instandhaltung Baukonstruktion
	11 % Instandhaltung Technische Anlagen

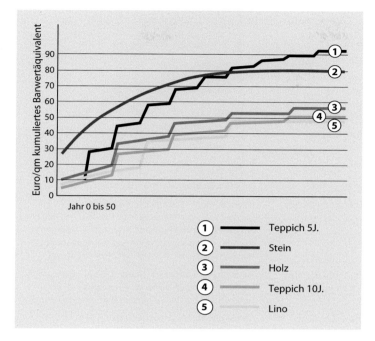

Abb. 14.3 Wirtschaftlicher Vergleich verschiedener Bodenbelagsausführungen

14.5 Checkliste zur Nutzungskostenplanung für Gebäude

Die Checkliste in ◘ Tab. 14.2 verweist auf **Abstimmungspunkte für die Nutzungskostenzielplanung**. Die Gliederung bezieht sich auf die DIN 18960. Es sind lediglich ausgewählte Aspekte für den Entwurf aufgeführt, die Aspekte der Finanzierung und Verwaltung sind nicht betrachtet.

Abstimmungspunkte für die Nut zungskostenzielplanung

◼ **Tab. 14.2**   Checkliste zur Nutzungskostenplanung [BKI NK1 + 2 Nutzungskosten 2011/2012]

Kostengruppe gemäß DIN 18960	Preis abhängig von	Verbrauchsmengen abhängig von
KG 311, KG 321 Wasser- & Abwasseranlagen	Grauwassernutzung (Reduzierung Trinkwassergebühren) Versickerung (Reduzierung Regenwassergebühren)	Wasserspartechnik Optimierung der Nutzungszeiten Größe belüfteter/klimatisierter Flächen Nutzerverhalten
KG 312-kg 315 Brennstoffe	Wahl der Brennstoffe Anteil (kostenloser) Umweltenergie	Beheizte Gebäudefläche, Temperaturen Nutzungsdauer Kompaktheit des Gebäudes (A/V) Größe belüfteter/klimatisierter Flächen Effizienz der Haustechnik Wärmedämmstandard
KG 316 Stromanlagen	Wahl der Erzeugung/Bezug	Raumkonzept (Natürliches Licht) Größe belüfteter/klimatisierter Flächen Effizienz der Haustechnik Hauptnutzfläche je Arbeitsplatz Rechenzentren im Gebäude Aufzugshaltepunkte Nutzerspezifische Ausstattung Nutzungsdauer
KG 331 Unterhaltsreinigung	Outsourcing-Grad des infrastrukturellen Managements	Arten der Bodenbeläge, Wandverkleidungen, Deckenbekleidungen Größe der Reinigungsflächen Nutzungsdauer des Gebäudes Reinigungsintervalle
KG 332, KG 333 Glas- & Fassadenreinigung	Zugänglichkeit auf dem Grundstück Zugänglichkeit in den Büros Höhen	Glasfläche Reinigungsintervalle
KG 410 Instandhaltung Baukonstruktion	Instandhaltungsstrategien (vorbeugendes oder nur notfallbezogenes Handeln) Zeithorizont der Inves-titionsentscheidung	Flächenanteil Lager, Archive Raumkonzept (z. B. Anzahl der Wände) Oberflächenmaterialien (Fassade und Inneraum) Umweltbedingungen (Klima, Licht, Luft)
KG 420 Instandhaltung Gebäudeausrüstung	Instandhaltungsstrategien (vorbeugendes oder nur notfallbezogenes Handeln) Zeithorizont der Investitionsentscheidung	Nutzungsdauer Anteil belüfteter/klimatisierter Flächen Auslastung der Anlagen Art der Energieträger/Technik Umweltbedingungen (Klima, Licht, Luft) Automatisierungsgrad

14

Quellennachweis

Zitierte Literatur

BKI Publikation: NK1 + 2 Nutzungskosten, 2011/2012.
Christian Stoy: Benchmarks und Einflussfaktoren der Baunutzungskosten, vdf Hochschulverlag, 2005
Kalusche, Wolfdietrich: in NK1 BKi-Publikation, 2011/2012.

Weiterführende, empfohlene Literatur

BNB u. a. für Nutzungsdauern von Bauteilen (▶ www.nachhaltigesbauen.de).
DIN 18960: Nutzungskosten im Hochbau (2008).
DIN 31051: Instandhaltung (2003).
ISO 15686-5: Lebenszykluskosten (2008).
Kommerzielle Sammlungen: Realisbench, OSCAR, IFMA
VDI 3807: Bemessungswerte/Verbrauchswerte Energie.
Downloads zum Buch unter▶ www.architekturpraxis.de/downloads
Beispiel Nutzungskostenplan

Immobilienfinanzierung

Von Anne Hackel

Inhaltsverzeichnis

Inhalt des Kapitels
- Was ist Immobilienfinanzierung?
- Woher kommt das Kapital für die Immobilieninvestition?
- Welchen Konditionen unterliegt dieses Kapital?
- Welchen Einfluss hat die Herkunft des Kapitals auf die Wirtschaftlichkeit des Objektes?

Schon gleich zu Beginn der Planung eines Projektes ist es von entscheidender Bedeutung, die Gesamtkosten zu kalkulieren. Diese Kosten müssen in vollem Umfang, zu 100 % gedeckt werden, man spricht hierbei von einer „geschlossenen" **Finanzierung.**

Hier seien nun die Gesamtkosten des Objektes die Grundlage für alle folgenden Finanzierungsüberlegungen, so wie sie im Kapitel Kostenermittlungen nach DIN 276 dargestellt wurden. Neben den Gesamtherstellungskosten müssen noch die Nebenerwerbskosten (NEK = z. B. Grunderwerbsteuer, Maklerei und Notariats- bzw. Grundbuchgebühren) finanziert werden. Deshalb spricht man auch oft von einer 110 %-Finanzierung, wobei bei den heutigen Entwicklungen 10 % NEK oft nicht ausreichen (⬛ Abb. 15.1).

Neben der Beauftragung, der Entscheidung sowie der Abnahme von Leistungen u. v. m. zählt auch die Finanzierung zu den Pflichten der Kundschaft. Sie haben als letztendliche Leistungsempfangende sicherzustellen, dass die bestellte und hergestellte Leistung in vollem Umfang bezahlt wird. So sie nicht aus eigenen Mitteln, sog. **Eigenkapital,** dazu in der Lage ist, kann sie sich **Kapital** an anderer Stelle leihen, sie kann also **Fremdkapital** aufnehmen. Die **Kapitalgebenden** dieses Kredites werden über die Dauer der Verleihung Zinsen hierfür verlangen. Diese Zinsen stellen den Gegenwert der Bereitstellung als wirtschaftlichen Ertrag für den Kredit dar, im Ausgleich anderer Anlagealternativen. Des Weiteren erwarten die Fremdkapitalgebenden die Rückzahlung des Leihbetrages (Tilgung) und zur zusätzlichen Absicherung des Risikos einer eventuellen Zahlungsunfähigkeit der Kreditnehmenden ein „Pfand", im Falle einer Immobilienfinanzierung also ein Pfändungsrecht auf die Immobilie.

Für Architekten*innen ist es wichtig, die Grundlagen einer Immobilienfinanzierung zu kennen, da man bereits in der Leistungsphase 2 zur „Mithilfe bei der Kreditbeschaffung" sowie mit dem „Finanzierungsplan" und in der Leistungsphase 3 mit der „Wirtschaftlichkeitsberechnung" als „Besondere Leistung" beauftragt werden kann. Wichtig ist hierbei, dass vonseiten der Architekt*innen keine Finanzierung bereitgestellt oder initiiert werden sollte, die Mithilfe sollte sich

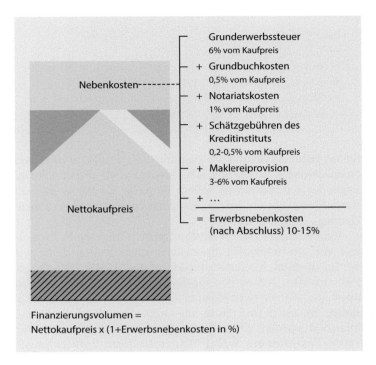

◘ Abb. 15.1 Finanzierungsvolumen, Beispiel, Unterschiede zwischen den Bundesländern

allein auf die planungstechnische Seite und deren Erläuterung bei den Kreditgebenden beziehen, um eventuelle Haftungsansprüche zu unterbinden.

Es ist wichtig, sich als Planende bewusst zu werden, welche immense Verantwortung man übertragen bekommt, wenn es darum geht, mit dem verfügbaren Kapital der Kundschaft zielgerichtet und vertrauenswürdig umzugehen. Mit der neuen Struktur der DIN 276 bekommen die Finanzierungskosten während der Bauzeit einen größeren Stellenwert als bisher. Zwar sind nach wie vor die Auftraggebenden Quelle der Konditionen für die von den Planenden zu kalkulierenden Kosten, aber es obliegt den Planenden, durch wirtschaftliches Arbeiten diese auch einzuhalten. So ist es sicherlich ein guter Ansatz, wenn sich beide Seiten die Höhe der zu erwartenden Finanzierungskosten, denen keinerlei Sachleistung gegenübersteht, bewusst machen und im Auge behalten.

Durch die Stellung in der DIN 276 als eigenständige Kostengruppe 800 werden diese Kosten ab sofort von Beginn an sichtbar, auch wenn das Ermitteln dieser die Planenden in besonderer Form fordert, nämlich durch Auseinandersetzung mit dem Thema allgemein und Fremdfinanzierung im Speziellen.

Natürlich kann die planende Seite diese Kalkulation nur überschlägig vornehmen, liegt der Zeitpunkt dieser ersten Angabe doch weit vor jeglicher Planungs- und Kostensicherheit. Die Vorgehensweise hierfür findet sich im Kapitel zu Kostenermittlungen.

15.1 Eigenkapital (EK)

Das **Eigenkapital (Equity)** der Kundschaft kann aus den unterschiedlichsten Formen bestehen. Allem voran steht das Barvermögen, also Geldmittel, gefolgt vom evtl. bereits im Besitz der Kundschaft stehenden Grundstück, auf dem das Objekt errichtet werden soll. Da das Grundstück in seinem Wert in der Kostengruppe 100/DIN 276 aufgeführt wird, zählt es mit zu den Gesamtkosten des Objektes und muss mitfinanziert werden, falls es noch erworben werden muss. Des Weiteren kann die Kundschaft Eigenleistungen in die Finanzierung einbringen, z. B. Sachleistungen, Arbeitsleistungen oder auch Planungsleistungen, zumindest bei eigengenutzten Immobilien. Die komplette Finanzierung einer Immobilie aus Eigenmitteln ist eher selten. Von einer Finanzierung wiederum ganz ohne Eigenkapital ist abzuraten, was auch von den meisten Kreditgebenden abgelehnt wird, weil so die Belastung durch die hierbei entstehenden Kapitalkosten (s. u.) ein hohes Risiko für die Wirtschaftlichkeit des gesamten Projektes darstellen kann.

Die Zweite Berechnungsverordnung (II. BV) sieht einen Eigenkapitalanteil von mindestens 15 % vor, je höher dieser ausfällt, umso günstiger ist die Gesamtwirtschaftlichkeit des Projektes. Realistisch ist ein Anteil von 20–40 %, vor allem im privaten Wohnungs- und Eigenheimbau.

Eigenkapital

15.2 Fremdkapital (FK)

Fremdkapital (Debt), also geliehenes Kapital, verursacht, neben der fälligen Rückzahlung, genannt Tilgung, Kosten der unterschiedlichsten Arten. Größter Posten sind hierbei die ausgehandelten Zinsen für den Leihbetrag (Kredit). Hinzu kommen Neben- und Zusatzkosten (Marge), die in ihrer Höhe von den jeweiligen Kreditgebenden, -nehmenden und dem beliehenen Objekt abhängig sind und ausgehandelt werden.

Die Zinshöhe richtet sich nach dem zum Zeitpunkt des Vertragsschlusses geltenden Basiszinsniveau (Leitzins) und

Fremdkapital

einem Risikoaufschlag, die Tilgungshöhe nach den wirtschaftlichen Möglichkeiten der Kreditnehmenden bzw. nach der Passgenauigkeit der Cashflow-Rückflüsse des zu errichtenden Projektes. Dies lässt sich anhand der Einkommensverhältnisse bzw. beim Projekt über die Einnahmenseite (Miete oder Verkauf nach Fertigstellung), genannt Cashflow, ermitteln.

15.2.1 Beleihungswert als Grundlage der Fremdkapitalaufnahme

Beleihungswert

Für jedes Objekt wird vor Vertragsschluss der Ertragswert bei gewerblich genutzten und der Sachwert bei eigengenutzten Immobilien ermittelt, der die Grundlage für den zumeist deutlich niedrigeren **Beleihungswert** darstellt. Entsprechend dem bestehenden Risiko einer Zahlungsunfähigkeit wird nun eine Beleihungsgrenze festgelegt, die sich i. d. R. bei 60–80 % dieses Beleihungswertes befindet (◘ Abb. 15.2). Bis zu dieser Höhe sind die günstigsten Konditionen aushandelbar, für darüber hinausgehende Kapitalaufnahmen steigt das Risiko für die Kapitalgebenden, welches sie sich durch höhere Zins- und Tilgungssätze ausgleichen lassen. Ganz ohne Eigenkapital zu finanzieren wird oftmals nicht akzeptiert, auf jeden Fall führt es zu erheblichen Kapitalkosten und damit monatlichen Belastungen.

15.2.2 Annuitätendarlehen

Annuitätendarlehen

Die **Annuität** bedeutet eine gleichbleibende regelmäßige Zahlung. Der Begriff geht auf das lateinische Wort annum (Jahr) zurück.

Aus dem im Vertrag vereinbarten **Nominalzinssatz** und **Anfangstilgungssatz** lässt sich bezogen auf den Leihbetrag, den sogenannten Nominalwert, eine Annuität errechnen:

15

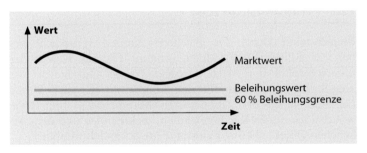

◘ **Abb. 15.2**   Verhältnis Beleihungswert zu Marktwert

$$(\text{Normalzins} \% + \text{Anfangstilgung} \%) \cdot \text{Nominalwert} \,€ = \text{Annuitat} \,€$$
$$\text{Bsp.} (7\% + 1\%) \times 100.000\,€ = 8000\,€$$

Diesew Annuität ist der jährlich festgelegte Zahlbetrag der Kreditnehmenden an die Kreditgebenden. Hieraus werden die fälligen Zinsen gezahlt, der Rest dient der Tilgung und reduziert die Restschuld. Da bereits nach dem ersten Jahr die Restschuld nicht mehr die Höhe des vormals aufgenommenen Kapitals hat, fallen schon im zweiten Jahr weniger Zinsen an. Da die Annuität aber gleich hoch wie im ersten Jahr ist, bleibt somit mehr für die Tilgung der Restschuld übrig und diese reduziert sich entsprechend. Diesem Prinzip folgend verringert sich der Zinsanteil an der Annuität in jedem der folgenden Jahre und der Tilgungsanteil steigt jeweils. Die Restschuld nimmt also immer schneller ab, was zur Folge hat, dass bei einem üblichen Anfangstilgungssatz von 1 % die Tilgung der Gesamtschuld nicht etwa in 100 Jahren, sondern wesentlich schneller vonstattengeht (◘ Abb. 15.3).

Vorteil dieser Darlehensform ist, dass die Kreditgebenden die zu zahlende Jahresleistung und damit auch monatliche Belastung dauerhaft kennen und gut kalkulieren können, z. B. bezüglich der Einnahmensituation (Cashflow).

15.2.3 Abzahlungs- oder Tilgungs- oder Ratendarlehen

Bei dieser Form der Kreditaufnahme wird jährlich ein fester Betrag an Tilgung gezahlt und die Zinsen werden entsprechend der Restschuld jedes Jahr neu berechnet. Dadurch nimmt die zu zahlende Leistung an die Kreditgebenden von Jahr zu Jahr ab (◘ Abb. 15.4).

Tilgungsdarlehen

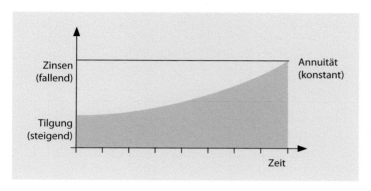

◘ **Abb. 15.3** Annuitätendarlehen

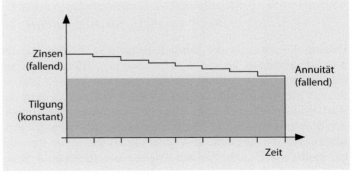

⊙ Abb. 15.4   Abzahlungs- oder Tilgungsdarlehen

15.2.4 **Fest- oder Zinszahlungsdarlehen**

Zinszahlungsdarlehen

Als dritte Form gibt es die Variante des endfälligen Darlehens. Hierbei werden über einen festgelegten Zeitraum („n" Jahre) Zinsen in einer bestimmten Höhe gezahlt, ohne dass getilgt wird. Zu Vertragsende wird dann der gesamte Nominalbetrag fällig, das Darlehen wird also mit einer Einmalzahlung getilgt (⊙ Abb. 15.5).

Diese Darlehensform bietet sich an, wenn die Kreditnehmenden einen Kapitalzufluss aus einer anderen Quelle zu einem feststehenden Zeitpunkt erwartet, z. B. eine Lebensversicherung oder das Projekt nach Fertigstellung komplett veräußert wird. Nachteil ist, dass dies die teuerste Form der Finanzierung ist, da sich die Zinszahlungen nicht mit der Tilgung verringern. Diese Form wird aber bei kurzfristiger Bauzeitfinanzierung im Rahmen einer Projektentwicklung bevorzugt. Die Chancen und Risiken des Projektes bzw. des

15

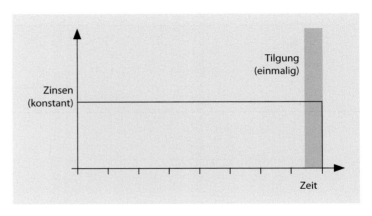

⊙ Abb. 15.5   Fest- oder Zinszahlungsdarlehen

künftigen Objektes nach Fertigstellung werden dafür sehr genau analysiert und einem Kredit-Rating unterzogen. Das Rating beurteilt den Markt, das Objekt und die Bonität der Projektentwicklung und wirkt sich auf die Höhe der Zinsen aus.

15.2.5 Absicherung durch Grundpfandrecht

Kreditgebende lassen sich i. d. R. ein **Pfandrecht** auf die beliehene Immobilie eintragen. Dies geschieht in der Abteilung III des Grundbuches in Form einer Hypothek bzw. **Grundschuld.** Geraten die Kreditnehmenden in Zahlungsverzug, so behalten sich die Kreditgebenden das Recht vor, über eine Pfändung und Zwangsveräußerung des Objektes die verbliebene Restschuld einzufordern. Da es vorkommt, dass auf ein und demselben Objekt mehrere derartige Pfandrechte eingetragen sind, ist die Reihenfolge oder auch Rangfolge der Eintragungen ausschlaggebend für die Bedienung der Restschulden. Entsprechend werden Kreditgebende einer erstrangigen Grundschuld günstigere Konditionen bieten als nachrangig Eingetragene, die das höhere Risiko tragen, bei einer eventuellen Zwangsveräußerung nicht mehr oder nur teilweise bedient zu werden. Dabei gibt es die Unterscheidung in Hypothek und Grundschuld. Die Hypothek ist akzessorisch, also streng an die besicherte Forderung geknüpft. Ist die Forderung durch Tilgung erloschen, besteht auch das Grundpfandrecht nicht mehr, anders bei der Grundschuld. Diese bleibt abstrakt bestehen und kann für eine neue Beleihung ohne erneute Gebühren der Eintragung weiterverwendet werden. Deshalb ist dieses Instrument auch das in der Praxis am weitesten verbreitete. Beide Versionen bergen Vor- und Nachteile [siehe weiterführende Literatur, z. B. Schulte 2008, 529 ff.].

Grundpfandrecht

15.2.6 Sonstige Konditionen und Zusatzkosten

Um dem schwankenden Zinsniveau folgen zu können, kann es sowohl für Kreditgebende als auch Kreditnehmende von Interesse sein, nicht über die gesamte Vertragslaufzeit einen festgeschriebenen Zinssatz zu haben. Daher wird ein Darlehensvertrag i. d. R. aus mehreren Zinsfestschreibungsperioden innerhalb der Gesamtlaufzeit bestehen. Liegt ein niedriger Zins vor, so ist es im Interesse der gebenden Seite, eine möglichst kurze Zinsfestschreibung zu vereinbaren, um nach Ablauf dieser eine möglicherweise eingetretene Zinssteigerung an die nehmende Seite weiterzugeben. Umgekehrt ist hier die nehmende Seite an einer möglichst langen Festschreibung interessiert. Ist das

Zusatzkosten

Zinsniveau höher, verhält es sich genau umgekehrt. Die Gebenden möchten dieses Niveau möglichst lange sichern, während die Nehmenden darauf hoffen, nach Ablauf der Hochzinsphase und deren Festschreibungsdauer einen günstigeren Zins für die verbliebene Restschuld aushandeln zu können.

Ein Anstieg des Zinsniveaus zum Ablauf der Zinsfestschreibung führt oftmals zu einer höheren Annuität und damit einer höheren monatlichen Belastung für die Kreditnehmenden, trotz bereits reduzierter Restschuld. Nicht selten kann dies das gesamte Projekt oder auch eine Privatperson in die Unwirtschaftlichkeit bis hin zur Insolvenz führen. Gerade zu Niedrigzinszeiten sollte schon vorausblickend mit einem Zinsanstieg kalkuliert werden, um die projektspezifische Leistungsfähigkeit diesbezüglich zu überprüfen und ggf. von vornherein die Gesamtkosten und damit die Fremdkapitalaufnahme zu reduzieren. Bei niedrigen Zinsen sollte unbedingt eine höhere Tilgung gewählt werden, denn oft sind die geringen Zinsen am Immobilienmarkt eingepreist, um nach Fristablauf eine möglichst geringe Restschuld zu haben.

Zusätzlich zu den jährlich anfallenden Zahlungen (Kapitaldienst) fallen Neben- und Zusatzkosten an, die abhängig sind von den jeweiligen Kreditgebenden und Faktoren des Projektes. Üblicherweise wird eine Immobilienfinanzierung in Abhängigkeit vom Baufortschritt und damit dem pfändbaren Wert ausgezahlt. Da die Kreditgebenden also nur noch eingeschränkt mit dem Kapital arbeiten können, bis es abgerufen wird, verlangten sie hierfür Bereitstellungszinsen. Ebenso erwarten sie für die bereits ausgezahlten Teilbeträge Zinszahlungen, deren Höhe auch über dem vereinbarten Nominalzins liegen kann und die bis zur vollständigen Auszahlung des Kreditbetrages und den erst dann greifenden Vertragskonditionen zu zahlen sind. Hierzu sei angemerkt, dass eine Bauzeitverzögerung erheblichen Einfluss auf die Höhe dieser Kosten haben und Architekt*innen so durchaus zum Mitverursachenden von Mehrkosten werden können.

Hinzu kommen Kosten für Wertermittlungen, Kontoführungs- und Bearbeitungsgebühren sowie für die Eintragung im Grundbuch usw. All diese zusätzlichen Kosten sollten berechnet, geprüft und verglichen werden, da sie sich bei verschiedenen Finanzierenden sehr unterschiedlich darstellen können.

15.2.7 Mezzanine Finanzierung

Oft reicht bei Immobilienfinanzierungen, insbesondere bei eher riskanteren Projektentwicklungen, die Aufnahme von klassischem Fremdkapital nicht mehr aus, um den gesamten Kapitalbedarf zu decken. Die Projektentwicklung (oder

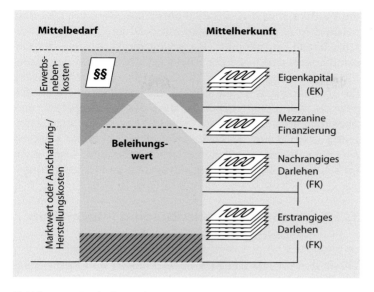

Mittelbedarf   **Mittelherkunft**

Erwerbs-nebenkosten

§§

Eigenkapital
(EK)

Beleihungs-wert

Mezzanine Finanzierung

Marktwert oder Anschaffung-/Herstellungskosten

Nachrangiges Darlehen
(FK)

Erstrangiges Darlehen
(FK)

☐ **Abb. 15.6** Kapitalbeschaffungsarten in der Immobilienfinanzierung

Bauträger*innen etc.) bringt meist nur wenig Eigenkapital aus Risikovermeidungsgründen ein. Oft wird sogar eine eigens dafür geschaffene Projektgesellschaft mit geringer Eigenkapitalausstattung gegründet. Die finanzierende Bank wird aber gerade aufgrund des höheren Risikos nicht mehr als 60–80 % des Beleihungswertes bereitstellen, teilweise sogar weniger. Dafür braucht es die sogenannte Mezzanine Finanzierung (von ital. Mezzo = halb). Diese ist eine Mischform zwischen Fremd- und Eigenkapital, je nach Ausgestaltung ähnelt sie mehr dem EK oder FK (☐ Abb. 15.6). Diese Finanzierungsarten sind sehr unterschiedlich beschaffen und vielfältig. Neue Formen, wie bspw. Crowdinvesting, entwickeln sich ständig. Oft ist die Verzinsung aufgrund des steigenden Risikos höher als bei klassischem Fremdkapital oder es gibt eine Gewinnbeteiligung (Equity Kicker) und die Kapitalgebenden bekommen teilweise Mitspracherechte.

Zusätzlich zu den klassischen Darlehen gibt es eine Reihe von Fördermaßnahmen für Eigenheimbauende und gewerbliche Nutzungen, die den Rahmen sprengen würden, hier alle zu erwähnen.

15.2.8 Leverage Effect

Wie sich die Finanzierung auf die Wirtschaftlichkeit ausübt, wird durch den **Leverage Effect (Hebeleffekt)** bestimmt. Dieser Hebel kann sich positiv oder auch negativ auf die Rentabilität des Eigenkapitals (EK-Rendite) auswirken. Damit ist klar, dass neben dem reinen Projektrisiko mit der Finanzierung ein weiteres Risiko hinzukommt. Bei geringerer Verzinsung des Gesamtkapitals wirkt sich der Effekt negativ aus und das Eigenkapital büßt zugunsten der meist festvereinbarten Verzinsung des Fremdkapitals an Rendite ein und umgekehrt. Wenn sich aber die Kundschaft sicher ist, dass das Gesamtprojekt eine über dem Finanzierungszins liegende Verzinsung auch langfristig leisten kann, wirkt deshalb mit umgekehrter Wirkung eine Fremdfinanzierung immer renditeerhöhend. Dazu mehr im Teil ▶ Kap. 13 – Immobilieninvestition und Lebenszyklus.

15.2.9 Finanzierung und Building Information Modeling (BIM).

Durch den Einsatz von BIM in der Planung und Realisierung von Bauprojekten soll es u. a. zu einer größeren Kosten- und Terminsicherheit kommen. Ziel ist es, Kostenschwankungen, vor allem Erhöhungen, zu vermeiden und Fertigstellungstermine zu gewährleisten. Beides trägt auch zur Sicherheit der Finanzierung der Projekte bei, die bekanntermaßen zu einem sehr frühen Zeitpunkt organisiert werden muss, welche damit aber auch mit einer geringeren „Risikozulage" auskommen soll. Aus der Perspektive der Kreditgebenden und der Kreditnehmenden stellt BIM also durchaus eine Verbesserung dar und es ist zu erwarten, dass BIM zunehmend als Bearbeitungsverfahren gefordert und beauftragt werden wird.

Quellennachweis

Zitierte Literatur

Schulte, Karl-Werner, Immobilienökonomie Band I, Betriebswirtschaftliche Grundlagen, 4. Auflage, München, 2008.

Weiterführende, empfohlene Literatur

Rottke, N; Thomas, M. (Hrsg.): Immobilienwirtschaftslehre, Band 1: Management, Köln 2011.
Schäfer, J; Conzen, G: Praxishandbuch Immobilien-Investition, 3. überarbeitete Auflage, München, 2015.
Schmoll, Fritz (gen. Eisenwerth), Basiswissen Immobilienwirtschaft, 3. Auflage, Berlin, 2015.
Schulte, K.-W. u. a. (Hrsg.): Handbuch Immobilien-Investition, 2. Aufl., Köln, 2005.

Wirtschaftliches Architekturbüro

Inhaltsverzeichnis

Qualitätsmanagement

Von Stefan Scholz

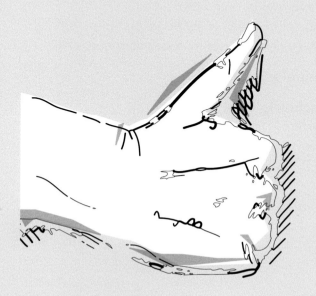

Inhaltsverzeichnis

© Der/die Autor(en), exklusiv lizenziert an Springer Fachmedien Wiesbaden GmbH, ein Teil von
Springer Nature 2023
K. Wellner und S. Scholz (Hrsg.), *Architekturpraxis Bauökonomie*,
https://doi.org/10.1007/978-3-658-41249-4_16

> **Inhalt des Kapitels**
> – Ziele der Architekt*innen bzw. des Architekturbüros
> – Aufbau eines QM-Systems
> – Kernprozesse im Architekturbüro
> – Grundsätze des QM nach DIN EN ISO 9000
> – Begriffssammlung QM

16.1 Allgemeines

Wirtschaftlich denkende Unternehmen und gerade auch Architekturbüros müssen für eine erfolgreiche Marktpositionierung bestrebt sein, die Anforderungen der Auftraggeber*innen als Kund*innen so vollständig wie möglich zu erfüllen. Die Qualität der Leistung wird dabei durch die Kund*innenzufriedenheit bestimmt. Qualitätsmanagement bedeutet dabei, dass gut organisierte Arbeitsabläufe eine möglichst optimale Funktion und damit gute Qualität der Arbeitsergebnisse sichern. Das gilt sowohl für die **Projektorganisation** als auch für die **Organisation des Büros**. Systeme, die gewährleisten, dass ein Produkt oder eine Dienstleistung den festgelegten Anforderungen entspricht, werden als „Qualitätsmanagementsysteme" bezeichnet. Die Ausgestaltung des QM-Systems für das jeweilige Unternehmen bleibt grundsätzlich diesem selbst überlassen.

Projektorganisation

Organisation des Büros

16.2 Ziele des*der Architekt*in bzw. des Architekturbüros

Die Planung und Durchführung von Bauvorhaben gehört zu den Kernaufgaben von Architekt*innen. Dabei muss ein hohes Maß an **Qualität** (Summe der Bauherrenanforderungen an das Bauwerk) sichergestellt werden. Das zu erreichende Ziel ist die Werkleistung, die der*die Bauherr*in bei dem*bei der Architekt*in in Auftrag gegeben hat. Es ist also die Hauptaufgabe des*der Planer*in, eine systematische Vorgehensweise zu verwenden, um zu jedem Zeitpunkt des Planungs- und Durchführungsprozesses die geforderte Qualitätsanforderung des*der Auftraggeber*in zu sichern.

Darüber hinaus hat das Büro aus wirtschaftlichen Gründen in der Regel auch weitere Ziele wie beispielsweise (vgl. Merkblatt 265 Architektenkammer Baden-Württemberg, [2007]):
– Mehr Sicherheit in der Projektbearbeitung
– Fehlerminimierung

- Einfache Projektübergabe und Vertretung
- Leichte Einarbeitung neuer Mitarbeiter*innen
- Verbesserter Informationsfluss
- Vermeidung von Doppel- und Papierkorbarbeit
- Kontinuierliche Verbesserung
- Zuverlässige Selbsteinschätzung
- Außenwirkung gegenüber dem*der Auftraggeber*in
- Bessere Kooperation in Planungsgemeinschaften
- Sachliche Basis für Entscheidungsfindung
- Verbesserung des eigenen Kredit-Ratings (Nachweis durch Zertifizierung)

16.3 Aufbau eines QM-Systems

QM-System

Im Folgenden werden die wesentlichen Bestandteile eines **QM-Systems** zusammenfassend dargestellt. Die Systematik ist kompatibel mit der ISO 9000 [Merkblatt 265 Architektenkammer Baden-Württemberg 2007].

In einem prozessorientierten QM-System sollte man nicht von den einzelnen Elementen der Norm ausgehen, sondern von den konkreten Aufgaben des eigenen Unternehmens, z. B. eines Planungsbüros. Das QM-System (◘ Abb. 16.1) beinhaltet folgende drei Ebenen:

Handbuch

Das Handbuch gibt eine Grundstruktur vor, diese bietet eine zusammengefasste Darstellung aller Aufgabenbereiche sowie Normen und Ansprüche des Unternehmens. Damit sollten (potenzielle) Auftraggeber*innen, aber auch Mitarbeiter*innen und Planungspartner*innen adressiert und geleitet werden.

Verfahrensanweisungen

Die Verfahrensanweisungen beinhalten detaillierte Regelungen zu allen Arbeitsprozessen. Dabei wird in zwei Arten unterschieden:

16

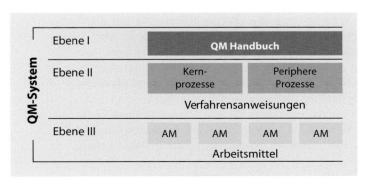

◘ **Abb. 16.1** Systematik der Ebenen im QM-System

Die Prozess-Verfahrensanweisungen (von besonderer Bedeutung bei den Kernprozessen, siehe Beispielgliederung) halten die einzelnen Schritte eines Prozesses fest. Sie werden Schritt für Schritt bearbeitet und dokumentiert.

In den Informations-Verfahrensanweisungen (vor allem für die peripheren Prozesse wichtig) wird der Umgang mit den Dokumenten und Daten, die in den Arbeitsprozessen entstehen sowie damit zusammenhängen, festgeschrieben.

Als Arbeitsmittel sind Checklisten, Formblätter und Mustervorlagen zu verstehen, die die tägliche Arbeit erleichtern. Diese sollten ausgefüllt und abgehakt werden, damit sie als Prüfmittel verwendet werden können.

Arbeitsmittel

Das Know-how des Büros fließt zu großen Teilen in die Verfahrensanweisungen und Arbeitsmittel ein, weswegen diese nicht zu unterschätzen sind.

In jeder Ebene sollte der Prozess genauer beschrieben und auf den*die jeweilige*n Benutzer*in zugeschnitten sein. So können beispielsweise die Verfahrensanweisungen für Projektleiter*innen und die Arbeitsmittel für Projektmitarbeiter*innen/Abteilungen angepasst werden.

Für die Gliederung der Dokumentation empfehlen sich bei Planungsbüros folgende fünf Hauptgruppen:

PHILOSOPHIE: Als eine Art Einleitung können hier die Geschichte und die Kernansprüche des Unternehmens angeführt werden.

VERANTWORTUNG DER LEITUNG: Hier werden Aufgabenbereiche der Unternehmensführung formuliert. Das Kapitel adressiert somit vorrangig die Geschäftsleitung.

KERNPROZESSE: Unter diesem Punkt wird der Geschäftsbereich beschrieben, mit dem das Büro sein „Geld verdient". Kernprozesse sind also diejenigen Prozesse, mit denen die Planungs- und Bauleitungsleistungen direkt erbracht werden.

PERIPHERE PROZESSE: Diese sind unterstützende Prozesse und betreffen Regelungen zum Umgang mit Dokumenten und Daten.

QM-REGELKREIS: Der QM-Regelkreis sorgt für die Erhaltung und laufende Verbesserung des Systems.

16.4 Kernprozesse im Architekturbüro

Die entscheidenden Prozesse in einem Architekturbüro (■ Tab. 16.1) stellt dieser Teil dar. Hier geht es um die planmäßige Erzeugung von Projektunterlagen und die Sicherung der Qualität bei der **Projektdurchführung** im Büro sowie auf der Baustelle. Jedes Büro und jede Abteilung bei größeren

Projektdurchführung

◘ Tab. 16.1   Gliederung für ein prozessorientiertes Handbuch im Architekturbüro

1	Verantwortung der Leitung		
	1.1	Unternehmensgeschichte	
	1.2	Anspruch und Leitlinien	
	1.3	Beschaffung	
	1.4	Weiterbildung	
	1.5	Innovationsprojekte	
2	Kernprozesse		
	2.1	Vertragsprüfung	
	2.2	Internes Projektmanagement und Projektleitung	
	2.3	Planungsleistungen	
		2.3.1	LP 1 Grundlagenermittlung
		2.3.2	LP 2 Vorplanung
		2.3.3	LP 3 Entwurfsplanung
		2.3.4	LP 4 Genehmigungsplanung
		2.3.5	LP 5 Ausführungsplanung
		2.3.6	LP 6 Ausschreibung
		2.3.7	LP 7 Vergabe
		2.3.8	LP 8 Objektüberwachung
		2.3.9	LP 9 Gewährleistung
		…	
3	Periphere Prozesse		
	3.1	Informationsaustausch	
	3.2	Leitsätze und Vorgehen bei der Materialerstellung	
		3.2.1	Für Pläne
		3.2.2	Für sonstige Unterlagen
		…	
	3.3	Anleitungen und Verwaltung	
		3.3.1	Aktenordnung Papier und Digital
		3.3.2	Archivierung
		3.3.3	EDV
		3.3.4	Bibliotheken
		3.3.5	Technische Geräte
		…	
4	QM-Regelkreis		
	4.1	QM-Dokumentation und QM-Aufzeichnungen	
	4.2	Umgang mit Fehlern und Verbesserung des QM-Systems	
	4.3	Internets Audit	
	4.4	Bewertung des QM-Systems	

16

Architekturpraxis
Fachgebiet Planungs- und Bauökonomie | Prof. Mertes

Projekt:
Datum:

LP 3   Entwurfsplanung | Architektur

Prüfliste für Lageplan / Außenanlagen

Ja Nein Bemerkung

Darstellung der Dachaufsicht   ☐ ☐ _____

Darstellung der benachbarten Bebauung   ☐ ☐ _____

Darstellung der Gebäudeaußenmaße   ☐ ☐ _____

Darstellung der Treppensteigungen im Außenbereich   ☐ ☐ _____

Darstellung der Rampenneigungen im Außenbereich   ☐ ☐ _____

Darstellung der verkehrstechnischer Erschließung   ☐ ☐ _____
(Zugängen / Zufahrten)

◼ **Abb. 16.2**   Ausschnitt der Checkliste der Leistungsphase 3 Teil Außenanlagen

Büros wird für die benötigten Aufgaben eigene Checklisten (◼ Abb. 16.2) entwickeln können, die eine maßgeschneiderte Hilfestellung liefern.

16.5 Grundsätze des QM nach DIN EN ISO 9000

Aus der Normreihe DIN EN ISO 9000ff lassen sich 8 Grundsätze herausstellen, die bei einem unternehmensbezogenen Qualitätsmanagement von Bedeutung sind.

16.5.1 Kundenorientierte Organisation

Es gilt, die Anforderungen ihrer Kund*innen zu übertreffen. Jede Organisation hängt von ihren Kund*innen ab, aus diesem Grund müssen dessen Anforderungen verstanden und erfüllt werden.

16.5.2 Führung

Es liegt in der Hand der Leitung, eine zielorientierte und einheitliche interne Organisationsstruktur festzulegen. Nur durch die klaren Vorgaben der Führungskraft können Mitarbeiter*innen sich vollständig auf das Erreichen der gesetzten Ziele konzentrieren und einheitliche Ergebnisse liefern.

16.5.3 Einbeziehung der Mitarbeiter

Um die Fähigkeiten eines jeden Einzelnen nutzen und aktivieren zu können, ist es wichtig, diese in alle für die Zielerreichung relevanten Arbeitsprozesse einzubeziehen.

16.5.4 Prozessorientiertheit

Wenn Mittel und Tätigkeit als Prozess verstanden werden, kann das angestrebte Ergebnis effizienter erreicht werden.

16.5.5 Systemorientiertes Management

Die Zugkraft und Effizienz eines Unternehmens kann durch das Erkennen, Verstehen und Leiten eines Systems, das verschiedene Prozesse zusammenführt, gesteigert werden.

16.5.6 Kontinuierliche Steigerung

Ein Unternehmen sollte stets bestrebt sein, sich zu verbessern.

16.5.7 Sachliche Konzepte der Entscheidungsfindung

Logische und intuitive Daten- und Informationsanalysen führen zu wirksamen Entscheidungsprozessen.

16.5.8 Positive Synergien aus Lieferantenbeziehungen

Die Werteproduktion aus einer Unternehmen-Lieferanten-Beziehung kann durch das Erkennen des gegenseitigen Nutzens gesteigert und besser ausgeschöpft werden.

16

16.6 Begriffssammlung QM

Für das Verständnis der Inhalte des Qualitätsmanagements nach DIN EN ISO 9000ff bedarf es einiger weniger Grundbegriffe, die im Folgenden knapp angeführt werden.

Audit: Ist eine Untersuchung, die systematisch und unabhängig überprüft, ob eine Optimierung der Handlungsabläufe nötig ist.

Lieferant*in: Ist die Organisation, die dem*der Kund*in ein Produkt generiert.

Produkt: Ist das Ergebnis der Tätigkeiten und Prozesse der Lieferant*innen. Im Architekturbüro steht „Produkt" für die geschuldete Werkleistung der Architekt*innen.

Qualität: Bezieht sich stets auf die erbrachte Leistung und wird dabei durch die Kund*innenzufriedenheit bestimmt.

Qualitätsaudit: Ist eine Untersuchung, die qualitätsbezogene Tätigkeiten und die daraus resultierenden Produkte systematisch auf die Anforderung der Kund*innen überprüft. Dabei geht es um das Revidieren der Arbeitsprozesse in Hinblick auf Effektivität und Qualität.

Qualitätsmanagementsystem (QMS): Ist die Gesamtheit aus der Organisationsstruktur, Kompetenzbereiche, Verfahren und die dafür benötigten Arbeitsmittel.

Qualitätsplanung: Ist projekt- oder vertragbezogen. Sie bestimmt die projekt- und qualitätsbezogenen Arbeitsmittel, Methoden sowie den Prozessablauf.

Review: Ist eine formelle Beurteilung der einzelnen Einheiten.

Quellennachweis

Zitierte Literatur

Merkblatt Nr. 265 der Architektenkammer Baden-Württemberg, 10/2007
Normenreihe DIN EN ISO 9000ff (2000)

Weiterführende, empfohlene Literatur

Brüggemann, H; Bremer, P: Grundlagen Qualitätsmanagement – Kapitel 1: Einführung und Überblick; Kapitel 3: Methoden des Qualitätsmanagements, Wiesbaden, 2015.
Kochendörfer, B; Liebchen, J; Viering M: Bau- Projekt- Management – Grundlagen und Vorgehensweisen, Kapitel 7: Grundlagen des Qualitätsmanagements, Berlin, 2010.

Downloads zum Buch unter ▶ **www.architekturpraxis.de/downloads**

Muster eines QM-Inhaltsverzeichnisses

Muster-Checklisten zu Leistungsphasen

Die Arbeitsmittel finden Sie unter ▶ www.architekturpraxis.de/downloads als frei verfügbare Downloads. Die Checklisten entsprechen der Gliederung der Leistungsphasen in der HOAI. Diese Checklisten unterstützen Sie als Starthilfe bei der Projektbearbeitung im Büro. Da die Abläufe im Büro jedoch grundsätzlich nicht der Leistungsbeschreibung der HOAI-Phasen entsprechen müssen, sollten Sie jeweils eine individuelle Anpassung entsprechend der Bürophilosophie vornehme

16

Honorarermittlung nach HOAI

Clemens Schramm

K. Wellner und S. Scholz (Hrsg.), *Architekturpraxis Bauökonomie*,
https://doi.org/10.1007/978-3-658-41249-4_17

Inhaltsverzeichnis

Inhalt des Kapitels
- Sinn und Zweck der HOAI
- Historisches – Was sollen wir verdienen?
- Leistungsbilder und Vertragsschluss
- HOAI und Architektenvertrag Honorarermittlung – Welche Honorarparameter sind wichtig?
- Vergleich Honorar – Stundenaufwand (Honorardeckung)
- HOAI-Spezial – Welche Besonderheiten gibt es?
- Zusammenfassung und Zukunft der HOAI

17.1 Einführung – Sinn und Zweck der HOAI

Die Berechnung der Honorarordnung für Architekt*innen und Ingenieur*innen der Entgelte für Leistungen von Architekt*innen und Ingenieur*innen war bisher in der **Honorarordnung für Architekten und Ingenieure** (kurz: **HOAI**), zuletzt in der Fassung 2013 vom 10.07.2013, in Kraft getreten am 17.07.2013, verbindlich festgelegt. Die Verordnung über die Honorare für Architekt*innen- und Ingenieur*innenleistungen ist aufgrund der §§ 1 und 2 des Gesetzes zur Verbesserung des Mietrechts und zur Begrenzung des Mietanstiegs (kurz: MRVG) sowie zur Regelung von Ingenieur- und Architektenleistungen (kurz: GIA) vom 4. November 1971 (durch Artikel 1 des Gesetzes vom 12. November 1984 geändert), von der Bundesregierung erlassen worden. Mit Geltung vom 01.01.2021 ist aufgrund europarechtlicher Vorgaben eine nun unverbindliche Preisempfehlung zur Honorarorientierung für die in der HOAI 2021 erfassten Leistungen verordnet.

Honorarordnung für Architekten und Ingenieure HOAI

HOAI
Die Fassungen davor galten ab dem 18.08.2009 bzw. ab dem 01.01.1996 (mit Umstellung auf Euro-Werte zum 01.01.2002). Das von Architekt*innen zu erzielende **Honorar** war als sog. bindendes Preisrecht auf Grundlage der Baukosten (nach HOAI sog. **anrechenbare Kosten,** s. u.) zu ermitteln. Die HOAI galt nicht nur für Architekt*innen und Ingenieur*innen, sondern für alle Leistungen, für die in der HOAI ein Honorar innerhalb der Tafelwerte bzw. der zulässigen Honorarspannen geregelt war. D. h. die HOAI galt nicht berufsbezogen, sondern leistungsbezogen. Wichtig ist, dass die HOAI zuletzt nur für Leistungen galt, die im Inland erbracht werden (sog. Inländer-HOAI). Seit 2021 ist die HOAI kein Preisrecht mehr, sondern nur noch eine

Honorar

anrechenbare Kosten

Preisempfehlung. Das ergibt sich aus § 1 – Anwendungsbereich der HOAI 2021:

» *„Diese Verordnung gilt für Honorare für Ingenieur- und Architektenleistungen, soweit diese Leistungen durch diese Verordnung erfasst sind. Die Regelungen dieser Verordnung* **können** *zum Zwecke der Honorarberechnung einer Honorarvereinbarung zugrunde gelegt werden."* (**Hervorhebung** durch den Verfasser.)

Die weiteren Bestimmungen der HOAI sind gegenüber der Fassung aus 2013 weitgehend unverändert geblieben (bis auf notwendige Anpassungen aufgrund jetziger Preisempfehlung). In der Praxis werden die Bestimmungen der HOAI 2021 überwiegend noch angewendet; es bedarf dazu jedoch einer übereinstimmenden Willenserklärung der Vertragsparteien, sprich Architekturbüro und Bauherr*innenschaft.

Die HOAI wurde 1977 auf Betreiben des Bundeswirtschaftsministeriums aufgrund eines positiven Votums des Bundestags sowie mit Zustimmung des Bundesrats als Verordnung erlassen. Vorläufer der HOAI sind u. a. die GOA für Architekt*innen und die GOI/LHO für Ingenieur*innen. Erste Honorartafeln stammen aus der Zeit Mitte des 19. Jahrhunderts, als die Planer immer weniger auf der Baustelle und mehr am Schreibtisch arbeiteten und sich die Honorarfrage neu stellte.

17.2 Historisches – Was sollen wir verdienen?

17.2.1 Antike und Mittelalter

Vitruv

Aus der Antike sind keine Honorar- bzw. Gebührenordnungen überliefert. Wohl gibt es aber vereinzelt Hinweise zur Vergütung von Planungsleistungen, insbesondere im Zusammenhang mit Kostenermittlungen und Haftungsfragen. Eine allgemeingültige Festlegung zur Honorarberechnung ist der Literatur bzw. den einschlägigen Quellen, wie etwa den sog. 10 Büchern über Architektur von **Vitruv** (De architectura libri decem, Erstveröffentlichung 1486) jedoch nicht zu entnehmen. Auch in dem Renaissance-Traktat von **Alberti,** das sich auf die Antike bezieht, sind keine diesbezüglichen Regelungen enthalten („De Re Aedificatoria", deutsch: Zehn Bücher über die Baukunst, erstmals 1485 publiziert).

Alberti

Während das Mittelalter noch dem Zunftwesen mit seiner Verknüpfung von Bau- und Planungsleistungen verhaftet war und die Vergütung über die realisierte (Bau-)Leistung erfolgte, begann in der Renaissance die Trennung von Planung und Realisierung. Durch die Herausbildung des Typus des Künstlerarchitekten und die beschriebene Trennung waren die Architekten gezwungen, ihre konzeptionellen Gebäudeentwürfe in Zeichnungen darzustellen. Der Architekt wurde also vom Baustellen-Architekten (auf der für einzelne Bauteile auch Pläne angefertigt wurden) zum Schreibtisch-Architekten. Zumindest bei großen Bauvorhaben, wie etwa dem Bau von St. Peter in Rom, erhielt der Chefarchitekt ein vertraglich vereinbartes Gehalt. Die „Hausarchitekten" bedeutender Familien bekamen regelmäßige Zuwendungen und Geschenke für vorgelegte Entwürfe oder die geglückte Fertigstellung eines Bauwerks.

17.2.2 Gebührenordnungen: Boom ab dem 19. Jahrhundert

Die Entwicklung der **Gebührenordnungen** ab der Mitte des 19. Jahrhunderts steht in auffälliger zeitlicher Koinzidenz zum Entstehen eines autonomen Architekt*innenberufes, sodass sich zwangsläufig die Frage nach der Honorierung von Architekt*innenleistungen stellen musste. Es ist daher vermutlich kein Zufall, dass zu dieser Zeit die ersten allgemeingültigen Gebührenordnungen formuliert und in Fachkreisen sowie den entstehenden Berufsverbänden diskutiert wurden. Für den Beruf des*der sich gegen Ende des 19. Jahrhunderts herausbildenden freien (später freiberuflichen) Architekt*in war die Frage der Honorierung auf einer allgemeingültigen Grundlage weithin ungelöst. Die neue Lage der Architekt*innen kann als entscheidender Anstoß für das Aufkommen von Gebühren- bzw. Honorarordnungen für Architektenleistungen verstanden werden. ◘ Tab. 17.1 zeigt alle Gebührenordnungen seit Mitte des 19. Jahrhunderts bis zur GOA 1950.

Gebührenordnungen

17.2.3 Die HOAI-Fassungen von 1977 bis 2021

Folgende Fassungen der HOAI sind seit ihrer Einführung 1977 verabschiedet worden (in Klammern Geltungsbeginn, d. h. für alle nach dem jeweiligen Datum geschlossenen Architektenverträge gilt die jeweilige HOAI-Fassung) (◘ Tab. 17.2):

Der Vorläufer der heutigen Honorarordnung wurde 1977 auf Grundlage eines Gutachtens von Prof. Dr. **Pfarr**/TU Berlin eingeführt. Wesentlicher Auftrag dieses Gutachtens

Pfarr

◻ **Tab. 17.1** Gebühren-/Honorarordnungen bis 1950 im Überblick

JAHR	BEZEICHNUNG
1855	Hannoveraner Vorschlag zu einer Vergütung für baukünstlerische Leistungen
1864	Stuttgarter Vorschlag zu einer Norm für Belohnung der Architekten
1868 (24.08.1868)	Berliner Vorschlag zum Honorar für baukünstlerische Arbeiten
1868 (02.09.1868)	Norm zur Berechnung des Honorars für architektonische Arbeiten (nach dem Versammlungsort als sog. „Hamburger Norm" bezeichnet)
1871	Annahme und Bestätigung der o. g. Norm von der I. Abgeordneten-Versammlung des Verbandes deutscher Architekten- und Ingenieur-Vereine
1888	Norm zur Berechnung des Honorars für Arbeiten des Architekten und des Ingenieurs (Mai 1888)
1901	Gebührenordnung der Architekten und Ingenieure (Jan./Feb. 1901)
1920	Gebührenordnung der Architekten (ab 01.01.1920)
1921	Gebührenordnung der Architekten (ab 01.10.1921)
1923	Gebührenordnung der Architekten (vom 01.07.1923)
1926	Gebührenordnung der Architekten (ab 01.07.1926)
1932	Gebührenordnung der Architekten (ab 01.07.1932)
1935	Gebührenordnung der Architekten (ab 15.07.1935)
1937	Gebührenordnung der Architekten (ab 01.06.1937)
1942	Neue Gebührenordnung der Architekten (GOA, vom 15.08.1942)
1950	Gebührenordnung für Architekten (GOA, vom 13.10.1950)

17

(unter Mitarbeit von Arlt/Hobusch) im Auftrag des Bundesministerium für Wirtschaft war zum einen die Ausarbeitung eines neuen Leistungsbildes vor allem für Architekten (weitere Leistungsbilder für Ingenieure folgten in späteren Novellierungen, s. u.) und zum anderen die honorarmäßige Bewertung dieser Leistungen. Das erarbeitete Leistungsbild für Architekten hat seinen Niederschlag in § 15 der „alten" HOAI [von 1977–2002; HOAI 2009: § 33 und Anlagen, HOAI 2013/2021 § 34 und Anlagen] gefunden, während die Honorartafel des § 16 der „alten" HOAI [HOAI 2009: § 34, HOAI 2013/2021: § 35] die honorarmäßige Bewertung enthält. Die erstmals 1977 eingeführten Grundzüge gelten somit weiterhin.

◻ **Tab. 17.2** Gebühren-/Honorarordnungen von 1977 bis 2013 im Überblick	
1977	Honorarordnung für Architekten und Ingenieure (ab 01.01.1977)
1985	HOAI, 1. Änderungsverordnung (ab 01.01.1985)
1985	HOAI, 2. Änderungsverordnung (ab 14.06.1985)
1988	HOAI, 3. Änderungsverordnung (ab 01.04.1988)
1991	HOAI, 4. Änderungsverordnung (ab 01.01.1991)
1996	HOAI, 5. Änderungsverordnung (ab 01.01.1996)
2002	HOAI 1996 (ab 01.01.2002, nur Umstellung auf Euro-Werte)
2009	HOAI 2009 (ab 18.08.2009)
2013	HOAI 2013 (ab 17.07.2013)
2021	HOAI 2021 (mit Geltung ab 01.01.2021)

Bei Einführung 1977 enthielt die HOAI neben den allgemeinen Regelungen Bestimmungen zu den Leistungen und Honoraren für Architektur, Freianlagen sowie Innenarchitektur, Gutachten und Wertermittlung, Städtebau und Landschaftsplanung und Tragwerksplanung. Erst 1985 wurden die Leistungen und Honorare für Ingenieurbauwerke und Verkehrsanlagen sowie Haustechnik, Bauphysik, Schallschutz/Raumakustik, Erd- und Grundbau und Vermessung in die HOAI eingefügt. 1988 wurde der Anwendungsbereich der HOAI ausgeweitet auf Landschaftsrahmenpläne, Umweltverträglichkeitsstudien sowie Pflege- und Entwicklungspläne. 1991 schließlich wurden Leistungen und Honorare der Verkehrsplanung in die HOAI aufgenommen. Mit der umfassenden Novellierung 2009 wurden die sog. Beratungsleistungen aus dem bindenden Preisrecht genommen (vgl. u.).

17.2.4 Geltungsbereich der HOAI 2013/2021

Die HOAI regelte bis Ende 2020 für häufig vorkommende Leistungen das dafür zu zahlende Honorar. Wenn andere Leistungen vereinbart wurden als in der HOAI umschrieben, konnte das Honorar dafür grundsätzlich frei vereinbart werden. Dies galt seit der HOAI 2009 auch für sog. Besondere Leistungen, die in der insoweit unverbindlichen Anlage zur HOAI beschrieben sind. Als nicht von der HOAI erfasste Leistungen für Architekt*innen und Ingenieur*innen kamen u. a. in Betracht:

- selbstständige, von anderen Leistungen losgelöste, isolierte Beratungstätigkeiten,
- Projektsteuerungsleistungen,
- Erstellung von Gutachten,
- Leistungen öffentlich bestellter Vermessungsingenieure,
- Leistungen von Sonderingenieur*innen, die sich z. B. mit der Planung von Leitsystemen für den Verkehr in Einkaufsmärkten, Krankenhäusern o. ä. befassen, sofern der*die Leistende nicht schon Grundleistungen nach der HOAI erbringt, zu denen diese speziellen Leistungen nur hinzutreten,
- Leistungen, die auf die Planung von Messeständen, Festzelten, Wohnwagen und Baubuden gerichtet sind, da die genannten Objekte mangels fester Verbindung mit dem Erdboden keine Bauwerke und damit auch keine Gebäude im Sinne der HOAI darstellen.

Seit 01.01.2021 ist die HOAI nur noch eine Preisempfehlung, die für die dort verordneten Leistungen eine Honorarempfehlung abgibt. Gleichwohl wird die HOAI als Vertragsgrundlage überwiegend angewendet, sodass die folgenden Ausführungen sich darauf beziehen. Es sei aber darauf hingewiesen, dass eine freie Preisvereinbarung für Architekt*innen grundsätzlich möglich ist.

Leistungen Es handelt sich bei diesen **Leistungen** um solche, die von Architekt*innen und Ingenieur*innen erbracht werden können, ohne dass diese in der HOAI zum Anknüpfungspunkt der dort zwingenden gebührenrechtlichen Vorschriften gemacht werden.

Alle anderen in Betracht kommenden Architekt*innenleistungen und auf die Errichtung von Gebäuden bezogenen Ingenieur*innenleistungen sind demgegenüber von der HOAI erfasst. Die HOAI ist wie folgt aufgeteilt:
- Teil 1 – Allgemeine Vorschriften (§§ 1–16)
- Teil 2 – Flächenplanung (§§ 17–32)
- Teil 3 – Objektplanung (§§ 33–48)
- Teil 4 – Fachplanung (§§ 49–56)
- Teil 5 – Übergangs- und Schlussvorschriften §§ 57–58)
- Anlagen (1 bis 15)

17

Leistungsbilder Als **Leistungsbilder** der Architekt*innen und Ingenieur*innen, für die ein Honorar geregelt ist, nennt die HOAI:
- Leistungen der Bauleit- und Landschaftsplanung
- Leistungen bei Gebäuden
- Leistungen bei Innenräumen
- Leistungen bei Freianlagen

— Leistungen bei Ingenieurbauwerken und Verkehrsanlagen
— Leistungen bei der Tragwerksplanung
— Leistungen bei der technischen (Gebäude-)Ausrüstung.

Bei den vorgenannten Leistungsbildern waren die Bestimmungen der HOAI bis Ende 2020 zwingend einzuhalten. Ein Verstoß führte zu keinen strafrechtlichen Konsequenzen (z. B. Gefängnis), konnte aber berufsrechtliche Folgen bis zum Ausschluss aus der Architektenkammer nach sich ziehen. Zu beachten ist, dass das bindende Preisrecht nur innerhalb der jeweiligen Grenzen der Honorartafelwerte griff. Bei Architekt*innen etwa waren daher alle Honorare mit anrechenbaren Kosten in Höhe von 25.000 bis 25.000.000 € verbindlich nach der HOAI zu ermitteln. Bei den anderen Leistungsbildern gelten die angegebenen Grenzen der jeweiligen Honorartafeln.

Die folgenden Leistungsbilder waren als sog. Beratungsleistungen in der HOAI 2013 in den Anlagen genannt, das Honorar für diese Leistungen war jedoch frei vereinbar:
— Leistungen für thermische Bauphysik
— Leistungen zur Schallschutz- und Raumakustik
— Leistungen der Bodenmechanik, Erd- und Grundbau
— Vermessungstechnische Leistungen.

Die freie Vereinbarung konnte, aber musste nicht, vor Leistungsbeginn erfolgen und wird üblicherweise über Pauschalhonorar, über Maximalhonorare oder über Stundensätze in Verbindung mit dem voraussichtlichen Stundenaufwand vergütet.

Seit 01.01.2021 sind die Honorare für Architekt*innenleistungen (gleich ob Grundleistungen oder Besondere Leistungen) grundsätzlich frei vereinbar, die Bestimmungen und Honorartafeln haben nur noch empfehlenden Charakter, auch wenn ihre Anwendung in der Praxis der Regelfall und prinzipiell auch anzuraten ist.

17.3 Leistungsbilder und Vertragsschluss

Die HOAI umschreibt eine Vielzahl von Leistungsbildern der am Bau tätigen Planungsbüros. Wichtig ist, dass die Leistungsbilder der HOAI keine **Beschreibung** der im Einzelfall vorzunehmenden Tätigkeiten darstellt. Typisch ist die Prozesshaftigkeit der Planung und der Realisierung eines Bauwerks, wie auch in der HOAI beschrieben und im sog. Pfarr-Gutachten zur Einführung der HOAI intendiert:

> **Wichtig**

Das Leistungsbild dieser Honorarordnung wurde erstmals ‚prozessorientiert' dargestellt und damit in den gesamten Planungs- **und** Bauablauf eingeordnet. Die Leistungsphasen 1–9 stellen in Tätigkeitsbündel zusammengefasste Einzeltätigkeiten dar, deren Bezeichnung ergebnisorientiert formuliert ist und für alle Planer*innen einheitliche Titel darstellt, unter denen er seine Einzeltätigkeiten subsumieren kann (integrierte Planung). Bei der Auflistung der Tätigkeiten muss davon ausgegangen werden, dass eine Honorarordnung, wenn sie nicht in kürzester Zeit überholt sein soll, nur **umschreibenden** Charakter haben kann. […] Das bedeutet nicht, dass für einen bestimmten Auftrag die **Um**schreibung der Honorarordnung nicht zur **Be**schreibung werden kann.

[s. Pfarr et al., 1975, S. 25] (**Hervorhebungen** durch die Autoren).

17.3.1 Die Leistungsbeschreibung am Beispiel der Entwurfsplanung

Entwurfsplanung

Mit der **Entwurfsplanung** soll die Vorplanung fortgeführt werden. Erkenntnisse aus dem Planungsprozess und den Abstimmungen mit Auftraggeber*innen bzw. **Bauherr*innen** sollen in den Entwurf aufgenommen werden. Es soll eine vollständig vermaßte Planung vorgelegt werden, die keine grundsätzlichen Fragen mehr offenlässt (insoweit die Nutzer*innenanforderungen entsprechend klar benannt sind). Die Entwurfsplanung soll zudem grundsätzlich genehmigungsfähig sein, damit die LPH 4 – Genehmigungsplanung darauf aufgesetzt und der Bauantrag eingereicht werden kann. Die Bauvorlagezeichnungen werden zu diesem Zweck um alle erforderlichen planungs- und bauordnungsrechtlichen Angaben ergänzt.

Bauherr*innen
DIN 1356

Nach **DIN 1356** – Bauzeichnungen (DIN 1356-1: Fassung 1995-02) sind Entwurfszeichnungen der Objektplanung Bauzeichnungen mit zeichnerischen Darstellungen des durchgearbeiteten Planungskonzeptes der geplanten baulichen Anlage. Entwurfszeichnungen berücksichtigen die Belange anderer an der Planung fachlich Beteiligter und lassen die Gestaltung und Konstruktion erkennen. Maßstäbe sind nach Art und Umfang der Bauaufgabe zu wählen, im Regelfall 1:100, gegebenenfalls 1:200. Die weitergehende Ausführungsplanung mit Darstellung einer ausführungsreifen Lösung wird in der Regel im Maßstab 1:50 oder größer dargestellt und soll alle für die Ausführung notwendi-

17

gen Einzelangaben enthalten; sie dient als Grundlage für die Leistungsbeschreibungen und die Bauleistungen.

In den Grundrissen der Entwurfsplanung Architektur sollten im Regelfall enthalten sein:
- Nordpfeil bzw. Angabe der Ausrichtung
- Angaben zur Erschließung
- Bemaßung auf dem Grundstück mit Höhenangaben sowie Achsangaben
- Angaben zur Raumnutzung mit lichten Maßen der Räume sowie Flächenangaben und ggf. Raumnummern
- Darstellung von Tür-/Fensteröffnungen und der Gebäudezugänge
- Darstellung von Treppen und Rampen mit Laufrichtung und Steigungsverhältnissen
- Angabe/Darstellung der Materialien des Roh- und Ausbaus
- Darstellung von Schornsteinen, Kanälen und Schächten
- Bauliche Angaben zum technischen Ausbau, betrieblichen Einbauten und (festen) Möblierungen bzw. Belegungs-/Nutzungsplanung.

Die Schnitte der Entwurfsplanung Architektur sollten im Regelfall enthalten
- Geschosshöhen, lichte Raumhöhen
- Höhenangaben, Lage im Gelände
- Angabe/Darstellung der Materialien, insbesondere des Rohbaus, soweit nicht aus den Grundrissen hervorgehend.

Die Ansichten der Entwurfsplanung Architektur sollten im Regelfall enthalten:
- Höhenangaben, Lage im Gelände
- Darstellung der Fassadengliederung, Angabe der Fenster- und Türenaufteilung außen
- Darstellung der technischen Aufbauten wie Schornsteine, Schächte etc., Dachüberstände
- ggf. Angaben zu Dachrinnen und Regenfallrohren.

Als **Grundleistungen** der LPH 3 – Entwurfsplanung sind in der HOAI 2021 genannt [vgl. § 34 i. V. mit Anlage 10.1]:   **Grundleistungen**
a) Erarbeiten der Entwurfsplanung, unter weiterer Berücksichtigung der wesentlichen Zusammenhänge, Vorgaben und Bedingungen (zum Beispiel städtebauliche, gestalterische, funktionale, technische, wirtschaftliche, ökologische, soziale, öffentlich-rechtliche) auf der Grundlage der Vorplanung und als Grundlage für die weiteren Leistungsphasen und die erforderlichen öffentlich-rechtlichen Geneh-

migungen unter Verwendung der Beiträge anderer an der Planung fachlich Beteiligter

Zeichnungen nach Art und Größe des Objekts im erforderlichen Umfang und Detaillierungsgrad unter Berücksichtigung aller fachspezifischer Anforderungen, zum Beispiel bei Gebäuden im Maßstab 1:100, zum Beispiel bei Innenräumen im Maßstab 1:50 bis 1:20.

b) Bereitstellen der Arbeitsergebnisse als Grundlage für die anderen an der Planung fachlich Beteiligten sowie Koordination und Integration von deren Leistungen

c) Objektbeschreibung

d) Verhandlungen über die Genehmigungsfähigkeit

e) Kostenberechnung nach DIN 276 und Vergleich mit der Kostenschätzung

f) Fortschreiben des Terminplans

g) Zusammenfassen, Erläutern und Dokumentieren der Ergebnisse.

Leistungsphasen

Im Vergleich mit den in DIN 1356 genannten Anforderungen an die Plandarstellung bzw. die üblichen Planinhalte wird somit deutlich, dass die HOAI in den Leistungsbildern nur allgemeine Angaben zu den zu erbringenden Planungsleistungen enthält. Die in den **Leistungsphasen** genannten Grundleistungen decken häufig nicht den gesamten Leistungsbedarf ab. Beispielsweise wird auch die Teilnahme an Planungsbesprechungen nicht ausdrücklich erwähnt, auch wenn sie natürlich normalerweise stets notwendig ist, um die verschiedenen Planungen zu koordinieren.

Eine noch genauere Beschreibung der Entwurfsplanung ermöglichen daher weitergehende und detaillierte Beschreibungen der Planungsleistungen. Dazu wird ergänzend als Arbeitshilfe das Buch von Wingsch (bearbeitet von Richter/Schmidt), Leistungsbeschreibungen und Leistungsbewertungen zur HOAI, 4. Auflage 2018 herangezogen, um die üblicherweise zu erbringenden Einzeltätigkeiten zu illustrieren. Dies sei in ◘ Tab. 17.3 anhand der ersten Grundleistung der LPH 3 (=3a) näher dargestellt (a. a. O., S. 115 ff.). Anhand der laufenden Nummern 001–014 wird ersichtlich, welche Leistungen im Einzelnen von Architekt*innen im Zuge der Gebäudeplanung erbracht werden müssten, immer vorausgesetzt, die Leistungen sind so zwischen Bauherr*in (=Auftraggeber*in) und Architekt*in (=Auftragnehmer*in) vertraglich wirksam vereinbart:

17

▣ Tab. 17.3   Darstellung Einzeltätigkeiten der Entwurfsplanung (Wingsch et al. 2018)

3.a)	**Erarbeiten der Entwurfsplanung, unter weiterer Berücksichtigung der wesentlichen Zusammenhänge, Vorgaben und Bedingungen**
	(z. B. städtebauliche, gestalterische, funktionale, technische, wirtschaftliche, ökologische, soziale, öffentlich-rechtliche) auf der Grundlage der Vorplanung und als Grundlage für die weiteren Leistungsphasen und die erforderlichen öffentlich-rechtlichen Genehmigungen unter Verwendung der Beiträge anderer an der Planung fachlich Beteiligter
	Zeichnungen nach Art und Größe des Objektes im erforderlichen Umfang und Detaillierungsgrad unter Berücksichtigung aller fachspezifischer Anforderungen, z. B. bei Gebäuden im Maßstab 1:100
001.	Stufenweises Weiterentwickeln der zeichnerischen Darstellung der durch den Auftraggeber als Ergebnis der Vorplanung ausgewählten Lösungsmöglichkeit des Bauvorhabens unter Einbeziehung der Beiträge der anderen an der Planung Beteiligten in Form von:
	01. Zweckentsprechenden Grundrissen mit allen Nutzungs- und Funktionsdarstellungen bzw. Einrichtungsvorschlägen
	02. Zweckentsprechenden Schnitten und Höhenabwicklungen als charakteristische Längs- und Querschnitte
	03. Zweckentsprechenden Ansichten und Erscheinungsbilddarstellungen
	04. Einem zweckentsprechenden Lageplan zur Darstellung der Einbindung in die Umgebung (städtebaulicher Übersichtslageplan)
	05. Einem zweckentsprechenden Lageplan zur Darstellung der Grundstückssituationen (Abstände/Grenzen) und Nachbarbebauungen (bauplanungsrechtlicher Lageplan)
	06. Einem zweckentsprechenden Lageplan mit Darstellung der möglichen (technischen) Erschließung und der möglichen Außenanlagensituation (technischer Übersichtsplan)
002.	Eintragen von sinnvollen Typenbezeichnungen und Nummerierungen der Räume etc. in die jeweiligen Planunterlagen nach Abstimmung mit dem Auftraggeber
003.	Verschiedenfarbiges Darstellen der Flächennutzungsarten in den jeweiligen Planunterlagen zur Erleichterung der Erkennbarkeit für den Auftraggeber
004.	Tabellarisches Auflisten der Räume mehrfach wiederkehrender Raumtypen und Erstellen eines für die nachfolgenden Planungsstufen zweckgeeigneten Raumtypenbuches
005.	Fortschreiben des Zeichnungsschriftfeldes (Zeichnungsfahne) und Abstimmen dieser Fortschreibung mit den anderen an der Planung fachlich Beteiligten
006.	Fortschreiben der Achsraster und Abstimmen dieser Fortschreibung mit den anderen an der Planung fachlich Beteiligten
007.	Abstimmen der Planungsergebnisse mit dem Auftraggeber
008.	Darstellen von notwendigen bzw. geforderten Ausgleichs- und Ersatzmaßnahmen zur Berücksichtigung der Auswirkungen der Baumaßnahme auf den Naturhaushalt und das Landschaftsbild
009.	Erarbeiten einer geometrisch eindeutig fixierten/vermaßten und maßstabsgerechten zeichnerischen Darstellung des Bauvorhabens unter Einbeziehung aller Beiträge der anderen an der Planung fachlich Beteiligten in Form von:
	01. (allen) zweckentsprechenden Grundrissen mit eindeutigen geometrisch belastbaren Nutzbarkeitsnachweisen (übergeordnete Möblierungsdarstellung) von allen Räumen und Bereichen und (technischen) Funktionsdarstellungen im objektgeeignetem Maßstab

(Fortsetzung)

□ Tab. 17.3 (Fortsetzung)

3.a)		Erarbeiten der Entwurfsplanung, unter weiterer Berücksichtigung der wesentlichen Zusammenhänge, Vorgaben und Bedingungen
	02.	Allen zweckentsprechenden Ansichten und Erscheinungsbilddarstellungen im objektgeeigneten Maßstab
	03.	Allen zweckentsprechenden Schnitten im objektgeeigneten Maßstab
	04.	Allen textlichen Ergänzungen der Planungsinhalte, soweit sie aus den Zeichnungen nicht ersichtlich sind
	05.	Einem zweckentsprechenden Lageplan mit zusammenfassender Darstellung der (technischen) Erschließung und der Außenanlagensituation im objektgeeigneten Maßstab
	06.	Einem zweckentsprechenden Lageplan der Baustelleneinrichtung im objektgeeigneten Maßstab, in dem mindestens die allgemeine Baustelleneinrichtung, die Anzahl und Lage der Baustellenzufahrten und die Baustellenlagerflächen, der Ort der Aufstellung der Bauschuttcontainer, die bauliche Ausbildung von Bauabschnitten zur bautaktweisen Realisierung, die entsprechend den Vorgaben der Bau-Berufsgenossenschaft erforderlichen allgemeinen Baustellenschutzvorrichtungen und die Standorte der Baustromverteiler und der Bauwasseranschlüsse dargestellt sind
010.		Fortschreiben der Typenbezeichnungen und Nummerierungen der Räume etc. in die jeweiligen Planunterlagen nach Abstimmung mit dem Auftraggeber
011.		Erarbeiten von Materialbelegungsplänen (Grundrisszeichnungen mit Angabe der Art und Qualität der Oberflächenbeläge für Boden, Wand und Decke) und abstimmen der Art und Qualitäten mit dem Auftraggeber
012.		Darstellen und Erläutern von Veränderungen gegenüber der Vorplanung gegenüber dem Auftraggeber
013.		Einholen der Zustimmung des Auftraggebers zu Veränderungen gegenüber der Vorplanung
014.		Entwickeln von Leitdetails für wesentliche und kostenrelevante Konstruktionen, Bauteile, Einbauten unter Einbeziehung aller Beiträge der anderen an der Planung fachlich Beteiligten

17.4 HOAI und Architektenvertrag

Architektenvertrag

Architektenvertrag
Grundsätzlich herrscht nach BGB (Bürgerliches Gesetzbuch) Vertragsfreiheit, d. h. man kann sich mit dem*der Bauherr*in (=Auftraggeberin der Architektin) über alles verständigen und dies im Vertrag festhalten. Der Vertrag kann schriftlich (zu empfehlen), mündlich oder durch sog. konkludentes (=schlüssiges) Verhalten geschlossen werden. Will man als Planer*in ein höheres Honorar als den mindestempfohlenen Basishonorarsatz erhalten, hat eine Vereinbarung in Textform zu erfolgen (vgl. § 7 Abs. 1 HOAI 2021). Verbraucher sind zudem darauf hinzuweisen, dass abweichende Honorare vereinbart werden können (vgl. § 7 Abs. 2 HOAI 2021). Die HOAI ist nicht dafür da, den Vertragsparteien die Verständigung über die Einzelheiten des Vertrags abzunehmen.

17

Die zwischen dem*der Auftraggeber*in (Bauherr*in oder Baufirma) und dem*der Auftragnehmer*in (Architekt*in bzw. Ingenieur*in) vertraglich zu vereinbarenden Leistungen sollten daher Festlegungen hinsichtlich des Leistungsziels, des Leistungsumfangs und der Leistungszeit enthalten. Mit dem Leistungsziel wird festgelegt, **was** geplant und gebaut werden soll. Durch Vereinbarung des Leistungsumfangs wird definiert, **wie** dieses Ziel erreicht werden soll. Unter Berücksichtigung von Ziel und Umfang der Leistungen kann bestimmt werden, **wann** die Leistungen erbracht werden sollen.

Die HOAI alleine kann, dies ist eine Binsenweisheit unter Bau- und Architektenrechtler*innen, das Leistungsbild des/der Architekten*in (gilt analog für Ingenieur*innen; nachfolgend primär auf Architekt*innen bezogen) nicht exakt beschreiben, da die Beschreibung in der HOAI (seit der HOAI 2013 § 34 i. V. mit Anlage 10) allgemein und nicht unmittelbar auf jedes Projekt anwendbar ist. Die Beschreibung des Leistungsbildes in der HOAI dient alleine dazu, ein Äquivalent zu den zu zahlenden Honoraren gemäß HOAI zu geben. Die HOAI 2021 gibt eine Honorarorientierung der – kursorisch – beschriebenen Leistung, mit anderen Worten: Die HOAI stellt eine **Preisempfehlung** dar und nicht **Leistungsrecht.**

Besondere Leistungen

In der HOAI werden die Leistungen des/der Architekten*in in neun Leistungsphasen und diese wiederum in Teilleistungsschritte unterteilt (bis zur HOAI 1996/2002 die früheren Grundleistungen, in der HOAI 2009 nur noch Leistungen genannt; seit Geltung der HOAI 2013 sind die Leistungen wieder in Grundleistungen und **Besondere Leistungen** unterteilt). ◘ Tab. 17.4 gibt eine Übersicht zu den Leistungsphasen der aktuellen HOAI und den prozentualen Teilbewertungen. Sicherlich ist die HOAI ein Indikator für die von Architekt*innen zu leistenden Tätigkeiten. Sie kann aber sowohl aus rechtlichen Gründen als auch wegen inhaltlicher Abgrenzungsschwierigkeiten nicht ohne Weiteres bzw. nur im Wege der Vertragsauslegung zur Bestimmung der im Einzelfall zu erbringenden Architektenleistungen herangezogen werden.

17.5 Honorarermittlung – Welche Honorarparameter sind wichtig?

17.5.1 Grundlagen der Honorarermittlung

Vorbemerkung: Die folgenden Ausführungen geben einen ersten Einblick in die **Honorarermittlung** von Architektenleistungen nach (HOAI 2021). Es handelt sich um eine vereinfachte

Honorarermittlung

Honorarzonen
Honorartafel

Darstellung der im Detail komplexen Bestimmungen der HOAI. Für die Honorarermittlung sind besonders
- die Grundlagen des Honorars
- die **Honorarzonen** für Leistungen bei Gebäuden
- die Objektliste für Gebäude
- das Leistungsbild Objektplanung für Gebäude sowie
- die **Honorartafel** für Grundleistungen bei Gebäuden
- zu beachten.

Die **Honorartafel** findet sich in (◻ Abb. 17.1).

Jeder Leistungsphase sind Grundleistungen und unter bestimmten Voraussetzungen gesondert vergütungsfähige Besondere Leistungen (das Leistungsbild findet sich in Anlage 10 der HOAI) zugeordnet. Bei der Berechnung der Honorare für die Grundleistungen ist neben den Regelungen der §§ 33–37 (Teil 3 Objektplanung, Abschn. 1 – Gebäude und Innenräume) die unterschiedliche Bewertung jeder einzelnen Leistungsphase nach § 34 HOAI zu berücksichtigen

17

Anrechenbare Kosten in Euro	Honorarzone I sehr geringe Anforderungen		Honorarzone II geringe Anforderungen		Honorarzone III durchschnittliche Anforderungen		Honorarzone IV hohe Anforderungen		Honorarzone V sehr hohe Anforderungen	
	von	bis	von	bis	von	bis	von	bis	von	bis
	Euro		Euro		Euro		Euro		Euro	
25 000	3 120	3 657	3 657	4 339	4 339	5 412	5 412	6 094	6 094	6 631
35 000	4 217	4 942	4 942	5 865	5 865	7 315	7 315	8 237	8 237	8 962
50 000	5 804	6 801	6 801	8 071	8 071	10 066	10 066	11 336	11 336	12 333
75 000	8 342	9 776	9 776	11 601	11 601	14 469	14 469	16 293	16 293	17 727
100 000	10 790	12 644	12 644	15 005	15 005	18 713	18 713	21 074	21 074	22 928
150 000	15 500	18 164	18 164	21 555	21 555	26 883	26 883	30 274	30 274	32 938
200 000	20 037	23 480	23 480	27 863	27 863	34 751	34 751	39 134	39 134	42 578
300 000	28 750	33 692	33 692	39 981	39 981	49 864	49 864	56 153	56 153	61 095
500 000	45 232	53 006	53 006	62 900	62 900	78 449	78 449	88 343	88 343	96 118
750 000	64 666	75 781	75 781	89 927	89 927	112 156	112 156	126 301	126 301	137 416
1 000 000	83 182	97 479	97 479	115 675	115 675	144 268	144 268	162 464	162 464	176 761
1 500 000	119 307	139 813	139 813	165 911	165 911	206 923	206 923	233 022	233 022	253 527
2 000 000	153 965	180 428	180 428	214 108	214 108	267 034	267 034	300 714	300 714	327 177
3 000 000	220 161	258 002	258 002	306 162	306 162	381 843	381 843	430 003	430 003	467 843
5 000 000	343 879	402 984	402 984	478 207	478 207	596 416	596 416	671 640	671 640	730 744
7 500 000	493 923	578 816	578 816	686 862	686 862	856 648	856 648	964 694	964 694	1 049 587
10 000 000	638 277	747 981	747 981	887 604	887 604	1 107 012	1 107 012	1 246 635	1 246 635	1 356 339
15 000 000	915 129	1 072 416	1 072 416	1 272 601	1 272 601	1 587 176	1 587 176	1 787 360	1 787 360	1 944 648
20 000 000	1 180 414	1 383 298	1 383 298	1 641 513	1 641 513	2 047 281	2 047 281	2 305 496	2 305 496	2 508 380
25 000 000	1 436 874	1 683 837	1 683 837	1 998 153	1 998 153	2 492 079	2 492 079	2 806 395	2 806 395	3 053 358

◻ **Abb. 17.1**   Honorartafel Architektenleistungen

(vgl. ◘ Tab. 17.4). Die Vertragsparteien müssen darüber hinaus die grundsätzlichen Bestimmungen der Allgemeinen Vorschriften (Teil 1 der HOAI, §§ 1–16) beachten.

Grundlagen des Honorars (§ 6 HOAI) sind neben dem jeweiligen Leistungsbild:

◘ **Tab. 17.4** Die neun Leistungsphasen des*der Architekt*in				
HOAI – Leistungsbild der Architekten (Objektplanung)				Art der Architektenleistung
Leistungsphasen	Bewertung in %			
1 **Grundlagenermittlung**	2			
Ermitteln der Voraussetzungen zur Lösung der Bauaufgabe durch die Planung				
2 Vorplanung	7		→	Beratungsleistung
Erarbeiten der wesentlichen Teile einer Lösung der Planungsaufgabe				
3 Entwurfsplanung	15			
Erarbeiten der endgültigen Lösung der Planungsaufgabe				
4 Genehmigungsplanung	3		→	Planungsleistung
Erarbeiten und Einreichen der Vorlagen für die erforderlichen Genehmigungen oder Zustimmungen				
5 Ausführungsplanung	25			
Erarbeiten und Darstellen der ausführungsreifen Planungslösung				
6 Vorbereitung der Vergabe	10		→	Koordinierungsleistungen
Ermitteln der Mengen und Aufstellen von Leistungsverzeichnissen				
7 Mitwirkung bei der Vergabe	4			
Ermitteln der Kosten und Mitwirkung bei der Vergabe				
8 Objektüberwachung (Bauüberwachung)	32		→	Überwachungsleistungen
Überwachen der Ausführung des Objekts und Dokumentation z. B. von Mängelbeseitigungsfristen				
9 Objektbetreuung	2			
Überwachen der Beseitigung von Mängeln und Dokumentation des Gesamtergebnisses				

- die anrechenbaren Kosten des Objekts,
- die Honorarzone, der das Objekt zugeordnet wird sowie
- die Honorartafel zur Honorarorientierung.

Hinzu kommen Nebenkosten (§ 14 HOAI), ggf. Besondere Leistungen (§ 3 i. V. mit Anlage 10 HOAI) und die Umsatz-(Mehrwert)steuer (§ 16 HOAI). Das Recht auf Abschlagszahlungen ist in § 15 HOAI geregelt. Darüber hinaus gibt es eine Vielzahl von Stellschrauben für das Honorar, u. a. für das Planen und Bauen im Bestand, die in diesem Rahmen nur höchst eingeschränkt vermittelt werden können (s. u. ► Abschn. 17.7. HOAI-Spezial – Welche Besonderheiten gibt es?).

Die Frage der Prüffähigkeit der Abschlags- und Schlussrechnungen spielt in der Praxis eine große Rolle. Daher ist darauf zu achten, alle Honorarrechnungen nachvollziehbar aufzubauen.

Die Kriterien einer prüffähigen Rechnung sind:

1. Die der Berechnung zugrunde gelegten §§ der HOAI
2. Zugrunde liegende Kostenermittlung (für Architekt*innen DIN 276)
3. Ermittlung der anrechenbaren Kosten
4. Angaben der Honorarzone, ggf. Begründung
5. Angaben des Honorarsatzes, ggf. Begründung
6. Angabe des Leistungsbildes (Leistungsphasen, kurz: LPH)
7. %- Sätze der beauftragten/abgerechneten LPH
8. Berechnung der Nebenkosten
9. Berechnung der Umsatz-/Mehrwertsteuer (kurz: USt./ MwSt.)
10. Eventuell erbrachte Besondere Leistungen.

Die Honorarberechnung vollzieht sich in **drei** Stufen:

1. Zunächst sind die anrechenbaren Kosten anhand § 4 i. V. mit § 33 HOAI zu ermitteln. Zu den anrechenbaren Kosten für die Honorarberechnung gehören nicht alle nach DIN 276 ermittelten Kosten; dies ergibt sich im Umkehrschluss aus der Aufzählung der anrechenbaren Kosten. Darüber hinaus sind einzelne Kostengruppen nur bedingt anrechenbar.
2. Die zweite Komponente für die Honorarbestimmung ist die Honorarzone des Objektes. Bei Gebäuden ist die Einordnung nach § 5 i. V. mit § 35 HOAI vorzunehmen; Anlage 10 HOAI enthält eine Objektliste.
3. Sobald die anrechenbaren Kosten und die Honorarzone ermittelt sind, lässt sich aus der Honorartafel des § 35 der empfohlene Basishonorarsatz und obere Honorarsatz ab-

lesen. Für die Zwischenstufen der in der Honorartafel angegebenen anrechenbaren Kosten ist das Honorar durch Interpolation (§ 13 HOAI) zu ermitteln.

17.5.2 Anrechenbare Kosten

Die anrechenbaren Kosten sind nach § 4 Abs. 1 HOAI Teil der Kosten für die Herstellung, den Umbau, die Modernisierung, Instandhaltung oder Instandsetzung von Objekten sowie für die damit zusammenhängenden Aufwendungen. Für Architektenleistungen ist die **DIN 276** – Kosten im Bauwesen – Teil 1: Hochbau in der Fassung vom Dezember 2008 [DIN 276-1: 2008-12] bei der Ermittlung der anrechenbaren Kosten zugrunde zu legen (◘ Tab. 17.5). Eine Neufassung der DIN 276 ist im Dezember 2018 erschienen; dies hat jedoch keinen Einfluss auf die Honorarermittlungsgrundlage nach HOAI 2013 bzw. aktuell HOAI 2021.

DIN 276

Die HOAI sieht vor, dass die **Kostenberechnung** bei der Ermittlung der anrechenbaren Kosten zugrunde zu legen ist; sofern diese nicht vorliegt, kann ersatzweise die **Kostenschätzung** zur Vorplanung verwendet werden, bis die Kostenberechnung erstellt ist (vgl. § 6 Abs. HOAI).

Kostenberechnung

Gemäß § 33 HOAI ergeben sich die anrechenbaren Kosten regelmäßig wie folgt:

Kostenschätzung

Leitgedanke der Anrechenbarkeit der Baukosten als Honorargrundlage ist, ob und inwieweit der*die Architekt*in im Rahmen der **Kostengruppen** (kurz: KG) Leistungen erbringt. Niemals anrechenbar sind daher die Kosten der KG

Kostengruppen

◘ **Tab. 17.5** Anrechenbare Kosten anhand der DIN 276 (2008)

Kostengruppe		Anrechenbarkeit
100	Grundstück	Nie
200	Herrichten und Erschließen	Bedingt
300	Bauwerk – Baukonstruktionen	Stets
400	Bauwerk – Technische Anlagen	Ja, aber § 33 Abs. 2 beachten
500	Außenanlagen	Nur, wenn unter 7500 € netto (s. § 37 Abs. 1)
600	Ausstattung und Kunstwerke	Bedingt
700	Baunebenkosten	Nie

Kostengruppe

100 und 700 (die KG 800 – Finanzierung ist erst mit der DIN 276 Fassung 2018 hinzugekommen und à priori nicht anrechenbar, da in der DIN 276 Fassung 2008 nicht enthalten). Hingegen sind stets anrechenbar die Kosten der KG 300, die von Architekt*innen maßgeblich planerisch beeinflusst werden. Die Kosten der KG 400 sind unter Beachtung der Bestimmungen des § 33 Abs. 2 gesondert zu ermitteln. Zwar plant der*die Architekt*in die technischen Anlagen nicht fachlich oder überwacht deren Ausführung nicht fachlich, aber die Gebäudeplanung muss die Haustechnikplanung berücksichtigen. Daher gilt, dass die Kosten der KG 400 vollständig anrechenbar bis zu einem Betrag von 25 % der sonstigen anrechenbaren Kosten sind. Darüber hinaus sind die Kosten der KG 400 zur Hälfte anrechenbar mit dem Betrag, der 25 % der sonstigen anrechenbaren Kosten übersteigt.

Die Kosten der KG 200 und 600 sind nur dann anrechenbar, wenn der*die Architekt*in diese Leistungen plant oder bei der Beschaffung mitwirkt oder ihre Ausführung oder ihren Einbau fachlich überwacht (vgl. § 33 Abs. 3). Sollte das Gebäude Außenanlagen haben, sind die Kosten der KG 500 dafür bis zu einer Höhe von 7500 € (netto, d. h. ohne Umsatzsteuer) auf die anrechenbaren Kosten aufzuschlagen (s. § 37 Abs. 1). Ansonsten wäre ggf. ein gesondertes Honorar für die Planung der Freianlagen mit den Architekt*innen zu vereinbaren. Dies gilt im übrigen auch, wenn der*die Architekt*in neben der Gebäudeplanung auch die Haustechnikplanung übernehmen sollte; dann würde jeweils ein Honorar für beide Planungen zustehen; dies folgt aus § 11 Abs. 1 HOAI!

Die Umsatzsteuer, die auf die Kosten von Objekten entfällt, ist nicht Bestandteil der anrechenbaren Kosten. Mit Einführung der HOAI 1977 wurde festgelegt, dass die auf die auf die Bauleistungen entfallende Umsatzsteuer (USt.) nicht zu den anrechenbaren Kosten gerechnet wird. Dies ist deshalb von Bedeutung, weil die Kostenermittlungen nach DIN 276 in der Regel die Umsatzsteuer enthalten; zumindest ist darauf zu achten, ob die Angaben brutto (d. h. mit USt.) oder netto (d. h. ohne USt.) erfolgt sind.

Schließlich bestimmt § 4 Abs. 2 den Sonderfall, dass im Einzelfall keine Baukosten ausgewiesen werden können:

Die anrechenbaren Kosten richten sich nach den ortsüblichen Preisen, wenn der*die Auftraggeber*in

- selbst Lieferungen oder Leistungen übernimmt,
- von bauausführenden Unternehmen oder von Lieferant*innen sonst nicht übliche Vergünstigungen erhält,
- Lieferungen oder Leistungen in Gegenrechnung ausführt oder
- vorhandene oder vorbeschaffte Baustoffe oder Bauteile einbauen lässt.

Wenn der*die Auftraggeber*in also z. B. Eigenleistungen erbringt oder Tauschgeschäfte macht, müssen die anrechenbaren Kosten gleichwohl vollständig nach ortsüblichen Preisen ermittelt werden, um die richtige Honorargrundlage zu haben.

17.5.3 Honorarzone

Die Honorartafel weist fünf **Honorarzonen** (sehr geringe bis sehr hohe Anforderungen) aus; dabei besteht kein Wahlrecht, vielmehr soll die Honorarzone objektiv bestimmt werden. In vielen Fällen kann die Honorarzone anhand der Objektliste der Anlage 10.2 ermittelt werden; dort finden sich Beispiele für Gebäude, die in der Regel den dort genannten Honorarzonen zugerechnet werden.

Honorarzonen

Grundsätzlich aber muss die Honorarzone anhand folgender Bewertungsmerkmale bestimmt werden:
1. Anforderungen an die Einbindung in die Umgebung,
2. Anzahl der Funktionsbereiche,
3. gestalterische Anforderungen,
4. konstruktive Anforderungen,
5. technische Ausrüstung und
6. Ausbau.

Die Nummern 1, 4, 5 und 6 können dabei bis zu 6 Punkte erhalten, die Nummern 2 und 3 bis zu 9 Punkte. Mit einer entsprechenden Bewertungsmatrix (Beispiel für ein Wohnhaus s. ◘ Tab. 17.6) lässt sich sodann eine Zuordnung zur richtigen Honorarzone treffen. Denn die Einteilung ist wie folgt: Honorarzone I: bis zu 10 Punkte, Honorarzone II: 11 bis 18 Punkte, Honorarzone III: 19 bis 26 Punkte, Honorarzone IV: 27 bis 34 Punkte, Honorarzone V: 35 bis 42 Punkte.

◘ **Tab. 17.6** Bewertungsmatrix zur Bestimmung der Honorarzone

Bewertungsmerkmal	Max. Bewertungspunkte	Beispiel
Anforderungen an die Einbindung in die Umgebung	6	4
Anzahl der Funktionsbereiche	9	5
Gestalterische Anforderungen	9	4
Konstruktive Anforderungen	6	3
Technische Ausrüstung und	6	3
Ausbau	6	4
GESAMT	42	23

Im vorliegenden Fall wäre das Wohnhaus also der Honorarzone III zuzuordnen (vgl. zum Vorstehenden insgesamt § 35 HOAI).

17.5.4 Honorarsatz

Honorarsatz

Eine der wenigen Möglichkeiten zur Verhandlung über die Honorarhöhe war bis zur Geltung der HOAI 2021 der **Honorarsatz.** Architekt*in und Bauherr*in waren grundsätzlich frei, das Honorar im Rahmen der Mindest- und Höchstsätze der Honorartafel zu vereinbaren [s. § 7 Abs. 1 bzw. ◘ Abb. 17.1]. Dabei war zu beachten, dass die sog. Mindestsatzfiktion immer dann griff, wenn sich die Vertragspartner*innen vor Leistungsbeginn (bei Auftragserteilung) nicht auf einen höheren Honorarsatz einigen. Dies folgte aus § 7 Abs. 5 HOAI 2013:

Sofern nicht bei Auftragserteilung etwas anderes schriftlich vereinbart worden ist, wird unwiderleglich vermutet, dass die jeweiligen Mindestsätze gemäß Absatz 1 vereinbart sind.

Leider wurde dies in der Praxis häufig nicht beachtet, sodass im Streitfall auch bei anderer Vereinbarung das Honorar oft auf den Mindestsatz zurückgestuft wurde. Die Folgen waren für die Architekt*innen durchaus schmerzlich: Bei anrechenbaren Kosten von 500.000 € etwa reicht die Honorarspanne in Honorarzone III, d. h. bei durchschnittlichen Anforderungen von 62.900 € (Mindestsatz) bis 78.449 € (Höchstsatz).

Dies hat sich mit HOAI 2021 grundsätzlich geändert, da die Honorartafeln nach dem Willen der Gesetzgeber*in nur noch zur Orientierung bzw. zur Preisempfehlung dienen (vgl. vorstehende Ausführungen). Will man als Planer*in ein höheres Honorar als den mindestempfohlenen Basishonorarsatz erhalten, hat eine Vereinbarung in Textform zu erfolgen (vgl. § 7 Abs. 1 HOAI 2021). Verbraucher*innen sind zudem darauf hinzuweisen, dass abweichende Honorare vereinbart werden können (vgl. § 7 Abs. 2 HOAI 2021).

Die öffentlichen Auftraggeber*innen gewähren im Allgemeinen nur sehr selten ein höheres Honorar als den Mindestsatz bzw. jetzt Basishonorarsatz; bei privaten Auftraggeber*innen ist hier eher Verständnis zu erwarten. Die Kammern und Verbände der Architekt*innen stehen ohnehin auf dem Standpunkt, dass der Mittelsatz der Regelfall sein sollte. Aber auch jeder andere Honorarsatz (gebräuchlich sind z. B. der Viertel- und der Dreiviertelsatz, d. h. Basishonorarsatz zzgl. ein Viertel bzw. Dreiviertel der Differenz zum oberen

Honorarsatz) oder jeder andere Wert können auf dem Verhandlungswege vereinbart werden. Ein Indiz kann das Ergebnis der Bewertungsmatrix sein; in unserem Beispiel liegen die 23 Punkte ungefähr in der Mitte zwischen 19–26 Punkte der Honorarzone III, sodass die Vereinbarung des Mittelsatzes naheliegen würde. Aber auch jedes andere Argument kann herangezogen werden, um ein höheres Honorar als den Mindestsatz zu vereinbaren, z. B.:

a) standortbezogene Einflussgrößen
Grundstück: unebene Oberfläche des Grundstücks, mittleres Gefälle des Grundstücks, starkes Gefälle (Hanglage), schlechter Baugrund, Grundwasser, Wasserhaltung
Einordnung: Baulücke, Anbau, Integration alter Bausubstanz, Denkmalschutz

b) herstellungsbezogene Einflussgrößen
besondere Gründung, konventionelle Bauweise, Vorfertigung usw.

c) zeitbezogene Einflussgrößen
kurze Planungszeit, lange Planungszeit, kurze Bauzeit, lange Bauzeit, Bindung an Abläufe, Festtermine usw.

d) ökonomische Aspekte
besondere Finanzierungsbedingungen, Festpreis, Kostenrichtwerte

e) umweltbezogene Einflussgrößen
Institutionen: viele einzelne Unternehmer, Generalplaner*in, Generalunternehmer*in, Generalübernehmer*in, Totalunternehmer*in, einmaliges Bauvorhaben des*der Bauherr*in, wiederholtes Bauvorhaben des*der Bauherr*In, öffentliche Hand als Bauherrin
Organisatorischer Ablauf: öffentliche Ausschreibung, beschränkte Ausschreibung, freihändige Vergabe, Leistungsbeschreibung mit Leistungsprogramm, Bauabschnitte
Sonstige: z. B. Winterbau [vgl. Pfarr et al. 1975, S. 48 f.].

Zusammengefasst: Es kommt auf das Verhandlungsgeschick des*der Architekten*in und die Verhandlungsbereitschaft des*der Bauherren*in an!

17.5.5 Leistungsumfang

Der **Leistungsumfang** ergibt sich aus dem geschlossenen Architekt*innenvertrag und den erbrachten bzw. abzurechnenden Leistungen bzw. Leistungsphasen. Werden alle Architekt*innenleistungen erbracht, wird das 100-%-Honorar wie folgt auf die einzelnen Leistungsphasen aufgeteilt (vgl. § 34 HOAI):

1. für die Leistungsphase 1 (Grundlagenermittlung) mit 2 %,
2. für die Leistungsphase 2 (Vorplanung) mit 7 %,
3. für die Leistungsphase 3 (Entwurfsplanung) mit 15 %,
4. für die Leistungsphase 4 (Genehmigungsplanung) mit 3 %,
5. für die Leistungsphase 5 (Ausführungsplanung) mit 25 %
6. für die Leistungsphase 6 (Vorbereitung der Vergabe) mit 10 %
7. für die Leistungsphase 7 (Mitwirkung bei der Vergabe) mit 4 %
8. für die Leistungsphase 8 (Objektüberwachung – Bauüberwachung und Dokumentation) mit 32 % und
9. für die Leistungsphase 9 (Objektbetreuung) mit 2 %.

Bei nicht vollständiger Übertragung des gesamten Leistungsbildes (häufig als Vollarchitektur bezeichnet), dürfen nur die jeweils vereinbarten Leistungsphasen abgerechnet werden. Bei nur teilweiser Vereinbarung einzelner oder mehrerer Grundleistungen einer Leistungsphase muss das Honorar dem anteiligen Aufwand entsprechend reduziert werden. Sofern ein zusätzlicher Koordinierungs- oder Einarbeitungsaufwand aufgrund der nur teilweisen Beauftragung des Leistungsbilds anfällt (z. B. ein*e Architekt*in plant bis einschließlich LPH 4 und ein*e andere*r ab LPH 5, muss sich aber erst in die vorangegangene Planung eindenken), ist dafür eine gesonderte Vergütung zu vereinbaren. Dies folgt aus § 8 HOAI.

Sofern über die Grundleistungen hinaus noch Besondere Leistungen durch die Architekt*innen erbracht worden sind (und mit dem*der Auftraggeber*in vereinbart waren), können diese extra über am besten vorher festgelegte Pauschalansätze oder Stundensätze verrechnet werden. Der – nicht abschließende – Katalog der Besonderen Leistungen ergibt sich aus Anlage 10.1 der HOAI. So sind ein Modellbau, eine Gebäudemodellbearbeitung (BIM) oder differenzierte Zeitpläne Besondere Leistungen, deren Honorierung frei und zusätzlich zu den vereinbarten Grundleistungen abgerechnet werden können.

17.5.6 Nebenkosten

Gemäß § 14 HOAI kann sich der*die Architekt*in die angefallenen **Nebenkosten,** z. B. Versand-, Kopier- und Fahrt-/Reisekosten oder für ein Baustellenbüro erstatten lassen. Dies kann in Form von Einzelnachweisen, Prozentsätzen (bezogen auf das Nettohonorar) oder als Pauschale abgerechnet werden. Die Form der Abrechnung ist zu vereinbaren, ansonsten gilt automatisch die – mühsame – Abrechnung nach

Einzelnachweis. Häufig werden Nebenkosten prozentual in Höhe von 3–8 %, im Mittel 5 % abgerechnet; dies kann je nach tatsächlichen Umständen aber variieren. So können z. B. die Reisekosten auf Nachweis abgerechnet werden, alles andere als Prozentpauschale. Eine Nebenkostenvereinbarung von mehr als 10 % bezogen auf das Nettohonorar wurde von Gerichten wegen möglicher Überschreitung der Höchstsätze in der Vergangenheit zumeist kritisch gesehen.

17.5.7 Interpolation und Umsatzsteuer

In der Honorartafel sind lediglich gewisse Signalwerte der anrechenbaren Kosten aufgeführt. Bei meist vorkommenden Zwischenwerten der anrechenbaren Kosten ist nach § 13 HOAI eine lineare Interpolation nach folgender Formel vorzunehmen:

$$C1 = A1 + (C - A) * (B1 - A1)/(B - A)$$

Dabei stehen die Buchstaben für:
- A = nächst niedrigere anrechenbare Kosten gemäß Honorartafel
- A1 = Honorarsatz der nächst niedrigeren anrechenbaren Kosten
- B = nächst höhere anrechenbare Kosten gemäß Honorartafel
- B1 = Honorarsatz der nächst höheren anrechenbaren Kosten
- C = Tatsächlich anrechenbare Kosten
- C1 = Honorarsatz der tatsächlichen anrechenbaren Kosten.

Um die mögliche Honorarspanne zu ermitteln, kann die Interpolation für die jeweiligen Mindest- bzw. Höchstsätze vorgenommen werden. Auf dieser Basis kann sodann das endgültige Honorar mit dem*der Auftraggeber*in vereinbart werden.

Auf das Nettohonorar ist zum Schluss die Umsatzsteuer von z. Zt. 19 % aufzuschlagen, dies folgt aus § 16 HOAI. Nur wenn der*die Architekt*in steuerlich als Kleinunternehmer*in behandelt wird (d. h. Honorarumsatz im vorangegangenen Kalenderjahr nicht mehr als 22.000 € und im laufenden Kalenderjahr voraussichtlich 50.000 € nicht übersteigt), kann darauf verzichtet werden (vgl. § 19 UStG – Besteuerung der Kleinunternehmer). ◼ Tab. 17.7 fasst das Schema der Honorarberechnung insgesamt zusammen.

◻ Tab. 17.7   Schema zur Ermittlung des Architektenhonorars

Ermittlung des Architekt*innenhonorars für Grundleistungen und Besondere Leistungen bei der Objektplanung von Gebäuden für die Leistungsphase 1 bis 9 nach HOAI

A: Ermittlung der Honorarzone

Der nachfolgenden Honorarermittlung wird Zone zugrunde gelegt

B: Ermittlung der „anrechenbaren Kosten"		Grundlage:
Anrechenbare Kostengruppen nach DIN 276 (2008)	Betrag in EUR (inkl. MwSt.)	Betrag in EUR (ohne MwSt.)
KG 200 KG 300 KG 400 KG 500 KG 600		
Summe	*25 % der sonstigen anrechenbaren Kosten:*	
KG 400		
Summe	*KG 400 bis 25 % der v. a. Kosten => voll anrechenbar, darüber zur Hälfte*	

Summe „anrechenbare Kosten"

C: Ermittlung des Grundhonorars

Zur Ermittlung des Grundhonorares werden dieHonorarsätze entsprechend der HOAI berücksichtigt. Interpolationsformel:
$$C1 = A1 + (C - A) * (B1 - A1)/(B - A)$$

D: Ermittlung des Grundhonorars durch Interpolation

A = nächst niedrigere „anrechenbare Kosten"
A1 = Honorarsatz der nächst niedrigeren anrechenbaren Kosten
B = nächst höhere „anrechenbare Kosten"
B1 = Honorarsatz der nächst höheren anrechenbaren Kosten
C = tatsächliche „anrechenbare Kosten"
C1 = Honorarsatz der tatsächlichen anrechenbaren Kosten

Grundhonorar:

E: Ermittlung des Leistungsumfanges

Leistungen entsprechend der Phase 1 ergeben 2 % des Grundhonorars
Leistungen entsprechend der Phase 2 ergeben 7 % des Grundhonorars
Leistungen entsprechend der Phase 3 ergeben 15 % des Grundhonorars
Leistungen entsprechend der Phase 4 ergeben 3 % des Grundhonorars
Leistungen entsprechend der Phase 5 ergeben 25 % des Grundhonorars
Leistungen entsprechend der Phase 6 ergeben 10 % des Grundhonorars
Leistungen entsprechend der Phase 7 ergeben 4 % des Grundhonorars
Leistungen entsprechend der Phase 8 ergeben 32 % des Grundhonorars
Leistungen entsprechend der Phase 9 ergeben 2 % des Grundhonorars
Summe Leistungsumfang:

17

(Fortsetzung)

◘ Tab. 17.7 (Fortsetzung)

F: Ermittlung des Gesamtbetrages der Honorare		
von		
+ Besondere Leistungen		=
+ Nebenkosten	(____% des Net-tohonorars)	=
= Summe Honorar (Netto)		=
+ ____%MwSt		=
= Summe Objekthonorar		=

17.6 Vergleich Honorar – Stundenaufwand (Honorardeckung)

Die HOAI selbst soll zwar über alle Aufträge ein auskömmliches Honorar sichern; im Einzelfall kann es aber auch zu Unter- bzw. Überdeckungen kommen. Darum ist ein*e Planer*in gut beraten, zumindest die Honorardeckungsstunden zu ermitteln, um ein maximales kostendeckendes Stundenbudget je Leistungsphase und für den gesamten Auftrag zu erhalten. Hierbei geht es um die Frage, welchen Zeitaufwand man maximal für den beauftragten Leistungsumfang benötigen darf, damit am Ende ein positives Ergebnis festgestellt werden kann.

Im Rahmen der wirtschaftlichen Führung eines Architekturbüros ist es zwingend notwendig, den tatsächlichen Stundenaufwand je Projekt, aber auch je Leistungsphase bzw. Projektphase (z. B. Planung/Ausführungsvorbereitung/Baurealisierung), zu ermitteln. Voraussetzung hierfür ist natürlich die Stundenerfassung aller Bearbeiter*innen eines Auftrags. Damit erhält man die **Aufwandswerte** aus abgerechneten Projekten, die helfen, neue Aufträge zu kalkulieren.

Aufwandswerte

Wie man es auch macht: Eine detaillierte Zeiterfassung mindestens Projekt-, ggf. nach Leistungsphasen oder – besser – nach Einzeltätigkeiten (Teilleistungen gemäß HOAI oder nach einer bürointernen Checkliste der jeweiligen Tätigkeiten) ist zwingend notwendig, da die Personalkosten den Großteil der Kosten eines Auftrags darstellen. Ohne laufenden Stundenaufschrieb kann man die Aufwandsermittlung von Planungsleistungen nicht einsetzen. Mit dem mittleren Bürostundensatz oder den mitarbeiter*innenbezogenen

Stundensätzen multipliziert, erhält man im Vorwege ein Auftragsbudget. Im Vergleich zu den nach HOAI erzielbaren Honoraren ist eine gesicherte Entscheidung über Auftragsannahme oder -ablehnung zu fällen bzw. ein laufender Soll-/Ist-Vergleich durch Gegenüberstellung der geplanten und tatsächlichen projektbezogenen Kosten möglich. Damit kann eine gezielte Projektkontrolle erfolgen: Wenn die Stunden aus dem Ruder laufen sollten, kann frühzeitig gegengesteuert werden. Für das weitere Vorgehen wird auf ▶ Kap. 18 – Wirtschaftliches Architekturbüro verwiesen.

17.7 HOAI-Spezial – Welche Besonderheiten gibt es?

Je nach Planungsgegenstand und Vertrag können bzw. müssen Besonderheiten bei bestimmten Fallkonstellationen honorarmäßig erfasst werden, z. B.:

- Berechnung des Honorars bei Beauftragung von Einzelleistungen (§ 9 HOAI)
- Auftrag für mehrere vergleichbare bzw. gleiche Objekte (§ 11 HOAI)
- Zuschlag in LPH 8 für Instandsetzungen und Instandhaltungen (§ 12 HOAI).

Da dies Spezialfälle behandelt, die relativ selten vorkommen, soll an dieser Stelle ein Hinweis genügen. In der Praxis häufig vorkommend sind jedoch Planungen bei bereits bestehenden Gebäuden.

Beim Planen und Bauen im Bestand ist nicht nur der Umfang der sog. mitverarbeiteten Bausubstanz im Sinne des § 2 Absatz 7 HOAI bei den anrechenbaren Kosten angemessen zu berücksichtigen, sondern es kann auch noch ein Umbau- oder Modernisierungszuschlag vereinbart werden, der ab Honorarzone III 20 % des Nettohonorars beträgt (vgl. §§ 4 und 7 HOAI). Im Umkehrschluss folgt daraus, dass bei niedrigeren Honorarzonen eher geringere Zuschläge vereinbart werden können, bei höheren Honorarzonen kann, aber muss nicht, ein größerer Zuschlag vereinbart werden.

Für den Fall von nachträglichen Planungsänderungen bzw. sog. Planungsablaufstörungen bzw. Wiederholungen bereits erbrachter Leistungen will § 10 HOAI eine Kompensation schaffen. Die Regelung kann jedoch als missglückt und wenig praxisnah angesehen werden, da keine Berechnungsgrundlage für eine Honorierung gegeben wird.

17

17.8 Zusammenfassung und Zukunft der HOAI

Die Vorstellungen über das Maß der normalen Architekt*innenleistung, die über das Honorar gedeckt ist, differieren zwischen Architekt*in und Bauherr*in in der Praxis häufig. Bei Vertragsabschluss stellt der*die Architekt*in der Bauherr*innenschaft eine bestimmte Architektenleistung in Aussicht und erwartet dafür ein Honorar. Der*die Bauherr*in erwartet eine nicht bis ins Letzte zu definierende Architekt*innenleistung und stellt ein bestimmtes Honorar in Aussicht.

- Für den*die Architekt*in stellt sich der Vertrag dar als Honorarerwartung bei gleichzeitigem Leistungsversprechen,
- für den*die Bauherr*in ist es Leistungserwartung bei gleichzeitigem Honorarversprechen.

Volkswirtschaftlich wird in diesem Zusammenhang von „asymmetrischer Information" gesprochen und den Architekt*innenleistungen der Charakter eines Vertrauensgutes zugeschrieben [vgl. Statusbericht 2000plus Architekten/Ingenieure]. Denn der*die Architekt*in weiß im Regelfall besser als der*die Bauherr*in, wie die Leistung optimal zu erbringen ist; der*die Bauherr*in kann dies häufig nicht umfassend beurteilen.

Diese asymmetrische Information war eine wesentliche Begründung für das Fortbestehen einer HOAI als verbindliches Preisrecht. Da es europaweit kaum bindende Honorarordnungen gab, stand die deutsche HOAI seit Jahren wegen Bedenken hinsichtlich der Niederlassungsfreiheit und Dienstleistungsfreiheit in der Kritik. Seitens der EU-Kommission gab es seit langem Bestrebungen, zumindest die Mindestsätze der HOAI freizugeben, mit dem Argument, dass dann mehr Architekt*innen in den deutschen Planungsmarkt eintreten würden. Im Jahre 2017 wurde deshalb Klage vor dem Europäischen Gerichtshof (EuGH) erhoben. Bundesregierung und Architekten- sowie Ingenieurkammern und die berufsständischen Verbände werben für den Beibehalt der jetzigen HOAI, um Baukultur und Sicherheit – so zwei wichtige Argumente – zu gewährleisten.

Der EuGH hat in seinem Urteil vom 04.07.2019 (Aktenzeichen C-377/17) zwar anerkannt, „dass die Existenz von Mindestsätzen für die Planungsleistungen im Hinblick auf die Beschaffenheit des deutschen Marktes grundsätzlich dazu beitragen kann, eine hohe Qualität der Planungsleistungen zu gewährleisten" und folgt damit den Ergebnissen eines Wirtschaftsgutachtens, wobei es zu dem Schluss kommt, dass die verbindlichen Honorare der HOAI aus sachverständiger, wirtschaftlicher Sicht unter den besonderen Bedingungen des deutschen Planungsmarkts notwendig und sachgerecht sind. Bindende Mindest- und Höchstsätze für Architekt*innen- und Ingenieur*innenleistungen fördern nicht nur die interne, zwischen den Vertragsparteien zu vereinbarende Qualität, sondern ermöglichen auch die Erfüllung des externen, auf das Gemeinwohl bzw. Allgemeininteresse gerichteten Qualitätsanspruchs wie Baukultur, Sicherheits- und Gesundheitsaspekte bzw. der Nutzenanforderungen (z. B. Lebenszykluskosten und Nachhaltigkeit). Das klingt zunächst etwas abstrakt und doch kann sich jeder vorstellen: Zu niedrige Honorare führen potenziell zu einem Qualitätsverlust, weil die Zeit fehlt, sich ausreichend mit der Planung zu befassen.

Weil aber auch fachfremde Personen, nämlich nicht ausgebildete Architekt*innen und Ingenieur*innen nach bisherigem deutschem Recht den Mindest- (und Höchst-)sätzen der HOAI unterlagen, hielt das Gericht die Bestimmungen der HOAI für nicht kohärent bzw. inkonsequent. Denn das gesetzte Ziel, mit der HOAI die Qualität der Architekt*innen- und Ingenieur*innenleistungen zu fördern und zu sichern, sei nach Meinung des Gerichts so nicht zu erreichen gewesen. Mit diesem überraschenden, aber für die Urteilsfindung ausschlaggebenden Argument des EuGH war nicht gerechnet worden.

Letztlich führte es zur Abkehr vom verbindlichen Preisrecht der HOAI 2013 und Neufassung der HOAI 2021 als honorarorientierende Preisempfehlung. Die Honorare für Architekt*innenleistungen (gleich ob Grundleistungen oder Besondere Leistungen) sind seit 01.01.2021 grundsätzlich frei vereinbar, die Bestimmungen und Honorartafeln haben nur noch empfehlenden Charakter, auch wenn ihre Anwendung in der Praxis der Regelfall ist und prinzipiell auch anzuraten ist. Die HOAI wird als Vertragsgrundlage überwiegend noch angewendet, sodass die oben stehenden Ausführungen sich darauf beziehen. Es sei aber darauf hingewiesen, dass eine freie Preisvereinbarung für Architekt*innen grundsätzlich möglich ist.

Anders als bisher werden die Vertragsparteien im Vorwege viel mehr über die Leistungserwartung und das Honorarversprechen reden müssen. Und dazu muss der*die Architekt*in die eigene Kostenstruktur kennen und aktives Büromanagement betreiben.

Das Urteil wird tiefgreifende Auswirkungen auf die Berufsausübung von Planer*innen in Deutschland haben. Angesichts der derzeit noch guten Baukonjunktur und der damit verbundenen starken Nachfrage an Planungsleistungen wird der Druck auf die zu erzielenden Honorare derzeit noch nicht so groß ausfallen. Nicht nur für „kleine" Verbraucher*innen, den*die Einmal-im-Leben-Bauherr*in, ist zudem positiv, dass empfehlende Preisorientierungen weiterhin zulässig sind, sodass sich die Vertragsparteien bei einer Honorarvereinbarung daran orientieren können.

Mit der Zeit aber werden Bauherr*innen die Architekt*innen und Ingenieur*innen vermehrt dazu auffordern, sich dem Preiswettbewerb zu stellen. In dieser Situation muss der*die Planer*in dann den eigenen Honorar-Verhandlungsspielraum genau kennen, um neue Aufträge erfolgreich, d. h. kostendeckend und gewinnbringend, zu akquirieren. Anderenfalls besteht die Gefahr, entweder die Leistung mit Verlust zu „verkaufen" oder sich mit einer überzogenen Honorarforderung selbst aus dem Wettbewerb zu katapultieren.

Gewinner*innen werden die Planungsbüros sein, die potenzielle Auftraggeber*innen von ihrer Kompetenz, Erfahrung – z. B. in der Bauleitung oder für Spezialbauten – und von ihren Honorarvorstellungen überzeugen können. Mit entsprechender Büromanagement-Software generierte PeP-7-Kennzahlen sorgen dabei schon vorab für Klarheit und helfen, die eigenen Honorargrenzen auszuloten. Die Büros, die die Zeichen der Zeit rechtzeitig erkennen, werden auch weiterhin auskömmliche Honorare erzielen können. Es ist zudem dringend zu empfehlen, die Ergebnisse der Vertragsverhandlungen – in Textform – zu fixieren, um den Leistungsumfang und die Honorarhöhe jederzeit nachvollziehen zu können.

Quellennachweis

Zitierte Literatur

DIN 1356-1:1995-02: Bauzeichnungen – Teil 1: Arten, Inhalte und Grundregeln der Darstellung (Neufassung z.Zt. noch nicht verabschiedet: DIN 1356-1:2018-03 – Entwurf)
HOAI 2013, Honorarordnung für Architekten und Ingenieure, 17.7.2013
HOAI 2021, Honorarordnung für Architekten und Ingenieure mit Geltung ab 01.01.2021
Pfarr, Karlheinz; Arlt, Joachim; Hobusch, Rainer: Das Planungsbüro und sein Honorar, 1975
Wingsch, Dittmar (bearbeitet von Richter, Lothar; Schmidt, Andreas), Leistungsbeschreibungen und Leistungsbewertungen zur HOAI, 4 Auflage, 2018 (5. Auflage auf der neuen HOAI 2021 basierend soll 2023 erscheinen)

Weiterführende, empfohlene Literatur

Bürgerliches Gesetzbuch (BGB), in der Fassung der Bekanntmachung vom 02.01.2002 (,ber. S. 2909, 2003 S. 738), zuletzt geändert durch Gesetz vom 07.11.2022 () m.W.v. 12.11.2022

Koeble, Wolfgang; Zahn, Alexander: Die neue HOAI 2021. 3. Auflage. Text – Erläuterung – Synopse, 2021.

Pfarr, Karlheinz Was kosten Planungsleistungen? Kalkulieren – aber richtig! (1989)

Pfarr, Karlheinz Betriebswirtschaftslehre des Architekturbüros (1971)

Empfehlenswerte Kommentare zur Anwendung der HOAI sind Locher/Koeble/Frik und Korbion/Mantscheff/Vygen sowie Steeger/Fahrenbruch. Weitere z. B. von Hartmann/Sangenstedt, Jochem/Kaufhold, Neuenfeld et. al., Pott/Dahlhoff/Kniffka/Rath.

Schramm, Clemens: Störeinflüsse im Leistungsbild des Architekten, 2003.

Schramm, Clemens; Schwenker, Hans Christian: Störungen der Architekten- und Ingenieurleistungen, 2008.

Schramm, Clemens: Wirtschaftliches Gutachten zum EU-Vertragsverletzungsverfahren in Bezug auf die HOAI vom 18.04.2017 im Auftrag des AHO, der BAK und der BIngK.

Statusbericht 2000plus Architekten/Ingenieure, Forschungsvorhaben im Auftrag des Bundeswirtschaftsministeriums der TU Berlin und FH Hannover (im Internet erhältlich), 2003.

Thode, Reinhold; Wirth, Axel; Kuffer, Johann: Praxishandbuch Architektenrecht, 2. Auflage, 2016 (3. Auflage in Vorbereitung, erscheint 2023).

Informationen im Internet

- ▶ www.pep-7.de
- ▶ www.bak.de
- ▶ www.aho.de
- ▶ www.hoai.de

17

Das wirtschaftliche Architekturbüro

Anne Hackel

MONATLICHE BELASTUNG
> Summe der Aufwandsentschädigungen, die bis zu zwölfmal im Jahr von Freien Architekt*innen widerwillig an Mitarbeitende und Angestellte abgegeben wird. Da die großen Überväter Le Corbusier etwa, Arbeitswillige ohne Lohn zu beschäftigen pflegten, zahlen auch heute berühmte und erfolgreiche Architekt*innen nur eine Art Pauschale (siehe Freie Mitarbeit*innen, Praktikant*innen, Bauzeichner*innen). <

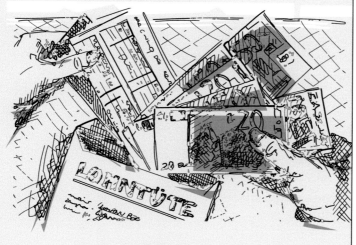

Erbetene Änderungen :

...Freien Architekt*innen widerwillig an Mitarbeitende und Angestellte abgegeben wird. Da die großen Überväter wie etwa Corbusier Arbeitswillige ohne Lohn zu beschäftigen pflegten, zahlen auch heute berühmte und erfolgreiche Architekt*innen nur eine Art Pauschale (Siehe Freie Mitarbeit, Pratikum, Bauzeichner*innen)

Inhaltsverzeichnis

Inhalt des Kapitels
- Kostenartenstruktur und Umsatzstruktur
- Ermittlung der Projektstunden
- Ermittlung des Gemeinkostenzuschlags und der Stundensätze
- Einnahmesituation eines Architekturbüros
- Nach- und Vorkalkulation
- Kennzahlen zur Wirtschaftlichkeit des Unternehmens

18.1 Allgemeines

Das im Kapitel Honorarberechnung dargestellte Urteil des EuGH von 07/2019 stellt tätige Planungsbüros vor neue Herausforderungen, da ein zuvor kalkulierbares Mindesthonorar rechtlich nicht mehr garantiert wird. Sämtliche bisherigen Erfahrungswerte, die in unterschiedlicher Weise herangezogen wurden, um die Auskömmlichkeit von Honoraren und damit auch der Auftragslage des Büros zu ermitteln, können zwar weiterhin als Zielwerte angesetzt werden, ihre Erfüllung wird aber zukünftig in großem Maße vom Verhandlungsgeschick der Vertragsparteien abhängen, da die freie Honorarvereinbarung sowohl Risiken als auch Chancen in sich birgt.

So wird es für die planende Seite von Vorteil sein, über Referenzen den eigenen Marktwert zu untermauern, was für Neueinsteigende auf dem Markt schwerlich möglich sein wird. Hier kann die Überlegung zur vermehrten Teilnahme an Wettbewerben hin gehen, um über Veröffentlichungen die eigenen Qualitäten nach außen zu kommunizieren. Bekanntermaßen handelt es sich hierbei um eine im Allgemeinen wirtschaftlich defizitäre Arbeit, deren Verwertbarkeit erst im Nachhinein, wenn überhaupt sichtbar wird.

Umso wichtiger wird es zukünftig sein, die tatsächlichen Ausgaben- und Einnahmenstruktur des eigenen Büros zu kennen, zu prüfen und ggf. anzupassen. Nur so ist die Büroleitung in der Lage, für das Büro ein auskömmliches Angebot zu erstellen.

Die Gründung und **Führung eines Architekturbüros** kann nicht dauerhaft intuitiv stattfinden, sondern erfordert ein umfangreiches Maß an betriebswirtschaftlichen Kenntnissen und deren Umsetzung. So ergibt sich eine Vielzahl von Themen, die unmittelbar mit dem Begriff der Wirtschaftlichkeit zusammenhängen.

Hier einige typische Fragestellungen:

— Wie sieht das optimale Leistungsprofil des Büros aus (Leistungsphasen, Objektbereiche etc.)?
— Wie sieht die optimale Bürogröße für das definierte Leistungsprofil aus?
— Will ich das Büro nur mit Festangestellten führen oder soll auch auf Freie Mitarbeit zurückgegriffen werden?
— Welche Kosten entstehen pro Periode bzw. Jahr durch den Bürobetrieb (Personalkosten und Sachkosten)?
— Welchen Jahresumsatz muss ich für das Büro erreichen?
— Welchen Gewinn möchte ich mit dem Büro erwirtschaften?
— Wie können die Planungsaufträge wirtschaftlich abgewickelt werden?
— Wie erreiche ich eine gute Auslastung aller Bereiche des Büros?
— Welche Technik (EDV/BIM etc.) ist für die wirtschaftliche Abwicklung von Planungsaufträgen und die wirtschaftliche Führung des Büros notwendig?
— Bei welchen Leistungsphasen und welchen Objektbereichen kann ich eine auskömmliche Honorierung erreichen?

Diese Auswahl zeigt, welchen unterschiedlichen Bereichen mit wirtschaftlichem Hintergrund sich die Büroleitung allein für die Büroführung stellen muss.

Das Profil eines Architekturbüros verändert sich im Laufe seiner Existenz durchaus mehrfach. Stehen zu Beginn eher die Vorlieben der Bürogründenden im Vordergrund, so entwickelt sich das Profil in Abhängigkeit des Marktes (Angebot und Nachfrage, Konkurrenzsituation etc.) und der bisherigen wirtschaftlichen Erfolge weiter. So wird es bezüglich seines Bearbeitungsangebotes z. B. breiter aufgestellt bei der Objektwahl oder der Bearbeitungstiefe oder aber es kristallisiert sich eine Spezialisierung heraus, die sich als wirtschaftlich erfolgreich bzw. persönlich erstrebenswert erwiesen hat.

Gleichfalls verhält es sich mit der Bürogröße und der vertraglichen Bindung der Belegschaft. Hierbei ist es Aufgabe der Büroleitung, vorausschauend zu planen und die Bürogröße durch variable Verträge anpassen zu können, wobei hier eine langfristige Perspektive berücksichtigt werden sollte und eine entsprechende Mitarbeitendenpflege (Human Ressource Management) erstrebenswert ist, allein schon in Betracht auf das interne Büroklima.

Zur erfolgreichen Selbstständigkeit im eigenen Büro ist eine konsequente und offene Datenerfassung unerlässlich, sowohl im Bereich Zeit als auch bei den Kosten [Klocke, 1987].

18

18.2 Kostenartenstruktur

Die Gesamtkosten, die während einer Periode durch die Führung eines Architekturbüros entstehen, sind in Personal- und Sachkosten zu gliedern.

Kostenartenstruktur

Personalkosten

18.2.1 Personalkosten

18.2.1.1 Kalkulatorisches Gehalt des oder der Inhaber*in

» Die meisten Planungsbüros werden in Rechtsformen geführt, bei denen – im Gegensatz zu Gesellschaften mit beschränkter Haftung (Geschäftsführergehälter) oder Aktiengesellschaften (Vorstandsgehälter) – ein kostenmäßiger Ansatz für den oder die mitarbeitenden Büroinhaber*innen gefunden werden muss. Das wäre jener Betrag, den der*die Büroinhaber*in je nach Bürogröße und fachlichem Anforderungsprofil einsetzen müsste, um davon eine*n Mitarbeiter*in zu bezahlen, der*die die gleichen Kompetenzen besitzt, Verantwortung übernimmt und vergleichbaren Einsatz bietet. Da es diesbezüglich keine Formel gibt, hier ein paar vergleichbare Überlegungen. Als erster Anhaltspunkt soll das Gehalt des höchstbezahlten Mitarbeitenden unter Berücksichtigung eines Zuschlages für Mehrarbeit und Mehrverantwortung dienen. Dieser Ansatz soll aber keine Gewinnbestandteile enthalten. Des Weiteren können Zuschläge addiert werden bezüglich der Bürogröße, eines gewissen Spezialistentums usw. [Pfarr et al. 1989, 139 ff.]

Inhaber*in

Weiterführend lassen sich nach Pfarr et al. [1971 und 1989] folgende Kostenarten darstellen:

18.2.1.2 Alterssicherung für Inhaber*innen

Hier werden alle Rücklagen, die ausschließlich den Inhaber*innen zugeteilt werden, angerechnet, z. B. Lebensversicherungen (Risiko-/Kapital LV) und/oder Beiträge zu Versorgungswerken etc.

18.2.1.3 Personalkosten für technische, kaufmännische und sonstige Mitarbeit und Auszubildende

Zu diesen zählen neben den vertraglich vereinbarten Gehältern auch alle sonstigen zugesicherten Gratifikationen.

Mitarbeit

18.2.1.4 Gesetzliche Soziallasten (Sozialleistungen)

Soziallasten

Arbeitgebende sind gesetzlich verpflichtet, Beiträge zur gesetzlichen Renten-, Kranken-, Pflege- und Arbeitslosenversicherung zu leisten, die hier aufzuführen sind.

18.2.1.5 Freiwillige Soziallasten (Sozialleistungen)

Diese Leistungen gehören nicht zu den zugesicherten Zahlungen und können von Jahr zu Jahr als auch von Mitarbeitenden zu Mitarbeitenden variieren. Einige Beispiele für freiwillige Sozialleistungen sind Aus- und Fortbildung, Boni, freiwillige Versicherungen, Betriebsfeiern, etc. sowie „Renten" für ausgeschiedene Inhaber- und Partner*innen.

18.2.1.6 Honorare für Freie Mitarbeit

Honorare

Hier finden sich die Kosten für Mitarbeit, die anstelle eines Angestelltenverhältnisses über einen Dienstleistungs-/Honorarvertrag an das Büro angeschlossen ist.

18.2.1.7 Honorare für Leistungen Dritter

Als sog. „Dritte" fungieren „Sub-Unternehmen", die z. B. für Gutachten, Modellbau oder sonstige (u. a. sog. Besondere) Leistungen herangezogen werden. Auch Leistungen, die ausgegliedert bearbeitet werden (sog. Outsourcing), zählen mit ihren Kosten zu diesem Bereich.

Sachkosten

18.2.2 Sachkosten

18.2.2.1 Kosten der Raumnutzung

Raumnutzung

Die Kosten der **Raumnutzung** entstehen in erster Linie durch die tatsächlich bezahlte Miete oder bei der Nutzung eigener Räume durch einen entsprechenden kalkulatorischen Ansatz für deren Nutzung. Hinzugerechnet werden müssen auch die Kosten für den Betrieb, also Strom, Wasser, Heizung, Büroreinigung und ggf. Reparaturen. Werden Privaträume für betriebliche Zwecke genutzt, kann als kalkulatorische Miete/Orientierungsgröße die ortsübliche Vergleichsmiete angesetzt werden. Für den Fall, dass die Räumlichkeiten den Büroinnehabenden gehören, ist analog zum kalkulatorischen Inhaber*innengehalt zu verfahren Die steuerlichen Belange sind hierbei individuell zu berücksichtigen, da die anrechenbaren Kosten für die gewerbliche Nutzung privater Räume geprüft und genehmigt werden müssen.

18

18.2.2.2 Sachkosten des Bürobetriebes

Diese sind die Kosten für Büromaterial, Telefon, Porto, EDV und ggf. der Anmietung von Büromaschinen sowie die Abschreibungen für Betriebsausstattung, die das Finanzamt anerkannt hat (auch: Leasingraten).

Bürobetrieb

18.2.2.3 Kosten Fahrzeug

Hierzu gehören alle Beträge aus Kfz-Abschreibung und -Unterhaltung (inkl. Kfz-Steuer) sowie ggf. an Mitarbeitende gezahlte Kilometergelder, Taxi-, Bus- und Bahnfahrtkosten. Ebenso gehören die Leasingraten der Kraftfahrzeuge in diese Kostengruppe.

Fahrzeug

18.2.2.4 Reisekosten

Diese enthalten alle **Reisekosten** und Tagegelder, die im Rahmen der Erfüllung eines Planungsauftrages und zum Betrieb des Planungsbüros notwendig sind, sowie Kosten für Flug- oder Bahnreisen und die Kosten der Unterkunft.

Reisekosten

18.2.2.5 Kosten der Bürosicherung

Die Kosten der **Bürosicherung** setzen sich zusammen aus Kosten der Haftpflicht- und Betriebsversicherung sowie Beiträgen zu Berufsorganisationen, Rechts- und Beratungskosten und den Kosten für Fort- und Weiterbildung (z. B. Kurse, Tagungen, Kongresse).

Bürosicherung

18.2.2.6 Repräsentation und Akquisition

Akquisitionskosten zum Erlangen von Erst- und Folgeaufträgen sowie zur Selbstvermarktung des Unternehmens fallen an für Broschüren, Ausstellungen, Internetpräsenz etc. Des Weiteren entstehen Kosten durch Bewirtung und Geschenke für Geschäftspartner*innen, Fachfirmen und Kundschaft. Die Regeln zur Unterlassung von Bestechung und Vorteilsnahme sind ausnahmslos zu beachten.

Akquisition

18.2.2.7 Sonstige Kosten

Soweit noch Kosten entstanden sind, die sich keinen der bereits erwähnten Kostenarten zuordnen lassen, werden diese als „Sonstige" zusammengefasst. Anzusetzen wären hier Kosten für Kontoführung u. Ä., eventuelle Schuldzinsen oder besondere Steuern, wobei darauf zu achten ist, dass Kfz-Steuern zu Kfz-Kosten gehören, ebenso wie Grundsteuer zu Raumkosten. Die Gewinnsteuern gehören i. d. R. nicht zu den Kosten.

18.2.2.8 Kalkulatorische Kapitalverzinsung

Als betriebsnotwendiges Kapital sollten vier Monatsumsätze vorhanden sein, um den Zahlungsverpflichtungen nachkommen zu können. Kalkulatorisch sollte hierfür dann eine marktübliche Verzinsung „i" berücksichtigt werden. (Z. B. Mindestverzinsungsrichtwert wie bei Staatsanleihen).

Dieses Kapital kann sowohl aus Rücklagen, Fremdkapital (Kredite) oder Eigenkapital (Privatvermögen der Büroinnehabenden) gebildet werden. Eine Verzinsung hierfür ist in jedem Falle anzusetzen, da eine anderweitige Verwendung dieses Kapitals i. d. R. zu einer Verzinsung führen würde. [Pfarr et al. 1989, 139 ff.]

$$\text{Berechnungsformel:} \text{Jahresumsatz} \times \left[\frac{4\ Monate}{12\ Monate} \right] \cdot i\,\text{Prozent Zins}$$

18.3 Anwendung in der Praxis

18.3.1 Beispiel: Gesamtsituation eines „6-Personen-Büros"

Praxisbeispiel
Die Frage der Wirtschaftlichkeit soll an einem Büro mit nachfolgender Mitarbeitstruktur erläutert werden.

18.3.2 Besondere Hinweise und Angaben

Mitarbeitstruktur:
- 1 Inhaber*in
- 3 Technische Mitarbeitende, Vollzeit (40-h-Woche)
- 2 Technische Mitarbeitende, halbtags (20-h-Woche)
- 1 Kaufmännische Mitarbeiter*in

Für dieses Büro ergaben sich gemäß Zusammenstellung in ❑ Tab. 18.1 diese Eckdaten:
1. Gesamtkosten: 380.000 €
2. Honorarumsatz: 387.750 €

◘ Tab. 18.1 Erfassung der Bürokosten nach Kostenarten im vergangenen Jahr [in Weiterentwicklung von Koopmann 1994, 72]

Kosten-arten Nr	Kostenarten	Beträge (absolut) in €/Jahr			
		Aufwand lt. Buchhaltung	Zusetzungen	Rückerstattung	Kosten
1.1	Personalkosten Inhaber*in				
1.11	Kalkulatorisches Inhaber*in-gehalt		51.000		51.000
1.12	Alterssicherung Inhaber*in	–	9000		9000
1.2	Personalkosten Mitarbeit				
1.21	– für technische Mitarbeit	153.400			153.400
1.22	– für kaufmännische Mitarbeit	29.250			29.250
1.23	– für Auszubildende	–			–
1.24	– für sonstige Mitarbeit	–			–
1.3	Soziallasten Mitarbeit				
1.31	Gesetzliche Soziallasten	40.183			40.183
1.32	Freiwillige Soziallasten	2167			2167
1.1–1.3	Summe der Personalkosten	225.000	60.000		285.000
1.4	Honorare für „Freie Mitarbeit"	–			–
1.5	Honorare für Leistungen Dritter	–		–	–
1.1–1.5	Summe „Arbeitskosten"	225.000	60.000		285.000
2.0	Kosten Raumnutzung	16.500	–	–	16.500
3.0	Sachkosten Bürobetrieb	26.375		–	26.375
4.0	Kosten Fahrzeug	17.625		–	17.625
5.0	Reisekosten	4925		–	4925
6.0	Kosten Bürosicherung				
6.1	Fort- und Weiterbildung	4500			4500
6.2	Sonstige Bürosicherung	7212,50			7212,50
7.0	Repräsentation, Akquisition	2862,50			2862,50
8.0	Sonstige Kosten	4666		–	4666
9.0	Kalkulator, Kapitalverzinsung		10.340		10.340
2.0–9.0	Summe Sachkosten	84.660	10.340	–	95.000
1.0–9.0	**Gesamtkosten (inkl. 1.4 u. 1.5)**	**309.660**	**70.340**	**–**	**380.000**
Umsatz 2015 (netto)					**387.750**

18.3.3 Ermittlung der Kostenarten- und Umsatzstruktur

18.3.4 Ermittlung der Projektstunden

18.3.5 Gemeinkostenzuschlagssatz und Stundensätze

Geme inkostenzuschlagssatz

Die Gesamtkosten eines Büros können wie oben erwähnt nach Art des Kostenanfalls in Personal- und in Sachkosten untergliedert werden. Unter verrechnungstechnischen Gesichtspunkten lassen sich die gesamten Kosten in Einzel- und Gemeinkosten aufteilen, wobei dann in beiden Sach- und Personalkostenelemente stecken können.

Diese Unterteilung in Einzel- und Gemeinkosten ist notwendig für die Ermittlung des Gemeinkostenzuschlagssatzes und daraus resultierend für die Stundensätze im Büro.

Untenstehend ist die Ermittlung des Gemeinkostenzuschlagssatzes und des mittleren Bürostundensatzes zu entnehmen. Aus den beiden letzten Spalten wird ersichtlich, welche Kostenarten generell Gemeinkostencharakter haben und welche Kostenarten in Einzel- und Gemeinkosten aufgeteilt worden sind (◨ Tab. 18.5). Die Sachkosten haben generell Gemeinkostencharakter. Aus dem Komplex der Personalkosten wird nur bei Inhaber*innen und der Technischen Mitarbeit eine Aufteilung in Einzelkosten und Gemeinkosten vorgenommen. Der Einzelkostenanteil ergibt sich hierbei aus dem prozentualen Anteil der Projektstunden an den Gesamtstunden für Inhaber*in und Technische Mitarbeit (TM) (◨ Tab. 18.2 und 18.3).

Für die Inhaber*in bedeutet dies, dass 61,59 % der möglichen Gesamtstundenzahl an Projekten selbst gearbeitet wurde. (Stunden sind direkt erlösfähigen Projekten zurechenbar) (◨ Tab. 18.4).

18.3.6 Auswertungsbogen Berechnung des mittleren Projektstundensatzes und des Gemeinkostenzuschlagsatzes (GKZ)

■ **Auswertung**

Der Gemeinkostenzuschlagssatz wird nach der folgenden Formel ermittelt:

◘ Tab. 18.2 Ermittlung der Projektstunden von Inhaber*innen (in Weiterentwicklung von Koopmann 1994, 73)

Lfd. Nr	Bezeichnung	Anzahl Tage	Anzahl Stunden/ Tag	Summe Stunden	Anteil in %
1	Kalendertage	365	8	2920	
2	Samstag/Sonntag	104	8	832	
3	Arbeitstage	261	8	2088	100
4.01	Sozial bedingte Ausfallzeiten				
4.02	Urlaub	20	8	160	
4.03	Krankheit	10	8	80	
4.04	Feiertage	6	8	48	
4.05	Sonstige	–	–	–	
4.06	Betriebsbedingte Ausfallzeiten				
4.07	Fortbildung/Seminare	3	8	24	
4.08	Akquisition/Wettbewerbe	47,25	8	378	
4.09	Kammertätigkeit/ Berufsverbände	6	8	48	
4.10	Interne Betriebsbesprechungen	8	8	64	
4.11	Sonstige	–	–	–	
5	**Projektstunden**			**1286**	**61,59**

$$GKZ = \frac{Gemeinkosten}{Einzelkosten} \cdot 100$$

Für unser Büro ergibt sich folgendes Zahlenwerk:

233.733, €/146.266, € · 100 = 159, 80.

Der mittlere Bürostundensatz ergibt sich aus der Division der Gesamtkosten durch die Projektstunden:

380.000 €/7238 h = 52, 50 €/h.

◘ **Tab. 18.3**   Ermittlung der Projektstunden für vier Technische Mitarbeiter*innen (in Weiterentwicklung von Koopmann, 1994, 73)

Lfd. Nr	Bezeichnung	Anzahl Tage	Anzahl Stunden/Tag	Summe Stunden	Anteil in %
1	Kalendertage	365	8	11.680	
	Samstag/Sonntag	104	8	3328	
3	Arbeitstage	261	8	8352	100
4.01	Sozial bedingte Ausfallzeiten				
4.02	Urlaub	25	8	800	
4.03	Krankheit	15	8	480	
4.04	Feiertage	6	8	192	
4.05	Sonstige	2	8	64	
4.06	Betriebsbedingte Ausfallzeiten				
4.07	Fortbildung/Seminare	4	8	128	
4.08	Akquisition/Wettbewerbe	10	8	320	
4.09	Interne Betriebsbesprechungen	8	8	256	
4.10	Sonstige	5	8	160	
5	Projektstunden			5952	71,26
1	**Kalendertage**	**365**	**8**	**11.680**	

◘ **Tab. 18.4**   Stundensätze von Inhaber*in und der Technischen Mitarbeiter*innen

Gruppe	Gesamtstunden	Projektstunden	Faktor (%)
Inhaber*in	2088	1286	0,6159 (61,59 %)
Technische Mitarbeiter*innen	8352	5952	0,7126 (71,26 %)
Summe	**10.440**	**7238**	

18

◨ **Tab. 18.5** Berechnung des mittleren Projektstundensatzes und des Gemeinkostenzuschlagsatzes [in Weiterentwicklung von Koopmann, 1994, 75]

Büro gesamt	Bürogröße: 6xMitarbeit	Anzahl der INH & TM: 5xMitarbeit	Gesamt- stunden: 10.440	Projekt- stunden: 7238	Sparte	Jahr: 2015
Kosten €/ Jahr	INH + TM + KM €/Mitarbeit	INH + TM €/Mitarbeit	€ je Ge- samtstunde	€ je Projekt- stunde	Einzelkos- ten €	Gemeinkos- ten €
a	a ÷ Mitarbeit = b	a ÷ Mitar- beit = c	a ÷ Gesamt- stunden = d	a ÷ Projekt- stunden = e	a*Fak- tor = f	a – f = g

1.11 + 1.12 Kalkulatorisches Gehalt und Alterssicherung Inhaber*in

60.000,00	10.000,00	12.000,00	5,75	8,29	36.954,00	23.046,00

1.21 Gehälter: Technische Mitarbeit

153.400,00	25.566,67	30.680,00	14,70	21,20	109.312,84	44.087,16

1.22 Gehälter: Kaufmännische Mitarbeit

29.250,00	4875,00	5850,00	208,00	1,04	0,00	29.250,00

Summe der Gehälter: Mitarbeit

182.650,00	30.441,67	36.530,00	17,50	25,24	–	–

1.31 Gesetzliche Sozialkosten

40.183,00	6697,17	8036,60	3,85	5,55	–	40.183,00

1.32 Freiwillige Sozialleistungen

2167,00	361,17	433,40	0,21	0,30	–	2167,00

Summe der Sozialleistungen

42.350,00	7058,34	8470,00	4,06	5,85	–	–

Gesamtsumme der Personalkosten (ohne Honorare für „Freie Mitarbeit" und „Leistungen Dritter")

285.000,00	47.500,00	57.000,00	27,30	39,38	146.288,84	138.733,16

2.0 Kosten Raumnutzung

16.500,00	2750,00	3300,00	1,58	2,28	–	16.500,00

3.0 Sachkosten Bürobetrieb

26.375,00	4395,84	5275,00	2,53	3,65	–	26.375,00

4.0 Kosten Fahrzeug

17.625,00	2937,50	3525,00	1,69	2,44	–	17.625,00

5.0 Reisekosten

4925,00	820,84	985,00	0,47	0,68	–	4925,00

6.1 Fort- und Weiterbildung

4500,00	750,00	900,00	0,43	0,62	–	4500,00

6.2 Sonstige Bürosicherung

7213,00	1202,09	1442,50	0,69	1,00	–	7213,00

(Fortsetzung)

◘ Tab. 18.5 (Fortsetzung)

Büro gesamt	Bürogröße: 6xMitarbeit	Anzahl der INH & TM: 5xMitarbeit	Gesamt- stunden: 10.440	Projekt- stunden: 7238	Sparte	Jahr: 2015
Summe Kosten Bürosicherung						
11.713,00	1952,09	2342,50	1,12	1,62	–	11.713,00
7.0 Repräsentation, Akquisition						
2862,50	477,09	572,50	0,28	0,40	–	2862,50
8.0 Sonstige Kosten						
4660,00	776,67	932,00	0,45	0,65	–	4660,00
9.0 Kalkulatorische Kapitalverzinsung						
10.340,00	1723,34	2068,00	0,99	1,43	–	10.340,00
Gesamtsumme der Sachkosten						
95.000,00	15.833,34	19.000,00	9,10	13,13	–	95.000,00
Summe der Personal- und Sachgesamtkosten						
380.000,00	63.333,34	76.000,00	36,40	52,50	146.266,84	233.733,16
Gemeinkostenzuschlag						159,80

18.3.7 Einnahmensituation des Architekturbüros

Der weiter oben angegebene Honorarumsatz des Büros in einer Summe von 387.750 € wurde durch nachfolgende Leistungen und Rechnungen realisiert (◘ Tab. 18.6):

Einnahmen

Diese Zusammenstellung gibt wieder, dass die **Einnahmen** durch Rechnungsstellungen für fünf Projekte realisiert werden konnten.

◘ Tab. 18.6   Einnahmen des Architekturbüros

Projekt	Objekt- bereich	Größe (m² BGF/m³ BRI)	Erbrachte Leistungs- phasen	Netto- Honorar
5301	MFH	2375/7125	5–7	97.681,53
5525	MFH	1175/3525	1–4	36.247,41
5410	MFH	1310/3950	1–4	38.778,52
5390	MFH	4015/14.650	1–4	138.824,59
5495	MFH	890/2790	5–8	76.217,95
Summe				**387.750,00**

18

Da die Problematik der Vor- und Nachkalkulation an konkreten Projekten erläutert werden soll, sind für zwei dieser Projekte die Honorarberechnungen beigelegt. Am Projekt Nr. 5525 wird exemplarisch eine Auswertung vorgenommen.

18.3.7.1 Planungs- und Honorierungsgrundlagen für Projekt Nr. 5525

Objektbereich: Mehrfamilienhaus mit 9 Wohneinheiten BGF: 1175 m²/BRI: 3525 m³

Kosten des Bauwerks: 1.410.000 € (brutto) (DIN 276) Honorarzone III

Honorarsatz: Mindestsatz

Leistungsumfang: Phasen 1–4 nach HOAI

18.3.7.2 Planungs- und Honorierungsgrundlagen für Projekt Nr. 5301

Objektbereich: Mehrfamilienhaus mit 18 Wohneinheiten BGF: 2375 m²/BRI: 7125 m³

» Kosten des Bauwerks: 2.850.000 € (brutto) (DIN 276) Honorarzone III

Honorarsatz: Mindestsatz

Leistungsumfang: Phasen 5–7 nach HOAI

18.3.8 Nach – und Vorkalkulation

18.3.8.1 Nachkalkulation

Für die erfolgreiche Führung eines Architekturbüros ist es zwingend notwendig, die wirtschaftliche Leistungsfähigkeit des Büros zu ermitteln. Dies geschieht durch die Überprüfung an jedem abgeschlossenen Projekt durch Vergleich der geleisteten Projektstunden zum mittleren Bürostundensatz und der Gegenüberstellung zum eingenommenen Honorar (◉ Tab. 18.7). Diese Nachkalkulation kann sowohl für das Gesamtprojekt durchgeführt, auf die einzelnen Leistungsphasen bezogen oder auch als Gesamtleistung des Büros über einen gewissen Zeitraum (z. B. ein Kalenderjahr) aus der Summe aller Projekte und deren Stunden bezogen werden.

Hierfür ist die Führung von Stundenberichten jedes einzelnen Mitarbeitenden bezogen auf die einzelnen Projekte und Leistungsphasen notwendig.

Ein Projekthonorar ist z. B. auskömmlich, wenn die Anzahl der geleisteten Stunden multipliziert mit dem mittleren Bürostundensatz kleiner gleich dem erzielten Honorar ist.

Nachkalkulation

◻ **Tab. 18.7** Prozentuale Anteile am Honorar und damit auch zulässiger anteiliger Stundenaufwand zu geleisteten Stunden

LP	Anteil am Honorar in %	Anteil am Honorar in €	Zulässiger anteiliger Stundenaufwand [Anteil am Honorar in €/52,50 € (mittl. Bürostundensatz)]	Geleistete Stunden
1	2	2684,99 €	51,14 Std	44 Std
2	7	9397,48 €	179,00 Std	172 Std
3	15	20.137,45 €	383,57 Std	392 Std
4	3	4027,49 €	76,71 Std	47 Std
1–4	**36.247,41 € Honorar**		**690,42 h**	**655 Std**

Beispiel Projekt Nr. 5525

Erzieltes Honorar: 36.247,41 €

Geleistet: 665 h.

mittl. Bürostundensatz: 52,50 €

Rechnung: 655 · 52,50 € = 34.387,50 € < 36.247,41 €

Bezogen auf die bearbeiteten Leistungsphasen sähe die Berechnung folgendermaßen aus:

Beispiel Projekt Nr. 5525

Erzieltes Honorar: 36.247,41 € entspricht 27 % des Gesamthonorar 100 % entsprechen 134.249,66 €

Leistungsumfang: Phasen 1–4 entspricht 27 % des Gesamtleistungsspektrums

Auswertung

Es wurden insgesamt weniger Stunden für die Bearbeitung des Projektes benötigt als zulässig, allerdings ergab die Auswertung der einzelnen Leistungsphasen, dass zu viel Zeit in der Entwurfsplanung (LP3) verbraucht wurde. Diese wurde durch eine sehr effiziente Genehmigungsplanung (LP4) wieder ausgeglichen (◻ Tab. 18.7).

Dieses Beispiel zeigt also, dass ein planerisch notwendiges Verschieben der Arbeitsstunden innerhalb der Leistungsphasen trotzdem nicht zu einem Negativergebnis führen muss, sondern sogar von Vorteil sein kann.

Dieses Verfahren lässt sich recht einfach auch auf das Gesamtergebnis eines Büros übertragen. Hier könnte also als Ergebnis folgendes entstehen:

Der geleistete Mehraufwand in einem Projekt, entstanden durch unvorhersehbare Komplikationen, zeitliche Behinderungen oder andere Umstände wie schlichtweg fehlerhaftes Bearbeiten, der zu einem Negativergebnis für dieses Projekt

18

geführt hat, kann durch eines oder mehrere Positivergebnisse in anderen Projekten ausgeglichen werden. So kann das Gesamtergebnis eines Büros auch bei nicht immer wirtschaftlicher Bearbeitung einzelner Projekte über ein Kalenderjahr wirtschaftlich positiv ausfallen.

18.3.8.2 Vorkalkulation

Geht ein Büro mit einem neuen Projekt an den Start, so ist es sinnvoll, das beauftragte Leistungsspektrum bereits im Vorfeld in Bearbeitungstage bzw. Stundenumfang zu gliedern und diese Sollwerte mit den entstehenden Ist-Werten zeitnah zu überprüfen, um nicht schon in den frühen Leistungsphasen Bearbeitungszeit für die späteren zu verbrauchen.

Vorkalkulation

    Dies wird anschaulich, wenn man die Nachkalkulation des o. g. Projektes Nr. 5525 nochmals betrachtet.

    Die hier aufgestellte Verteilung des eingehenden Honorars auf die einzelnen beauftragen Leistungsphasen lässt sich natürlich nicht nur im Nachhinein, sondern auch vor Beginn der Bearbeitung analog erstellen. Hierzu benötigt man eine Kalkulation der entstehenden Baukosten und das daraus abgeleitete, zu erwartende Honorar. Nun kann dieses entsprechend der prozentualen Verteilung nach HOAI den jeweiligen Leistungsphasen zugeordnet werden und so über den mittleren Bürostundensatz eine maximale Bearbeitungsdauer errechnet werden (◼ Tab. 18.8).

Planungs- und Honorierungsgrundlagen für Projekt Nr. 5525
Objektbereich: Mehrfamilienhaus
Kosten des Bauwerks: 1.410.000 € (brutto) (DIN 276) Honorarzone III
Honorarsatz: Mindestsatz
Leistungsumfang: Phasen 1–4 nach HOAI (27 % von 100 %)
zu erwartendes Honorar: 36.247,41 € (27 % von 134.249,66 €)

Vorkalkulation
Sobald einem Büro Erfahrungen und damit Daten aus mehreren Projekten vorliegen, wird es möglich, eine Vorkalkulation vorzunehmen, die der Leistungsfähigkeit dieses Büros entspricht. Hierbei kann geplant werden, wie lange höher bezahlte Mitarbeitende im Projekt eingesetzt werden und wie lange geringer bezahlte. Der Einsatz der verschiedenen Mitarbeitenden, abhängig von deren Leistungsfähigkeit und/oder deren Kenntnissen (z. B. Spezialkenntnisse) bezogen auf das beauftragte Leistungsspektrum kann in jedem Projekt anders ausfallen und so berücksichtigt werden.

    Durch fortlaufende Soll-/Ist-Vergleiche wird es möglich, unwirtschaftlich lange Bearbeitungszeiten zeitnah zu erkennen und gegenzusteuern.

◻ **Tab. 18.8**   Prozentuale Anteile am Honorar und daraus ermittelter zulässiger Stundenaufwand pro LP (gerundet)

LP	Anteil am Honorar in %	Anteil am Honorar in €	Zulässiger anteiliger Stundenaufwand [Anteil am Honorar in €/52,50 € (mittl. Bürostundensatz)]
1	2	2684,99 €	51 Std
2	7	9397,48 €	179 Std
3	15	20.137,45 €	384 Std
4	3	4027,49 €	77 Std
1–4	**36.247.41 € Honorar**		**691 h**

18.3.9 Kennzahlen

18.3.9.1 Das „Kennzahlen-System"

In der Fachliteratur werden die oben erwähnten Kalkulationen wiederholt in sogenannte „Kennzahlen" zur Ermittlung der Wirtschaftlichkeit eines Unternehmens definiert. Diese sind mannigfaltig und werden ständig weiterentwickelt, daher sollen hier noch diejenigen erwähnt sein, die als Mindeststandard ermittelt werden sollten, um die Leistungsbilanz des Unternehmens weitestgehend sicher beurteilen und weiterplanen zu können. So dient die Auswertung der eigenen Leistung der individuellen Unternehmensbewertung, während mithilfe von Vergleichswerten aus Datenerhebungen die Position des Unternehmens am Markt beurteilt werden kann.

Grundsätzlich kann davon ausgegangen werden, dass Büroinhaber*innen für das eigene Unternehmen ein Umsatz- und Renditeziel definiert haben. Unabhängig von den individuellen Vorstellungen ist es natürlich erst nach Ablauf einer Wirtschaftsperiode, in der Regel einem Zeitraum von 12 Monaten/einem Geschäftsjahr oder auch einem Kalenderjahr, möglich, diese gesteckten Ziele zu überprüfen und Bilanz zu ziehen.

18.3.9.2 Umsatzrendite

Umsatzrendite

Die vormals gesetzte Renditeerwartung kann einfach überprüft werden, indem der tatsächlich erwirtschaftete Gewinn mit dem erzielten Umsatz verrechnet wird. Unserem Beispiel folgend ergibt sich folgende Rechnung:

$$\frac{Gewinn}{Umsatz} \times 100 = \frac{7.750€}{387.750€} \times 100 = 1{,}99\%$$

Dieses Ergebnis stellt eine eher geringe Rendite dar, die möglicherweise nicht den Vorstellungen der Büroinnehabenden entspricht. Da sich der Gewinn aus dem Verhältnis von Umsatz zu Kosten ergibt, gibt es nun die Möglichkeit, an eben diesen beiden Werten Korrekturen vorzunehmen, also den Umsatz zu steigern und/oder die Kosten zu senken. Eine Umsatzsteigerung benötigt mehr bearbeitete und abgerechnete Projekte, hier ist also eine Intensivierung der Akquisitionstätigkeit gefragt, wobei die gesamtwirtschaftliche Situation der Baubranche immer mit Einfluss nehmen wird. **Umsatzrendite**

Um steuernd auf die Kosten des Unternehmens einzuwirken, kann man sich weiterer Kennzahlen zur Prüfung behelfen.

18.3.9.3 Umsatzziel

Ausgehend von den vorliegenden Ergebnissen kann nun ein Umsatzziel pro Mitarbeitendem ermittelt werden. **Umsatzziel**

((Umsatz
Mitarbeiter*in))

$$\frac{Umsatz}{Mitarbeiter^*innen} = \frac{387.750}{6} = 64.625€ \,/\, MA$$

Dieses ermittelte Umsatzziel kann sowohl als Prüfwert für das vergangene Geschäftsjahr als auch als Ziel für das kommende verwendet werden. In diesem Beispiel ist die kaufmännische Kraft mit dem gleichen Umsatzziel bewertet worden wie ein technischer Mitarbeitender, derweil die Innehabenden bei der Erzielung von Umsatz ausgeklammert wurde. Sollten diese Ergebnisse für die zukünftige Personalpolitik des Unternehmens herangezogen werden, so bleibt zu berücksichtigen, dass hier alle Mitarbeitenden gleichermaßen bewertet wurden, also unabhängig von ihrer Qualifikation und Position im Unternehmen, was zu Unschärfen führt. Vor Personalentscheidungen sollte also eine entsprechende Kennzahl für jede einzelne Kraft nach deren individueller Position und den Rahmenbedingungen ermittelt werden, um eine wirtschaftlich erfolgreiche Personalpolitik durchzuführen.

18.3.9.4 Mitarbeitspezifischer Stundensatz

Anhand des Beispiels eines technischen Mitarbeitenden lässt sich deren „Wertigkeit" innerhalb des Büroteams rechnerisch darstellen: **Mitarbeitspezifischer Stundensatz**
Jahresgehalt: 39.975 €
Gemeinkostenzuschlag GKZ: 159,80
Gemeinkostenfaktor GKF: 259,80

Mitarbeitspezifischer Stundensatz:

$$\frac{\left(Jahresgehalt \cdot GKF\right)}{Jahresstunden \cdot 100} = \frac{\left(39.975 \text{ €} \cdot 259,80\right)}{2088 \cdot 100} = 49,74 \text{ € / Stunde}$$

- **Erkenntnis**

Diese Mitarbeit liegt mit dem individuellen Stundensatz unter dem Bürodurchschnitt, sie ist also „billiger" als andere. Dies kann z. B. an der Qualifikation, Berufserfahrung oder Stellung innerhalb des Teams liegen, welches sich im Jahresgehalt widerspiegelt. Multipliziert man den Stundensatz mit den geleisteten Projektstunden und vergleicht das Ergebnis mit dem hierfür erzielten Honorar, kann man die Auskömmlichkeit des Honorars und die Effektivität und Wirtschaftlichkeit der Mitarbeit ermitteln.

So kann eine „billigere" Mitarbeit das Projektergebnis verbessern, entsprechend umgekehrt kann ein zu intensiver Einsatz einer „teuren" Mitarbeite (z. B. Projektleitung) das Gesamtergebnis schmälern. Gleiches passiert auch, wenn Mitarbeitende durch Fehlzeiten die Jahresarbeitsstunden nicht erbringen können und somit der mitarbeitspezifischer Stundensatz steigt. Durch diese Kennzahl kann eine spezifische Personaleinsatzplanung und auch Personalpolitik (z. B. Gehaltsverhandlungen) durchgeführt werden.

18.3.9.5 Arbeitskostenquote

Arbeitskostenquote

Diese Kennzahl drückt das Verhältnis von „Arbeitskosten" (hier Löhne + Sozialleistungen + Honorare für Freie/Dritte) zu den „Gesamtkosten" (hier Arbeitskosten + Gemeinkosten) in % aus.

Bereits aufgeführt sind die Kennzahlen zur Ermittlung des Projektstundenanteils, des mittleren Bürostundensatzes und des Gemeinkostenfaktors. Eine weitere projektbezogene Kennzahl stellt die Ermittlung des Aufwandswertes dar.

18.3.9.6 Aufwandswert

Aufwandswert

Analog zu dem zu ermittelnden Aufwand für Bauleistungen bei der Planung des Bauablaufes kann ein Stundenaufwand pro Planungseinheit (m^2 BGF bzw. m^3 BRI) kalkuliert werden, der entsprechend auf Erfahrungswerte zurückgreift und diese auf zukünftige Planungen überträgt. So kann der benötigte Stundenaufwand bezogen auf die zu planende Objektgröße unabhängig von den zu erwartenden Baukosten vorkalkuliert werden, um z. B. die Personaleinsatzplanung zu unterstützen. Da der Bezug auf solche sehr vereinfachten Einheiten ohne Berücksichtigung weiterer Projektdetails verhältnismäßig ungenau ist, bleibt auch das Ergebnis entspre-

18

chend grob und ist nur bedingt anwendbar. Allerdings stellt eine sorgfältige Dokumentation bezüglich der Aufwandswerte die Möglichkeit dar, über die angestrebte Objektgröße vorab eine schnelle Aussage über die Chancen eines wirtschaftlichen Projektergebnisses zu treffen.

Hierbei bleibt anzumerken, dass darauf zu achten ist, sich bei der Zusammenstellung von Vergleichswerten innerhalb eines Objekttypus zu bewegen, da nur so eine Übertragbarkeit sinnvoll ist. Unberücksichtigt bleibt auch die Individualität der Kundschaft mit ihren doch zum Teil sehr unterschiedlichen Vorstellungen bezüglich Darstellungstiefe, Terminvorgaben, Entscheidungsfreude u. v. a. m., welche im günstigen Fall z. B. einer Stammkundschaft zu einem wirtschaftlich positiveren, im ungünstigen z. B. durch zeitliche Behinderungen bei der Entscheidungsfindung aber durchaus auch zu einem negativen Gesamtergebnis führen kann, welches im Vorfeld durch die Kennzahl so nicht zu erwarten war.

18.3.9.7 Weitere Kennzahlen

Die hier genannten Kennzahlen können je nach Bedarf ausgebaut und differenzierter dargestellt werden. So kann neben der o. a. mitarbeitspezifischen auch eine projektspezifische Auswertung sinnvoll werden, um Entscheidungen über Akquisition, Personaleinsatz, Honorarsätze, Investitionen, Auslagerungen von Einzelleistungen u. v. a. m. zu treffen. Hier wird oft der Begriff des Kostendeckungsbeitrages verwendet, der eine individuelle Zuordnung möglich macht.

Weitere Kennzahlen

Weiterhin zu berücksichtigen sind Aussagen zum Kapitaleinsatz im Unternehmen, wie die Kapitalrendite (Return on Investment ROI) oder dem Verhältnis von Forderungen zu Verbindlichkeiten (Equity).

Hilfestellungen bieten hier die einschlägige Fachliteratur, Seminare und Software-Entwicklungen zum Thema Unternehmensführung, u. a. angeboten durch Architektenkammern, Weiterbildungsinstitute oder Vereine wie der „Praxisinitiative erfolgreiches Planungsbüro e. V. (PeP)".

18.4 Ausblick

Der Einsatz von **BIM** (Building Information Modeling) wird zukünftig vonseiten der Öffentlichen Hand erwartet und langfristig vorgeschrieben werden, so wie es im Stufenplan des Bundesministeriums für Verkehr und digitale Infrastruktur vom Dezember 2015 dargestellt wird [BMVI, 2015] [1]. Auch im privaten Bausektor wird vor allem bei Großprojekten auf dieses System der kompletten Informations- und

BIM

Datenverarbeitung im 3D-Modell vermehrt zurückgegriffen werden.

Hierbei wird es unweigerlich zu einer Verschiebung der Arbeitslast aus den nachfolgenden in die vorderen Leistungsphasen kommen, da BIM darauf beruht, dass zu möglichst frühem Zeitpunkt Festlegungen und Entscheidungen manifestiert werden, die einerseits zu einer hohen Planungs-, Kosten- und Terminsicherheit führen sollen, andererseits aber spätere Planungsänderungen verhindern sollen, um genau diese Sicherheiten zu erhalten.

Dies lässt sich folgerichtig nicht mehr mit den prozentualen Stunden- und Honoraranteilen gemäß HOAI in den vorderen Leistungsphasen erreichen, es entstehen also unweigerlich „Überstunden", die aus einer (oder mehrerer) nachfolgenden Phase(n) als Vorleistung gerechnet werden können. So ist es im BIM auch vorgesehen, dass der Mehraufwand zu Anfang neben all den erzielten Sicherheiten gleichzeitig zu einem Minderaufwand im weiteren Projektverlauf führt. Der gesamte Stundenaufwand bleibt erhalten bzw. kann im günstigsten Fall sogar geringer ausfallen und somit die Gesamtwirtschaftlichkeit des Projektes erhöhen. Auch dies ist ein erklärtes Ziel von BIM. In der derzeit gültigen Fassung der HOAI ist BIM als Besondere Leistung in LP 3 aufgeführt. Das hierbei frei auszuhandelnde Honorar muss über die gesamte Projektlaufzeit berechnet werden, was erst mit ausreichender Erfahrung verlustfrei möglich sein wird. Auch wird es notwendig sein, den für BIM zu leistenden Aufwand und die damit zusammenhängenden Kosten für das Planungsbüro der Kundschaft überzeugend zu vermitteln.

Hierzu ist es absolut unerlässlich, eine lücken- und fehlerlose Dokumentation der geleisteten Projektstunden zu führen, um einen Stundenausgleich über den gesamten Projektverlauf zu gewährleisten. Langfristig wird dies in die Vorkalkulation nachfolgender Projekte einfließen, somit auch dieser Veränderung im Architekturbüro der Zukunft Rechnung tragen und dessen Wirtschaftlichkeit sichern.

Quellennachweis

Zitierte Literatur

Bundesministerium für Verkehr und digitale Infrastruktur (BMVI):Digitales Planen und Bauen – Stufenplan zur Einführung von Building Information Modeling (BIM), Dezember 2015 ▶ https://www.bmvi.de/SharedDocs/DE/Artikel/DG/digitales-bauen.html

Klocke, Wilhelm: Betriebswirtschaftliches Denken und richtige Zeiteinteilung, aus: Festschrift zum 60. Geburtstag von Prof. Dr. Karl-Heinz Pfarr, Bachmann/Hasselmann/Koopmann/Will, 1987.

Koopmann, Manfred: Das Architekturbüro – Wirtschaftlichkeitsbetrachtungen. Skript zur Vorlesung in Planungs- und Bauökonomie WS 1994/95, TU Berlin, Architektur.

Pfarr, Karlheinz: Betriebswirtschaftslehre des Architekturbüros. Eine Orientierungshilfe zur wirtschaftlichen Führung von Planungsbüros, 1971.

Pfarr, Karlheinz, (Hrsg.)/Koopmann, Manfred; Rüster, Detlef: Was kosten Planungsleistungen? Kalkulieren – aber richtig!, 1989.

Weiterführende, empfohlene Literatur

Klocke, Wilhelm/Sachmerda, Andree: Planungsbüros erfolgreich führen. Das wirtschaftliche Architektur- und Ingenieurbüro, 2004.

Petty, William; Palich, Leslie E; Hoy, Francis; Longenecker, Justin G: Managing Small Business, An Entrepreneurial Emphasis, 16th Edition, 2012.

Internet

▶ www.pep-7.de

Internationales Architekturmanagement

Marcus Hackel

WELTBILD

> Auf den meisten Landkarten liegt Europa im Zentrum.
Viele deutsche Architekt*innen folgen noch immer derselben
eurozentrischen Weltsicht. <

K. Wellner und S. Scholz (Hrsg.), *Architekturpraxis Bauökonomie,*
https://doi.org/10.1007/978-3-658-41249-4_19

Inhaltsverzeichnis

19.1 Grundlagen des Internationalen Architekturmanagements

Die zunehmende Globalisierung führt auch zu einem Wandel des Berufsbildes und zu neuen Anforderungen an die Architekturschaffenden in Deutschland. Dennoch folgen viele von ihnen noch immer der alten eurozentrischen Weltsicht. Zum erfolgreichen Durchführen internationaler Architekturprojekte werden in diesem Kapitel u. a. folgende Instrumente des internationalen Managements behandelt:
- Strategisches Management
- Interkulturelles Management und Kommunikation
- Internationale Projektdurchführung

Management-Anforderungen bei internationalen Projekten

In diesem Grundlagenkapitel sollen die besonderen Management-Anforderungen bei der Planung und Durchführung internationaler Projekte vorgestellt werden.

Wenn man das Thema internationales Architekturmanagement betrachtet, stellen sich zunächst einige grundlegende Fragen:

Wann wird internationale Arbeit für die Architekturschaffenden wichtig?
- Bei der Mitarbeit in internationalen Projekten
- Bei der Projektleitung und dem Management von internationalen Projekten
- Bei der Leitung bzw. bei der Gründung eines Architekturbüros, das auch international tätig ist

Zudem führt die internationale Arbeit zu neuen Erkenntnissen auf regionaler und nationaler Ebene. Die Erfahrungen aus der Arbeit in einem anderen rechtlichen, kulturellen und sozialen Kontext führen auch zu neuen Erkenntnissen bei der Reflexion der eigenen Tätigkeit in Deutschland.

Architekturschaffende im weltweiten Wettbewerb

Wo sind deutsche Architekturschaffende dem weltweiten Wettbewerb ausgesetzt?

Management-Anforderungen bei internationalen Projekten

Architekturschaffende im weltweiten Wettbewerb

- Direkter Wettbewerb im Ausland
- Preiswertere Planungsleistungen aus dem Ausland in Deutschland (z. B. ausländische Subplanende oder deutsch-ausländische Arbeitsgemeinschaften)
- Wettbewerb im Bereich des technischen Sonder-Know-hows im Ausland (z. B. ökologische Architektur oder High-Tech-Fassadenbau)
- Imageträger*innen bzw. „Stararchitektur" von weltweit agierenden Architekturbüros aus dem Ausland in Deutschland und international

Der weltweite Wettbewerb in der Architektur findet sowohl im Ausland als auch im Inland statt. Er betrifft alle Bereiche des Planens und Bauens, des Gestaltens und der Bautechnik.

Warum werden internationale Projekte für deutsche Architekturbüros immer wichtiger?

- Ausgangslage: Marktsituation in Deutschland
- Erschließung neuer Märkte
- Den Kund*innen folgen
- Kontaktarchitekt*innen für ausländische Architekten
- Planung für ausländische Investor*innen in Deutschland

Obwohl es die Tätigkeit von Architekturschaffenden in anderen Kulturkreisen seit Jahrhunderten gibt, haben erst verstärkte Globalisierungsprozesse in der Weltwirtschaft und das computergestützte Entwerfen in Verbindung mit dem internetbasierten Datenaustausch die Voraussetzung für eine verstärkte Internationalisierung der Architektentätigkeit hervorgebracht. In vielen Ländern wird die ortsungebundene Zusammenarbeit auch zunehmend über das digitale Tool BIM optimiert. Der verstärkte Einsatz von internetbasierten Konferenztools vor allem seit der Coronapandemie hat außerdem gezeigt, dass die Kommunikation in gemeinsamen Projekten nicht ortsgebunden sein muss. Andererseits sind im Kontext mit dieser Pandemie auch Gefahren und Grenzen der globalisierten Waren- und Dienstleistungsvernetzungen offensichtlich geworden.

Welche grundlegenden Unterschiede gibt es bei nationaler und internationaler Ausrichtung von Architekturbüros?

- Sprache
- Kommunikation
- Kultur
- Politik
- Ökonomischer Rahmen
- Finanzen
- Marktanalyse
- Rechtsgrundlagen

19

- Verträge
- Partnerschaften
- Arbeitskräfte
- Kontrolle

Die Unterschiede in der nationalen und internationalen Ausrichtung von Architekturbüros sind kulturell, politisch und ökonomisch und erfordern somit unterschiedliche Managementansätze, basierend auf vielschichtigem zusätzlichem Fachwissen.

Typen international tätiger Bauherr*innen

Welche Bauherr*innen gibt es international?
- Foreign Direct Investments (FDI)/Portfolio Investments
- Private Projekte von ausländischen Investor*innen und Projektentwickler*innen
- Private Projekte von ausländischen Selbstnutzenden
- Staatliche ausländische Auftraggeber*innen
- Öffentlich geförderte Projekte (z. B. KFW, GIZ)
- Multinational Corporations
- Multidomestic Corporations
- Global Corporations
- Transnational Corporations

Warum ist die Kenntnis der Organisation der Auftraggeber*innen für die Architekturschaffenden wichtig? Warum ist es wichtig zu wissen, was die Auftraggeber*innen mit der Immobilie bezwecken?

Auftraggeber*innen verfolgen unterschiedliche Ziele mit dem Bau von Immobilien, die sich entsprechend der Firmenphilosophie, -strategie und -struktur unterscheiden, z. B:
- Im Bestand halten versus schneller Verkauf
- Imagepflege versus Zweckbau
- Corporate Identity
- Politische und strategische Zielsetzungen

Internationalisierung für Architekturbüros

Warum ist der Schritt zur Internationalisierung für Architekturbüros mit Bedacht zu wählen?

Während sich mit zunehmender Erfahrung in der Architektentätigkeit im nationalen Kontext die Kosten-Rendite-Relation in den Architekturbüros immer positiver entwickelt, ist das Architekturbüro durch den Eintritt in andere internationale Märkte mit einer Vielzahl veränderter und neuer Rahmenbedingungen konfrontiert. Hier hat erneut ein kostenintensiver Lernprozess stattzufinden, der jedoch im Allgemeinen aufgrund der im nationalen Kontext bereits beschrittenen Erkenntnisprozesse schneller erfolgen kann. Dennoch

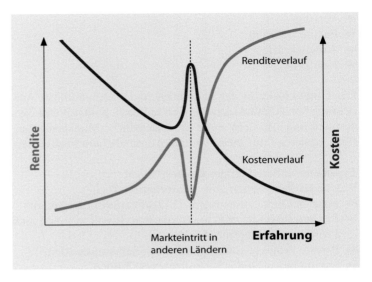

◘ Abb. 19.1   Kosten-Rendite-Entwicklung als Folge der Architektentätigkeit in anderen Ländern

muss sich jedes Architekturbüro bewusst machen, dass der Internationalisierungsprozess zusätzliche Kosten und verringerte Renditen mit sich bringen wird, also nicht als Reaktion auf eine bereits bestehende Krise erfolgen, sondern als positiver Erweiterungsgedanke aus einer Position der Stärke entstehen sollte (◘ Abb. 19.1).

Im Vergleich zur Tätigkeit deutscher Architekturschaffenden im eigenen Land ergibt sich bei der internationalen und kross-kulturellen Tätigkeit eine Vielzahl zusätzlich zu beachtender Themenkomplexe (◘ Abb. 19.2):

Auch die Beziehungen zu den am Projekt Beteiligten werden komplexer. Außerdem müssen die Anforderungen und Bedürfnisse zusätzlicher Beteiligter und Betroffener berücksichtigt werden (◘ Abb. 19.3).

19.2 Internationales Strategisches Management

Als erster Schritt des Strategischen Managements muss eine Selbstanalyse erfolgen:

— Welche Leistungen wollen wir anbieten? Welche Architekt*innenleistungen analog der Leistungsphasen nach HOAI, Projektentwicklung, Projektsteuerung, FM, CREM, sonstige Ingenieur*innenleistungen, Consulting
— Wie und wo werden die Projekte akquiriert?

19

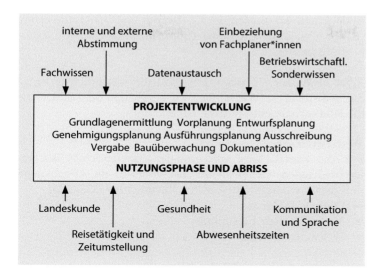

▣ Abb. 19.2 Prozessbetrachtung von internationaler Tätigkeit

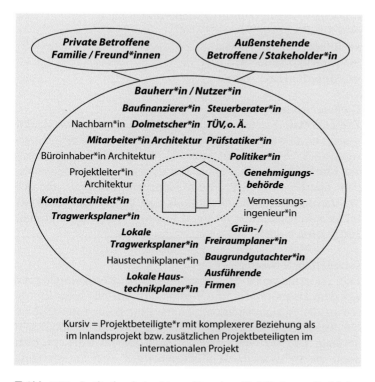

▣ Abb. 19.3 Institutionsbetrachtung: Komplexe Verhältnisse zu Projektbeteiligten

— Wie und wo werden die Leistungen erstellt? Optimierung von Qualitäten, Kosten, Terminen, strategischer Gestaltungsansatz.

Über all diesen Überlegungen steht die wesentlichste Frage der Selbstanalyse: Wie können wir besser und/oder anders als die Konkurrenz sein? [Porter, 2013].

Wettbewerbsvorteile entwickeln

Wettbewerbsvorteile entwickeln
Für die Entwicklung von globalen, strategischen Wettbewerbsvorteilen werden in der Fachliteratur im Allgemeinen drei Ansätze dargestellt: [Griffin, Pustay, 1999, 373–375]
— Globale Effizienz
— Multinationale Flexibilität
— Weltweites Lernen

Alternativen zwischen globaler Integration vs. lokaler Anpassung

Alternativen zwischen globaler Integration vs. lokaler Anpassung
Dabei gibt es vier strategische Alternativen der globalen Integration und der lokalen Anpassung [vgl. Porter, 1986, 11 ff.], die man auch bei der Analyse von strategischen Konzepten führender Architekturbüros wiederfinden kann:
— Globaler Ansatz
— Internationaler Ansatz
— Transnationaler Ansatz
— Multidomestic Ansatz

Globale Strategie

Globale Strategie
Die „Globale Strategie" sieht die Welt als nur einen Marktplatz. Der Globale Ansatz wird zum Beispiel von Sony angewendet. Auch die Architektur für Mc Donald's Restaurants zur Markenbildung hat lange Zeit diesen Ansatz widergespiegelt. Hierbei werden Produkte identisch entwickelt, die den Weltmarkt ohne Modifikation als Ziel haben. Der Grad der lokalen Angepasstheit ist somit niedrig, während die globale Integration hoch ist.

Internationale Strategie

Internationale Strategie
Die „Internationale Strategie" nutzt die Kernkompetenzen aus dem Heimatmarkt, um Wettbewerbsvorteile beim Eintreten in die Auslandsmärkte zu erlangen. Beim Internationalen Ansatz sind die Ansätze international und national sehr ähnlich. Die Starbucks arbeitet nach diesem Konzept, aber auch die weltweiten Architekturentwürfe von Stararchitekten wie z. B. Frank Gehry oder dem Büro von Zaha Hadid lassen eine dem Internationalen Ansatz verwandte Grundhaltung erkennen. Der Grad der lokalen Angepasstheit und die globale Integration sind somit niedrig.

19

Transnationalen Strategie

In der „Transnationalen Strategie" verbindet man die Vorteile der globalen Effizienz mit den Vorteilen der lokalen Angepasstheit. Beim Transnationalen Ansatz, der von der Firma Ford verfolgt wird, werden zentrale Lenkung und lokale Anpassung strategisch kombiniert. In der Architektur des Büros Gerkan Marg und Partner sind transnationale Ansätze zu erkennen. Folgerichtig sind sowohl der Grad der lokalen Angepasstheit als auch die globale Integration hoch.

Transnationalen Strategie

Multidomestik Strategie

Die „Multidomestik Strategie" schließlich versteht das Unternehmen als Sammelplatz relativ unabhängiger, auf die jeweiligen Landesmärkte fokussierter Tochterunternehmen. Sie verbindet also einen niedrigen Grad der globalen Integration mit einem hohen Grad der lokalen Angepasstheit. Firmen wie Kraft oder das Ingenieurbüro Obermeyer, das in der V. R. China seit vielen Jahren mit seinem neuen, auf die Region abgestimmten Profil als Stadtplanungs- und Architekturbüro sehr erfolgreich ist, verfolgen mit dem Multidomestik Ansatz national sowie international relativ unabhängige Ansätze, d. h. sie agieren lokal eigenständig.

Analog zu Porters [2013] Ansatz zu strategischen Alternativen in globalen Industrien müssen sich auch Architekturbüros mit der Frage beschäftigen, in welchen Regionen sie weltweit tätig werden wollen. Einerseits können Sie sich übergreifend global aufstellen (z. B. Foster + Partners), begrenzte nationale Strategien auf einzelne Länder bezogen verfolgen oder auch regionale Nischen besetzen. Genauso müssen Strategien zum Angebot ihrer Leistungen entwickelt werden, die entweder sehr breit aufgestellt sind (wie zum Beispiel ARUP) oder als anderer Extremfall die kleine spezialisierte Nische besetzen (wie zum Beispiel die Architektur für Baumhäuser)

Multidomestik Strategie

Strategieformulierung erfolgt in fünf Schritten

Die Internationale Strategieformulierung erfolgt in fünf Schritten. [Griffin Pustay, 1999, 385].

Angewandt auf die internationale Ausrichtung von Architekturbüros ergibt sich folgendes Vorgehen (❏ Abb. 19.4):

Dabei können auf übergeordneter Ebene des Architekturbüros, der Geschäftsebene und im Bereich funktionaler Strategien jeweils erneut mehrere unterschiedliche Strategieansätze verfolgt werden. [Griffin, Pustay, 1999, 390]:

Strategien auf Büroebene/Firmenebene

Als Strategien auf Büroebene/Firmenebene können folgende Varianten verfolgt werden:

Strategieformulierung erfolgt in fünf Schritten

Strategien auf Büroebene/ Firmenebene

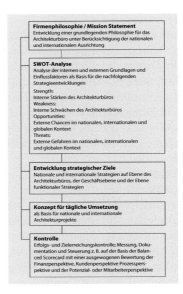

Firmenphilosophie / Mission Statement
Entwicklung einer grundlegenden Philosophie für das
Architekturbüro unter Berücksichtigung der nationalen
und internationalen Ausrichtung

SWOT-Analyse
Analyse der internen und externen Grundlagen und
Einflussfaktoren als Basis für die nachfolgenden
Strategieentwicklungen
Strength:
Interne Stärken des Architekturbüros
Weakness:
Interne Schwächen des Architekturbüros
Opportunities:
Externe Chancen im nationalen, internationalen und
globalen Kontext
Threats:
Externe Gefahren im nationalen, internationalen
und globalen Kontext

Entwicklung strategischer Ziele
Nationale und internationale Strategien auf Ebene des
Architekturbüros, der Geschäftsebene und der Ebene
funktionaler Strategien

Konzept für tägliche Umsetzung
als Basis für nationale und internationale
Architekturprojekte

Kontrolle
Erfolgs- und Zielerreichungskontrolle; Messung, Dokumentation und Steuerung z. B. auf der Basis der Balan-
ced Scorecard mit einer ausgewogenen Bewertung der
Finanzperspektive, Kundenperspektive Prozessspers-
pektive und der Potenzial- oder Mitarbeiterperspektive

◻ **Abb. 19.4**   Die fünf Schritte der internationalen Strategieformulierung für Architekturbüros [Weiterentwicklung und Ergänzung von Griffin, Pustay, 1999, 385]

- Eine Ebene
- Verwandte Diversifizierung
- Nicht verwandte Diversifizierung

Bei der Strategie einer Ebene erfolgt die Beschränkung auf nur ein Geschäftsfeld. Man bietet Planungsleistung z. B. nur im Bereich Architekturplanung oder nur im Bereich Stadtplanung an.

Bei der verwandten Diversifizierung werden ähnliche Geschäftsfelder parallel oder gemeinsam bearbeitet, z. B. bei der Bearbeitung von Tragwerksplanung und Architektur in einem Büro oder im Bürokonzept der Gesamtplanung.

Die nicht verwandte Diversifizierung beinhaltet neben der Tätigkeit als Architekturbüro unabhängige Tätigkeiten wie zum Beispiel den Betrieb einer Gastronomie.

Strategien auf Geschäftsebene

Strategien auf Geschäftsebene
Als Strategien auf Geschäftsebene nach Michael Porter [1980, 64] können folgende Varianten verfolgt werden.
- Differenzierung
- Kostenführerschaft
- Segmentierung/Ausrichtung/Spezialisierung

19

Differenzierung

Beim Konzept der Differenzierung wird das „Anderssein" über Herausstellungsmerkmale und Alleinstellungsmerkmale erreicht. Zum Beispiel werden „Stararchitekten" wie Frank Gehry über das Pflegen eines besonderen Namens oder Images (Branding) als einmalig wahrgenommen. Dies kann durch besondere Qualitäten oder auch in Verbindung mit empfundenen Werten erfolgen.

Kostenführerschaft

Die Strategie „Kostenführerschaft" auf Geschäftsebene bedeutet häufig den Preiskampf. Dies kann im schlimmsten Fall in einen ruinösen Verdrängungswettbewerb münden, mit verheerenden Folgen auf die Baukultur und die gebaute Qualität. Bestenfalls bedeutet es, die Entscheidung zugunsten der preiswertesten und nicht der billigsten Lösung unter Nutzung der Optimierung von Planungs- und Produktionsprozessen zur Reduzierung der Angebotspreise zu treffen. Besonders auch im internationalen Vergleich ist dieses Konzept für deutsche Architekturbüros aufgrund im Weltvergleich überdurchschnittlicher Lohnkosten und üblicherweise überdurchschnittlicher Planungs- und Ausführungsstandards problematisch.

Segmentierung/Ausrichtung/Spezialisierung

Die Strategie „Ausrichtung" erreicht Wettbewerbsvorteile über eine Spezialisierung auf bestimmte Produkte für besondere Zielkäufer oder Zielregionen wie z. B. ökologische Architektur in Ländern mit zurzeit noch niedrigen Nachhaltigkeitsstandards im Immobilienbereich. Während über Nachhaltigkeitsansätze in der Architekturplanung aufgrund der fortgeschrittenen Phase im Produktzyklus des ökologischen Bauens als innovativer Ansatz und der hohen gesetzlichen Anforderungen in Deutschland nur noch in besonderen Fällen Wettbewerbsvorteile erreicht werden können, kann diese Spezialisierung im globalen Wettbewerb in vielen Regionen der Welt von deutschen Architekturbüros strategisch genutzt werden.

Funktionale Strategien

Als Funktionale Strategien können folgende Ansätze verfolgt werden, die sich idealerweise gegenseitig ergänzen:
- Human Ressource Management
- Finanzen
- Forschung und Entwicklung
- Marketing
- Operativer Betrieb

Differenzierung

Kostenführerschaft

Segmentierung/Ausrichtung/Spezialisierung

Funktionale Strategien

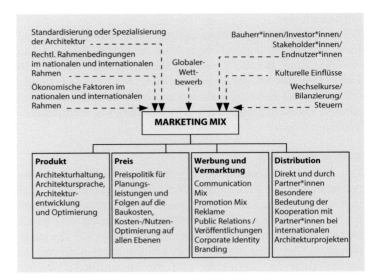

Standardisierung oder Spezialisierung der Architektur

Rechtl. Rahmenbedingungen im nationalen und internationalen Rahmen

Ökonomische Faktoren im nationalen und internationalen Rahmen

Globaler-Wettbewerb

Bauherr*innen/Investor*innen/Stakeholder*innen/Endnutzer*innen

Kulturelle Einflüsse

Wechselkurse/Bilanzierung/Steuern

MARKETING MIX

Produkt	**Preis**	**Werbung und Vermarktung**	**Distribution**
Architekturhaltung, Architektursprache, Architektur-entwicklung und Optimierung	Preispolitik für Planungs-leistungen und Folgen auf die Baukosten, Kosten-/Nutzen-Optimierung auf allen Ebenen	Communication Mix Promotion Mix Reklame Public Relations / Veröffentlichungen Corporate Identity Branding	Direkt und durch Partner*innen Besondere Bedeutung der Kooperation mit Partner*innen bei internationalen Architekturprojekten

◘ **Abb. 19.5**   Marketing Mix für Architekturbüros: die "4 Ps": Product, pricing, promotion, Place bei internationaler Architektentätigkeit [Weiterentwicklung und Ergäzung von Griffin, Pustay, 1999, S. 587]

Marketing Mix

Marketing Mix
Schließlich muss über den Marketing Mix entschieden werden. Marketing meint dabei nicht „an Inuit Kühlschränke zu verkaufen", wie es als reine aggressive Produktvermarktung oft missverstanden wird. Es ist vielmehr eine komplexe Abwägung verschiedener Einflüsse, die im Marketing Mix von Produktbeschaffenheit, Preispolitik, Vermarktungskonzepten und Distribution ihr Ergebnis finden [McCarthy, 1964] (◘ Abb. 19.5).

19.3 Interkulturelles Management und Kommunikation

Die Kommunikation von Architekturleistungen und somit die Akquisition von Projekten stehen vor einem grundsätzlichen Dilemma. Architekturbüros versprechen bessere Leistungen, die vermutlich höhere Planungs- und Baukosten mit sich bringen werden. Auf der anderen Seite ist das Versprechen der besseren Qualität, Kosten- und Termintreue ein schwer zu Beweisendes, da die Architekturleistungen erst in der Zukunft und im Allgemeinen in einmaligen, somit quasi „prototypischen" Projekten erbracht werden (◘ Abb. 19.6).

19

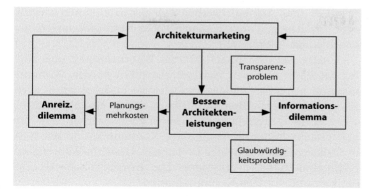

□ Abb. 19.6   Anreiz und Informationsdilemma im Architekturmarketing

Besonders brisant wird das Anreiz- und Informationsdilemma in der internationalen Architektentätigkeit in fremden Kulturkreisen.

19.3.1 Erste Regel >Kenne das Land <

Kenntnis über das Land
Die Kenntnis über das Land, über die soziokulturellen Hintergründe, über die wirtschaftlichen und rechtlichen Rahmenbedingungen und über die Sprache und Kommunikation sind eine Grundvoraussetzung für die internationale Tätigkeit von Architekturschaffenden. Internationale Projekte scheitern eher an interkulturellen Problemen und Missverständnissen bei der Kommunikation als an technischen Schwierigkeiten.

Kenntnis über das Land

19.3.2 Elemente von Kultur

Kultur
In den Sozialwissenschaften gibt es unterschiedliche Definitionen zu den Elementen, aus denen sich Kultur zusammensetzt. Für international tätige Architekturschaffende können aus dieser Diskussion beispielhaft folgende Elemente identifiziert werden:
- Symbole und Ästhetik
- Soziale Struktur
- Sprache
- Kommunikation und Verhaltensnormen
- Religion
- Wertvorstellungen

Kultur

Symbole und Ästhetik werden auf der Basis unterschiedlicher Erfahrungen und geschichtlicher Voraussetzungen unterschiedlich interpretiert.

Unsere Sprache beeinflusst die Wahrnehmung und Kultur. Sie kann zu einem Wettbewerbsvorteil werden. Kommunikation beinhaltet zudem was ich sage und wie ich es sage. Es gibt Gesellschaften mit sehr direkter Kommunikation wie z. B. in Deutschland und den skandinavischen Ländern und Gesellschaften mit indirekter Kommunikation wie z. B. in Ostasien, die einen sehr höflichen „Gesichts-Wahrenden" Kommunikationsstil erfordern. Die Körpersprache ist Teil der kulturell diversen Kommunikation.

Wertvorstellungen unterscheiden sich nach den unterschiedlichen menschlichen Bedürfnissen in unterschiedlichen Gesellschaften oder Gesellschaftsschichten (vgl. Maslows Bedürfnishierarchie [1981] (Maslow 1954), die physiologische Bedürfnisse, Sicherheitsbedürfnisse, soziale Bedürfnisse, Individualbedürfnisse und das Bedürfnis nach Selbstverwirklichung hierarchisiert). Die Erkenntnis zu den unterschiedlichen Wertvorstellungen und Bedürfnissen der von der Architekturplanung Betroffenen (Stakeholder) ermöglicht, sowohl die Planung als auch die Kommunikation der Architektur im internationalen Kontext soziokulturell abzustimmen.

Nach Hofstede können zudem folgende Kulturebenen unterschieden werden [2011a, S. 11 ff.]:

— Nationale Ebene
— Ebene religiöser, sprachlicher, ethnischer Zugehörigkeit
— Gender-Ebene
— Ebene der Generation
— Ebene der sozialen Klasse
— Ebene der Arbeitssozialisation

19.3.3 Sozialorientierung, Machtorientierung, der Umgang mit Unsicherheit und Zielorientierung nach Hofstede

Tendenzen gesellschaftlicher Grundorientierung

Tendenzen gesellschaftlicher Grundorientierung
Gesellschaften zeichnen sich durch unterschiedliche Tendenzen bei der Grundorientierung aus [vgl. Hofstede, 2011b]:

Soziale Orientierung	Individualismus versus Kollektivismus
Stellung zur Macht	Respektieren versus Hinterfragen von Macht
Stellung zu Ungewissheit	Akzeptanz versus Vermeidung von Ungewissheit und Risiko

19

Soziale Orientierung	Individualismus versus Kollektivismus
Zielorientierung	Aggressives Verfolgen von Zielen verbunden mit materialistischer Grundeinstellung versus passives Verfolgen von Zielen mit Hochschätzung von sozialen Komponenten
Zeitauffassung	Langfristige versus kurzfristige Orientierung

Auf der Basis der unterschiedlichen Orientierungen in unterschiedlichen Kulturen ergeben sich somit verschiedene Grundhaltungen in folgenden Bereichen:
- Emotionale Sensibilität
- Zeigen von Emotionen
- Umgang mit Macht/Kräftespiel
- Loyalität
- Teamwork
- Entscheidungsfindungsprozesse und Gesichtswahrung
- Einflussnahme auf Entscheidungsfindungsprozesse und deren Transparenz
- Argumentationsstil
- Bedeutung schriftlicher Dokumente
- Gruppen- vs. Individualentscheidung
- Atmosphäre und Entscheidungsprozesse

Die individuellen Variablen der Einzelpersönlichkeiten werden dabei zunächst nicht betrachtet, sind jedoch zusätzlich von erheblicher Bedeutung.

19.4 Internationale Projektdurchführung

Die Akquisition in anderen Kulturkreisen ist ein schwieriges und vielschichtiges, faszinierendes Feld, das jedoch den Rahmen dieses Kapitels sprengen würde.

Vertragsgestaltung

Der erste Schritt bei der tatsächlichen Projektdurchführung ist die Vertragsgestaltung. Hier müssen unter anderem folgende Themen beachtet werden:
- Definition der Bearbeitungstiefe
- Klärung der Zulassung zu Bearbeitungsschritten
- Handelsbeschränkungen
- Bezahlungsmodalitäten und Geldtransfer
- Devisenrisiko, Bilanzierungsprobleme und Steuern

Vertragsgestaltung

- Terminvereinbarungen
- Gerichtsstand

Terminvereinbarung

Terminvereinbarung
Bei der Vereinbarung von Terminen sind folgende Faktoren zu berücksichtigen:
- Problem der Anwesenheit vor Ort
- Ausfallzeiten für Kommunikationsprobleme
- Zielorientierung oder Orientierung am Projektverlauf

Checkliste: Zu klärende Fragen

Checkliste: Zu klärende Fragen
Im Verlauf der Projektdurchführung internationaler Architekturprojekte ergibt sich eine Vielzahl zusätzlich zu berücksichtigender Faktoren. In der nachfolgenden Auflistung ist analog der Leistungsphasen 1 bis 8 nach der Honorarordnung für Architekten und Ingenieure – HOAI [2020] eine Auswahl der wichtigsten generell auftretenden Themen benannt:
- Grundlagenermittlung: Kommunikationsprobleme, „fehlende Unterlagen", unklare Aufgabenstellung
- Vorplanung: Verständnis der Aufgabe, Kommunikationsprobleme, kulturelle Differenzen
- Entwurfsplanung: lokale Vorschriften, Kommunikationsprobleme, kulturelle Differenzen
- Genehmigungsplanung: Einsatz von lokalen Kontaktarchitekten, die Rolle der Auftraggebenden bei der Genehmigung, Risiken aus nicht erfolgter Genehmigung
- Ausführungsplanung: Andere Standards und Regeln der Bautechnik, andere Bearbeitungstiefe, anderes Qualitätsverständnis
- Ausschreibung und Vergabe: andere Verfahren
- Bauleitung: Bearbeitungstiefe, Qualitätssicherung, unterschiedliches Qualitätsverständnis

Vorteile

Vorteile
Die internationale Zusammenarbeit mit Partnerbüros in strategischen Allianzen bringt eine Reihe von Vorteilen und Risiken mit sich [Griffin, Pustay, 1999, 453 ff.].

In den meisten internationalen Architekturprojekten ist die erfolgreiche Planung und Durchführung von Projekten organisatorisch und inhaltlich eng an lokale Partnerschaften gebunden. Diese Kooperationspartnerschaften sind bei vielen internationalen Architekturprojekten entscheidend für das Gelingen oder den Misserfolg.

Folgende Vorteile ergeben sich für Architekturbüros durch strategische Allianzen im internationalen Kontext:

19

- Leichter Marktzugang durch Nutzung vorhandener ausländischer Netzwerke
- Bearbeitung von Teilleistungen durch den Inlandspartner, die für ausländische Architekturbüros rechtlich nicht zugelassen sind
- Geteiltes Risiko
- Doppeltes Know-how, gegenseitige Lernprozesse in den Architekturbüros zu Entwurfsmethodik, Technologien, Kommunikation usw. und doppeltes Portfolio mit Referenzprojekten

Mit den Synergien ergeben sich Wettbewerbsvorteile für beide Büros.

Allianzen
Diese Allianzen können unterschiedliche Formen annehmen, die unter- schiedliche Auswirkungen auf ihre Kooperationstiefe, die Dauer und die juristische Gestaltung der Kooperationsform haben:
- Gemeinsame Akquisition (Bietergemeinschaften)
- Gemeinsame Projektbearbeitung (Subunternehmer)
- Nutzung gemeinsamer Infrastruktur („Deutsches Haus")
- Finanzierungsbeteiligung
- Gemeinsame Profilausbildung
- Zusammenarbeit auf allen Ebenen

Allianzen

Auswahlkriterien Partnerbüros
Die Partnerbüros sollten nach folgenden Kriterien ausgesucht werden:
- Generelles Zusammenpassen, Größe, Strategien, Bürokultur
- Portfolio der Leistungen (ergänzend und/oder kongruent)
- Sicherheit der Allianz, um hohe Investitionen an Zeit und Geld zu rechtfertigen. International spielt dabei die persönliche Ebene eine besondere Rolle
- Potenzial zur Weiterentwicklung und zum Lernen, als Win-Win-Konzept für beide Partnerbüros

Auswahlkriterien Partnerbüros

Risiken
Allianzen und Kooperationen beinhalten jedoch auch das Potenzial für negative Entwicklungen. Die häufigsten Gründe dafür im Bereich der internationalen Architektentätigkeit sind:
- Zugang zu Informationen zum Projekt, zu Projektpartner*innen und zu Entscheidungsabläufen; in internationalen Projekten verstärkt auch wegen des unterschiedlichen Informationszugangs in den jeweiligen Ländern
- ungleiche (oder gefühlt ungerechte) Gewinnverteilung

Risiken

- Autonomieverlust durch unterschiedliche Machtpositionen, z. B. bedingt durch strukturell bedingte unterschiedliche Architekturbürogrößen
- Geänderte Rahmenbedingungen, ggf. konkurrierende neue Kooperationspartner*innen
- Auseinanderentwicklung der Strategien
- Persönliche Differenzen, international auch aufgrund des unterschiedlichen kulturellen Hintergrundes oder aufgrund unterschiedlicher Persönlichkeitsmerkmale vor allem in kreativen Berufen

Letztendlich können sich im Laufe der Zeit unüberbrückbare Unterschiede in den Allianzen und der Kooperation entwickeln.

Dennoch ist festzuhalten, dass ein erfolgreiches internationales Architekturschaffen in der überwiegenden Anzahl der Fälle eng verbunden mit internationalen Kooperationen und Partnerschaften ist.

Teamzusammenstellung

Teamzusammenstellung

Bei der Teamzusammenstellung müssen in Abhängigkeit von den Besonderheiten des jeweiligen Projektes und in Abhängigkeit von den spezifischen Projektpartner*innen verschiedene Varianten sorgfältig abgewogen werden:

- Mischung aus deutschen und lokalen Projektpartner*innen
- Feste Partner*innen, Subunternehmer*innen, Kooperationspartner*innen
- Rolle der imagetragenden Planenden als „das Gesicht" der ausländischen Architektur und Technologie

Die Teamzusammenstellung hat einerseits Auswirkungen auf die Kosten und Termine internationaler Architekturplanung. Andererseits ergeben sich aus der unterschiedlichen Zusammensetzung der Planenden auf der Basis unterschiedlicher Kulturen und Erfahrungshintergründe direkte Folgen auf den Architekturentwurf.

Literatur

Griffin, Ricky; Pustay, Michael: International Business, A Managerial Perspective, 2. Auflage, 1999

Hofstede, Geert e. a: Lokales Denken, globales Handeln: Interkulturelle Zusammenarbeit und globales Management, 5. Auflage, 2011a

Hofstede, Geert: Dimensionalizing Cultures: The Hofstede Model in Context in Online Readings in Psychology and Culture, 2011b

Maslow, Abraham: Motivation und Persönlichkeit (Originaltitel: Motivation and Personality Erstausgabe 1954, übersetzt von Paul Kruntorad) 12. Auflage, 1981

McCarthy, Jerome: Basic Marketing. A Managerial Approach, 1964

Porter, Michael: Competitive Strategy: Techniques for Analysing Industries and Competitors, 1980

Porter, Michael: Changing Patterns of International Competition, in California Management Review, Volume XXVIII, Number 2, 1986

Porter, Michael: Wettbewerbsstrategie (Competitive Strategy), 12. Auflage, 2013

Verordnung über die Honorare für Architekten- und Ingenieurleistungen (Honorarordnung für Architekten und Ingenieure – HOAI) in vom 02.12.2020, in Kraft getreten am 01.01.2021.

Weiterführende Literatur

Schulte, Karl-Werner (Hrsg.), Immobilienökonomie, Band I: Betriebswirtschaftliche Grundlagen, 4. Aufl.,

Der Haftungsbegriff

Stine Kolbert, Ulrich Langen und Benedikt Walter

Inhaltsverzeichnis

© Der/die Autor(en), exklusiv lizenziert an Springer Fachmedien Wiesbaden GmbH, ein Teil von Springer Nature 2023
K. Wellner und S. Scholz (Hrsg.), *Architekturpraxis Bauökonomie*,
https://doi.org/10.1007/978-3-658-41249-4_20

Inhalt des Kapitels
- Aufgaben und Pflichten von Architekt*innen in den unterschiedlichen Phasen des Projekts
- Rechtsgrundlagen der Haftung
- Der Mangelbegriff
- Nebenpflichtverletzung
- Gesamtschuldnerische Haftung
- Verjährung
- Baustellenverordnung
- Vollmachtüberschreitung
- Planerische Besonderheiten
- Schadenschwerpunkte
- Bauherr*innenwünsche
- Abweichungen von den allgemein anerkannten Regeln der Technik
- Haftungsfälle aus der Praxis
- Bauliche Schäden

Haftung ist die Verpflichtung, für etwas einzustehen, was man selbst als Schaden gegenüber einem*einer anderen zu verantworten hat. Art und Umfang dieser Verpflichtung können unterschiedlich ausfallen. Das Verschulden eines Schadens kann vorsätzlich oder fahrlässig geschehen. Im Sinne des Rechtsfriedens verjährt der Anspruch gegen den Haftenden nach einer bestimmten Zeit. Der Haftungsbegriff im Berufsbild Architektur ist Gegenstand dieses Kapitels.

Zwei verpflichtende Merkmale sind in der Berufspraxis von Architekt*innen wesentlich: zum einen die sich aus dem Architektenvertragsinhalt ergebenden Pflichten die Bauherr*innen und Architekt*innen untereinander abstimmen, zum anderen die geschuldete Beschaffenheit von Bauwerken nach dem Gesetz.

Architekt*innen kommt im Herstellungsprozess von Gebäuden eine besondere Rolle zu. Sie schulden nicht nur die eigene mangelfreie Leistung als Grundlage zur Errichtung des mangelfreien Bauwerks, sie sind zudem, als sogenannte Sachwalter*innen der Bauherr*innen, verpflichtet, deren Interessen gegenüber sämtlichen am Planungs- und Bauprozess Beteiligten zu wahren und zu vertreten. Sie haften also gesamtschuldnerisch mit Baufirmen und weiteren Planer*innen, ohne sich in einem direkten Vertragsverhältnis mit diesen zu befinden (§§ 420 ff. BGB).

Die Berufshaftpflichtversicherung als Pflichtversicherung für selbstständige Architekt*innen ist für Schäden eintrittspflichtig, die Architekt*innen fahrlässig verursacht haben. Selbst grobe Fahrlässigkeit, die bei vielen anderen Versicherungen zum Ausschluss führt, ist abgedeckt. Das bewusst pflichtwidrige Verhalten, also vorsätzliches Verhalten führt bedingungsgemäß auch zum Ausschluss des Versicherungsschutzes.

20.1 Rechtliche Grundlagen

20.1.1 Vertragliche Haftung

Werkvertrag

Die zivilrechtliche Haftung von Architekt*innen richtet sich in der Praxis im Wesentlichen nach den Vorschriften zum **Werkvertrag**, die in §§ 631 ff. BGB geregelt sind. Die VOB/B greift hierbei nicht, denn sie findet keine Anwendung auf Architektenverträge. Die VOB/B regelt, so sie aufgrund ihres AGB-Charakters vereinbart wurde, Bauleistungen und kommt bei Architektenverträgen nicht zur Anwendung.

Herstellung eines Werkes

Das Werkvertragsrecht regelt das Vertragsverhältnis zwischen Besteller*in (= Auftraggeber*in) und Unternehmer*in (Auftragnehmer*in). Die Gemeinsamkeit aller Werkverträge liegt in dem Umstand, dass von den Unternehmer*innen die «**Herstellung eines Werkes**» geschuldet ist (vgl. § 631 BGB). Es ist ein Erfolg herbeizuführen. Bleibt der Erfolg aus, kommt die Haftung der Unternehmer*innen in Betracht.

Dabei lassen die seit 2018 speziell für Architekten- und Ingenieurleistungen eingeführten Vorschriften gemäß §§ 650q ff. BGB erkennen, dass es sich beim Architekt*innenvertrag um einen besonderen, werkvertragsähnlichen Vertragstypus handelt. Im Ergebnis sollte dies zu einer Sensibilisierung bei der Betrachtung des von den Architekt*innen geschuldeten Erfolgs führen. Anders als beim klassischen Bauvertrag oder sonstigen Werkverträgen, beispielsweise über einen herzustellenden Tisch, steht bei einem Architektenvertrag der Werkerfolg noch nicht von vornherein in all seinen Einzelheiten fest. Stattdessen wird der Werkerfolg teilweise erst im Laufe des Planungsprozesses weiter konkretisiert. Dazu gehört auch das Fortschreiben von Planungszielen und das Klären von Zielkonflikten.

20.1.1.1 Leistungs-Soll – Mangelbegriff

Mangelbegriff

Geht es also um die Haftung der Architekt*innen aus dem Architekt*innenvertrag, muss zuerst ermittelt werden, was genau als Erfolg geschuldet war. Es wird zum einen vom Leistungs-, bei Planungsleistungen auch vom Planungs-Soll gesprochen.

20

Fallen **Leistungs-Soll** (was war geschuldet) und **Leistungs-Ist** (was wurde tatsächlich erbracht) auseinander, liegt eine mangelhafte Leistung i. S. d. § 633 BGB vor.

Nach dem BGH (Beschluss vom 08.10.2020 – VII ARZ 1/20) zeichnet sich ein Architektenvertrag dadurch aus, dass eine Planungs- oder Überwachungsleistung versprochen wird, die als Grundlage für die Errichtung eines mangelfreien Bauwerks geeignet ist. Mit dem Architekt*innenvertrag wird jedoch nicht versprochen, dass das Bauwerk tatsächlich mangelfrei errichtet wird.

In der Konsequenz muss daher ermittelt werden, welche Beschaffenheiten die Planungs- oder Überwachungsleistung aufweisen muss. Maßgeblich dafür ist, was vertraglich im Einzelfall vereinbart wurde.

Leistungs-Soll
Leistungs-Ist

Mangelhafte Planung

Als Beschaffenheit für Planungsleistungen kann beispielsweise eine **Baukostenobergrenze** vereinbart werden. Wird mit der gelieferten Planung in einem solchen Fall die Baukostenobergrenze überschritten, liegt eine Abweichung zwischen Planungs-Soll und Planungs-Ist vor. Die Planungsleistung ist mangelhaft.

Zum geschuldeten Erfolg bei Planungsleistungen in den Leistungsphasen 1 bis 4 i. S. d. HOAI gehört auch die **Genehmigungsfähigkeit** der Planung (BGH, Urteil vom 10.02.2011 – VII ZR 8/10). Fehlt es daran, ist die Planung mangelhaft. Der Mangel muss auf Verlangen des/der Besteller*in nachgebessert werden. Ein Anspruch auf zusätzliches Honorar besteht in einem solchen Fall nicht. Zudem schulden Architekt*innen den Bauherren Ersatz für Aufwendungen, die im Glauben einer genehmigungsfähigen Planung bereits getätigt wurden.

Mangelhafte Planung
Baukostenobergrenze

Genehmigungsfähigkeit

Mangelhafte Bauüberwachung

Auch die Bauüberwachung muss mangelfrei erbracht werden. Dafür muss sich auch hier das Leistungs-Soll vor Augen geführt werden:

Architekt*innen können selbst bei einer makellosen Bauüberwachung letztlich nicht verhindern, dass eine mangelhafte Bauausführung erfolgt. Genau aus diesem Grund stellt der BGH (Beschluss vom 08.10.2020 – VII ARZ 1/20) fest, dass Architekt*innen gerade nicht die mangelfreie Errichtung des Bauwerks versprechen.

Vielmehr müssen Architekt*innen bei ihren Kontrollen die erfolgten und stattfindenden Bauausführungen darauf kontrollieren, ob sie entsprechend der planerischen Vorgaben und frei von Mängeln erfolgen. Dabei schulden Architekt*innen jedoch in der Regel **nicht die permanente und lückenlose**

Bauüberwachung

nicht die permanente und lückenlose Überwachung

Überwachung sämtlicher Arbeitsschritte, sämtlicher Mitarbeiter des Bauunternehmens. Geschuldet ist stattdessen eine eingehend stichprobenartige, regelmäßige Überwachung. Dabei muss der Umfang der Überwachungspflicht (= Leistungs-Soll) jeweils im Einzelfall anhand der vertraglichen Vereinbarungen bestimmt werden. Als Faustformel gilt dabei: Je schadensträchtiger das Werk oder das Bauteil, desto engmaschiger und lückenloser hat die Überwachung zu erfolgen. Zugleich sind Architekt*innen zu einer erhöhten Aufmerksamkeit verpflichtet, wenn sich im Verlauf der Bauausführung Anhaltspunkte für Mängel ergeben oder sich die Unzuverlässigkeit der Unternehmer*innen offenbart.

20.1.1.2 Gewährleistungsrechte ab Abnahme der Architekt*innenleistung

Abnahme

Das Werkvertragsrecht unterscheidet zwischen der Erfüllungsphase und der Gewährleistungsphase. Mit der **Abnahme** endet die Erfüllungsphase und beginnt die Gewährleistungsphase.

Die Rechte der Besteller*innen bei Vorliegen von Mängeln im Gewährleistungsstadium sind in § 634 BGB geregelt. Gemeinsam haben die dort normierten Rechte der Besteller*innen, dass sie erst in der Gewährleistungsphase Anwendung finden. Die Gewährleistungsphase setzt nach zwei Grundsatzentscheidungen des BGH (Az.: VII ZR 301/13 und Az.: VII ZR 193/15) grundsätzlich eine Abnahme voraus.

Fälligkeitsvoraussetzung der Schlussrechnung

Das gilt auch für die Leistungen von Architekt*innen. Auch sie müssen abgenommen werden. Dieser Umstand wird in der Praxis häufig vernachlässigt. Die Abnahme wird oftmals nur aus schlüssigem Verhalten der Bauherr*innen hergeleitet. Die Architekt*innen sollten sich jedoch für eine ausdrückliche Abnahme einsetzen. Neben mehreren wichtigen Rechtsfolgen der Abnahme, wie etwa als **Fälligkeitsvoraussetzung der Schlussrechnung** (§ 650q Abs. 1 i.V.m. § 650 g Abs. 4 Nr. 1 BGB), beginnt gemäß § 634a Abs. 2 BGB erst mit Abnahme der Lauf der Verjährung der Gewährleistungsansprüche der Besteller*innen (vgl. unten unter Ziff. 2.1.3).

Zugleich müssen Architekt*innen über Kenntnisse zur Abnahme verfügen, damit sie diese für die Leistungen der bauausführenden Unternehmen vorbereiten und begleiten können. Oft werden von den Architekt*innen auch Abnahmeempfehlungen von den Besteller*innen eingefordert. Die Erklärung der rechtsgeschäftlichen Abnahme selbst obliegt jedoch den Bauherr*innen als Besteller*innen, wenn nicht anderes im Architektenvertrag vereinbart wurde.

Gewährleistungsrechte

20

In der Praxis beschränken sich die geltend gemachten **Gewährleistungsrechte** der Besteller*innen bei Mängeln gemäß

§ 634 BGB in den meisten Fällen auf Nacherfüllungsansprüche (§ 635 BGB), die Selbstvornahme (§ 637) oder Schadenersatzansprüche (§§ 634 Nr. 4, 280 ff. BGB).

Die **Nacherfüllung** bei einer mangelhaften Planung kann von den Architekt*innen nur verlangt werden, wenn sich der **Planungsmangel noch nicht im Werk realisiert** hat, also eine mangelhafte Ausführung durch das Bauunternehmen erfolgt ist (vgl. BGH BauR 2007, 2083). Dafür muss von den Besteller*innen eine angemessene Frist zur Nacherfüllung gesetzt werden.

Nacherfüllung Planungsmangel noch nicht im Werk realisiert

Wird innerhalb einer angemessenen Nacherfüllungsfrist der Mangel an der Planung nicht beseitigt, können die Besteller*innen gemäß § 637 BGB die **Ersatzvornahme** durchführen lassen. Der Planungsfehler wird dann durch Dritte beseitigt. Die Architekt*innen müssen den **Vorschuss** für die Ersatzvornahme oder den **Kostenersatz** nach abgeschlossener Ersatzvornahme leisten.

Ersatzvornahme Vorschuss Kostenersatz

Hat sich hingegen der Planungsmangel bereits im Werk realisiert, ist eine Nacherfüllungsfrist gegenüber den Architekt*innen nicht mehr erforderlich. Denn auch wenn die Architekt*innen den Mangel durch Nachbesserungen in der Planung beseitigen würden, ändert sich dadurch der mangelhafte Zustand des Bauwerks nicht mehr. Aufgrund dieser Besonderheit steht den Besteller*innen auch ohne eine Fristsetzung zur Nacherfüllung ein Anspruch auf Schadensersatz gegen die Architekt*innen zu.

Fiktive Mängelbeseitigungskosten können nicht als Schadensersatzanspruch geltend gemacht werden. Bis zu einem Urteil des BGH im Jahr 2018 (05.07.2018 – VII ZR 35/16) war dies noch anders. Genau wie bei Schäden an Fahrzeugen wurden in der Praxis oft nur die fiktiven Mangelbeseitigungskosten von den Architekt*innen geltend gemacht. Der Mangel wurde im Nachgang jedoch nicht beseitigt. Die erhaltene Zahlung wurde für andere Zwecke eingesetzt. Im Ergebnis kam es dadurch oft zu einer finanziellen Überkompensation der Besteller*innen. Der Mangel – z. B. Unebenheiten an Wänden im Kellergeschoss – führte allenfalls zu einer geringen Wertminderung des Objektes. Die fiktiven Mangelbeseitigungskosten fielen hingegen weit Höher aus. Das Vermögen der Besteller*innen stand aufgrund des Mangels besser, als es bei einer mangelfreien Leistung der Fall gewesen wäre. Deshalb kann heute, bis der Mangel tatsächlich beseitigt wurde, nur ein Schadensersatz verlangt werden, der sich nach der Höhe des Minderwerts des Bauwerkes richtet. Die Mangelbeseitigungskosten am Objekt können erst geltend gemacht werden, wenn die Beseitigungsleistungen tatsächlich durchgeführt wurden.

Fiktive Mäng elbeseitigungskosten

Mangelfolgeschaden

Wenn sich der Planungs- oder Überwachungsmangel bereits im Bauwerk verkörpert hat, handelt es sich um einen sogenannten **Mangelfolgeschaden**. Diese können nicht durch die Architekt*innen durch Nachbesserung selbst beseitigt werden. Die Architekt*innen haben in solchen Fällen dann auch kein Recht auf Beseitigung des Schadens durch Eigenleistung (BGH, Urteil vom 16.02.2017 – VII ZR 242/13).

20.1.1.3 Verjährung von Gewährleistungsansprüchen

Verjährung

Mit Abnahme der Architekt*innenleistungen beginnt gemäß § 634a Abs. 2 BGB der Lauf der Verjährung der Gewährleistungsansprüche der Besteller*innen.

in der Regel innerhalb von 5 Jahren ab Abnahme

Wenn nichts anderes im Architekt*innenvertrag geregelt ist, verjähren die Gewährleistungsansprüche gegen die Architekt*innen wegen fehlerhafter Planung oder Bauüberwachung gemäß § 634a Abs. 1 BGB **in der Regel innerhalb von 5 Jahren ab Abnahme.**

§ 650 s BGB

Teilabnahme

Übernehmen Architekt*innen auch die Leistungen i. S. d. Leistungsphase 9 HOAI, sollten sie unbedingt auf die Teilabnahme gemäß **§ 650 s BGB** nach Abschluss der Überwachungsleistung bestehen. Für alle von der **Teilabnahme** umfassten Leistungen läuft dann bereits die Verjährung wegen Mängeln. Es sollte nicht erst der Abschluss der Leistungsphase 9 i. S. d. HOAI abgewartet werden. Denn das Mangelmanagement der Leistungsphase 9 i. S. d. HOAI ist wiederum an die Verjährungsfristen der Gewährleistungsansprüche der Besteller*innen gegen die ausführenden Bauunternehmen gekoppelt. Diese Gewährleistungsansprüche verjähren regelmäßig erst nach 4 (VOB) oder 5 (BGB) Jahren. Es sind aber auch Laufzeiten von bis zu 10 Jahren denkbar. Erfolgt also erst eine Abnahme der Leistungen aus dem Architektenvertrag nach Abschluss der Leistungsphase 9, verlängert sich auch der potenzielle Haftungszeitraum für sämtliche Leistungen aus dem Architektenvertrag enorm (◘ Abb. 20.1).

§§ 203 ff. BGB

Hemmung der Verjährung

Der Lauf der Verjährungsfristen kann gehemmt werden. Im Hemmungszeitraum läuft die Verjährungsfrist nicht weiter. Das Ende der Verjährungsfrist verschiebt sich entsprechend nach hinten. Dabei können verschiedene Umstände die Hemmung herbeiführen. Welche Umstände dies im Einzelnen sind, kann den **§§ 203 ff. BGB** entnommen werden. Beispielsweise kann eine Verhandlung über den Anspruch zwischen den Parteien die **Hemmung der Verjährung** herbeiführen. Die Verhandlung kann hierbei nicht einseitig, etwa durch eine Mängelrüge oder einseitige Erklärung, herbeigeführt werden. Auch eine Streitverkündung, Klage oder die Einlei-

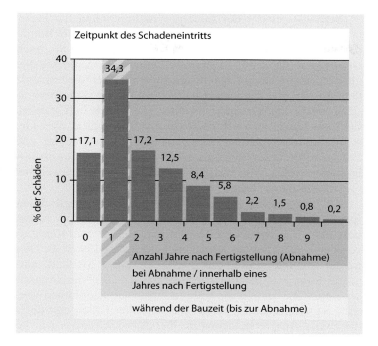

Abb. 20.1 Zeitpunkt des Schadenseintritts. (Quelle: AIA Berufshaftpflichtversicherung für Architekt*innen (2019))

tung eines gerichtlichen Beweissicherungsverfahrens können gemäß § 204 BGB eine Hemmung der Verjährung bewirken.

20.1.1.4 Gesamtschuldnerische Haftung

Es gibt Konstellationen, bei den eine sogenannte gesamtschuldnerische Haftung zwischen den planenden oder überwachenden Architekt*innen einerseits sowie den ausführenden Unternehmen anderseits vorliegt. Der Gedanke ist hier, vereinfacht dargestellt, dass ein im Objekt verwirklichter Mangel in den Verantwortungsbereich von mehreren Beteiligten fällt. Dadurch haben die Besteller*innen auch Gewährleistungsansprüche gegen mehrere Vertragspartner*innen. Aus diesem Umstand folgt das Bestehen einer **Gesamtschuld.**

Die Gesamtschuld führt dazu, dass die Besteller*innen sich aussuchen können, welche*n Vertragspartner*in sie in Anspruch nehmen. Dabei kann die Forderung in voller Höhe verlang werden. Die Besteller*innen müssen sich nicht auf eine Quotelung verweisen lassen. Es ist also nicht erforderlich, dass Beispielsweise nur 70 % des Schadens von den Architekt*innen und die übrigen 30 % von den ausführendem Unternehmen eingeholt werden.

Gesamtschuldnerische Haftung

Gesamtschuld

**§ 426 BGB
Ausgleichspflicht**

Befriedigt eine*r der Gesamtschuldner*innen die beste-hende Schuld, führt dies einerseits dazu, dass den Bestel-ler*innen kein Gewährleistungsanspruch mehr zusteht, auch nicht gegen die übrigen Gesamtschuldner*innen. Damit dies nicht zu ungerechten Ergebnissen führt und der*die leistende Gesamtschuldner*in alleine haftet und die übrigen Gesamt-schuldner*innen gänzlich von ihrer Haftung befreit werden, sieht das Gesetz in **§ 426 BGB** die **Ausgleichspflicht** aller Ge-samtschuldner*innen im Innenverhältnis untereinander vor. Die Höhe der jeweiligen Ausgleichspflicht bestimmt sich ins-besondere nach dem Verschuldensanteil des*der jeweiligen Gesamtschuldner*in am Mangel.

Ausgleichsanspruch

Zu beachten ist, dass die Verjährung des **Ausgleichsan-spruch**s der regelmäßigen Verjährungsfrist von ca. drei Jahren unterliegt. Der Lauf der Verjährung beginnt mit Kenntnis von der Entstehung der Gesamtschuld nach § 199 BGB. Dies ist ein wichtiger Punkt für Architekt*innen. Sie sind, auf-grund ihrer Haftpflichtversicherungen, oft der*die Gesamt-schuldner*in, der*die als erste in Anspruch genommen wer-den. Bauunternehmer*innen sind in vielen Fällen erst der*-die zweite Ansprechpartner*in. Der Ausgleichsanspruch der Architekt*innen kann jedoch, aufgrund der kürzeren Verjäh-rungsfrist (ca. 3 Jahre) im Vergleich zu den Gewährleistungs-fristen (in der Regel 5 Jahre), bereits verjährt sein, wenn die Besteller*innen die Architekt*innen wegen Mängeln in An-spruch nehmen.

Gesamtschuld zwischen Planer*in und Bauunternehmen

Ein Gesamtschuldverhältnis liegt u. a. dann vor, wenn ei-nerseits ein Planungsfehler vorliegt und zugleich das ausfüh-rende Unternehmen diesen Planungsfehler aufgrund von ein-facher bzw. grober Fahrlässigkeit nicht erkannt und dem-entsprechend fehlerhaft ausgeführt hat (BGH, Urteil vom 04.03.1971 – VII ZR 204/69).

Beruht hingegen ein Mangel auf einem Planungsfehler der Architekt*innen und musste das ausführende Unterneh-men diesen Planungsfehler nicht erkennen, liegt kein Gesamt-schuldverhältnis nicht vor.

Gesamtschuld zwischen Überwacher*in und Bauunternehmen

Auch zwischen dem ausführenden Unternehmen und Über-wacher*in wird ein Gesamtschuldverhältnis angenommen, wenn beide für dieselbe Mangelerscheinung einstehen müssen. Das ist der Fall, wenn bei der Überwachung die mangelhafte

Ausführung des Bauunternehmens hätte erkannt werden müssen.

Der BGH hat bereits in seinem Urteil vom 02.05.1963 (Az.: VII ZR 171/61) die grundlegende Dogmatik für die Gleichstufigkeit der Ansprüche zwischen Überwacher*in und ausführendem Unternehmen herausgearbeitet. In seinem Urteil stellt der BGH fest, dass, wenn das Bauunternehmen den Mangel beseitigt oder der*die Überwacher*in Schadensersatz leistet, jeweils der*die andere frei von seiner*ihrer Verpflichtung wird. Folglich müsse dies auch hinsichtlich eines nur gegen das Bauunternehmern gerichteten Nachbesserungsanspruches gelten (BGH a. a. O).

In den Überwachungskonstellationen kann gem. § 650t BGB dem*der Überwacher*in ein vorrübergehendes Recht zur Leistungsverweigerung eingeräumt werden, solange dem ausführenden Unternehmen noch nicht erfolglos eine Frist zur Nacherfüllung gesetzt wurde. Bei Planungsfehlern greift § 650t BGB hingegen nicht.

20.1.2 Subsidiäre Staatshaftung – Abstimmung der Planung mit Behörden

Die Genehmigungsfähigkeit der Planung wird meist mit Sachbearbeiter*innen der Behörden vorbesprochen und abgestimmt. Es gibt Spielräume, insbesondere bei sogenannten „Abweichungen" oder im unbeplanten Innenbereich nach § 34 BauGB, die den Behörden einen bestimmten Ermessensspielraum einräumen. Um wichtige Grundfragestellung behördlich entscheiden zu lassen, empfiehlt es sich, frühzeitig einen Bauvorbescheid einzuholen.

Allerdings führen weder ein positiver Bauvorbescheid noch eine erteilte Baugenehmigung dazu, dass die Haftung für etwaige Planungsmängel auf den Staat übergeht. Denn die **Staatshaftung ist subsidiär**. Das bedeutet, dass der Staat nur dann haftet, wenn von keinem anderen Beteiligten Schadenersatz verlangt werden kann. Es muss also zuerst jede und jeder in Betracht kommende Haftende in Anspruch genommen werden. Erst wenn dies erfolglos bleibt, greift die sogenannte subsidiäre (untergeordnete) Staatshaftung nach § 839 BGB.

Staatshaftung ist subsidiär

Zum werkvertraglichen Leistungserfolg von Architekt*innen gehört nicht nur, dass die Baugenehmigung von der Behörde erteilt wird, sondern auch, dass die erteilte Baugenehmigung Bestand hat und später nicht durch die Behörde oder im Rahmen eines verwaltungsgerichtlichen Verfahrens zurückgenommen werden kann.

Die Aufnahme der Bauarbeiten kann erst nach Erteilung der Baugenehmigung erfolgen. Ausnahmen können Behörden unter Umständen für das Herrichten des Grundstücks (Baumfällungen, Abbrucharbeiten) machen.

20.1.2.1 Genehmigungsfreistellungen

Mit dem Ziel der Verschlankung von Baugenehmigungsprozessen wurde 2006 in einigen Länderbauordnung Vereinfachungen von Baugenehmigungsprozessen eingeführt. Demnach ist es nur noch bei bestimmten Gebäuden, beispielsweise Sonderbauten, erforderlich, eine ordentliche Baugenehmigung einzuholen.

verfahrensfrei vereinfachtes Baugenehmigungsverfahren freiwillig eine ordentliche Genehmigung

Zahlreiche Vorhaben sind **verfahrensfrei** und somit lediglich anzeigepflichtig oder können über ein **vereinfachtes Baugenehmigungsverfahren** beantragt werden. Das Besondere an diesen Verfahren ist die verminderte oder sogar ausbleibende Prüfung der Zulässigkeit sowie Einhaltung von öffentlichen Vorschriften durch die Behörden. Aus der vermeintlichen Erleichterung ergibt sich ein erhöhtes Haftungsrisiko für Architekt*innen, die jenseits der behördlichen Prüfung selbst dafür Sorge tragen müssen sämtliche Vorschriften einzuhalten. Neben dem Wegfall einer wichtigen Kontrollinstanz ergeben sich hieraus häufig Schwierigkeiten mit Nachbarn, da die Rechtmäßigkeit einer Bebauung nicht behördlich beschieden wurde. Sollte es im Rahmen eines Antragsverfahrens bei der zuständigen Behörde die Möglichkeit geben, **freiwillig eine ordentliche Genehmigung** einzuholen, ist dieser Weg gegebenenfalls zu empfehlen, um Risiken zu minimieren und Schwierigkeiten im Bauablauf (beispielsweise durch Nachbarschaftsklagen) zu verringern.

20.1.3 Unerlaubte Handlungen

§ 823 BGB

Es kann neben der vertraglichen Haftung auch eine Haftung wegen unerlaubter Handlung gemäß **§ 823 BGB** in Betracht kommen. Es handelt sich um eine sogenannte gesetzliche Anspruchsgrundlage auf Schadensersatz. Diese Anspruchsgrundlage betrifft jedoch einen anderen Personenkreis. Zu diesem gehören beispielsweise Nachbarn, Mieter, Bauunternehmen sowie alle sonstigen Personen, die durch eine auf Verschulden zurückzuführende fehlerhafte Architekten-/Ingenieurleistung zu Schaden kommen.

Bei Schäden, die durch eine unerlaubte Handlung von Architekt*innen entstehen, gilt die dreijährige Verjährung gemäß § 852 BGB ab dem Zeitpunkt, in dem der Anspruchsteller von dem Schaden Kenntnis erlangt. Zwischen dem

Schadensereignis und der Erkenntnis können mehrere Jahre verstreichen, sodass in derartigen Fällen eine maximale Frist von 30 Jahren ab Begehung der schädlichen Handlung gelten. Führt eine unerlaubte Handlung (beispielsweise das Errichten eines zu niedrigen Geländers) zehn Jahre nach Fertigstellung des Bauwerks zu einem Personenschaden, haften Architekt*innen trotz Ablauf der Gewährleistungsfrist.

20.2 Zur Rolle und Verantwortung von Architekt*innen

Der Gebäudeherstellungsprozess ist in der Regel wenig standardisiert und zeichnet sich durch einen hohen Grad an individuellen Problemstellungen sowie Komplexität aus. Die Gewährleistung einer fachlich korrekten Ausführung am Bau erfordert heute das Hinzuziehen zahlreicher Spezialist*innen. Die Einordnung der Ergebnisse sämtlicher an der Planung beteiligten ist die ureigene Aufgabe der planungskoordinierenden Architekten*innen. Ihre Rolle ist dabei wie folgt definiert: Sie vertreten die Ansprüche von Bauherr*innen gegenüber Dritten vollumfassend und haben zahlreiche Nebenpflichten zu beachten (Prause 2015). Denn, es wird davon ausgegangen, dass diese als Laien selbst der Verantwortung in technischer und wirtschaftlicher Hinsicht nicht gerecht werden können.

Die geschuldete Planungsleistung ist allerdings nicht pauschal definiert. Die Grundleistungen nach § 35, Anlage 10 Honorarordnung für Architekt*innen bildet lediglich einen preisrechtlichen Rahmen. Am Ende schulden Architekt*innen ein mangelfreies Werk (Werkvertragsrecht §§ 631–650 v BGB), wobei der Weg den Sie dafür wählen nicht vorgeschrieben ist. Geschuldet ist dem Grunde und der Höhe nach das, was vereinbart wurde. Verträge zwischen Bauherren und Architekt*innen können prinzipiell frei gestaltet werden. (▶ Abschn. 2.1.1).

20.2.1 Aufklärungspflichten

In der Rolle der Sachwalter unterliegt es Architekt*innen mannigfaltige **Aufklärungspflichten** gegenüber Bauherr*innen zu wahren. Neben der Aufklärung zu erforderlichen Planungsgrundlagen, Gutachten sowie Erfordernissen von **Fachplanung** gehört auch die Beratung in wirtschaftlichen sowie zu rechtlichen Grundbelangen zu ihren Pflichten. Dies gilt auch, wenn die Beratung sich negativ für die Architekt*in-

Aufklärungspflichten
Fachplanung

nen selbst auswirkt (beispielsweise der Fehler durch sie selbst zu verantworten ist). Auch in diesem Fall muss Aufklärung, zur Abwendung von Nachteilen oder Schäden für die Bauherr*innen, erfolgen.

Beratungserfordernis

In fachfremden Fragestellungen, beispielsweise rechtlichen, immobilienwirtschaftlichen oder steuerlichen Belangen müssen Architekt*innen sich des **Beratungserfordernisses** bewusst sein und das Hinzuziehen von Spezialist*innen empfehlen. Architekt*innen müssen den gesamten Herstellungsprozess eines Bauvorhabens im Blick haben, Risiken einschätzen und in Ihrer Rolle als Sachwalter*innen nötige Schritte zu deren Abwendung einleiten.

Entsteht aufgrund der Verletzung dieser Pflichten ein Schaden für die Bauherren, haften Architekt*innen. Der, auf Geldersatz ausgerichtete, Schadenersatzanspruch gemäß § 636 BGB sowie der Ersatz vergeblicher Aufwendungen gemäß § 284 BGB spielt hierbei die größte Rolle. Dieser Anspruch umfasst nicht nur den Ersatz der am Bauwerk eingetretenen Schäden, sondern auch alle damit verbundenen Folgeschäden, wie Zinsverluste, Zwischenfinanzierungskosten, entgangene Gewinne und Kosten für Gutachten. Für Bauwerksmängel haften Architekt*innen insoweit, als sie auf einer, durch sie zu vertretenden Pflichtverletzung beruhen. Ein Mangel zu Lasten der Architekt*innen liegt vor, wenn Bauwerksmängel durch die fehlerhafte Leistung oder eine Pflichtverletzung der Planer*innen verursacht wurden. (▶ Abschn. 20.1.1.1).

20.2.2 Verantwortung in den Planungsphasen

Planungszielen Beschaffenheitsvereinbarungen

Architekt*innen verantworten eine vollständige Planung unter Berücksichtigung der Vorstellungen und Wünsche der Bauherr*innen. Zu den Vorstellungen und Wünschen gehören neben gestalterischen Anforderungen auch wirtschaftliche Ziele. Hierbei ist zwischen **Planungszielen** und **Beschaffenheitsvereinbarungen** zu unterscheiden. Werden Planungsziele nicht eingehalten sind vorerst Lösungsvorschläge zu machen. Bei Abweichungen von Beschaffenheitsvereinbarungen besteht ein Haftungsrisiko für Architekt*innen, da hierbei verbindliches Gewährleistungsrecht der Besteller*innen verletzt wird. Beispiele hierfür sind die Genehmigungsfähigkeit der Planung oder Baukostenobergrenzen.

Kostenobergrenzen

Bei der Vereinbarung von **Kostenobergrenzen** ist ein Haftungsrisiko im Fall der Überschreitung direkt gegeben. Beschaffenheiten sollten demnach nicht leichtfertig, ohne rechtliche Beratung den Bauherr*innen versprochen und vereinbart werden. Bei Abweichungen von garantierten Beschaffenheiten lehnt zudem die Berufshaftpflichtversicherung eine Schadensübernahme ab.

Um Haftung im Hinblick auf **Baukostenüberschreitung** zu vermeiden ist die Kostenermittlung in zunehmender Detaillierung, über den gesamten Planungs- und Herstellungsprozess stets zu konkretisieren und mit vorherigen Kostenstufen abzugleichen. Treten höhere Abweichungen auf, sind Steuerungsmaßnahmen einzuleiten, um Kostensteigerungen abzuwenden. Über Kostensteigerungen sind Bauherren umgehend zu informieren.

Baukostenüberschreitung

Ein **Planungsfehler** kann also auch dann vorliegen, wenn es an einem sichtlichen Schaden am Bauwerk selbst fehlt. Selbsterklärend stellt es einen Mangel dar, wenn Planungsbestandteile fehlen oder unvollständig sind. Ein Mangel liegt aber auch dann vor, wenn geltende Vorschriften nicht beachtet wurden, relevante Fachplanung nicht ordentlich in die eigene Planung integriert wurde, oder auch vereinbarte Vorstellungen der Bauherren nicht umgesetzt wurden.

Planungsfehler

Die Frage, ob eine Planung fehlerhaft ist oder nicht, ist mitunter schwer festzustellen, was sich in zahlreichen gerichtlichen Gutachten und jahrelangen Prozessen zur Klärung von Schadens- und Schuldfragen am Bau widerspiegelt (Sohn, Peter, Dr. 2014).

Als Mindeststandard schulden Architekt*innen, soweit nichts anderes ausdrücklich vereinbart wurde, die Einhaltung der **allgemein anerkannten Regeln der Technik**(a. a. R. d. T.), die oft durch die DIN-Normen (Deutsches Institut für Normung) geprägt werden. Die Einhaltung von technischen Vorschriften sollte in der Entwurfs- und Ausführungsplanung (Leistungsphase 3 und 5) sowie Ausschreibung (Leistungsphase 6) stets ausreichend dargestellt werden (gem. Henning 2022). Allerdings stellt die alleinige Einhaltung von technischen Vorgaben noch keine Garantie für die Funktionstauglichkeit eines Bauteils oder Bauwerks dar. Insbesondere zusammengesetzte Bauteile können Schwachstellen aufweisen, die es mit planerischem Sachverstand und Erfahrungswerten jenseits niedergeschriebener Normen und Richtlinien zu lösen gilt.

allgemein anerkannten Regeln der Technik

Unter Umständen kann sogar unter Missachtung von gewissen Regeln der Technik die Funktionsfähigkeit gegeben sein. Dies jedoch, beispielsweise über eine **Zulassung im Einzelfall**, nachzuweisen, stellt eine große Hürde dar. Die Einhaltung von Gesetzen, Normen (a. a. R. d. T.) und Verordnungen und die Prüfung sowie Einholung ausreichender Planungsgrundlagen, stellt neben den subjektiven Aspekten, wie die Beachtung der Bauherr*innenvorstellungen, die sicherste Vorgehensweise dar, ein mangelfreies Werk zu errichten.

Zulassung im Einzelfall

Aufgrund der Komplexität dieser Aufgabe ist der Nachweis von zwei Praxisjahren in sämtlichen Leistungsphasen verpflichtende Voraussetzung für die Aufnahme in die Architektenkammern der Bundesländer. Erst die Kammeraufnahme berechtigt die Planer*innen zur **Berufsbezeichnung „Architekt" oder „Architektin"** und stellt somit einen **Qualifikationsnachweis** für Bauherr*innen dar (VG Frankfurt/Main, 18.01.2008 - – 12 E 170/07). Planende, die nicht Mitglied einer Kammer sind und Leistungen in Planung oder Bauüberwachung anbieten, müssen Bauherr*innen im Vorfeld einer vertraglichen Bindung auf die fehlende Qualifikation hinweisen.

20.2.2.1 Einbindung von Expert*innen

Baunebenkosten (DIN 276, Kostengruppe 700) sind in den letzten Jahrzehnten kontinuierlich gestiegen (Neitzel et al. 2020). Begründet werden kann dies u. A. mit dem wachsenden Erfordernis Spezialist*innen in Planungs- und Bauprozesse einzubinden.

Im Planungsablauf nach Honorarordnung für Architekten und Ingenieure (§ 35 HOAI) der Leistungsphasen 1 bis 9 sind unterschiedliche Expertisen je Planungs- oder Bautenstand einzubeziehen. Zu Beginn der Maßnahme in der **Grundlagenermittlung** (Leistungsphase 1) ist es beispielsweise verpflichtend, ein **Baugrundgutachten** erstellen zu lassen. Das Baugrundgutachten nach DIN 18533 stellt eine besondere, unverzichtbare Planungsgrundlage für die Abdichtungs- und Tragwerksplanung dar. Die Prüfung des Baugrundes gehört somit zu den **Hauptleistungspflicht**en im Planungsablauf (OLG Jena, AZ.:1 U 1148_99, vom 31.05.2001). Ein Verzicht aus Kostengründen ist nicht zu begründen.

In den Leistungsphasen 1 und 2 (Grundlagenermittlung und Vorplanung) ist es zudem empfehlenswert, eine*n Vermessungsingenieur*in hinzuzuziehen, um **Maßfehler** beim Einmessen des Gebäudes zu vermeiden.

Im Rahmen der Leistungsphasen 2 und 3 (Vorentwurf und Entwurf) sind bei Bauwerken einer gewissen Komplexität und Geschossigkeit Tragwerksplaner*in, Brandschutzgutachter*in, Haustechniker*in, Gutachter*innen für die Wärmebedarfsanalyse, unter Umständen Nachhaltigkeitskoordinator*innen (wenn ein Nachhaltigkeitszertifikat erzielt werden soll) hinzuzuziehen.

In den Leistungsphasen 5 bis 8 (Ausführungsplanung und Bauüberwachung) können noch Schallschützer*in und Bauphysiker*in, teilweise auch Baubiologen*innen zum Einsatz kommen. Bei Bebauungsplanverfahren spielen zudem Umweltgutachten, Artenschutzgutachten, Verkehrsgutachten, Stadtplanung und Partizipation eine Rolle. Zudem werden

Wirtschaftlichkeitsuntersuchungen häufig externalisiert. In bestimmten Gebieten, beispielsweise Wasserschutzgebieten oder schadstoffbelasteten Baugebieten, ist weitere Expertise erforderlich.

Bei Objekten, die über Fördermittel finanziert werden, ist insbesondere in der Leistungsphase 6 und 7 (Ausschreibung und Vergabe) auf **vergaberechtliche Bestimmungen** (GWB, VgV, VOB/A) zu achten. Häufig ist die Einhaltung der Vergaberichtlinien als Auflage des*der Fördermittelgeber*in geboten, auch wenn es sich um private Bauherr*innen handelt.

Oft führt es bei den Bauherr*innen zu Irritationen, dass neben dem Planungshonorar weitere Kosten in wesentlicher Höhe für Leistung durch Dritte aufzubringen sind. Diese Irritationen sollte Architekt*innen nicht dazu verleiten, **fachfremde Leistung**en selbst zu übernehmen, denn ieraus ergibt sich ein hohes Haftungsrisiko.

20.2.2.2 Pflicht zur Überprüfung und Überwachung Planungsleistungen Dritter

Die Einschaltung von Fachplaner*innen durch die Bauherr*innen bietet Architekt*innen **Haftungserleichterung**, dennoch verbleiben Restrisiken, die zu einer Haftung oder Mithaftung führen können. Zudem können Bauherr*innen Architekt*innen bei **Planungsfehlern** vorerst zu einhundert Prozent in Anspruch nehmen. Sodann können sich Architekt*innen im Innenverhältnis entsprechend ihrer Haftungsquote an die beteiligten Fachplaner*innen halten.

Die Einschaltung von Fachpersonen ist immer dann geboten, wenn eine Problematik auftritt, die Architekt*innen nicht oder nicht allein lösen können. Voraussetzung ist, dass Architekt*innen ihre eigenen Grenzen erkennen und den Bauherr*innen die Einschaltung von Expert*innen vorschlagen. Ist die Erforderlichkeit der Einschaltung von Fachplaner*innen objektiv erkennbar, gehört es zu den Aufgaben von Architekt*innen, geeignete Fachpersonen auszusuchen und vorzuschlagen. Ist die beauftragte Person oder das Unternehmen für die konkrete Problemstellung ungeeignet und es kommt zu Fehlern innerhalb der Fachplanung, die die Architekt*innen hätte erkennen können, so werden Architekt*innen, unter dem Gesichtspunkt des Auswahlverschuldens, mitverantwortlich sein. Im Innenverhältnis liegt in derartigen Fällen die überwiegende Verantwortlichkeit aufseiten der fehlerhaft arbeitenden Fachperson.

Zudem gehört es zu den Pflichten der Architekt*innen, den weiteren Planer*innen vollständige und richtige **Vorgaben** zu liefern, die diese in die Lage versetzen, eine fehlerfreie

vergaberechtliche Bestimmungen

fachfremde Leistung

Haftungserleichterung

Planungsfehlern

Vorgaben Fachplanung Erkundigungspflicht

Fachplanung zu erstellen. Für Fehler in den Vorgaben haften Architekt*innen in der Regel allein. Lediglich bei in sich unschlüssigen und unvollständigen Unterlagen ist von einer Mithaftung der Fachplaner*innen wegen Verletzung der **Erkundigungspflicht** auszugehen.

Überprüfung

Sobald Ergebnisse und Leistungen von Fachplaner*innen vorliegen, sind Architekt*innen zur **Überprüfung** verpflichtet. Hierbei kann nicht verlangt werden, dass die gesamten Leistungen der Fachplaner*innen nochmals detailliert nachvollzogen wird. Grobe Fehler, die Baufachleuten auffallen müssen, müssen auch erkannt und gerügt werden. Bei Verletzungen dieser Grobprüfungspflicht ist im Innenverhältnis je nach Offensichtlichkeit des Fehlers von einer Mitverantwortlichkeit bis zu etwa 30 % auszugehen. Die Überprüfungspflicht umfasst zusätzlich die Kontrolle, ob Fachplaner*innen die gemachten Vorgaben bei Erstellung ihrer Leistung berücksichtigt haben.

Objektüberwachung

Weiterhin gehört es zu den Aufgaben von Architekt*innen, die Leistungen der Fachplaner*innen in ihre weiteren Überlegungen einzubeziehen und in die eigene Planung zu integrieren. Verstöße hiergegen führen in der Regel zu einer alleinigen Haftung von Architekt*innen, es sei denn, die Fachplaner*innen waren bezüglich des betreffenden Fachbereichs auch mit der **Objektüberwachung** beauftragt. In diesem Fall kann es je nach vorliegenden Umständen zu einer Aufteilung bis hin zu 50 % Haftungsverteilung kommen. Es ist also geboten Bauherr*innen zu empfehlen, auch Fachplaner*innen mit der Bauleitung in ihren fachlichen Bereichen zu beauftragen.

20.2.3 Bauleitungen und Kontrolle der ausführenden Bauunternehmen

Bauüberwachung

Die **Bauüberwachung** (Leistungsphase 8) birgt besondere Haftungsrisiken. Die Anforderungen an die Bauüberwachungspflicht von Architekt*innen und Ingenieur*innen sind weitreichend.

stichprobenartige Überwachung

stichprobenartige Überwachung

Qualifizierung der Bauunternehmen

Der Aufwand von Bauüberwachung kann variieren. In der Regel überwacht die Bauleitung die Arbeiten der Baufirmen stichprobenartig. Je nach Erfahrung des beauftragten Bauunternehmens kann die erforderliche Anwesenheitszeit der Überwacher jedoch höher bemessen werden. Aus dieser Logik heraus müssen baubegleitende Architekt*innen nach aktueller Rechtsprechung bei der Ausführung von Bauleistungen durch einen oder mehrere „Laien" oder unqualifizierte Unternehmen die Arbeiten besonders intensiv überwachen. Umso wichtiger ist es, die erforderliche **Qualifizierung der Bauunternehmen** bereits im Vergabeverfahren festzustellen.

Besonders **komplizierte und schadensträchtige Gewerke** müssen durch die Bauleitung geradezu ständig überwacht werden. Hierzu gehören beispielsweise Unterfangungsarbeiten, schwierige Gründungen und Abdichtungen, zudem Bewehrungsarbeiten in Betondecken und Anschlussarbeiten von tragenden Bauteilen (▶ Abschn. 20.1.1.2). Im Verantwortungsbereich der Bauleitung liegt die Umsetzung der mangelfreien Beschaffenheit. Hierzu gehören am Ende auch die Koordinierung und Überwachung der **Mängelbeseitigung**.

Häufig angelastet werden Architekt*innen in der Bauleitung **Koordinierungsfehler** von Sonderfachleuten und einzelnen Gewerken sowie Behörden, die zu Störungen im Bauablauf führen.

Sind Architekt*innen mit der Bauüberwachung beauftragt, ist zunächst anhand des im Einzelfall geschlossenen **Vertragsverhältnis** mit den Bauherr*innen zu prüfen, in welchem Umfang sie im Namen der Bauherr*innen gegenüber anderen Projektbeteiligten tätig werden dürfen. Fehlt es an einer **Bevollmächtigung**, dürfen keine rechtsgeschäftlichen Erklärungen im Namen der Bauherr*innen abgegeben werden. Dies umfasst u. a. die Abnahme von Bauleistungen i. S. d. § 640 Abs. 1 BGB, Änderungsvereinbarungen zum Bauvertrag oder Änderungsanordnungen (§ 650b Abs. 1 BGB oder §§ 1 Abs. 3, Abs. 4 VOB/B). Ohne genauere Absprache zum Umfang der Vollmacht sind Architekt*innen damit auf den technischen Bereich beschränkt. Das bedeutet beispielsweise, Rechnungen dürfen geprüft und mit einem Prüfvermerk versehen werden, umfasst aber nicht das Anerkenntnis der Rechnung. Stundelohnzettel dürfen abgezeichnet werden, Stundenlohnvereinbarungen dürfen jedoch nicht geschlossen werden. Um den Fortschritt am Bau nicht zu gefährden, ist ein beliebtes Instrument der Praxis, Architekt*innen zur Beauftragung von Bauleistungen bis zu einer bestimmten Summe zu bevollmächtigen.

komplizierte und schadensträchtige Gewerke

Mängelbeseitigung

Koordinierungsfehler

Vertragsverhältnis
Bevollmächtigung

20.2.4 Sonderrollen von Architekt*innen (Auswahl)

20.2.4.1 Sachverständige

Die Anzahl regelmäßig anzuwendender Vorschriften und Normen bei der Durchführung von Baumaßnahmen ist seit Jahrzehnten gestiegen. Kein/e Planende*r hat tausende, regelmäßig anzuwendende Vorschriften abrufbar im Kopf. Das häufige Nachschlagen in den Publikationen des Deutschen Instituts für Normung (DIN) gehört somit zum Planer*innenalltag. Allerdings haben längst nicht alle Architekturbüros die Publikationen des DIN einschließlich der regelmäßigen Aktualisierungen abonniert, was unter anderem auf die hohen Preise zurückzuführen ist. Eine wichtige Errungenschaft der Architektenkammern ist die Einführung des Normenportals (► www.normenportal-architektur.de). Dieses Portal ermöglicht es Architekt*innen, vergünstigt auf die wesentlichen Normen einschließlich der regelmäßigen Aktualisierungen zuzugreifen. Denn normengerechte Planung schützt vor Haftung.

Sachverständige Schadensfälle

Nicht allein hieraus begründet sich das Sachverständigenwesen. **Sachverständige** als Expert*innengruppe im «Vorschriftendschungel», werden zum einen von Bauherre*innen als auch von Planenden selbst in Planungsfragen einbezogen. Sachverständige können durch die Architektenkammer berufen werden, so sie eine besondere Expertise in einem planerischen oder bautechnischen Sachverhalt nachweisen. Häufig geht der Berufung eine Fortbildung voraus, beispielsweise in Brandschutz oder Schallschutz oder energetischen Belangen. Auch die IHK (Industrie- und Handelskammer) bildet Sachverständige in spezifischen technischen Belangen aus. Eine besondere Bedeutung kommt den gerichtlichen Sachverständigen zu. Diese werden im Streitfall vom Gericht eingesetzt, um bautechnische **Schadensfälle** zu begutachten und Kosten für die Beseitigung der Schäden zu kalkulieren. Auch bei der Erstellung eines Sachverständigengutachtens müssen Architekt*innen mangelfrei, also frei von Fehlern, leisten.

20.2.4.2 Sicherheits- und Gesundheitskoordinator

Sicherheits- und Gesundheitskoordinator

Architekt*innen, die ihre Leistung als **Sicherheits- und Gesundheitskoordinator** (SiGeKo) anbieten, sollten wegen des erhöhten Personenschadenrisikos, eine Berufshaftpflichtversicherung mit Rechtsschutz oder eine separate Rechtsschutzversicherung abschließen.

Hintergrund ist, dass Bauherr*innen verpflichtet sind bei der Planung und Ausführung des Bauvorhabens Maßnahmen zu treffen, um eine Gefährdung für Leben und Gesundheit zu vermeiden. Bauleitende Architekt*innen müssen Bauherr*innen auf ihre Mitverantwortung auf der Baustelle hinweisen. So ist die regelmäßige Kontrolle von Maßnahmen zur Wahrung der Baustellensicherheit sowie deren Dokumentation gemäß Baustellenverordnung (BaustellV 2017) vorzusehen.

Die besondere Rolle, die einige Architekt*innen in diesem Zusammenhang einnehmen, ist die der Sicherheits- und Gesundheitskoordinatoren. Den Titel kann tragen, wer eine fachliche Fortbildung im Arbeitsschutz absolviert hat. Die Aufgabe des Koordinators umfasst im Wesentlichen die regelmäßige Begehung der Baustelle, die Erstellung eines Sicherheits- und Gesundheitsschutzplanes, die Prüfung von sicherheitsrelevanten Belangen sowie die Protokollierung und die Inkenntnissetzung der Bauherr*innen über den sicherheitstechnischen Zustand auf der Baustelle (Beratungsgesellschaft für Arbeits- und Gesundheitsschutz (BfGA)).

20.2.4.3 Rechtliche Beratung

Rechtliche Fragestellungen können über den gesamten Planungsprozess aufkommen, insbesondere im Rahmen der **Baurechtschaffung** (Leistungsphase 4) sowie bei der **Bauvertragsgestaltung** (Leistungsphase 7). Auch bei **gestörten Bauabläufen** (Leistungsphase 8) für die Abmahnung oder Kündigung von Baufirmen.

Baurechtschaffung
Bauvertragsgestaltung
gestörten Bauabläufen

Auch wenn Architekt*innen als sachkundige Beratende über rechtliches Grundwissen (BauGB, BauO, BGB, VOB) verfügen müssen, sind im Zweifelsfall geeignete Fachanwälte hinzuzuziehen. In einigen Fällen können Architekt*innen selbst rechtliche Beratung anbieten. Es ist jedoch Vorsicht geboten. Denn, zu unterscheiden ist zwischen erlaubten und unerlaubten Rechtsdienstleistungen durch Architekt*innen. Liegt eine unerlaubter Rechtsdienstleistungen vor, steht der Rechtsanwaltskammer ein Unterlassungsanspruch zu, der sich aus dem Wettbewerbsrecht (§§ 3, 8 UWG) sowie dem Verbraucherschutzrecht (§ 2 Abs. 2 Nr. 8, § 3 Abs. 1 Nr. 2 UKlaG) ergibt. Auch Klagen anderer Architekt*innen und Rechtsanwälte sind denkbar. Orientierung, was als erlaubte Rechtsdienstleitung gelten kann, bieten u. a. die Grundleistungen der HOAI. Das „Verhandeln über die Genehmigungsfähigkeit" oder „Aufstellen eines Vergabeterminplans" ist beispielsweise eine erlaubte Nebenleistung gemäß § 5 Abs. 1 RDG. Bei der Beurteilung der Frage, ob eine Rechtsdienstleistung eines Architekten nach § 5 Abs. 1 RDG als Nebenleistung zulässig ist, ist zugunsten des Architekten ein großzügiger Maßstab anzulegen, weil Architekte*innenleistungen in vielfacher Hinsicht Berührungen zu Rechtsdienstleistungen haben (Wessel 2021, 107). Die Grenzen der erlaubten Nebenleistung werden jedoch spätestens dann verlassen, wenn durch Architekten*innen konkrete Rechte oder Sekundäransprüche verfolgt werden.

Beispielsweise sollten Architekt*innen keinen Ratschlag zur Erklärung einer Kündigung in einer unklaren Vertragssituation erteilen, wenn sie mit den Leistungsphasen 6 bis 7 beauftragt sind (vgl. OLG Koblenz, Hinweisbeschluss. v. 7.5.2020–3 U 2182/19). Auch darf nach negativer Bauvoranfrage nicht das Widerspruchsverfahren durch die Architekt*innen geführt werden (BGH, Urteil vom 11.02.2021 – I ZR 227/19). Beide Fälle stellen eine Rechtsdienstleitung i. S. d § 2 RDG, die nur in dem gesetzlich zugelassenen Umfang zulässig ist (§ 3 RDG). Architekt*innen sollten jedoch über die klassischen Bestandteile von Bauverträgen Kenntnis haben. Dazu gehören Regelungen zu Skontovereinbarungen (OLG Stuttgart, 1978 – BauR 798), die maßgeblichen Bestimmungen des Bauvertragsrechts nach §§ 631–650 V BGB sowie allgemeine Klauseln zu Vertragsstrafen (OLG Brandenburg, BauR 2003, 1266).

20.3 Besonderheiten in der Planung

20.3.1 Bauen im Bestand

Bauvorhaben, die eine Ergänzung oder den Umbau eines Bestandsgebäudes beinhalten, müssen gemäß Musterbauordnung die bauordnungsrechtlich eingeführten Technischen Baubestimmungen des DIBt (Deutsches Institut für Bautechnik) genauso erfüllen wie Neubauvorhaben (§§ 3 und 85aMBO). Modernisierungen sind ausgenommen, da hierbei keine baulichen Veränderungen vorgenommen werden und somit der Bestandsschutz (Artikel 14 GG) greift (Wissenschaftliche Dienste und Deutscher Bundestag 2019).

Umbauordnung

Haftungsminderung

Aktuell intensivieren sich Bemühungen von Architekt*innen um eine eigenständige Regelungen für das Bauen im Bestand (die **Umbauordnung**). Ziel ist die Privilegierung und somit die Förderung des Bestandserhalts vor dem Hintergrund von Klimawandel und Ressourcenproblematik. Insbesondere das Abstandsflächenrecht bei Dachausbauten soll vereinfacht werden. Aber auch der Brand- und Schallschutz, deren Anforderungen oft große Hürden im Bestandsumbau darstellen. Ebendiese Vereinfachungen sind unter aktuellen rechtlichen Voraussetzungen nur unter besonderen Umständen möglich. Aktuell sind der ausdrückliche Wunsch von Bauherr*innen sowie eine gültige **Haftungsminderung** erforderlich, um Haftungsrisiken für Architekt*innen abzuwenden. Zudem können Abweichungen von baurechtlichen Vorgaben bei den Behörden beantragt werden. Vom eigenmächtigen Abweichen von den vorgegebenen Standards sowie rechtlichen Auflagen ist dringend abzuraten.

20.3.2 Experimentelles oder einfaches Bauen

Gebäudetyp E

Als Gegenbewegung zu einer hoch technologisierten Bauweise, die häufig zu hohen Kosten und hohem Wartungsaufwand führt, ist die Idee des „einfachen Bauens" entstanden.

Der Ansatz wurde zuletzt mit der Aufforderung der Architektenkammer Bayern, den „**Gebäudetyp E**" (E wie einfach oder experimentell) als neuen Gebäudetyp baurechtlich einzuführen, unterstrichen (Stabsgruppe „Gesellschaftliche Fragen" der Architektenkammer Bayern 2021).

Vor der experimentellen Bauweise warnt die Berufshaftpflichtversicherung jedoch eindringlich. Lassen Architekt*innen absichtlich vorgesehene Bauteilebenen weg oder setzten unerprobte Baustoffe, oder Baustoffe außerhalb des technischen Zulässigkeitsbereichs, ein, gilt diese Bauweise als experimentell. Experimentelle Bauweisen sind über die Berufshaftpflichtversicherung nicht abgedeckt. Architekt*innen tragen sodann das Risiko hierfür selbst. Soll dieses Risiko von ihnen abgewendet werden, ist die Freigabe der Bauherr*innen, nach ausführlicher (schriftlicher) Aufklärung über mögliche Auswirkungen der Bauweise oder fehlende allgemeine Kenntnisse im Einsatzbereich, erforderlich.

Auf keinen Fall sollten Architekt*innen selbstständig entscheiden, von geltenden Standards, beispielsweise aus Kostengründen, abzuweichen. Denn Architekt*innen schulden als **Mindeststandard** die allgemein anerkannten Regeln der Technik, wenn nichts anderes ausdrücklich vereinbart wurde. Auch bei zunächst scheinbar unsinnigen Anforderungen (beispielsweise Sonnenschutzverglasung von nördlich ausgerichteten Fenstern) kann sich bei Nichteinhaltung ein Rechtsanspruch der Bauherr*innen gegenüber den Architekt*innen ergeben, wenn ein gerichtliches Sachverständigengutachten (hier für den Nachweis zum sommerlichen Wärmeschutz) feststellen würde, dass ein Verstoß gegen rechtliche Vorschriften vorliegt.

Der Ansatz, einen neuen Gebäudetyp E einzuführen, sieht Vereinfachungen von Bauweisen vor, um jenseits geltender „Komfortansprüche" funktional und nach gesundem Menschenverstand kostengünstiger zu bauen, ohne dass Architekt*innen weitreichende **Haftungsrisiken** eingehen müssen. Die Vertreterinnen der Idee zum Gebäudetyp E sehen in diesem eine Möglichkeit die Pflicht zur Einhaltung von Normen aus rein rechtlichen Gründen, jenseits praktischer Sinnhaftigkeit, zu entkräften.

Aktuell ist die Rechtslage für experimentelles Bauen allerdings als ungünstig für Planende einzuschätzen. In § 3 der **Musterbauordnung** (MBO) heißt es: „Anlagen sind so […] zu errichten, zu ändern und instand zu halten, dass die öffentliche Sicherheit und Ordnung, insbesondere Leben, Gesundheit und die natürlichen Lebensgrundlagen, nicht gefährdet werden." In § 86 MBO heißt es weiter: „Die Technischen

Zulässigkeit experimenteller Bauweisen

Mindeststandard

Haftungsrisiken

Muster-Verwaltungsvorschrift Technische Baubestimmungen – MVV TB Musterbauordnung

Baubestimmungen (**Muster-Verwaltungsvorschrift Technische Baubestimmungen – MVV TB**) sind zu beachten." Jedoch: „von den in den Technischen Baubestimmungen enthaltenen Planungs-, Bemessungs- und Ausführungsregelungen kann abgewichen werden, wenn mit einer anderen Lösung in gleichem Maße die Anforderungen erfüllt werden und in der Technischen Baubestimmung eine Abweichung nicht ausgeschlossen ist" (DIBt Deutsches Institut für Bautechnik 2021).

Hieraus ergibt sich eine vermeintliche Freiheit für die Planenden, die gleichzeitig auch problematisch ist. Denn, wenn eine technische Baubestimmung nicht eingehalten wird und ein*e Bauherr*in diese „Nichteinhaltung" als Mangel ansieht, wird es Architekt*innen nur schwer möglich sein, die „Gleichwertigkeit" der Lösung zu beweisen. Aufwendige bautechnische Prüfungsverfahren wären auf Kosten der Architekt*innen durchzuführen.

20.3.3 Sonderwünsche von Bauherr*innen

Dokumentation

Freistellungsvereinbarung

Die Freiheit entgegen geltenden, privatrechtlichen Vorschriften zu bauen, kann vertraglich eingeräumt werden. Wenn der*die Bauherr*in es ausdrücklich wünscht und (vermeintliche) Risiken von dem*von der Architekt*in dargestellt wurde, schuldet der*die Architekt*in eben nur das Vereinbarte. Voraussetzung ist in jedem Fall, neben der eigentlichen Vereinbarung, eine möglichst umfassende **Dokumentation** über die erfolgte Aufklärung in einer, auch für einen Laien verständlichen Sprache. Allerdings sollten Architekt*innen sich nicht täuschen lassen: Aufgrund des Verbotes von Verträgen zulasten Dritter (beispielsweise Nachbarn oder Nutzern) ist die **Freistellungsvereinbarung** nur bedingt und häufig nicht umfassend wirksam.

künstlerische

Gestaltungsfreiheit

Leistungsbeschreibung

Sonderwünsche

Nicht selten kommt es vor, dass das Bauvorhaben zwar den allgemein anerkannten Regeln der Technik entsprechen, jedoch teilweise nicht den Vorstellungen der Bauherr*innen. Wenn es nicht zum Streit über die **künstlerische Gestaltungsfreiheit** von Architekt*innen einerseits und Interessenlagen der Bauherr*innen andererseits kommen soll, müssen die Wünsche der Bauherr*innen in einer möglichst umfassenden **Leistungsbeschreibung** festgelegt und während der gesamten Bauphase fortgeschrieben werden. So können Baubeteiligte sich zu jeder Zeit über den vereinbarten Ausführungsstandard informieren. Auch kann dadurch ein Streit über die Frage, ob Kostensteigerungen auf **Sonderwünsche** der Bauherr*innen zurückzuführen sind, vorgebeugt werden.

20.4 Checkliste Haftungsfallen

20.4.1 Haftung vermeiden

Um Haftung zu vermeiden, sollten Architekt*innen sich ihrer vielfältigen Pflichten bewusst sein, die hier als Auswahl zusammengefasst wurden.

- **Die Rechtform im Architekturbüro.** Die Wahl der Rechtsform des eigenen Architekturbüros ist entscheidend, um Haftungsrisiken zu minimieren bzw. sie von der eigenen Person abzuwenden (Gefahr der Privatinsolvenz), oder die Haftung auf eine bestimmte Summe zu beschränken. Zu den üblichen Gesellschaftsformen mit beschränkter Haftung gehören die Partnerschaftsgesellschaft mit beschränkter Haftung (Part mbH) und die Gesellschaft mit beschränkter Haftung (GmbH).

- **Die Schutzpflicht** gegenüber Bauherr*innen bedeutet auch, die Planung und Bauausführung so auszurichten, dass günstige Finanzierungsmöglichkeiten, beispielsweise **Fördermittel,** Zulagen für energetisches bauen oder **steuerliche Vorteile** in Anspruch genommen werden können.

- **Die Beratungspflicht** umfasst auch, dass bereits vor Abschluss eines konkreten Vertrags vor der eigentlichen Planung beispielsweise Angaben über die Bebaubarkeit eines Grundstücks und die **Wirtschaftlichkeit** eines Bauvorhabens zu klären sind. Sofern Architekt*innen bekannt ist, dass das zu bebauende Grundstück beispielsweise dem **Erbbaurecht** unterliegt, haben sie Bauherr*innen auf daraus resultierende mögliche Baubeschränkungen hinzuweisen.

- **Aufklärungspflicht** über die Bedeutung einer Baugenehmigung und die Folgen ihrer Nichteinhaltung sowie über **Bauversicherung**en (besonders die Bauleistungs-, Bauherr*innenhaftpflicht- und Feuerrohbauversicherung), deren Nichtabschluss zur Schadenersatzpflicht führen kann.

- **Sonderfachleute** spielen für das Gelingen einer Baumaßnahme eine wesentliche Rolle. Diese hängt vom erfolgreichen Zusammenwirken aller **Baubeteiligten** ab. Im Ein- und Mehrfamilienwohnungsbau sind insbesondere Bodengutachten und Tragwerksplanung unverzichtbar.

- **Überwachungspflicht,** auch von **Eigenleistungen** der Bauherr*innen und in kürzeren Intervallen bei nicht qualifizierten Unternehmen.

- **Dokumentationspflicht** des Bautenstandes damit Bauherr*innen etwa mit den Unternehmen vereinbarte **Ab-**

Die Rechtform im
Architekturbüro
Schutzpflicht
Fördermittel
steuerliche Vorteile
Beratungspflicht
Wirtschaftlichkeit
Erbbaurecht
Aufklärungspflicht
Sonderfachleute
Baubeteiligten
Überwachungspflicht
Eigenleistungen
Dokumentationspflicht
Abschlagszahlungen
Hinweispflicht
unerprobter Bauweisen
Beschaffenheit
Garantie

schlagszahlungen veranlassen können und im Streitfall den Bauablauf nachvollziehen können.

- **Hinweispflicht** auf neue/neuartige Baustoffe oder Bauweisen sowie auf Unsicherheiten, die mit deren Verwendung verbunden sind, da ausreichende Erfahrungswerte fehlen. Ggf. Haftungsausschluss bei der Umsetzung **unerprobter Bauweisen**.
- **Keine Garantie** für die **Beschaffenheit** eines Werks übernehmen, da die Nichteinhaltung dieser Garantie (Kostenobergrenze) nicht versichert ist.

20.4.2 Häufige Haftungsfälle aus der Praxis

20.4.2.1 Qualität der Bauleistung

Qualität
Überwachung
Preiswürdigkeit
Leistungsfähigkeit

Die **Qualität** der ausgeführten Arbeiten am Bau hängt im Wesentlichen von der Qualität der Leistung von Bauunternehmen sowie einer entsprechenden **Überwachung** dieser ab. Soweit die Architekt*innen bei der Vergabe mitwirken, werden sie anhand der selbst erstellten Leistungsverzeichnisse auf Basis der vorliegenden Angebote sowohl nach der **Preiswürdigkeit** als auch nach der **Leistungsfähigkeit** der unterschiedlichen Firmen entscheiden. Im Zweifel würden Architekt*innen die etwas teurere, aber solide und bekannte Firma den günstigeren, aber unbekannten Anbieter*innen vorziehen. Bauherr*innen lassen sich oft vom Preis leiten. Jedoch hat es sich in der Praxis gezeigt, dass die billigsten Anbieter*innen kein Garant dafür sind, dass ein Bauvorhaben kostengünstig fertiggestellt wird. Hier gilt es den fachlichen Rat zu Gunsten leistungsfähigen Auftragnehmer*innen gegenüber Auftragnehmer*innen deutlich auszusprechen.

Wenn aus Kostengründen notwendige Teilleistungen, wie z. B. die Objektüberwachung, nicht beauftragt werden, kommt es bei Ausführung der Arbeiten mit hoher Wahrscheinlichkeit zu Verstößen gegen Vorschriften, DIN-Normen oder anerkannte Regeln der Technik. Achtung bei der Übernahme von Teilbauleitung. Der Leistungsbaustein „künstlerische Oberbauleitung" wurde eingeführt, um in diesem Fall eine Haftungsabgrenzung zu ermöglichen (OLG Köln, 02.06.2004–17 U 121/99).

20.4.2.2 Maß-/Berechnungsfehler

Maßfehler

Maßfehler stehen mit 14 % an dritter Stelle der Schadenhäufigkeitsskala (◻ Abb. 20.2). Über den Einsatz von Vermessungsingenieuren zur Vorbereitung der Planung (Grundstücksbemessung) aber auch auf der Baustelle (Einmessen des Gebäudes oder Anlegen eines verbindlichen Meterrissses) kann das Maßrisiko abgemindert werden.

Lage auf dem Grundstück

Wenn keine Vermessung beauftragt wurde, besteht die erhöhte Gefahr von Maßfehlern, mit der Folge, dass auch **Baufluchtlinien** und **Grenzabstände** zu Nachbarn nicht eingehalten werden. Bei Grenzbebauungen besteht zusätzlich das Risiko des Überbaus eines fremden Grundstücks. Derartige Schäden gehen in aller Regel zulasten der verantwortliche Architekt*innen, weil entweder die falsche Einmessung selbst durchgeführt wurde oder bei Ausführung durch einen Vermesser die Überprüfung der Leistung ausblieb. Soweit die Baubehörde keine Ausnahmegenehmigung erteilt und Nachbarn ihre Zustimmung verweigert, bleibt zur Schadenbeseitigung oft nur ein vollständiger oder teilweiser Abbruch der errichteten Bausubstanz. Der Schaden ist umso geringer, je eher der Fehler bemerkt wird.

Baufluchtlinien

Maßfehler

Höhenlage

Eine falsche **Höhenlage** ist auf ähnliche Versäumnisse wie die falsche Anordnung auf dem Grundstück zurückzuführen. Wenn der Fehler vor Fertigstellung des Kellers erkannt wird, kann meist noch eine Umplanung erfolgen, sodass Höhengrenzen eingehalten werden können. Bauherr*innen verlangen in derartigen Fällen zu Recht Schadenersatz wegen entgangenen Wohnraumes und ästhetischer Beeinträchtigungen.

Höhenlage

Wohnfläche

Der Begriff „**Wohnfläche**" ist im allgemeinen Sprachgebrauch nicht abschließend definiert. Die **Bemessungs- und Berechnungsmethode** sollte mit den Bauherr*innen im Vorfeld abgestimmt werden. Dies gilt insbesondere bei der Errichtung von Eigentumswohnungen. Hier wird nach Fertigstellung oft detailliert nachgemessen. Verkaufte, aber nicht errichtete Quadratmeter führen zu Kaufpreisminderungen, die der Bauträger an die Architekt*innen weitergeben wird.

Wohnfläche

Bemessungs- und Berechnungsmethode

20.4.3 Bauliche Schäden

20.4.3.1 Feuchtigkeitsschäden

Trotz bautechnischem Fortschritt und vielfältigen Fachveröffentlichungen haben **Feuchtigkeitsschäden** besonders an erdberührten Bauteilen eher zugenommen. Sie zählen zu den häufigsten Bauschäden (◘ Abb. 20.2). Daher ist bereits in der Planungsphase der korrekten Feuchtigkeitsabdichtung

Feuchtigkeitsschäden

Arbeiten mit Signalwirkung

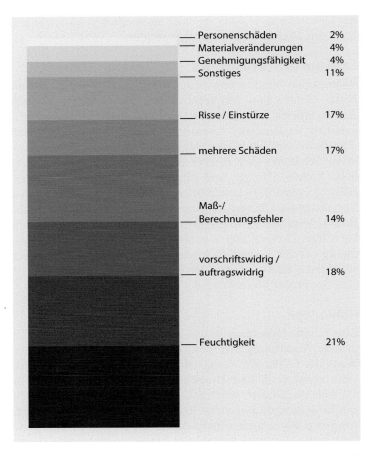

Personenschäden   2%
Materialveränderungen   4%
Genehmigungsfähigkeit   4%
Sonstiges   11%

Risse / Einstürze   17%

mehrere Schäden   17%

Maß-/
Berechnungsfehler   14%

vorschriftswidrig /
auftragswidrig   18%

Feuchtigkeit   21%

◘ Abb. 20.2   Schadensschwerpunkte. (Quelle: AIA Berufshaftpflichtversicherung für Architekt*innen (2019))

größte Aufmerksamkeit beizumessen. Bei einem Schaden ist der nachträgliche Sanierungsaufwand meist beträchtlich. Abdichtungsarbeiten, deren korrekte Ausführung im Nachhinein nur schwer kontrollierbar ist, sind als „**Arbeiten mit Signalwirkung**" äußerst gewissenhaft zu überwachen.

Sachwalter*in
Baugrundgutachtens

Als **Sachwalter*in** von Bauherr*innen sind Architekt*innen verpflichtet, die zwingend notwendige Klärung der Wasser-/Bodenverhältnisse durchzusetzen. Kosteneinsparungserwägungen auf Bauherr*innenseite entlasten Architekt*innen nicht und begründen auch kein Mitverschulden von Bauherr*innen. Bei einem Verzicht auf die Einholung eines **Baugrundgutachtens** und der Ermittlung des Bemessungswasserstandes in der Vorplanung (Leistungsphase 1) geht die Rechtsprechung von der Verletzung elementarer Pflichten aus und unterstellt zulasten der Architekt*innen ein bewusstes Handeln. Noch weiter geht die höchstrichterliche Rechtsprechung

20

des VII. Zivilsenats des Bundesgerichtshofs: Im Urteil vom 18.03.2012 entschied der BGH: „Wer in Kenntnis seiner Vertragspflichten, die zur Vermeidung einer fehlerhaften Gründung die gebotene Bodenuntersuchung nicht vorgenommen hat, und den Besteller, die Bestellerin auf die damit verbundenen Risiken nicht hinweist, handelt arglistig" (BGH, VII ZR 116/10). Da Arglist mit Vorsatz gleichzustellen ist, muss mit dem Verlust des Versicherungsschutzes gerechnet werden (BGH, Urteil vom 08.03.2012).

Selbst wenn die Wasserbelastung des Kellers richtig eingeschätzt wurde, können Fehler in der Planung und Ausführung der Abdichtung zu erheblichen Schäden führen.

Bei der Ausführung einer sogenannten „**schwarzen Wanne**" treten häufig folgende Fehlerquellen auf:

    schwarzen Wanne

- Nichtberücksichtigung von Setzrissen des Mauerwerks (Mithaftung auch von Tragwerksplaner*innen)
- Planung oder Ausschreibung ungeeigneten Materials (poröse oder Hohlkammersteine, ungeeignetes Dichtungsmaterial)
- Überwachungsfehler bei Ausführung der Bauwerksabdichtung, Isolierung von Rohrdurchführungen und Verfüllen der Arbeitsgräben (Beschädigung des Schwarzanstrichs oder der Folie durch scharfkantiges Verfüllmaterial)

Selbst die bei drückendem Wasser zu bevorzugende Ausführung in wasserundurchlässigem Beton „**weiße Wanne**", ist bei unsorgfältiger Ausführung schadensträchtig.

    weiße Wanne

- Unterbliebene Kontrollen des gelieferten Betons, dessen unzureichende Verdichtung oder Bewehrung, Verbindung der Bodenplatte mit den aufstehenden Wänden, etwa weil das Fugenband bei Einbringen des Betons umgeklappt ist oder der, für die Dichtung vorgesehene, Verpressschlauch falsch gelegt wurde. Gerade dieser äußerst neuralgische Punkt ist im Nachhinein nur schwer und aufwendig zu sanieren.

Besonders gewarnt werden muss davor, den Bauunternehmen die Entscheidung über die Art der Abdichtung selbst zu überlassen. Häufig erklären insbesondere alteingesessene, ortsansässige Firmen, dass sie die Bodenbeschaffenheit aus anderen Bauvorhaben in der Nähe des Bauobjektes kennen würden und schon wüssten, „wie man den Keller dicht bekommt". Abgesehen davon, dass auch die größte Erfahrung eines Unternehmers nicht eine sorgfältige Planung ersetzen kann, ist die Haftung von Architekt*innen nicht allein dadurch ausgeschlossen, dass die fehlerhafte Ausführung auf dem eigenen Vorschlag des Unternehmens beruht.

20.4.3.2 Kondensat

Kondensatbildung

Durch nicht ausreichend wärmegedämmte Kelleraußenwände kommt es besonders dann, wenn Kellerräume als Aufenthaltsräume benutzt und beheizt werden, aufgrund der entstehenden Temperaturunterschiede zu **Kondensatbildung**.

Aufklärungs- und Beratungspflicht

Nebenpflichten

Kältebrücken

Die Haftung von Architekt*innen bei derartigen Schäden hängt davon ab, ob ihnen die Nutzung der erdberührten Gebäudeteile in der Planungsphase bekannt war oder sie aufgrund der Gesamtumstände auf eine spätere, höherwertige Nutzung als Aufenthaltsräume hätte schließen müssen (leer stehende „Hobbyräume" mit Versorgungsleitungen oder Vorbereitungsmaßnahmen). Soweit auf eine Wärmedämmung verzichtet wurde, trifft die Architekt*innen hinsichtlich der Nutzbarkeit der Räume zumindest eine **Aufklärungs- und Beratungspflicht**, deren Nichtbeachtung als Verletzung von **Nebenpflichten** aus dem Architekt*innen-Werkvertrag zu einer Haftung führen kann. Kondensatschäden treten, außer bei erdberührten Bauteilen, auch an Außenwänden, Decken von zurückspringenden Geschossen und im Dachbereich häufig auf. Ursache hierfür sind neben fehlerhaftem Heizungs- und Lüftungsverhalten Schwachstellen in der Wärmedämmung (**Kältebrücken**) sowie fehlende Dampfsperren.

20.4.3.3 Schallschutz

Schallschutz

Schallschutzanforderungen

Beim **Schallschutz** kommt es häufig darauf an, was zwischen den Parteien im Detail vereinbart wurde. Fehlt eine konkrete Vereinbarung, so ist nach der Rechtsprechung im Zweifel von erhöhten **Schallschutzanforderungen** auszugehen. Schallschutzmängel treten, unabhängig vom rechtlich geschuldeten Schallschutz, bei folgenden Bauteilen und Ausführungsarten besonders häufig auf:

- Bei Holztreppen im Doppel- und Reihenhaus wird die Erforderlichkeit einer **akustischen Entkopplung** im Wandanschlussbereich nicht hinreichend planerisch durchdacht. Die hieraus resultierenden Schallschutzmängel gehen in aller Regel überwiegend zulasten von Architekt*innen.
- Bei Doppel- und Reihenhäusern wird aus Kostengründen unter Berufung auf die **DIN 4109** immer wieder eine Ausführung der Trennwände in einschaliger Bauweise gewählt, obwohl zweischalige Trennwände nach der Rechtsprechung (OLG München, Urteil vom 03.02.1998 – BauR 4/99) anerkannte Regel der Technik sind. Abgesehen davon, dass dem erreichbaren Schallschutz damit bereits systembedingt Grenzen gesetzt sind, führen zusätzliche Fehler (z. B. Ausschreibung von Hohlkammersteinen statt massivem Mauerwerk) zu schwerwiegenden und nur aufwendig zu beseitigenden Schallschutzmängeln. Zusätz-

20

lich besteht bei Reihenhäusern die Gefahr eines **Serienschadens**.

- Bei zweischaliger Ausführung der Trennwände führen Mörtelbrücken im Bereich der Trennfuge zu **Schallbrücken**. Obwohl es sich primär um Ausführungsfehler handelt, kommt eine Mithaftung von Architekt*innen unter dem Gesichtspunkt der Bauleitung und damit eine Haftung als Gesamtschuldner*in in Betracht.

- Geräusche, die von dem Betrieb durch Installationsleitungen kommen, werden von Bauherr*innen als störend empfunden. Ursachen sind unzureichende oder nicht vorhandene **Schallisolierung** oder mangelhafte Entkopplung im Bereich von Befestigungen und Deckendurchführungen.

akustischen Entkopplung
DIN 4109

Schallbrücken
Schallisolierung

20.4.3.4 Wärmeschutz

Sogenannte Kälte- bzw. **Wärmebrücken** führen aufgrund unzureichender Wärmedämmung immer zu erheblichen **Feuchtigkeitsschäden**, die aufgrund ihres schleichenden Entstehens häufig mit Schimmelbildung einhergehen.

Wärmebrücken
Feuchtigkeitsschäden

20.4.3.5 Risse

Rissschäden führen in den seltensten Fällen zur Gefahr eines Gebäudeeinsturzes. Dennoch können sie nicht nur eine unzumutbare **optische Beeinträchtigung** darstellen, sondern auch zu Folgeschäden – etwa durch eindringende Feuchtigkeit – führen. Eine der Hauptursachen für Risse in Bodenplatten und Geschossdecken ist eine unzureichende oder falsch verlegte Bewehrung. Gerade an die Prüfung der Bewehrung vor Beginn des Betoniervorgangs stellt die Rechtsprechung daher besondere Anforderungen. In der Regel wird die persönliche Anwesenheit der Bauleitung zur Überprüfung vor Betonierung gefordert. Zuständige Architekt*innen sollte daher auf jeden Fall den Termin des Beginns der Betonierarbeiten mit dem Unternehmen abstimmen und eine Prüfung der Bewehrung vornehmen.

Serienschadens
optische Beeinträchtigung

Zu schnelles Austrocknen des Rohbaus ist immer wieder Ursache für spätere Rissbildungen. Je nach Jahreszeit sollten daher vorbeugende Maßnahmen wie Befeuchtung oder Abdeckung mit einer Folie zur Vermeidung zu schnellen Austrocknens oder aber **Schutzmaßnahmen** gegen Frosteinwirkung getroffen werden.

Schutzmaßnahmen

20.4.3.6 Unterfangung

Ist zur Errichtung des Bauvorhabens eine Unterfangung des Nachbargebäudes erforderlich, kommt es infolge vorschriftswidriger Planung oder Ausführung häufig zu Rissschäden bei den anliegenden Nachbarhäusern. Auch hier helfen nur größtmögliche Sorgfalt und die vorherige Begehung und **Zu-**

Zustandsdokumentation

standsdokumentation des Nachbarobjektes, um Schäden und überhöhte Ansprüche zu vermeiden.

20.4.3.7 Treppen

Soweit das Verhältnis von Steigung und Auftrittsfläche nicht den Vorschriften entspricht, Treppengeländer nicht ausreichend hoch sind oder Geländerstäbe einen zu großen Abstand oder Leitereffekt aufweisen, droht die latente Gefahr eines Personenschadens, für den Architekt*innen wegen unzureichender Bauleitung und auch wegen Planungsfehlern haften.

30 Jahre

Soweit den Architekt*innen in diesem Zusammenhang eine deliktische Haftung wegen fahrlässigem Verhalten nachgewiesen werden kann, so betragen längere Verjährungsfristen (gemäß § 199 BGB) bis zu **30 Jahre**.

Kopfhöhe

Schwerpunkt der Schäden bei Treppen sind jedoch eindeutig die Fälle, in denen die erforderliche **Kopfhöhe** von 2 m zu darüberliegenden Treppen oder anderen Bauteilen nicht eingehalten wurde. Ursache ist fast immer eine unzureichende Planung (auch die Nichtplanung eines Details wird von der Rechtsprechung als Planungsfehler gewertet), die in den Verantwortungsbereich von Architekt*innen fällt. Bei gravierenden Abweichungen kommt zusätzlich eine Mitverantwortung des ausführenden Unternehmens sowie der Bauleitung in Betracht.

Die Beseitigung eines derartigen Schadens ist aufwendig, da der Fehler oft erst nach Fertigstellung der Treppenbelagsarbeiten auffällt und eine Sanierung teils bis in den Rohbau eingreift.

20.4.3.8 Türen/Fenster

Obwohl es sich bei Türen und Fenstern um weitgehend standardisierte Bauteile handelt, kommen Maßfehler, die auf Mängel in der Planung (z. B. Brüstungshöhe), Ausschreibung (z. B. falsche Anzahl, Vertauschen von Maßen) oder beim Aufmaß zurückzuführen sind, immer wieder vor.

Bei Reihenhäusern besteht ein Serienschadenrisiko, da ein Fehler zu Auswirkungen an mehreren oder allen Türen und Fenster führt.

Literatur

BaustellV (2017): Verordnung über Sicherheit und Gesundheitsschutz auf Baustellen (Baustellenverordnung – BaustellV).

Beratungsgesellschaft für Arbeits- und Gesundheitsschutz (BfGA): Gesundheits- und Arbeitsschutz. Online verfügbar unter ▶ https://www.bfga.de/arbeitsschutz-lexikon-von-a-bis-z/fachbegriffe-s-u/sigeko-fachbegriff/, zuletzt geprüft am 08.01.2023.

DIBt Deutsches Institut für Bautechnik (2021): Muster-Verwaltungsvorschrift Technische Baubestimmungen. MVVTB.

Henning, Achim (2022): Ausschreibung nach VOB und BGB. Leitfaden zur
sicheren Leistungsbeschreibung und Vergabe. 3., aktualisierte und erweiterte Auflage. Köln: RM Rudolf Müller.

Neitzel, Michael; Nehls, Paul; Schulze, Thorsten (2020): Kurzexpertise Aktualisierung der Baupreis- und Baukostenentwicklung. Forschungspro-
gramm Zukunft Bau, S. 14.

Prause, Markus (2015): Vertragliche_Nebenpflichten_12.2015. Online verfügbar unter ▶ https://www.aknds.de/fileadmin/aknds/PDFs/Infothek/
Recht/505-vertragliche_nebenpflichten_12.2015.pdf, zuletzt geprüft am
08.01.2023.

Sohn, Peter, Dr. (2014): Der-Vergleich-in-Bausachen. Arge Baurecht, Arbeitsgemeinschaft für Bau- und Immobilienrecht. In: *Zeitschrift für das
öffentliche und zivile baurecht.*

Stabsgruppe „Gesellschaftliche Fragen" der Architektenkammer Bayern
(2021): DAB 01 2021_Gebäudeklasse E.

Wessel (2021): „Aktuelle Entscheidungen zum Bau- und Architekten-/In-
genieur-Recht". Zeitschrift für deutsches und internationales Bau- und
Vergaberecht (ZfBR). München: Verlag Vahlen.

Wissenschaftliche Dienste; Deutscher Bundestag (2019): Anbau, Umbau
und Renovierung von Bestandsbauten. Sachstand. WD 7 - 3000 - 004/19.

Zitierte Gesetzte/Verordnungen

BGB – Bürgerliches Gesetzbuch

VOB/B – Vergabe- und Vertragsordnung für Bauleistungen, Teil B

HOAI – Verordnung über die Honorare für Architekten- und Ingenieurleistungen

BaustellV – Verordnung über Sicherheit und Gesundheitsschutz auf Baustellen

ZPO – Zivilprozessordnung

Weiterführende, empfohlene Literatur

Gerhold, Patrick (2021): Bauproduktenrecht in der Praxis, 2. Auflage. Köln:
RM Rudolf Müller

Institut für Bauforschung e.V. (2009): Schadenfrei Bauen. Erkennen und Vermeiden von Planungs- und Ausführungsfehlern durch Qualitätssicherung. Köln: RM Rudolf Müller.

Kniffka, Rolf; Koeble, Wolfgang (2014): Kompendium des Baurechts, 4. Auflage. München: C.H. Beck.

Halm, Engelbrecht, Krahe (2015): Handbuch des Fachanwalts Versicherungsrecht, 5. Auflage. Köln: Luchterhand

Möller, Dietrich-Alexander; Kalusche, Wolfdietrich (2013): Planungs- und
Bauökonomie. Wirtschaftslehre für Bauherren und Architekten, 6. Auflage. München: Oldenbourg.

Schmalzl, Max; Krause-Allenstein, Florian (2006): Berufshaftpflichtversicherung des Architekten und Bauunternehmers, 2. Auflage. München:
C.H. Beck.

Berufshaftpflichtversicherung

Richard Schwirtz und Nicole Imdahl

K. Wellner und S. Scholz (Hrsg.), *Architekturpraxis Bauökonomie*,
https://doi.org/10.1007/978-3-658-41249-4_21

Inhaltsverzeichnis

Inhalt des Kapitels
- Gesetzliche Versicherungspflicht
- Verstoßprinzip
- Versicherungsmöglichkeiten

21.1 Berufliche Risiken

Die **freiberufliche Tätigkeit birgt ein hohes Haftungsrisiko.** Das gilt insbesondere für Architekt*innen und Ingenieur*innen, deren Tätigkeit einer strengen haftungsrechtlichen Dogmatik unterliegt. Schon kleine Fehler können zu weitreichenden Schäden führen.

Für die Berufsträger muss daher die weitgehende Absicherung der beruflichen Risiken im Fokus stehen. Der Versicherungsschutz sollte daher regelmäßig projekt- und anlassbezogen überprüft und neu bewertet werden. Aufgrund der Vielzahl der Versicherungsprodukte und der unterschiedlichen Leistungsinhalte, sollten Architekt*innen und Ingenieur*innen sich für eine optimale Beratung zum Versicherungsschutz unbedingt an eine*n darauf spezialisierte*n Versicherungsmakler*in oder einen Versicherer wenden.

freiberufliche Tätigkeit birgt ein hohes Haftungsrisiko

21.1.1 Allgemeines

Die Berufshaftpflichtversicherung für Architekt*innen und Ingenieur*innen (BHV) ist die wichtigste Absicherung gegen die beruflichen Haftpflichtgefahren aus der freiberuflichen selbständigen Tätigkeit als Architekt*in bzw. Ingenieur*in.

Die BHV bietet einen umfassenden Versicherungsschutz für die Inanspruchnahme durch Dritte auf Schadensersatz wegen Personen-, Sach- und Vermögensschäden.

21.1.2 Wer muss sich versichern?

Architekt*innen und Ingenieur*innen, die freiberuflich tätig und Mitglied in einer der Architekten- oder Ingenieurkammern sind, besteht nach den geltenden Baukammern-, bzw. Architekten- und Ingenieurkammergesetzen die gesetzliche Verpflichtung, sich ausreichend gegen Haftpflichtansprüche zu versichern. In diesen Fällen einer **gesetzlichen Versicherungspflicht** ist die Berufshaftpflichtversicherung eine Pflichtversicherung gemäß der §§ 113 ff. Versicherungsvertragsrechtgesetz

gesetzlichen Versicherungspflicht

(VVG). Die Architekten- und Ingenieurkammern sind die zuständige Stelle im Sinne des § 117 Absatz 2 Satz 1 VVG.

Für bestimmte Berufsgruppen, wie z. B. Sachverständige, Prüfingenieur*innen und Prüfsachverständige, Vermessungsingenieur*innen, Sachverständige i. S. d. Wasserhaushaltsgesetzes, staatlich anerkannte Sachverständige kann sich eine Versicherungspflicht aus anderen länderspezifischen Gesetzen/Verordnungen ergeben, z. B. aus der jeweiligen Landesbauordnung.

Die konkreten Anforderungen an die Ausgestaltung der Berufshaftpflichtversicherung werden von den Bundesländern in den jeweiligen Baukammern-, Architekten-/Ingenieurkammergesetzen festgelegt. Hier sollten sich Architekt*innen/Ingenieur*innen vor Aufnahme ihrer Tätigkeit selbst oder über spezialisierte Versicherungsmakler informieren, welche Anforderungen für die Berufshaftpflichtversicherung in ihrem Bundesland gelten.

Eine Versicherungspflicht kann auch für Architekt*innen geltend, die eine freiberufliche Tätigkeit als Nebentätigkeit ausüben.

Sofern eine Versicherungspflicht im Ausnahmefall nicht bestehen sollte, ist jedem*jeder Freiberufler*in allein zum Schutz der wirtschaftlichen Existenz dringend anzuraten, eine Berufshaftpflichtversicherung abzuschließen.

21.1.3   Was ist versichert?

Versicert ist die gesetzliche Haftpflicht

Versichert ist die gesetzliche Haftpflicht des*der Versicherungsnehmer*in auf Grundlage privatrechtlicher Haftpflichtbestimmungen während der Vertragslaufzeit für die Folgen von Verstößen bei der Ausübung der im Versicherungsschein beschriebenen freiberuflichen Tätigkeit. Um Zweifel auszuräumen und Missverständnisse zu vermeiden, sollte der Umfang der Tätigkeit bei Abschluss des Versicherungsvertrages möglichst genau angegeben werden. Spätere Erweiterungen des Leistungsbildes können nach Mitteilung in den Versicherungsschutz mit einbezogen werden.

21.1.4   Das Verstoßprinzip

In der Berufshaftpflichtversicherung für Architekt*innen und Ingenieur*innen gilt das sogenannte Verstoßprinzip. Der Verstoß ist der maßgebliche Versicherungsfall, für den der Versicherer Versicherungsschutz gewährt. Als Verstoß wird dabei die Ursache für den eingetretenen Schaden bezeichnet (z. B.

der schadenkausale Planungs-, Bauüberwachungs- oder Beratungsfehler). Nicht entscheidend ist hingegen das Schadenereignis, also der Zeitpunkt zu dem der Schaden eingetreten ist.

21.1.5 Zeitlicher Leistungsumfang

Das Verstoßprinzip hat weitreichende Konsequenzen. So entscheidet der Zeitpunkt des Verstoßes nicht nur darüber, welcher Versicherungsvertrag bzw. Versicherer in zeitlicher Hinsicht zuständig ist, sondern auch welche Versicherungsbedingungen, Versicherungssummen und Selbstbehalte gelten.

Versicherungsschutz besteht für sämtliche während der Vertragslaufzeit begangenen Verstöße. Die Klärung der zeitlichen Zuständigkeit ist beispielsweise im Falle eines Versichererwechsels relevant. Die Vor- oder Nachversicherer werden ihre Zuständigkeit durch Ermittlung des genauen Verstoßzeitpunktes klären.

Relevant ist stets der erste kausale Verstoß, z. B. der erste Planungsfehler. Liegt ein Planungsfehler beispielsweise in der Entwurfs- oder Vorplanung begründet, ist der Verstoß in diesen Zeitraum zu verorten, auch wenn der Fehler in der Ausführungsplanung oder den Vergabeunterlagen übernommen oder im Rahmen der Bauüberwachung nicht erkannt wird.

21.1.6 Rechtzeitiger Abschluss des Versicherungsschutzes, Rückwärtsversicherung

Aufgrund des Verstoßprinzips müssen Architekt*innen und Ingenieur*innen auf den frühzeitigen Abschluss des Versicherungsschutzes achten.

Der Versicherungsschutz sollte bestehen, **sobald Architekt*innen und Ingenieur*innen erstmalig Leistungen** erbringen. Dabei kann es sich schon um vorvertragliche Beratungsleistungen oder die vertragstypischen Pflichten aus Architekten- und Ingenieurverträgen gem. § 650p Abs. 2 BGB im Sinne einer Planungsgrundlage und Kosteneinschätzung handeln, da auch in diesen Planungsstadien haftungsrelevante Fehler passieren können.

erstmalige Leistungserbringung durch Architekt*innen und Ingenieur*innen

Mit dem Abschluss einer Berufshaftpflichtversicherung sollte daher nicht bis zur Unterzeichnung des Architekt*innen- bzw. Ingenieur*innenvertrags oder bis Baubeginn zugewartet werden, weil ansonsten Deckungslücken entstehen können.

Wird der rechtzeitige Abschluss einer Berufshaftpflicht-versicherung versäumt, besteht auf Anfrage im Einzelfall die Möglichkeit einer Rückwärtsversicherung frei von bekannten Schäden. Einige Versicherer lehnen jedoch eine Rückwärts-versicherung ab, wenn mit dem Bauvorhaben bereits begonnen wurde.

Beim erstmaligen Abschluss einer Berufshaftpflichtversi-cherung erstreckt sich der Versicherungsschutz auch auf sol-che Verstöße, die innerhalb eines Jahres vor Versicherungsbe-ginn begangen wurden und Versicherungsnehmern bis zum Abschluss des Versicherungsvertrags nicht bekannt waren. Diese Absicherung ist wichtig für Berufsanfänger*innen, weil Pflichtverletzungen auch im Rahmen von Akquisetätigkeiten oder vorvertraglichen (Beratungs-)Leistungen erfolgen kön-nen.

21.1.7 Nachhaftungsversicherung

Für innerhalb der Vertragslaufzeit begangene Verstöße be-steht der Versicherungsschutz auch nach Beendigung des Ver-sicherungsvertrags mindestens fünf Jahre fort (Nachhaftung). Mittlerweile bieten viele Versicherer standardmäßig eine unbe-grenzte Nachhaftung oder eine längere Nachhaftungsfrist an, z. B. eine Frist von 30 Jahren bei endgültiger Berufsaufgabe.

Die Vereinbarung einer längeren Nachhaftungsfrist ist sehr zu empfehlen, da Architekt*innen und Ingenieur*innen in der Praxis oftmals lange Haftungszeiten befürchten müs-sen (z. B. 30 Jahre bei Personenschäden).

Mit der langen Nachhaftung werden auch eventuelle Er-ben der Architekt*innen und Ingenieur*innen geschützt.

21.1.8 Versicherte Tätigkeit

Versichert ist die Haftpflicht von Versicherungsnehmern für Pflichtenverstöße bei der Ausübung der in der Risikoaus-kunft, im Versicherungsschein und seinen Nachträgen be-schriebenen freiberuflichen Tätigkeit und des Berufsbildes. Regelmäßig werden in den Versicherungsbedingungen stan-dardmäßig mitversicherten Tätigkeiten aufgeführt, wie z. B. eine Tätigkeit als Gutachter, Energieberater oder Auditor.

Sofern Architekt*innen bzw. Ingenieur*innen weitere Tä-tigkeitsfelder ausüben, sollten sie diese in den Versicherungs-schutz einschließen lassen.

21.1.9 Leistungsumfang der Berufshaftpflichtversicherung

Die BHV bietet einen umfassenden Versicherungsschutz bei einer Inanspruchnahme durch Dritte auf Schadensersatz wegen Personen-, Sach- und Vermögensschäden.

Der Versicherungsschutz der Berufshaftpflichtversicherung für Architekt*innen und Ingenieur*innen besteht grundsätzlich im Umfang der gesetzlichen Haftpflicht privatrechtlichen Inhalts, d. h. im Rahmen der für diese Berufsgruppen geltenden Gesetze und Regelungen in ihrer spezifischen Ausprägung durch die Rechtsprechung.

Die Vertragsparteien können in den Architekt*innen- und Ingenieur*innenverträgen auch Regelungen vereinbaren, die über die gesetzlichen Haftpflichtbestimmungen hinausgehen. Als Beispiel sei eine Verlängerung der gesetzlichen Gewährleistungsfrist über den Zeitraum von fünf Jahren nach Abnahme erwähnt.

In diesen Fällen besteht Versicherungsschutz, wenn der Versicherer die vertragliche Haftungsübernahme vorher genehmigt hat oder es bereits besondere Regelungen in den Versicherungsbedingungen dazu gibt.

Der Versicherungsschutz beinhaltet sowohl einen **Abwehr- als auch einen Freistellungsanspruch** der Versicherungsnehmer*innen gegen den Versicherer. Die Haftpflichtversicherung umfasst zunächst die Aufklärung des Sachverhaltes in technischer und juristischer Hinsicht sowie die Prüfung der Haftungsfrage. Sofern Haftpflichtansprüche unbegründet sind, hat der Versicherer die notwendigen Kosten zur Abwehr der unberechtigten Ansprüche zu übernehmen (sog. Rechtsschutzfunktion). Hierzu gehören beispielsweise Anwalts-, Gerichts- oder Sachverständigenkosten. Soweit die geltend gemachten Ansprüche berechtigt sind, erfolgt nach abgeschlossener Prüfung des Schadenfalls eine Schadenregulierung durch den Versicherer.

Abwehr- als auch einen Freistellungsanspruch

21.1.10 Mitversicherte Personen: Angestellte, Subplaner, Erben

Mitversichert sind neben dem*der Versicherungsnehmer*in auch dessen Angestellte sowie freie Mitarbeiter*innen, für Schäden die sie in Ausführung ihrer beruflichen Tätigkeit für den*die Versicherungsnehmer*in verursachen. Des Weiteren ist die Tätigkeit als Generalplaner*in mitversichert, d. h. das Risiko aus der Unterbeauftragung von Leistungen an selbstständige Architektur- bzw. Ingenieurbüros, die über eine eigene

Berufshaftpflichtversicherung verfügen. Nicht versichert ist jedoch die persönliche Haftpflicht von Subplaner*innen. Wichtig ist, dass Subplaner*innen für ihre Leistungen über einen ausreichenden eigenen Versicherungsschutz verfügen, damit sie für eigene Fehler in Regress genommen werden können.

21.1.11 Versicherungssummen und Maximierung

Die Versicherungssummen sollten sich vor allen Dingen am Risiko der ausgeübten Tätigkeit orientieren und für jeden Auftrag neu überprüft werden. Hierbei sollte erwogen werden, wie risikobehaftet das jeweilige Bauprojekt ist und ob z. B. neben den reinen Sanierungskosten auch hohe Betriebsausfall- oder Nutzungsersatzansprüche drohen können.

Mind estversicherungssummen

Die Baukammern- bzw. Architekten- und Ingenieurkammergesetze der Bundesländer schreiben für die Kammermitglieder verpflichtende **Mindestversicherungssummen** vor. Weit überwiegend ist geregelt, dass einzelne Kammermitglieder einen Versicherungsschutz in Höhe von mindestens

- 1.500.000 € für Personenschäden
- 250.000 € für Sach- und Vermögensschäden

nachweisen müssen. Diese Summen müssen für alle Verstöße innerhalb eines Jahres regelmäßig mindestens zwei Mal zur Verfügung stehen (sog. Jahreshöchstleistung bzw. Maximierung).

Für Architekt*innen- und Ingenieur*innengesellschaften gelten überwiegend höhere Versicherungssummen und andere Regelungen zur Jahreshöchstleistung.

Mind estversicherungssummen

Zum Teil schreiben auch die Landesbauordnungen im Rahmen von Pflichtversicherungsbestimmungen **Mindestversicherungssummen** vor (z. B. für Sachverständige, Prüfsachverständige etc.).

Ist die Pflicht zum Abschluss einer Versicherung ohne Vorgabe einer konkreten Summe durch Rechtsvorschrift geregelt, muss nach § 114 Abs. 1 des Versicherungsvertragsgesetzes mindestens eine Summe von 250.000 € je Versicherungsfall und eine Jahreshöchstleistung für alle Schäden eines Versicherungsjahres in Höhe von 1.000.000 € nachgewiesen werden.

wirksamen Existenzsicherung

Die Berufshaftpflichtversicherung hat unabhängig von den verschiedenen gesetzlichen Pflichtversicherungsvorschriften die Funktion einer **wirksamen Existenzsicherung**. Diese kann nur gewährleistet werden, wenn risikogerechte und im Verhältnis zum Auftragsumfang angemessene Versicherungssummen vereinbart werden. Daher empfiehlt sich, die Versi-

cherungssummen bei besonderen Risikoumständen anzu-
passen. Dafür muss eine dem Bauvorhaben entsprechende
Risikoanalyse vorgenommen werden. Anlass zur genauen
Prüfung der Versicherungssummen sollten ebenfalls beson-
ders gefahrträchtige Umstände, Lückenbebauung, Bauen im
Bestand etc., geben.

21.1.12 Selbstbeteiligung

Die Selbstbeteiligung ist der vereinbarte Betrag, den Versicherungsnehmer im Schadensfall selbst zu tragen haben. In
der Praxis hat sich die Vereinbarung einer Selbstbeteiligung
von 2500,00 € durchgesetzt. Zum Teil ist die Höhe der Selbstbeteiligung durch die Baukammern-, bzw. Architekten- und
Ingenieurkammergesetze der Bundesländer vorgegeben. Soweit die vorgenannten Gesetze es erlauben, kann eine höhere
Selbstbeteiligung vereinbart werden. Hierdurch besteht für
Versicherungsnehmer die Möglichkeit, die Versicherungsprämie zu reduzieren.

21.1.13 Haftungsbegrenzungen

Nach dem gesetzlichen Leitbild haften Schadenverursa-
cher*innen unabhängig vom Grad des Verschuldens in un-
begrenzter Höhe für Fehler im Rahmen der vertraglich über-
nommenen Pflichten. Folglich haften Architekt*innen bzw.
Ingenieur*innen grundsätzlich unbegrenzt mit ihrem gesamten Privat- und Firmenvermögen. Dies gilt ebenfalls für alle
Architekt*innen bzw. Ingenieur*innen die sich in nicht haftungsbeschränkten Personengesellschaften zusammenge-
schlossen haben.

Die Deckungssumme der Haftpflichtversicherung stellt
keine Haftungsbeschränkung dar, sondern regelt lediglich
im Verhältnis zwischen Versicherer und Versicherungsnehmer*innen in welchem Umfang der Versicherer bedingungsgemäß zur Freistellung der Versicherungsnehmer*innen von
berechtigten Haftpflichtansprüchen verpflichtet ist. Sofern
ein Schaden die Deckungssumme der Versicherung übersteigt
oder nicht vom Versicherungsschutz erfasst ist, haften Versicherungsnehmer*innen mit ihrem persönlichen Vermögen.

Individualvertraglich vereinbarte Haftungsbeschränkun-
gen sind nur in sehr engen Grenzen zulässig (OLG München
Urteil vom 09.08.2016 – 9 U 2574/15 Bau/BGH Beschluss v.
19.12.2018 – VII ZR 220/16) und sollten stets von Rechtsan-
wält*innen aufgesetzt werden. Formularmäßige Haftungsbe-

schränkungen (z. B. in Architekt*innen- oder Ingenieur*innenverträgen) sind kaum rechtssicher zu gestalten, da sie der AGB-Rechtskontrolle durch die Gerichte unterliegen und regelmäßig in unzulässiger Weise vom gesetzlichen Leitbild abweichen.

21.1.14 PartGmbB und Kapitalgesellschaften sind eine gute Haftungsbegrenzung

Schutz gegen eine persönliche Haftung

Der wirksamste **Schutz gegen eine persönliche Haftung** für Berufsausübungsfehler ist die Berufsausübung in einer Partnerschaftsgesellschaft mit beschränkter Berufshaftung (PartGmbB) oder in einer Kapitalgesellschaft (GmbH, AG).

Nahezu sämtliche Bundesländer gewähren Architekt*innen und Ingenieur*innen mittlerweile die Möglichkeit, eine PartGmbB zu gründen, bei der die Haftung für berufliche Fehler gesetzlich auf das Gesellschaftsvermögen beschränkt ist. Die Berufsausübung in einer haftungsbeschränkten Gesellschaft ist daher sehr empfehlenswert.

21.1.15 Ausschlüsse

Ausschluss bestimmter Risiken

Nicht jedes Risiko wird von der Berufshaftpflichtversicherung getragen. Daher werden in den Versicherungsbedingungen **bestimmte Risiken ausgeschlossen**. Die einzelnen Ausschlüsse können von Versicherer zu Versicherer variieren. Die nachfolgenden Ausschlüsse sind aber weitestgehend bei allen Versicherern enthalten und sollten Architekt*innen und Ingenieur*innen aufgrund ihrer Praxisrelevanz bekannt sein. Vom Versicherungsschutz ausgeschlossen sind beispielsweise Ansprüche

- aus Garantien
- aus Beschaffenheitsvereinbarungen über Termine, Fristen oder Kosten.
- wegen Schäden, die der Versicherungsnehmer oder ein Mitversicherter vorsätzlich oder durch ein bewusst gesetz-, vorschrifts- oder sonst pflichtwidriges Verhalten verursacht hat.
  - wegen Schäden an Objekten, an denen der*die Versicherungsnehmer*in als Bauherr*in beteiligt ist, Bauleistungen ausführt, Baustoffe liefert oder Leistungen als Bauträger, wirtschaftlicher Baubetreuer*in, Generalüber- oder Generalunternehmer*in erbringt. Dies gilt auch, wenn die Voraussetzungen bei Angehörigen

21

oder bei Unternehmensbeteiligungen gegeben sind. Unter Umständen ist eine teilweise Beteiligung mitversichert oder kann über eine Sondervereinbarung zum Versicherungsvertrag abgesichert werden.

- auf Erfüllung von Verträgen, Nacherfüllung und an die Stelle der Erfüllungsleistung tretende Ersatzleistungen. Hierunter fallen beispielsweise die für die Mängelbeseitigung notwendigen Planungs- und Objektüberwachungskosten.

— die auf Artikel 1792 ff. und 2270 Code Civil oder gleichartige Bestimmungen in anderen Ländern zurückzuführen sind.

21.2 Versicherungsmöglichkeiten

21.2.1 Jahresversicherung

Die durchgehende Jahresversicherung ist der **Standard unter den Berufshaftpflichtversicherungen**. Sie eignet sich für alle Architekt*innen bzw. Ingenieur*innen die dauerhaft freiberuflich arbeiten. Die Jahresversicherung deckt im Rahmen des vereinbarten Versicherungsschutzes sämtliche in dem Versicherungsjahr erbrachten Architekt*innen- und Ingenieur*innenleistungen.

Die Prämie bemisst sich nach den gemeldeten Jahresnettohonoraren. Es erfolgt zunächst eine vorläufige Berechnung auf Grundlage der Angaben der Versicherungsnehmer zur voraussichtlichen Nettojahreshonorarsumme. Nach Jahresabschluss erfolgt die endgültige Beitragsabrechnung anhand der tatsächlich eingenommenen Honorare. Die Jahresversicherung kann jederzeit individuell angepasst werden. Auch eine vorrübergehende Ruhestellung des Vertrages ist möglich, sollte der*die Versicherungsnehmer*in beispielsweise krankheitsbedingt seiner*ihrer freiberuflichen Tätigkeit nicht nachgehen können. Sofern die Berufshaftpflichtjahresversicherung nach Landesrecht eine Pflichtversicherung ist, kann eine Ruhestellung nur durch besondere Vereinbarung erfolgen. Auswirkungen auf die Nachhaftung oder ggfs. günstige Vertragskonditionen bestehen nicht.

Die meisten Versicherer bieten zudem verschiedene Vergünstigungen an, beispielsweise für Existenzgründer*innen, die erstmalig eine Berufshaftpflichtversicherung abschließen. Zudem ist in der Jahresversicherung meist auch eine Bürohaftpflichtversicherung eingeschlossen.

Standard unter den Berufsh aftpflichtversicherungen

Erweiterungen

Sofern nicht bereits in den Bedingungen enthalten, bieten Versicherer z. B. folgende Erweiterungen des Versicherungsschutzes an:

- Auslandsdeckung für Länder außerhalb der Europäischen Union einschl. der standardmäßig mitversicherter Länder des restlichen Europas nach deutschem oder jeweiligem ausländischen Recht bzw. Ansprüche nach den Artikeln 1792 ff. und 2270 Code Civil oder gleichartigen Bestimmungen anderer Länder;
- Erweiterung oder Aufhebung der Versicherungssummenmaximierung (Standard: 3-fach);
- Beteiligung des*der Versicherungsnehmer*in oder seiner*ihrer Angehörigen an einem Bauvorhaben auf der Bauherr*innenseite;
- Beteiligung des*der Versicherungsnehmer*in oder seiner*ihrer Angehörigen an Firmen des Baunebengewerbes;
- vertragliche Ansprüche, die über die gesetzliche Haftpflicht hinausgehen.

21.2.2 Privathaftpflichtversicherung

Die Privathaftpflichtversicherung schützt die Versicherungsnehmer außerhalb ihrer beruflichen Tätigkeit in ihrem privaten Umfeld vor der Inanspruchnahme Dritter aufgrund gesetzlicher Haftpflichtbestimmungen. Über spezielle Privathaftpflichtversicherungen können kleinere Tätigkeiten von Architekt*innen und Ingenieur*innen abgesichert werden, wenn das jährliche Nettohonorar unter 5000,- € liegt. Diese Versicherungslösung bietet sich beispielsweise für Studierende des Architektur- und Ingenieurwesens an.

21.2.3 Einzelobjektversicherung

In der Praxis kommt es vor, dass Auftraggeber*in bzw. Bauherr*in den Nachweis einer Einzelobjektversicherung fordern, um sicherzustellen, dass die Versicherungssummen nur für ihr Projekt zur Verfügung stehen und nicht durch Schäden an anderen Bauvorhaben aufgezehrt werden.

Daneben kann der Abschluss eine Einzelobjektversicherung zu empfehlen sein, sofern jährlich nur ein oder zwei Projekte mit einer geringen Honorarsumme bearbeitet werden. Das hängt jedoch davon ab, ob das jeweilige Landesrecht den Abschluss einer Einzelobjektversicherung als Nachweis einer ausreichenden Berufshaftpflichtversicherung gestattet.

21

Der Versicherungsschutz der Einzelobjektversicherung bezieht sich auf das zur Versicherung angemeldete Bauobjekt. Die Einzelobjektversicherung muss frühzeitig abgeschlossen werden, um zu gewährleisten, dass schon die ersten Architekt*innen- und Ingenieur*innenleistungen wirksam in den Versicherungsschutz einbezogen werden. Sollte der rechtzeitige Abschluss der Einzelobjektversicherung versäumt und beispielsweise bereits mit der Grundlagenermittlung begonnen worden sein, kommt unter Umständen eine Rückdatierung bis zu einem Jahr in Betracht. Dies unter der Voraussetzung, dass keine Schäden bekannt sind und noch nicht mit der Ausführung des Bauvorhabens begonnen wurde.

Die Prämie berechnet sich nach den versicherten Leistungsbildern und den anrechenbaren Kosten des Bauprojekts, unabhängig davon wie viele Architekt*innen und Ingenieur*innen an dem Projekt mitarbeiten. Sofern nur Teilleistungen erbracht werden, reduziert sich die Prämie entsprechend.

Neue weitere Formen der Objektversicherungen sind:

21.2.4 Generalplaner*innen- Objektversicherung

Architekt*innen und Ingenieur*innen, die mit Generalplaner*innenleistungen beauftragt werden sollen, ist zu empfehlen eine Generalplaner*innen-Objektversicherung abzuschließen.

Kennzeichnend für eine **Generalplaner*innentätigkeit** ist, dass der*die Generalplaner*in gegenüber Vertragspartner*innen sämtliche relevanten Planungsleistungen aus einer Hand schuldet. In der Regel wird der*die Generalplaner*in diverse Subplaner*innen mit den notwendigen Sonderfachplanungsleistungen unterbeauftragen, z. B. der Statik oder Haustechnikplanung etc. Haftungsrechtlich haben jedoch Generalplaner*innen nach außen hin gegenüber ihren Vertragspartner*innen für alle Mängel und Leistungsdefizite ihrer Subplaner*innen wie eigenes Verschulden einzustehen.

In der Generalplaner*innen-Objektversicherung sind neben dem*der Generalplaner*in auch die für ihn*sie tätigen Subplaner*innen in den Versicherungsschutz einbezogen. Der Vorteil dieses Versicherungsprodukts ist, dass Streit zwischen den Planungsbeteiligten weitestgehend vermieden wird und Schadenfälle für alle Beteiligten effizient und kostenoptimiert abgewickelt werden können. Insbesondere in der Bauphase kann eine schnelle Schadenabwicklung bauschadenbedingte Verzögerungen deutlich begrenzen und den raschen Fortgang des Bauvorhabens im Sinne aller Beteiligten gewährleisten.

Gene ralplaner*innentätigkeit

Soweit Versicherungsschutz über eine Generalplaner*innen-Objektversicherung besteht, müssen die Subplaner*innen die für dieses Projekt vereinnahmten Honorare nicht in der Jahresversicherung angeben.

Zwar sind Generalplanungstätigkeiten grundsätzlich auch in der Jahresversicherung mitversichert, allerdings ist dort ohne besondere Vereinbarung die persönliche Haftpflicht der Subplaner*innen nicht abgedeckt. Die für eine*n Generalplaner*in tätigen Subplaner*innen müssen selbst eine Berufshaftpflichtversicherung nachweisen. Im Schadenfall führt dies aufgrund der Vielzahl der Beteiligten und Versicherer regelmäßig zu langwierigen Streitigkeiten über die Schadenursache und Schadenhöhe und damit zu langen Verfahrensdauern und einer kostenintensiven Schadenabwicklung. Der Versicherer des*der Generalplaner*in wird im Rahmen der geltenden Versicherungsbedingungen mit der Regulierung in Vorleistung treten und versuchen, den Schaden bei den Subplaner*innen zu regressieren, was wiederum zu Folgeprozessen führt.

21.2.5 Die Multi-Risk-Bauversicherung

Die Multi-Risk-Bauversicherung ist eine objektbezogene Versicherung, die mehrere Versicherungsbausteine in einem Versicherungsprodukt vereint, z. B. eine Bauleistungs- und Bauherr*innenhaftpflichtversicherung, eine Berufshaftpflichtversicherung für die am Projekt beteiligten Architekt*innen und Ingenieur*innen und eine Betriebshaftpflichtversicherung für die beteiligten ausführenden Unternehmen. Versicherungsnehmer in der Multi-Risk-Bauversicherung sind die Bauherr*innen. Sie können durch vertragliche Vereinbarung den Versicherungsbeitrag auf die einzelnen mitversicherten Beteiligten umlegen.

War die Multi-Risk-Bauversicherung bislang nur für Großprojekte vorgesehen, wird sie mittlerweile ebenfalls für Einfamilienhäuser privater Bauherr*innen angeboten. Auch die Multi-Risk-Bauversicherung verfolgt den Zweck einer schnellen und unkomplizierten Abwicklung im Schadenfall.

21.2.6 Honorarrechtschutzversicherung

hohen Verfahrenskosten schnell die Liquidität eines Architektur- bzw. Ingenieurbüros bedrohen

Bei der Honorarrechtschutzversicherung handelt es sich nicht um eine Pflichtversicherung. Gleichwohl gewinnt sie immer mehr an Relevanz, weil Streitigkeiten um das Honorar (Ho-

21

norarrückforderungen, Honorarkürzungen etc.) aufgrund der **hohen Verfahrenskosten schnell die Liquidität eines Architektur- bzw. Ingenieurbüros bedrohen** können und Honorarstreitigkeiten nicht vom Versicherungsschutz der Berufshaftpflichtversicherung umfasst sind. Aus diesem Grund ist die Honorarrechtsschutzversicherung eine sinnvolle Ergänzung zur Berufshaftpflichtversicherung und dient dem wirtschaftlichen Schutz des Architektur- bzw. Ingenieurbüros. Die Honorarrechtschutzversicherung bietet Rechtsschutz sowohl für die außergerichtliche als auch die gerichtliche Durchsetzung von Honoraransprüchen. Voraussetzung hierfür ist das Vorliegen eines schriftlich oder in Textform abgeschlossenen Vertrags. Die Beitragsberechnung erfolgt wie bei der Jahresversicherung nach den gemeldeten Nettojahreshonoraren.

21.2.7 Exzedentenversicherung

Architekt*innen und Ingenieur*innen, die an der Realisierung größerer Bauprojekte mitwirken, müssen aufgrund der damit einhergehenden erhöhten Risiken und Haftungsgefahren die Deckungssummen überprüfen. Besteht ein erhöhtes Haftungspotenzial oder handelt es sich um potenziell schadenträchtige Bauvorhaben, sollten die Versicherungssummen aufgestockt werden, um eine Unterdeckung im Schadensfall zu vermeiden.

Die **Aufstockung der Versicherungssummen** kann über einen Exzedenten in der Jahresversicherung oder einen projektbezogenen Exzedenten erfolgen. Die Erhöhung der Versicherungssummen über eine projektbezogene Exzedentenversicherung empfiehlt sich, wenn der Versicherungsschutz in der Jahresversicherung grundsätzlich ausreicht und nur einmalig ein größeres Bauprojekt mit höheren Deckungsanforderungen bearbeitet wird.

In einer Exzedentenversicherung ist zusätzlich zu einer Summenerhöhung auch eine Erweiterung der Deckungsinhalte (sog. Konditionsdifferenzdeckung) möglich. Basis- und Exzedentenversicherer müssen nicht identisch sein.

Die Beitragsberechnung erfolgt wie bei der Jahresversicherung über die gemeldeten Jahresnettohonorare, wenn es sich um einen Jahresvertrag handelt. Wird die Exzedentenversicherung projektbezogen abgeschlossen, kann der Beitrag nach den anrechenbaren Kosten, der Bau- oder Honorarsumme berechnet werden.

Aufstockung der Versicherungssummen

21.2.8 Erweiterte Bauträgerhaftpflichtversicherung

Bauträgerhaftpflicht mit Deckung für Architekt*innen und Ingenieur*innenleistungen

In der Praxis erbringen Architekt*innen und Ingenieur*innen nicht nur klassische Architekt*innen- und Ingenieur*innenleistungen, sondern übernehmen gelegentlich auch Bauträger*innen- oder Generalübernehmer*innenleistungen, gründen oder beteiligen sich an Bauträger- Generalübernehmergesellschaften. Bauträger*in und Generalübernehmer*in sind einem hohen Haftungsrisiko ausgesetzt, weil sie von ihren Vertragspartner*innen (Erwerber*innen bzw. Bauherr*innen) für sämtliche Baumängel und vertragswidrigen Leistungen, sowie von Dritten für die im Zusammenhang mit dem Bauprojekt entstandenen Schäden an ihren Rechtsgütern in Haftung genommen werden können.

Für derartige gewerbliche Tätigkeiten besteht aber kein Versicherungsschutz über die klassische Berufshaftpflichtversicherung (Siehe Ziffer 21.1.15). Hier setzt die erweiterte Bauträgerhaftpflichtversicherung an und bietet Versicherungsschutz für einen Teil der betrieblichen Risiken und Fehler im Zusammenhang mit Architekt*innen- bzw. Ingenieur*innenleistungen.

Bauträger*in und Generalübernehmer*in, die Architekt*innen- oder Ingenieur*innenleistungen selbst, durch angestellte Mitarbeiter*innen oder in Zusammenarbeit mit einem Architektur-/Ingenieurbüro erbringen, können das Risiko fehlerhafter Architekt*innen- und Ingenieur*innenleistungen versichern. Versicherbar ist auch das Risiko aus der Unterbeauftragung selbständiger Architektur- bzw. Ingenieurbüros.

Der Versicherungsschutz über die erweiterte Bauträgerhaftpflichtversicherung setzt aber voraus, dass Bauträger*in bzw. Generalübernehmer*in die Bauausführungsleistungen an externe wirtschaftlich nicht verbundene Bauunternehmen untervergibt. Lediglich kleinere handwerkliche Leistungen der Versicherungsnehmer*innen bis zu einer Bausumme von 20.000,- € sind abgedeckt.

Bestandteil des Versicherungsschutzes ist zudem eine Bauherr*innenhaftpflicht, Eigentümer*innen- und Grundbesitzer*innenhaftpflicht sowie eine Betriebshaftpflicht.

Versicherungsschutz besteht für die Inanspruchnahme durch Dritte wegen Schäden, aus der gewerblichen Tätigkeit der Versicherungsnehmerin als Bauträger*in bzw. Generalübernehmer*in. Da es sich nicht um eine Pflichtversicherung handelt, sind auch keine Versicherungssummen vorgeschrieben.

Nicht versichert sind

- alle Mängelbeseitigungs- und Gewährleistungsansprüche (Erfüllungsansprüche), soweit diese nicht auf fehlerhaften Architekt*innen- bzw. Ingenieur*innenleistungen beruhen.
- Schäden aus Risiken, die sich nicht aus der Betriebsbeschreibung ergeben (zur Vermeidung von Unstimmigkeiten sollte daher bei Vertragsabschluss das Tätigkeitsfeld des Unternehmens möglichst ausführlich beschrieben werden).

Bei Architekt*innen- bzw. Ingenieur*innenleistungen besteht Versicherungsschutz nur, wenn die Planung bzw. Objektüberwachung durch die Gesellschaft, deren Personal oder ausdrücklich im Vertrag genannte mitversicherte Personen erfolgt und der Schaden auf eine fehlerhafte Architekt*innen- bzw. Ingenieur*innenleistung zurückzuführen ist.

Quellennachweis

Weiterführende, empfohlene Literatur

Langen, Ulrich, in: Halm, Engelbrecht, Krahe: Handbuch des Fachanwalts Versicherungsrecht, 5. Auflage 2015, Luchterhand – Wolters Kluwer Deutschland, Köln.

Langen, Ulrich in: Kalusche, Wolfdietrich, Handbuch: HOAI 2013, Baukosteninformationszentrum Deutscher Architektenkammern GmbH, Stuttgart 2013.

Möller, Dietrich-Alexander; Kalusche, Wolfdietrich: Planungs- und Bauökonomie. Wirtschaftslehre für Bauherren und Architekten, 6. Auflage 2013, Oldenbourg Verlag, München.

OLG München Urteil vom 09.08.2016 – 9 U 2574/15 Bau/BGH Beschluss v. 19.12.2018 – VII ZR 220/16

Schmalzl, Max; Krause-Allenstein, Florian: Berufshaftpflichtversicherung des Architekten und Bauunternehmers, 2. Auflage 2006, Verlag C.H. Beck, München.

Serviceteil

Stichwortverzeichnis